普通高等教育"十一五"规划教材

生物工艺学

邱树毅　主　编

曹文涛　胡鹏刚　吴鑫颖　副主编

化学工业出版社

·北京·

内 容 提 要

生物工艺学主要研究生物技术产品生产的工艺技术问题。本书以生物技术产品共性工艺技术为主线，探讨生物技术产品生产过程中的工艺技术问题。其内容包括工业微生物菌种选育、制备与保藏，工业培养基及其设计，生物工艺过程中的无菌技术，生物反应动力学，发酵过程原理，生物反应器及生物工艺过程放大，生物反应过程参数检测与控制，生物产品分离及纯化技术，生物产品工艺学及应用。

本书为贵州省"生物工艺学"精品课程配套教材，相关配套课件可以在化学工业出版社教学资源网（www.cipedu.com.cn）下载。

本书可作为生物工程、生物技术和生物科学专业的教学参考书，也可供从事生物技术产业的生产、科研、管理人员参考。

图书在版编目（CIP）数据

生物工艺学/邱树毅主编. —北京：化学工业出版社，2009.4（2021.2重印）
普通高等教育"十一五"规划教材
ISBN 978-7-122-04839-4

Ⅰ.生… Ⅱ.邱… Ⅲ.生物工程学-高等学校-教材 Ⅳ.Q81

中国版本图书馆 CIP 数据核字（2009）第 022427 号

责任编辑：赵玉清　　　　　　　　文字编辑：周　侗
责任校对：蒋　宇　　　　　　　　装帧设计：刘丽华

出版发行：化学工业出版社（北京市东城区青年湖南街 13 号　邮政编码 100011）
印　　装：北京盛通商印快线网络科技有限公司
787mm×1092mm　1/16　印张 14¼　字数 378 千字　　2021 年 2 月北京第 1 版第 7 次印刷

购书咨询：010-64518888　　　　　　售后服务：010-64518899
网　　址：http://www.cip.com.cn
凡购买本书，如有缺损质量问题，本社销售中心负责调换。

定　　价：38.00 元

前　言

　　生物技术产业是国家优先发展的高新技术产业之一。随着生物技术产业的快速发展，新的生物技术产品不断出现，其产品涵盖医药、食品、化工、轻工、农业、能源、环保等诸多行业和领域，为工农业生产、社会进步带来明显的影响和效益，给人类带来巨大的经济效益和社会效益。生物工艺学是研究生物技术产品生产的工艺技术问题的学科，也得到快速发展，相关的生物工艺学教材也应运而生。本课程为贵州省精品课程，课程建设成果已于2008年被评为贵州省教学成果一等奖，并由贵州省推荐申报国家级教学成果奖。本书是生物工艺学课程建设主要教学成果之一。

　　本教材在编写过程中，力求把握本学科领域前沿，并结合编者自身的科学研究，特别强调采用现代新技术改造和生产传统生物技术产品。本书以生物技术产品共性工艺技术为主线，探讨生物技术产品生产过程中的工艺技术问题。其内容包括工业微生物菌种选育、制备与保藏，工业培养基及其设计，生物工艺过程中的无菌技术，生物反应动力学，发酵过程原理，生物反应器及生物工艺过程放大，生物反应过程参数检测与控制，生物产品分离及纯化技术，生物产品工艺学及应用。

　　本书可作为生物工程、生物技术和生物科学专业的教学参考书，也可供医药、食品、化工、轻工、农业、能源、环境等专业的学生参考，同时可供从事生物技术产业的生产、科研、管理人员参考。

　　参加本书编写的有邱树毅教授、曹文涛副教授、胡鹏刚副教授和吴鑫颖副教授，均是长期从事生物工艺学教学和科研工作的教师，全书最后由邱树毅教授统稿，在本书编写过程中研究生周剑丽、牛晓娟、陈燕、张靖楠等参与了图表的绘制。由于时间紧迫，加之编者水平所限，书中难免有不妥之处，敬请读者批评指正。

编者

2009 年 1 月

目　录

1 绪 论

1.1 生物工艺学及其研究内容

1.1.1 生物工艺学定义

生物工艺学，也称生物技术，是指以现代生命科学为基础，结合其他基础学科的科学原理，采用先进的过程技术手段，按照设计改造生物体或生物原料，为人类生产出所需要产品或达到某种目的的技术。

有关生物技术的定义有许多表述，国际经济合作及发展组织所提出的定义是：生物技术是应用自然科学及工程学的原理，依靠生物催化剂的作用将物料进行加工，以提供产品或社会服务的技术。欧洲生物技术联合会认为：生物技术是自然科学（包括分子生物学、生物化学、化学和物理学）和工程科学（化学反应工程学、电子学等）的综合应用，以便将生物体系细胞（微生物细胞和动植物细胞）及其组成物用于为社会提供其所需的商品和服务。国际纯粹与应用化学联合会对生物技术所做的定义是：生物技术是将生物化学、生物学、微生物学和化学工程应用于工业生产过程及环境保护的技术。

虽然对生物技术的定义不完全相同，但归纳起来有3个主要特征：是一门多学科，综合性的科学技术；反应过程中需要有生物催化剂（酶、细胞等）的参与；最终目的是建立工业生产过程或进行社会服务。

生物技术包括传统生物技术和现代生物技术。现代生物技术包括基因工程、细胞工程、酶工程、发酵工程。基因工程为核心，带动其他工程的发展，其他工程的发展又促使基因工程发展更迅速。通常将基因工程和细胞工程看作生物工程的上游处理技术，将发酵工程和酶工程看作生物工程的下游处理技术。基因工程、细胞工程和发酵工程中所需要的酶，往往通过酶工程来获得。

1.1.2 生物技术与相关学科的关系

生物技术是生物科学与工程技术有机结合而兴起的一门综合性科学技术。涉及分子生物学、细胞生物学、微生物学、生物化学、遗传学、免疫学、发育生物学、动物生理学、植物生理学、化学、化学工程、机械工程、计算机技术、信息学等。图1-1给出生物技术与相关学科的关系。

1.1.3 生物工艺学的特点

① 是一门综合性学科。它是生物学（包括生物化学、分子生物学、微生物学等）、化学、工程学（包括化学工程，机械工程等）等多学科的交叉与综合。

② 采用生物催化剂。生物催化剂是游离或固定化细胞或酶的总称，它们在生化反应过程中起核心作用，与化学催化剂相比，具有反应速率快、催化选择性高、反应条件温和的优

点，也具有易失活、稳定性差的不足。

③ 采用可再生资源为主要原料，因而原料来源丰富，价格低廉，过程中所产生废物的危害性小，但由于原料成分难以控制，会给产品质量带来一定的影响。

④ 与一般化工产品生产相比，其生产设备比较简单，能耗较低。但某些生化反应由于其特殊性质而使反应基质和产物的浓度均不能太高，因而反应器生产效率较低。反应液中初产物浓度低，对产物分离提纯困难。

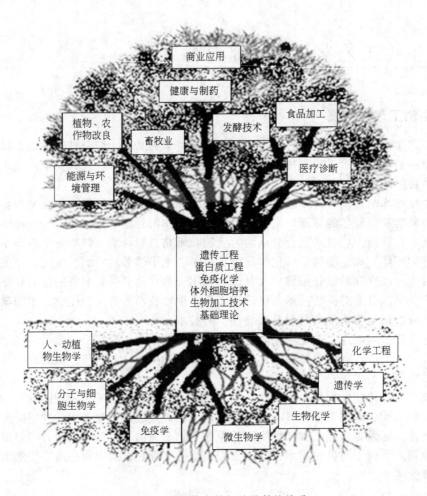

图 1-1　生物技术与相关学科的关系

1.1.4　生物反应的一般过程

将生物技术的实验室成果经工艺及工程开发为可供工业生产的工艺过程，常称为生化反应过程，也称为生物反应过程。其实质是利用生物催化剂进行生物技术产品的生产过程。一般的生物反应过程可用图 1-2 所示的流程图表示。从该图可见，生物反应过程应由 4 个部分组成。

① 原料的预处理　包括原料的选择，必要的物理与化学方法加工，培养基的配制和灭菌等。

② 生物催化剂的制备　包括菌种的选择、接种和扩大培养，酶催化反应中酶的纯化、酶的固定化等。

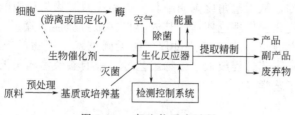

图 1-2 一般生物反应过程

③ 生化反应器及反应条件的选择与控制　生化反应器是进行生化反应的核心设备，它为细胞或酶提供适宜的反应环境，以达到细胞生长和进行反应的目的。反应器的结构、操作方式和操作条件对反应原料的转化率、生产的产品类型和产品的质量有着密切的关系。同时反应参数的检测与控制对生化反应过程的顺利进行也起着十分重要的作用。

④ 产物的分离纯化　其目的是用适当的方法和手段将含量甚少的目的产物从反应液中提取出来并加以精制以达到规定的质量要求。

整个生物反应过程以生化反应器为核心，而分别把反应前后称为上游加工和下游加工。

随着生物技术的发展，生物反应过程的种类和规模都在不断地扩大。目前已进行工业生产的主要有酶催化反应工程、细胞反应工程以及废水的生物处理过程。

酶催化反应过程是采用游离酶或固定化酶为催化剂时的反应过程。生物体中所进行的反应，几乎都是在酶的催化下进行的。工业生产中所用的酶，或是经提取分离得到的游离酶，或是固定于各种载体上的固定化酶。

细胞反应过程是采用活细胞为催化剂时的反应过程。这既包括一般的微生物发酵反应过程，也包括固定化细胞反应过程和动植物细胞培养过程。

废水的生物处理过程是利用微生物本身的分解能力和净化能力，除去废水中污浊物质的过程。废水生物处理过程与微生物细胞反应过程虽然都是利用微生物的反应过程，但与后者相比，废水的生物处理过程具有以下特点：是由细菌等菌类、原生动物、微小后生动物等各种微生物构成的混合培养系统；几乎全部采用连续操作；微生物所处的环境条件波动大；反应的目的是消除有害物质而不是生成代谢产物和微生物细胞本身。

工业上根据微生物是单一菌种或混合菌种，把生物反应过程分为两类。一类是采用单一纯种生产工艺生产的产品，包括酶制剂、抗生素、氨基酸、核苷酸、乙醇、有机酸生产等；另一类是采用混合菌种生产工艺生产的产品，包括发酵食品（乳酸、酱及酱油、白酒、发酵蔬菜等）、甲烷（或沼气）生产、废水处理等。

根据生产工艺的不同，可将生物反应过程分为如下类型。

① 以直接生成生物量为最终目标产品。如生产用于食品、医药的酵母及用于饲料的单细胞蛋白。

② 利用微生物从简单营养物质合成有用产品，包括初级代谢产物和次级代谢产物。如抗生素、酶制剂、氨基酸、核苷酸、有机酸、乙醇等产品。

③ 利用微生物从一些特异性前体物转化有用的目标产品。如甾体化合物、激素类产品。

④ 利用酶制剂或非生长细胞催化合成有用的目标产品。如青霉素酰化酶生产 6-氨基青霉素烷酸，用葡萄糖异构酶生产果葡糖浆及高果糖浆。

⑤ 利用微生物生产能源或转化有害、有毒物质。如生活及工业污水的生物处理，甲烷、乙醇生产等。

1.1.5　生物工艺学的研究内容

生物工艺学主要研究生物反应过程中具有普遍意义的工艺技术问题。以探讨生物产品生产过程中的共性为目的,从工艺角度阐明细胞生长和代谢产物与细胞的培养条件之间的相互关系,为生产过程的优化提供理论依据。其内容包括工业微生物菌种的选育、制备与保藏,工业培养基的制备及其设计,生物工艺过程中的无菌技术,生物反应动力学,发酵过程原理,生物反应器及生物工艺过程放大,生物工艺过程中的参数检测与控制,生物产品分离纯化技术,生物产品的工艺学等。

1.2 生物技术发展简史

1.2.1 传统经验制造技术——天然发酵阶段

虽说数千年前,人们已经开始利用微生物,但对微生物的存在却一无所知,只是凭着经验和经历在应用微生物,并积累了许多经验,同时也有许多发明和创造。酿制醋是人类最早掌握的发酵技术之一,此处还有酱油、酱、泡菜、奶、干酪、啤酒发酵、面包发酵、堆肥等技术。这个阶段的特点是:靠自然发酵,只知其然不知其所以然;历史悠久,可追溯到五六千年前的"仰韶文化时期";工艺独特,以中国白酒为例,它是以谷物淀粉为原料,先经曲(微生物淀粉酶)水解得糖液后,再由酵母发酵成各类风味特殊的白酒,这种工艺流程是先后利用不同功能的微生物所进行的酿造过程,对于现代发酵工业的混合发酵和序列发酵均有借鉴性;经验丰富,十分强调对原料筛选、配比以及管理等,有一套严格规定。

1.2.2 纯种培养技术的成功——初级代谢产物生产阶段

这一阶段以了解微生物在发酵过程中的作用为标志。发酵过程处于非无菌操作状态,过程较为简单,对生产设备要求不高,规模一般不大,这一时期的产品属于初级代谢产物。

1676年,荷兰人列文虎克发明了显微镜,首次观察到微生物的存在。直到1857年,法国著名科学家巴斯德才首次证明酒精发酵是由酵母引起的,而酵母是活的细胞;另外他还指出,某些疾病是由微生物引起的。这些发现不仅在医学史上是一个转折点,而且也创立了微生物学。在巴斯德之后,德国人柯赫首先应用固体培养基分离微生物。1897年德国人布赫纳进一步发现了磨碎了的酵母仍能使糖生成酒精,并将此具有发酵能力的物质称为酶,进一步认清了发酵的本质。

由于上述科学成果的取得,从19世纪末到20世纪30年代,不少发酵工业产品陆续出现,开创了工业微生物的新世纪。这个时期出现的发酵产品有乙醇、醋酸、丙酮、丁醇、食用酵母、乳酸、柠檬酸等发酵产品。上述产品的特点是:大多数为厌氧发酵过程的产物;产物的化学结构简单,属于初级代谢产物;其生产通常是在敞开环境中经发酵而进行,控制杂菌污染是通过细心的操作而实现的;生产过程简单,生产设备相对要求不高,规模一般不大。

1.2.3 搅拌技术的成熟——好氧培养阶段

这一阶段的主要标志是抗生素工业的通风机械搅拌罐的应用。其发酵过程发生了重大改变,即形成了无菌状态,规模扩大,对生产设备的要求更高,过程日趋复杂,控制日显重要。

1928年英国人弗来明发现了青霉素,二战期间英美科学家开始对青霉素进行深入研究,并在美国Merck、Pfizer等制药公司及美国政府有关部门实验室的协助和支持下开始青霉素的全套工业化生产研究。1943年,采用通入无菌空气、液体深层培养发酵的方法生产青霉素成功，使工业微生物发酵进入一个新的发展阶段，诞生了一门新兴学科——生化工程。至此，发酵工程在微生物学、生物化学和化学工程这三大学科基础上迅速形成一个完整的体系，促进了抗生素工业、酶制剂工业、有机酸工业和氨基酸工业的大力发展。

这一时期生物技术的特点是：产品类型多，不但有初级代谢产物，也出现了次级代谢产物，还有生物转化及酶反应等产品；技术要求高，主要是发酵过程在纯种和无菌条件下进行，大多属于好氧发酵，在发酵过程中通入无菌空气，作为药品和食品的发酵产品，质量要求更严格；规模巨大，从发酵罐看，通风机械搅拌罐容积可达 $500m^3$，生产单细胞蛋白的气升式发酵罐的容积已超过 $200m^3$；技术发展速度快，一方面，作为发酵工业提高产量和质量的关键——菌种，其性能获得了惊人的提高，另一方面，在产品品种的更新、新技术及新设备的应用等方面均达到前所未有的程度。可以说，这一阶段是常规发酵工业的全盛时期。

1.2.4 基因重组技术的成熟——现代生物技术阶段

这一阶段的主要标志是遗传物质 DNA。Watson 和 Crick 提出的 DNA 双碟旋结构模型，开辟了分子生物学时代，为 DNA 重组技术奠定了基础。1953 年，Watson 和 Crick 发现了 DNA 双螺旋结构；1957 年 Crick 又提出了遗传信息传递的"中心法则"；1964 年 Marshall Nirenberg 和 Gobind Khorana 等破译了 64 个遗传密码；1973 年，Boyer 和 Cohen 实现了基因转移，为基因工程开启了通向现实的大门，从而使人们有可能在实验室中按人类的意志设计和重组新的生命体。

基因工程是按人的意志把外源（目标）基因（特定的 DNA 片段）在体外与载体 DNA（质粒、噬菌体等）嵌合后导入宿主细胞，使之形成能复制和表达外源基因的克隆（即无性繁殖或重组体），再通过重组体的培养而获得新需要的目标产品。

基因工程技术的出现为人们提供了一种全新的技术手段，使人们可以按照意愿切割 DNA，分离基因并重组后，导入其他生物活细胞，以改造农作物或畜牧品种；也可以导入细菌以产生大量的有用蛋白质或药物、疫苗；也可以导入人体内进行基因治疗。这是一项技术上的革命，带动了发酵工程、酶工程、细胞工程和蛋白质工程的发展，形成了具有划时代意义的现代生物技术。

1.3 生物技术应用

1.3.1 农业

农业与粮食生产是一个国家经济健康发展的基础，现代生物技术正被越来越多地应用于农业。基因工程正在引发农业革命，不断增加农作物的品种。通过转基因技术已培养出具有抗旱、抗除草剂、抗病毒、抗盐碱、抗病虫害等抗逆特性及品质优良的作物新品系。涉及的作物种类包括马铃薯、油菜、烟草、玉米、水稻、番茄、甜菜、棉花、大豆等。

利用细胞工程技术对植物优良品种进行大量的快速无性繁殖的微繁殖技术已广泛地应用于花卉、果树、蔬菜、药用植物和农作物中，实现了商品化生产。植物细胞培养可用于生产具有商业价值的次生代谢产物。

化学肥料和化学农药促进了农业生产水平的大幅度提高，但也带来诸如环境污染、食品安全等问题。利用生物技术生产生物肥料、生物农药正引起生物技术专家越来越大的兴趣。

动物生物技术的发展促进了畜牧业的发展。利用转基因技术可以提高包括鱼在内的农畜肉的产量和品质，提高奶产量和质量，增加动物的抗病性。科学家们已经成功培育出转基因羊、转基因兔、转基因猪、转基因鱼等多种动物新品种。此外，还可以低成本地生产出贵重药物或其他生物制品。生物技术还可用于农业快速分析和动物免疫疾病的快速诊断。

1.3.2　食品工业

食品生产遍及世界各地。在食品生产和加工中，生物技术有着悠久的应用历史，现代生物技术为快速提升食品的数量和品质提供了可能。发酵食品和饮料来自微生物或酶对农产品的转化作用。通过发酵过程，产品营养更高，消化更易，味道更好，产品更安全。在传统发酵食品领域，现代生物技术也得到了越来越多的开发和应用。例如，利用现代生物技术进行啤酒、葡萄酒等发酵食品的菌种选育和性能提高等；酸奶、奶酪等发酵乳制品及功能菌的利用与现代生物技术密切相关；蔬菜、豆类发酵食品及调味品是生物技术应用于食品的明显例子；利用生物技术生产甜味剂、生物色素、增稠剂、多糖、多肽等产品也已经进入市场；有机酸、氨基酸、维生素也用生物技术进行生产。

食品生物技术的另一应用是酶技术应用于食品加工。食品加工用酶已广泛应用于酿造、奶制品、焙烤、水果和蔬菜加工、淀粉糖生产等食品行业。此外，应用抗体检测系统以及DNA和RNA探针技术、免疫测定技术等生物技术方法，可以快速、准确地进行食品有害物的分析、检测，有利于食品安全。

1.3.3　医药工业

医药生物技术是生物技术领域中最活跃、产业发展最迅速、效益最显著的领域，其应用涉及新药开发、新诊断技术、预防措施及新的治疗技术。

传统药物主要有化学合成药物、动植物中提取的生化药物和天然药物、微生物发酵药物。化学合成药物的生产往往工艺复杂、条件苛刻，污染严重，药物毒副作用大；而动植物药物生产受资源限制，价格较昂贵。所以，利用生物技术方法生产药物具有相当的优势。

抗生素是人们最为熟悉的微生物发酵药物，主要用于治疗和预防传染性疾病。目前已分离出4000多种抗生素，但只有50余种被广泛应用。大多数抗生素由放线菌和霉菌生产，生物技术通过筛选新的抗生素、改良菌种特性、增大发酵得率、改进工艺、提高产品纯度等措施，在药物生产中达到新的目标。

利用生物技术生产单克隆抗体是医药生物技术的一个显著进展。单克隆抗体可用于医疗诊断、治疗肿瘤等，目前在这方面的商业价值超过100亿美元。利用生物技术生产重组疫苗可以达到安全、高效的目的，病毒性肝炎疫苗、肠道传染性疫苗、寄生虫疫苗、流行性出血热疫苗等已经上市或已进入临床试验。

利用基因工程可以生产贵重的新型生物药物。胰岛素、人类生长激素、干扰素、生长激素抑制素、促红细胞生成素、白细胞介素等生物药物已经投放市场。已有60多种重组蛋白质应用于治疗，另有200多种正在进一步研发，基因工程药物的产业前景十分光明。基因治疗、人类基因组计划等的实现，使人们能够深入认识许多困扰人类的重大疾病的发病机制。

利用生物转化合成手性药物是近年来取得的重大进展，随着手性药物需求量的增大，人们在这一领域的研究也越来越多。

1.3.4　化学冶金工业

利用生物技术可生产许多重要的化学工业品。特别是可以生产出一些用化学方法难以生产或价值高的产品，进而可能改变化学工业的面貌。例如，用微生物技术生产乙醇、丙酮、甘油、可降解高分子材料聚乳酸、制造工程塑料、树脂、尼龙的重要原料长链二羧酸等。显然，越来越多的工业化品可以用生物技术方法获得。化工行业的废弃物综合利用、清洁生产等也需要生物技术。

地球上的矿物资源属不可再生资源，随着现代工业的发展，富矿、高品位矿不断减少，贫矿、次矿、矿渣、废矿等低品位的矿资源采用常规采矿技术已经难以提炼。细菌冶金将继续为现代工业提供一种更高效廉价的方法，以提炼越来越多的低品位矿中的金属。采用细菌冶金，可提炼包括金、银、铜、铀、锰、钼、锌、钴、钡等稀有金属，特别是黄金、铜、铀等的开采。

1.3.5　能源工业

能源紧张是当今世界各国面临的一大难题。石油等化石能源日益枯竭，寻找新的替代能源、可再生能源将是人类面临的一个重大课题。生物质能源是最有希望的新能源之一。能源生物技术是指用生物技术生产的生物能源如燃料乙醇、生物柴油等，以及能源开采、加工生产过程中使用的生物技术如微生物采油技术等。

用糖、淀粉及纤维素等可再生材料为原料生产燃料乙醇的工艺和技术是成熟和可行的。用微生物发酵法生产的乙醇作为燃料已经在巴西、美国和中国等国家投入应用。利用动植物油脂与低碳醇酯化反应得到的脂肪酸酯通常称为生物柴油，它可完全替代石化柴油作为燃料。生物柴油是清洁的可再生能源，与普通化石柴油比较更加环境友好，且对发动机有好处。目前欧洲、美国等国家正在大力发展生物柴油。利用各种有机废弃物如秸秆、鸡粪、猪粪等通过微生物发酵生产沼气是废物利用的重要手段之一。利用沼气能源已经在中国等许多国家取得显著成绩。

生物技术还可用来提高石油的开采率。目前石油的一次开采，仅能开采储量的30%。二次采油需加压，注水，也只能获得储量的20%。深层石油由于吸附在岩石空隙间，难以开采。使用黄原胶类聚合物，注入油井，挤出石油，利用微生物进行原位驱油，利用微生物分解蜡质降低石油黏度，增加流动性等生物技术方法可促进石油开采。

1.3.6　环境保护

人类活动及工业生产给环境带来废弃物，废弃物包括废水、废气和固体废弃物，以及有毒的化学品等。这些废弃物导致环境污染。一些工业产品利用生物技术方法来生产，不仅节约能源，还可以避免环境污染。通过微生物的处理，可以净化有毒化合物，降解石油污染，清除有毒气体和恶臭物质，综合利用废水、废渣，处理有毒金属等，达到净化环境、保护环境、废物利用并获得新产品的目的。利用生物技术，还可以对土壤污染等进行生物修复，对环境中的污染物进行检测和监测。

2 工业微生物菌种选育、制备与保藏

2.1 工业生产常用微生物菌种及特性

微生物在工业上的用途广泛，包括化工、医药、食品、石油勘探等方面。有的是直接利用微生物的菌体细胞，制备化工、食品和医药物质、科研试剂等，以及蛋白质、脂肪和糖类；有的是利用它的代谢产物，如酒精、甘油、味精、柠檬酸、氨基酸及抗生素等；还有的是利用它的酶制剂，用于加工某些产品。

目前，人们对微生物特性的认识还不是十分充分，微生物的代谢产物据统计已超过1300多种，而大规模工业生产的总计不超过100多种；微生物酶有上千种，而已在工业上利用的不过四五十种。可见微生物资源不仅十分丰富，而且可挖掘的潜力很大。现将发酵工业中常用的微生物菌种简单介绍如下。

2.1.1 细菌

细菌属于真细菌纲（Schizomycetes），是单细胞，横分裂或二分裂繁殖。按形状分为球菌、杆菌、螺旋菌等。好氧的芽孢杆菌和厌氧的梭状芽孢杆菌形成的芽孢成休眠状态，与营养细胞相比，芽孢含水量少，代谢活动极低，具有密致的不易渗透的芽孢壁，所以芽孢对化学药品、干燥和高温等具有高度的抵抗力，给发酵工业原料和设备的灭菌、食品的防腐和灭菌等造成困难。

细菌还可以由革兰染色法区分为革兰阳性菌和革兰阴性菌两大类，这一性质和抗生素的疗效有密切关系。多数细菌有运动性，运动器官为鞭毛，鞭毛可单生、丛生或周生，鞭毛的着生状态决定其运动的特点，鞭毛的有无、数量、位置是分类上的重要依据。有些细菌在一定条件下，在其细胞壁外面分泌一层疏松透明的黏性物质，称为荚膜。荚膜可起保护细菌不易受侵蚀、贮藏水分、堆积废物及抵抗干燥的作用。目前广泛采用的细菌分类方法是《伯杰氏系统细菌学手册》。工业中常用的细菌如下。

2.1.1.1 醋酸菌

这类菌在分类上属于不生芽孢、革兰阴性和好氧性，分两个菌群。一个菌群只将乙醇氧化生成醋酸，醋酸是最终产品，同时它能将葡萄糖氧化生成葡萄糖酸，一般称这类菌为醋单胞菌（Acetomonas）或葡萄糖杆菌（Gluconobacter）。另一群醋酸菌不仅能将乙醇氧化为醋酸，而且能将产生的醋酸进一步氧化生成二氧化碳和水，这一类菌就叫醋酸杆菌。液化颗粒杆菌（Gluconobacter liquefaciens）由葡萄糖生成 2,5-二酮葡萄糖酸，弱氧化醋酸杆菌（A. suboxydans）由葡萄糖及各种糖醇生成对应的各种化合物。其中有用的是由 D-山梨醇生成 L-山梨糖，由 D-甘露醇生成 D-果糖，由甘油产生二羟丙酮的反应。

2.1.1.2 假单胞菌

假单胞菌能发酵产生维生素 B_{12}、丙氨酸、葡萄糖酸、色素、α-酮基葡萄糖酸、果胶酶、一些抗生素及其他产品，也能进行类固醇（甾体）的转化，有些菌株可利用烃类生产单细胞蛋白（SCP）。

2.1.1.3　乳酸菌

乳酸菌是促使糖类生成乳酸的一类细菌。以链球菌（*Streptococcus*）、四联球菌（*Pediococcus*）、明串珠菌（*Leuconostoc*）、乳杆菌（*Lactobacillus*）等属为重要，都是革兰阳性、不运动及通性厌氧。分两个亚族：链球菌亚属和乳杆菌亚属。

链球菌亚属（*Streptococeae*），其中有些菌种发酵结果只产生乳酸，称为同型发酵；另一些菌种除生成乳酸外还生成醋酸、乙醇及二氧化碳，称为异型发酵。明串珠菌属（*Leuconostoc*）不仅能进行异型发酵，还能生成黏性物质——多糖。此菌是制糖工业的一种有害菌，常使糖汁黏稠而无法加工，但它却是制药工业生产右旋糖酐、多糖和人造血浆的重要菌。

乳杆菌亚属（*Lactobacilleae*），其中的德氏乳杆菌（*L. pasterianus*）等菌株广泛用于乳制品工业和乳酸生产。

2.1.1.4　大肠杆菌

大肠杆菌以大肠埃希菌（*Escherichia coli*）、产气气杆菌（*Aerobacteraerogenes*）等为代表。这类细菌的存在表明有动物排泄物污染的可能，是食品卫生和公共卫生的重要指标。工业上利用大肠杆菌的谷氨酸脱羧酶，可进行谷氨酸定量分析，还可利用大肠杆菌制取天冬氨酸、苏氨酸和缬氨酸等。医药方面用大肠杆菌制造治疗白血症的天冬酰胺酶。大肠杆菌经常用作分子生物学的研究材料，同时和病原菌有很密切的关系。

2.1.1.5　芽孢杆菌

芽孢杆菌是高产淀粉酶和蛋白酶的产生菌，如枯草芽孢杆菌 BF 7658 是生产淀粉酶的主要菌种，枯草芽孢杆菌 AS 1.398 是生产中性蛋白酶和制造日本独特风味食品纳豆的主要菌种。它们还可用来生产多肽类抗生素、氨基酸、维生素 B_{12} 及 2,3-丁二醇、果胶酶等。

2.1.1.6　梭状芽孢杆菌

梭状芽孢杆菌是土壤中生芽孢的厌氧杆菌，用来由淀粉或糖发酵生产丁二醇、丙酮、丁醇、乙醇、某些有机酸及核黄素等。人们还利用耐热梭状芽孢杆菌和热解糖梭菌从纤维素和半纤维素生产酒精。

2.1.1.7　谷氨酸棒杆菌

谷氨酸棒杆菌以葡萄糖为原料发酵生产氨基酸，是谷氨酸和其他氨基酸的高产菌。如北京棒杆菌 AS 1.299 和钝齿棒杆菌 AS 1.542 等。

2.1.1.8　产氨短杆菌

它是氨基酸、核苷酸工业生产中常用的菌种，也是酶法合成生产辅酶 A 的菌种。

2.1.1.9　甲烷产生菌

主要是甲烷杆菌（*Methanobacterium*）、甲烷八叠球菌（*Methanosarcina*）、甲烷球菌（*Methanococcus*），这些甲烷菌在有机废料甲烷发酵中起重要作用。

2.1.1.10　其他细菌

运动单胞菌被用来进行酒精发酵；黄单胞杆菌可发酵生产维生素 B_{12}；微球菌能将碳水化合物转化成各种酸类；甲烷同化菌可以用甲烷或甲醇作为碳源生产菌体蛋白。有些细菌在经过遗传工程技术处理后会产生干扰素、生长激素、疫苗、胰岛素等贵重药物，对这些菌正在进行广泛深入的研究，它们具有巨大的生产应用潜力。

2.1.2　放线菌

放线菌因菌落呈放射状而得名，它具有生长良好的菌丝体，分为基内菌丝和气生菌丝两种。基内菌丝紧贴培养基表面，形成菌落，并分泌黄、橙、红、蓝、绿、灰、褐等水溶性或脂溶性色素。生长到一定阶段后，向空间长出气生菌丝，气生菌丝生长到一定阶段，在它上面生成孢子丝，然后形成孢子。孢子丝有直线形、波状、螺旋形、轮生之分。放线菌的繁殖是靠菌丝断裂片段或孢子进行的。

按《伯杰氏系统细菌学手册》分类法，放线菌属于细菌类中的放线菌目。放线菌作为土壤微生物而普遍存在，一般在中性或偏碱性土壤和有机质丰富的土壤中较多，一部分作为动植物的病原菌而被分离得到。放线菌最大的价值在于能产生各种抗生素。现将部分放线菌及所产生的抗生素列举如下（表2-1）。

表 2-1 放线菌及所产生的抗生素

名　　称	抗生素	名　　称	抗生素
灰色链霉菌(*Str. griseus*)	链霉素	红色链霉菌(*Str. erythreus*)	红霉素
金霉素链霉菌(*Str. aureofaciens*)	金霉素	生二素链霉菌(*Str. ambofaciens*)	螺旋霉素
委内瑞拉链霉菌(*Str. venezuelae*)	氯霉素	棘孢小单孢菌(*Micromonospora echinospora*)	庆大霉素
青灰色链霉菌(*Str. caespitosus*)	丝裂霉素	地中海诺卡菌(*Nocardia mcditerranei*)	利福霉素
卡那链霉菌(*Str. kanamyceticus*)	卡那霉素		

2.1.3 酵母菌

酵母菌是一群属于真菌的单细胞微生物，它分为两大类：一类能产生子囊孢子，称为真酵母；另一类不能生成子囊孢子，称为类酵母。通常以出芽方式进行无性繁殖，也有少数酵母进行有性繁殖。酵母细胞形状有球形、卵圆形、柠檬形、梨形、腊肠形，也有丝状，大小一般为$(1\sim5)\mu m \times (5\sim30)\mu m$。酵母都能发酵葡萄糖、果糖及甘露糖，生成酒精和甘油；有些也能发酵半乳糖；一般不发酵戊糖；如事先将木糖异构化成木酮糖，则酵母能正常发酵木糖生成酒精和木糖醇，双糖、三糖，如蔗糖、麦芽糖、乳糖、棉子糖等能被一些酵母全部或部分地发酵。酵母含有丰富的蛋白质，还可用来制取核糖核酸、核苷酸、核黄素、细胞色素C、辅酶A、凝血质、转化酶、乳糖酶等，近年来利用石油原料生产单细胞蛋白、核酸、有机酸，及利用味精废液、酒精废液制备单细胞蛋白的过程中也采用酵母菌作为生产菌。工业上常用的酵母菌株有如下几种。

2.1.3.1 啤酒酵母

按照细胞长与宽的比例可分为三组。第一组的长∶宽＝1～2，一般小于2，俗称为德国2号和德国12号（*Rasse* II 和 *Rasse* XII），除用于酿造饮料酒和制造面包以外，是啤酒酵母中有名的酒精生产菌。但因不耐高浓度盐类，只适用于糖化淀粉质原料生产酒精和白酒。第二组的长∶宽＝2，葡萄酒酿造业将其简称为葡萄酒酵母（*S. cerevisrae ellip-soideus*），主要用于酿造葡萄酒和果酒，也有的用于啤酒业、蒸馏酒业和酵母工厂。第三组的长与宽之比大于2，这组酵母俗称为台湾396号。因为它能耐高渗透压，可以经受高浓度盐，南方常用它以甘蔗糖蜜为原料生产酒精。该菌体维生素、蛋白质含量高，可作食用、药用和饲料酵母，可提取核酸、麦角醇、谷胱甘肽、细胞色素C、凝血质、辅酶A、腺苷三磷酸。它的转化酶可以用于转化糖和巧克力的制造。

2.1.3.2 葡萄汁酵母

此类包括卡尔斯伯酵母、娄哥酵母和葡萄汁酵母三种，与啤酒酵母的主要区别是能全发酵棉子糖。按细胞宽度和大小可分为三群：第一群$(4.0\sim10.0)\mu m \times [5.5\sim16.0(\sim25)]\mu m$；第二群$(2.5\sim6.5)\mu m \times [5.0\sim11.5(\sim22)]\mu m$；第三群$(3.5\sim8.0)\mu m \times [5.0\sim11.5(\sim20)]\mu m$。常可由果酒厂和啤酒厂分离出。卡尔斯伯酵母是啤酒酿造中典型的下面酵母，又可作食用、药用和饲料酵母，麦角固醇含量也较高，而且是维生素测定菌，可测泛酸、硫胺素、吡哆醇和肌醇。

2.1.3.3 汉氏德巴利酵母

能利用酒精为碳源，生成乙酸乙酯，也可将葡萄糖转化成磷酸甘露聚糖，是酒精工业的有害菌。

2.1.3.4 毕赤酵母

毕赤酵母能利用石油或农副产品及工业废料生产菌体蛋白，有些菌株能产生麦角固醇、苹果酸、磷酸甘露聚糖。

2.1.3.5 粟酒裂殖酵母

这种酵母由非洲人饮用的粟酒中分离得到，甘蔗糖蜜和水果上也能找到。用菊芋制成的未水解糖液发酵能得到非常高产量的酒精。

2.1.3.6 产朊假丝酵母

异名产朊圆酵母或食用圆酵母或食用球拟酵母。其蛋白质含量和 B 族维生素含量都比啤酒酵母高。它能够以尿素和硝酸作为氮源，在培养基中不需要加入任何刺激生长的因子即可生长。能利用五碳糖和六碳糖，既能利用造纸工业的亚硫酸废液，又能利用糖蜜、土豆淀粉废料、木材水解液等生产出人畜可食的蛋白质。

2.1.3.7 解脂假丝酵母解脂变种

这一变种是从含有动植物油及矿油的物质中分离出来的。它能同化的糖和醇类很少，但分解脂肪和蛋白质的能力很强。它能利用煤油等正烷烃，是石油发酵脱蜡和制取菌体蛋白的优良菌种。其柠檬酸的产量也较高，可达 14.3mg/mL。以正烷烃为碳源可产维生素 B_6。

2.1.3.8 球形球拟酵母

可生长在浓糖基质上，如炼乳、蜜饯、果脯等处，为耐高渗透压的菌种。

2.1.4 霉菌

霉菌也称丝状真菌，是真菌的一部分，通常指那些菌丝体较发达又不产生大型肉质子实体结构的真菌。构成真菌类的藻状菌、子囊菌、担子菌和半知菌的四个纲中，除了主要以出芽无性繁殖为主的酵母菌外，菌体呈丝状的一群微生物都总称为霉菌。

霉菌的营养体由菌丝构成。菌丝有两类：一类菌丝中无横隔，整个菌丝体就是一个单细胞，如根霉、毛霉等；另一类菌丝有横隔，整个菌丝体由许多细胞构成，如子囊菌纲、担子菌纲、半知菌类等。一部分菌丝向空中生长，称为气生菌丝，它们发展到一定阶段，分化成为繁殖器官。霉菌繁殖靠孢子进行，孢子分无性孢子和有性孢子两种。无性孢子有孢囊孢子、分生孢子、节孢子等；有性孢子有卵孢子、接合孢子、担孢子等。

霉菌可用来酿酒、制酱和制作其他发酵食品，还可生产酒精、有机酸、抗生素、酶制剂、维生素、甾体激素转化、发酵饲料、植物生长刺激素、杀虫农药等。也可引起各种食物、仪器设备等发霉变质，有的能引起人畜病害。工业上常用的霉菌菌株有以下几种。

2.1.4.1 毛霉

(1) 鲁氏毛霉［*M. rouxianus(calmette)* Wehmer］ 鲁氏毛霉最初从我国小曲中分离出来，最早被用于阿明露法制造酒精，能糖化淀粉且能生成少量酒精，还能产生蛋白酶，有分解大豆蛋白的能力，故我国常用来制作腐乳。

(2) 高大毛霉［*M. muced*(L.)Fres］ 高大毛霉多出现在兽畜的粪便上，能产生 3-羟基丁酮、脂肪酶，还能产生大量的琥珀酸；能转化甾族化合物，对 C-6β、C-11α 起羟化作用。

(3) 总状毛霉 (*M. racenosus* Fres) 总状毛霉是毛霉中分布最广的一种，几乎在各地土壤中、一些生霉材料上、空气中和各种粪便上都能找到，酒曲中常见。能产生 3-羟基丁酮，对甾族化合物骨架的 C-9α 起羟化作用，我国四川的豆豉用此菌制成。

(4) 爪哇毛霉 (*M. javanicus* Wehmer) 土壤、酒曲中常见，能糖化淀粉并生成少量酒精，能产生蛋白酶，有分解大豆蛋白的能力，多用来做腐乳，能产生果胶酶，能转化甾族化合物，有 C-6β、C-11α 羟化能力。

（5）微小毛霉（*M. pusillis* Lindt）和刺囊毛霉（*M. spinosus* van Tiegherm） 此两类分布在土壤和酒曲中，能产生凝乳酶，能转化甾族化合物。前者有 C-6β、C-11α 羟化能力，后者有 C-9α 羟化能力。

2.1.4.2 根霉

（1）匍枝根霉（*R. stolonifer*） 又名黑根霉（*R. nigercans*）。匍枝根霉能产生反丁烯二酸、丁烯二酸、果胶酶，对甾族化合物骨架的 C-6β 和 C-11α 具有羟化能力，转化孕酮为 C-11α 羟基孕酮更具特色，是微生物转化甾族化合物的重要真菌；还常用来发酵豆类和谷类食品；它还常出现在一些生霉材料上，尤其是生霉食品上，常引起瓜果蔬菜等在运输和贮藏中腐烂，甘薯腐烂就是其造成的。

（2）米根霉（*R. oryzoe*） 在我国酒药和酒曲中常看到，在土壤、空气中也常见，产 L（＋）-乳酸量达 70% 左右，能发酵豆类和谷类食品，淀粉酶活力相当强，能转化蔗糖，多用作糖化菌。能产生脂肪酶。

在资料中常看到的一些其他名称的根霉，如河内根霉（*R. tondinensis* Vuille-min）、结节根霉（*R. nodonus* Nannys-lowski）、甘薯根霉（*R. batas* Nakazawa）、小麦曲根霉（*R. tritici* Saito）、代氏根霉 [*R. delemar*（Boidin）Wehemer et Haanzawa] 等，其形状与米根霉非常近似，生理性状有差异，所以有人把它们归为米根霉群系中，或认为是米根霉的异名。

（3）华根霉（*R. chinensis* Saito） 华根霉多出现在我国酒药和酒曲中，耐高温（45℃能生长），淀粉酶液化力强，有溶胶性，能产生酒精、芳香脂类、乳酸及反丁烯二酸，能转化甾族化合物。

（4）无根根霉（*R. arrhizus* Fischer） 无根根霉能产生乳酸、反丁烯二酸、丁烯二酸，还常用来发酵豆类和谷类食品，能产生脂肪酶，能对甾族化合物骨架的 C-6β 和 C-11α 起羟化作用。

2.1.4.3 曲霉

（1）紫色红曲霉（*M. purpureus* Went） 菌丝体初为白色或粉色，老熟后为红紫色或葡萄酱紫色，此菌常出现在乳或乳制品中。能发酵纤维二糖生成酸，不能发酵蔗糖、果糖、山梨醇、D-阿拉伯糖等，能产生糊精酶、糖化酶、麦芽糖酶等，用它水解淀粉最终产物为葡萄糖。

（2）烟色红曲霉（*M. fuliginosus* Sato） 菌丝体初为白色，逐渐变为灰黑色，菌落背面红褐色，贵州茅台酒醅中数量最多。能发酵纤维二糖、果糖、蔗糖、山梨醇、D-阿拉伯糖等生成醇。我国早在明朝就用它培制红曲，红曲可作中药、食品染色剂和调味剂；福建、台湾等东南诸省用红曲配制红酒；红曲还能制醋，如福建平湖曲醋驰名中外。

（3）黑曲霉（*A. niger*） 黑曲霉有多种活性强大的酶系，如淀粉酶、糖化酶、耐酸性蛋白酶、果胶酶、柚苷酶和橙皮苷酶、葡萄糖氧化酶、纤维素酶（Cx 酶）；还可利用黑曲霉作为发酵饲料，能分解有机质产生有机酸，如抗坏血酸、柠檬酸、葡萄糖酸、没食子酸等；转化甾族化合物，对 C-11α 起羟化作用，能将羟基孕甾酮转化为雄烯；还可用来测定锰、铜、钼、锌等微量元素。

（4）日本曲霉（*A. japanicus* Saito） 属于黑曲霉群，代表具有单层小梗的一种类型，两者可由分生孢子表面有无突起加以区别。宇佐美曲霉（*A. usamii*）和泡盛曲霉（*A. awamori*）在日本南九州和冲绳用于制造泡盛酒。

（5）米曲霉 [*A. oryzae*（Ahlburg）Cohn] 和黄曲霉（*A. foavus* Link） 这两种均属于黄

曲霉群，能产生曲酸，可用作杀虫杀菌剂以及胶片的脱尘剂，分解 DNA 产生 $5'$-脱氧胞嘧啶核苷酸、$5'$-脱氧腺苷酸、$5'$-脱氧鸟苷酸、$5'$-脱氧胸腺嘧啶核苷酸，能产生淀粉酶、蛋白酶、果胶酶等。有的已制成酶制剂，但某些菌系能产生黄曲霉毒素，引起家禽家畜严重中毒以至死亡，使人致癌。

2.1.4.4 青霉

（1）橘青霉（*P. citrinum* Thom） 橘青霉属不对称青霉组，绒状青霉亚组，橘青霉系。许多菌体可产生橘霉素，也能产生脂肪酶、葡萄糖氧化酶和凝乳酶；还有的菌系产生 $5'$-磷酸二酯酶；可用它生产 $5'$-核苷酸，如从酵母 RNA 生产 $5'$-腺苷酸、$5'$-鸟苷酸、$5'$-胞苷酸、$5'$-尿苷酸和 $5'$-肌苷酸。肌苷酸和鸟苷酸用于调味有很强的助鲜作用。在大米上生长可引起黄色病变，并具毒素。

（2）产黄青霉（*P. chrysogenum* Thom） 产黄青霉属不对称青霉组，绒状青霉亚组，产黄青霉系。能产生多种酶类及有机酸，在工业生产上用以生产葡萄糖氧化酶或葡萄糖酸，还能产生柠檬酸和抗坏血酸，特别是应用非常广泛的青霉素生产菌就得自此系。青霉素发酵后的菌丝废料含丰富的蛋白质、矿物质和 B 族维生素，可作为家禽的代饲料。

（3）娄地青霉（*P. roqueforti* Thom） 娄地青霉属不对称青霉组，绒状青霉亚组，娄地青霉系。具有分解油脂和蛋白质的能力，可用于制造干酪，其菌丝含有多种氨基酸，主要是天冬氨酸、谷氨酸、丝氨酸等，该菌孢子能将甘油三酯氧化为甲基酮。

（4）展开青霉（*P. patulum* Bainier），异名荨麻青霉（*P. urticae* Bainier），属不对称青霉组，束状青霉亚组。主要用于产生灰黄霉素，是一种有效的可口服抗生素，用于治疗真菌性皮肤病、痢疾及灰指甲病。

2.1.4.5 其他霉菌

粗糙链孢霉（*N. crassa*）是微生物遗传学的重要研究材料，好食链孢霉（*N. sitophila*）的孢子色素中含有多量的 β-胡萝卜素，是维生素 A 的研究材料。

阿舒假囊霉（*E. ashbyii*）和棉病假囊霉（*E. gossypii*）都是植物病原菌。前者雌雄异株，后者雌雄同体，但互为近缘菌种，通常为维生素 B_2 产生菌。

白地霉（*G. candidum*），异名乳卵孢霉（*Oidium latis Fresenius*），其菌体蛋白营养价值很高，可供食用及饲用，也可提取核酸，还可合成脂肪，在糖厂、酒厂、淀粉厂、饮料厂、豆腐厂、制药厂等的废料和废水综合利用方面很有前途。

2.2　工业微生物菌种选育

微生物不仅可以通过接合、转化、转导等方式改变遗传物质，同时也可以通过自发突变和人工诱变等方式使原有的遗传性状发生改变。对这些遗传变异的认识使人们有可能按自己的意图去改变微生物的不良遗传性状，优化对人类有益的性状，让微生物为人类服务。以下介绍微生物育种的几种常规方式。

2.2.1　自然育种

包括从自然界分离获得菌株和根据菌种的自发突变进行筛选而获得菌种。

2.2.1.1　从自然界分离获得菌株

从自然界分离新菌种一般包括以下几个步骤：采样、增殖培养、纯种分离和性能测定等。菌种分离的程序如图 2-1 所示。

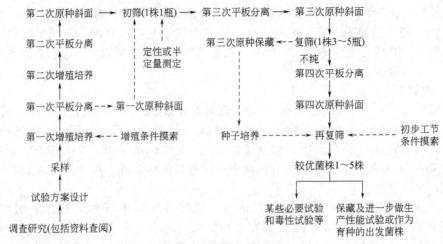

图 2-1　菌种分离的程序

（1）采样　采样地点的确定要根据筛选的目的、微生物的分布概况及菌种的主要特征与外界环境关系等，进行综合、具体地分析来决定，如果预先不了解某种生产菌的具体来源，一般可从土壤中分离。

采样的方法多是在选好地点后，用小铲去除表土，取离地面 5～15m 处的土壤几十克，盛入预先消毒好的牛皮纸或塑料袋中，扎好，记录采样时间、地点、环境情况等，以备考查。一般土壤中芽孢杆菌、放线菌和霉菌的孢子忍耐不良环境的能力较强，不太容易死亡。但是，由于采样后的环境条件与天然条件有着不同程度的差异，一般应尽快分离。对于酵母类或霉菌类微生物，由于它们对碳水化合物的需要量比较多，一般又喜欢偏酸性环境，所以酵母类、霉菌类在植物花朵、瓜果种子及腐殖质含量高的土壤等上面比较多。

（2）增殖培养　收集到的样品，如含目标菌株较多，可直接进行分离，如果样品含目标菌种很少，就要设法增加该菌的数量，进行增殖（富集）培养。所谓增殖培养就是给混合菌群提供一些有利于所需菌株生长或不利于其他菌型生长的条件，以促使目标菌大量繁殖，从而有利于分离它们。例如，筛选纤维素酶产生菌时，以纤维素作为唯一碳源进行增殖培养，使得不能分解纤维素的菌不能生长；筛选脂肪酶产生菌时，以植物油作为惟一碳源进行增殖培养，能更快更准确地将脂肪酶生产菌分离出来。除碳源外，微生物对氮源、维生素及金属离子的要求也是不同的，适当地控制这些营养条件对提高分离效果是有好处的。另外，控制增殖培养基的 pH 值，有利于排除不需要的、对酸碱敏感的微生物；添加一些专一性的抑制剂，可提高分离效率，例如，在分离放线菌时，可先在土壤样品悬液中加 10％ 的酚数滴，以抑制霉菌和细菌的生长；适当控制增殖培养的温度，也是提高分离效率的一条好途径。

（3）纯种分离　通过增殖培养还不能得到微生物的纯种，因为生产菌在自然条件下通常是与各种菌混杂在一起，所以有必要进行分离纯化，才能获得纯种。纯种分离方法常选用单菌落分离法。把菌种制备成单孢子或单细胞悬浮液，经过适当的稀释后，在琼脂平板上进行划线分离，即是将含菌样品在固体培养基表面做有规则的划线（有扇形划线法、方格划线法及平行划线法等），菌样经过多次从点到线的稀释，最后经培养得到单菌落。也可以采用稀释法，该法是通过不断地稀释，使被分离的样品分散到最低限度，然后吸取一定量注入平板，使每一微生物都远离其他微生物而单独生长成为菌落，从而得到纯种。划线法简单而快捷；稀释法在培养基上分离的菌落单一均匀，获得纯种的概率大，特别适宜于分离具有蔓延性的微生物。采用单菌落分离法有时会夹杂一些由两个或多个孢子所生长的菌落，另外不同孢子的芽管间发生吻合，也可形成异核菌落。要克服这些缺点，就要特别重视单孢子悬浮液的制备方法。为使单孢子悬浮液有良好的分散度，力求去除菌丝断片或粘接在一起的成串的孢子，可采用如下方法制备单孢子悬浮液：对于细菌，因其在固体斜面培养基上常粘在一起，故要求转种到新鲜肉汤液体中进行培养，以取得分散且生长活跃的菌体；对放线菌和霉菌的孢子，采用玻璃珠或石英砂振荡打散孢子后，用滤纸或棉花过滤；对某些黏性大的孢子，常加入 0.05% 的分散剂（如吐温 80）以获得分散的单个孢子。

为了提高筛选工作效率，在纯种分离时，培养条件对筛选结果影响也很大，可通过控制营养成分、调节培养基 pH 值、添加抑制剂、改变培养温度和通气条件及热处理等来提高筛选效率。平板分离后挑选单个菌落进行生产能力测定，从中选出优良的菌株。

（4）生产性能测定　由于纯种分离后，得到的菌株数量非常大，如果对每个菌株都做全面而精确的性能测定，工作量十分巨大，而且是不必要的。一般采用两步法，即初筛和复筛，直到获得 1～3 株较好的菌株，供发酵条件的摸索和生产试验，进而作为育种的出发菌株。这种直接从自然界分离得到的菌株称为野生型菌株，以区别于用人工育种方法得到的变异菌株。

2.2.1.2　从自发突变体中获得菌株

微生物可遗传的特性发生变化称为变异，又称突变，是微生物产生变种的根源，同时也是育种的基础。自然突变是指在自然条件下出现的基因变化。目前发酵工业中使用的生产菌种，几乎都是经过人工诱变处理后获得的突变株，因此常表现出生活力比野生菌株弱的特点。此外，生产菌种是经人工诱变处理而筛选获得的突变株，遗传特性往往不够稳定，容易继续发生变异，使得生产菌株呈现出自然变异的特性，如果不及时进行自然选育，通常会导致菌种性能变化，使发酵产量降低，但也有变异使菌种获得优良性能的情况。

自发突变的频率较低，因此自然选育筛选出来的菌种，不能满足育种工作的需要，不完全符合工业生产的要求，如产量低、副产物多、生长周期长等。因而不能仅停留在"选"种上，还要进行"育"种。如通过诱变剂处理菌株，就可以大大提高菌种的突变频率，扩大变异幅度，从中选出具有优良特性的变异菌株，这种方法就称为诱变育种。

2.2.2　诱变育种

诱变育种是通过人工处理微生物，使之发生突变，并运用合理的筛选程序和方法，把适合人类需要的优良菌株选育出来的过程。人工诱变与自发突变相比可大大提高微生物的突变率，使人们可以简便、快速地筛选出各种类型的突变株，供生产和研究之用。

2.2.2.1　基本程序

（1）出发菌株的挑选　出发菌株是指用于育种的起始菌株。选择时要注意：具有有利性状（如高产、生长速度快、营养要求粗放、标记明显等）及对诱变剂的敏感性。

（2）敏感期和适合对象的选择　敏感期，如菌种的对数生长期，孢子或芽孢的萌发前期；合适对象，如孢子、芽孢，因其多为单核状态，处理前制成单孢子或单细胞悬液，其目的是能均匀接触诱变剂，并能减少诱变后性状的退化现象。

（3）诱变剂的选择　一般原则是使用的方便性和有效性。诱变后的菌株，如其生产能力比亲本有明显提高称为正变株，反之称为负变株。获得高正变株出现的就是有效诱变剂。为了提高诱变效率，常用两种诱变剂交替使用的方法，如紫外线和可见光、紫外线和亚硝基胍等。另外还要检验诱变剂的有效性，如检测营养缺陷型的回复突变率、耐药性突变率等。诱变剂多为致癌剂，故使用时要小心。

（4）诱变剂量的选择　在大多数情况下，用高剂量诱变剂处理获得的负突变率高，在偏低的剂量中正突变率反而较高，因此目前处理剂量已从以前采用的死亡率 90%～99.9% 降低到死亡率为 30%～80%。但有时也有采用高剂量的情况，因为在多核细胞中，高剂量诱变时，除个别核发生突变外，其他核均被致死，可形成较纯的变异菌落，同时也造成遗传物质的巨大损伤，可以减少回复突变。

(5) 初筛 即粗筛。因筛选量大，采用的方法需简便、快速。最常用的有透明圈法、抑菌圈法和颜色变化等方法。如在筛选纤维素酶时，有人发现用刚果红将其底物（羧甲基纤维等）染色，可大大提高用透明圈法检测的敏感性。

(6) 复筛 即精细筛选。通常选用液体摇瓶培养方法，直接检测所需的产物量。

筛选是一项繁杂的工作，要选择出优良菌株真犹如大海捞针，故必须进行多次初筛和复筛，并需设计出合理的筛选方案。

2.2.2.2 营养缺陷型的筛选

(1) 营养缺陷型 营养缺陷型指某一菌株在诱变后丧失了合成某种营养成分的能力，主要是指合成维生素、氨基酸及嘌呤、嘧啶的能力，使其在基本培养基（能够满足野生型菌株生长最低限度需要的培养基）中不能正常生长，而必须在此培养基中加入相应物质才能生长的突变株。

(2) 筛选过程 在诱变后通常通过中间培养、淘汰野生型、营养缺陷型检出、营养缺陷型鉴定等步骤，最终筛选出营养缺陷型。

① 中间培养 对数生长期中，单核细胞常出现双核现象，多核细胞的核也成倍增加，人工诱变对数期的细胞时，突变通常发生在一个核上，故其变异或非变异的细胞必须经过一代或几代繁殖才能分离。这种纯种变异细胞出现的推迟现象称为分离延迟现象，这个培养过程称为中间培养。在细菌中用完全培养基（在基本培养基中同时加入蛋白胨和酵母膏的培养基）或补充培养基（在基础上培养基上补加一些生长因子如氨基酸、维生素、嘌呤、嘧啶等化合物的培养基）培养过夜即可。

② 淘汰野生型 即浓缩缺陷型。中间培养后的细胞中除营养缺陷型菌株外，仍含有大量野生型菌株，为便于筛选，须将野生型细胞大量淘汰以浓缩营养缺陷型细胞，常用抗生素法和过滤法。抗生素法的基本原理是野生型细胞能在基本培养基上生长繁殖，可选用某种抗生素将生长状态的细胞杀死，而留下不能生长的缺陷型细胞；过滤法是使能在基本培养基上生长形成菌丝体的野生型留在滤膜上，不能生长在营养缺陷型细胞则能透过滤膜。由此可见，缺陷型能否被浓缩，关键是细胞在基本培养基中能否生长。为了准确地表现性状，必须使细胞在浓缩前耗尽体内或体表的营养，故需用基本培养基洗涤，然后再用基本培养基加抗生素培养。

③ 营养缺陷型检出 浓缩后得到的营养缺陷型比例虽加大，但不是每株都是营养缺陷型，还需进一步分离，常用的方法有如下几种。

a. 点种法 把浓缩的菌液（细胞或孢子）在完全培养基上进行分离培养，然后将平板上出现的菌落逐个地点种到基本培养基和完全培养基上，经过一定时间培养后，凡是在基本培养基上不能生长，而在完全培养基上能生长的菌落，经重新复证后仍然如此，则这样的菌落便是营养缺陷型。

b. 夹层检出法 在培养皿底层倒入一层基本培养基，待凝后，在其上倒入一层稀释菌液与基本培养基的混合物，凝后再倒入一层基本培养基，培养后长出的菌落为野生型，其上再加上一层完全培养基，经过培养后新出现的菌落则多数是营养缺陷型。这种方法一般适用于细菌。

c. 限量补充培养基检出法 将经过浓缩的菌液接种在含有微量（0.6%或更少）蛋白胨的基本培养基上培养，野生型迅速生长成较大的菌落，而营养缺陷型生长较慢，故长成小菌落而得以检出。

d. 影印法 将已灭菌的丝绒布，包在直径小于培养皿的小圆柱体上，这样便制成了一个印章，它可使菌落位置不变地从一个培养皿移至另一个培养皿。具体操作方法是：把印章放在已长出菌落的平皿（完全培养基）上轻轻压一下（注意不要沾上培养基），然后轻轻地分别印在基本培养基和完全培养基上，培养后，在完全培养基上生长，而在基本培养基上不生长的菌落便是营养缺陷型。因霉菌孢子容易飞散，故常引起误差，有人在薄纸上涂沫孢子液代替丝绒，将薄纸放在完全培养基上，待孢子长出菌丝伸入培养基后，将薄纸移到基本培养基上以便在相应位置上比较菌落生长情况。影印法是在细菌耐药性变异研究中发展起来的技术，目前已在放线菌、酵母菌等形成小菌落的微生物育种中广泛应用。

④ 营养缺陷型鉴定　营养缺陷型的种类很多，选出后需要鉴定。常用生长谱法，即在基本培养基中加入某种物质时，能生长的菌便是某种物质的缺陷型。其步骤是，首先鉴定需要的一大类生长因子，可用天然产物的混合物检测，其次鉴定具体因子。

a. 缺陷营养类别的确定。常用于确定营养缺陷型类别的天然混合物有：不含维生素的酪素水解液、氨基酸混合物或蛋白胨；水溶性维生素混合物；0.1％碱水解酵母核酸液等。检测方法可用滤纸法：取 0.5cm 直径的滤纸片蘸取以上溶液，放在已接菌的平皿上培养，只要在此滤片周围菌能生长，即可说明此营养缺陷型的类别。

b. 缺陷营养因子的确定。缺陷的营养因子可能是 1 种，有时会是 2 种、3 种或更多，检测可用上述滤纸法，亦可用营养组分分组法。例如，在分析 15 种可能的营养因子时，可按表 2-2 的组合配成 5 种溶液。将组合营养因子的纸片放置于基本培养基上，观察生长情况，便可根据营养因子缺陷示意查出其营养缺陷因子，通过单一因子复证以确定。

表 2-2　营养因子的组合及其缺陷示意

营养因子的组合		营养因子缺陷示意			
溶液组合编号	组合的营养因子	生长组织	营养因子缺陷	生长组织	营养因子缺陷
A	1　2　3　4　5	A	1	BC	7
B	2　6　7　8　9	B	6	BD	8
C	3　7　10　11　12	C	10	DBE	9
D	4　8　11　13　14	D	13	CD	11
E	5　9　12　14　15	E	15	CE	12
		AB	2	DE	14
		AC	3	AD	4
		AE	5		

2.2.3　杂交育种

杂交育种一般是指两个不同基因型的菌株通过接合或原生质体融合使遗传物质重新组合，再从中分离和筛选出具有新性状的菌株。真菌、放线菌和细菌均可进行杂交育种。杂交育种是选用已知性状的供体菌株作为亲本，把不同菌株的优良性状集中于组合体中。因此，杂交育种具有定向育种的性质。杂交后的杂种不仅能克服原有菌种生活力衰退的趋势，而且杂交使得遗传物质重新组合，动摇了菌种的遗传基础，使得菌种对诱变剂更为敏感。因此，杂交育种可以消除某一菌种经长期诱变处理后所出现的产量上升缓慢的现象。通过杂交还可以改变产品质量和产量，甚至形成新的品种。总之，杂交育种是一种重要的育种手段。但是，由于操作方法较复杂、技术条件要求较高，其推广和应用受到一定程度的限制。杂交育种主要有常规的杂交育种和原生质体融合这两种方法，近年来，后一种方法较为多见。

2.2.3.1　常规的杂交育种

常规的杂交育种不需用脱壁酶处理，就能使细胞接合而发生遗传物质重新组合。现以青霉菌的杂交育种为例，说明杂交的主要过程。青霉菌的杂交过程实际上也是青霉准性生殖的过程。

(1) 遗传标记 杂交育种所用的亲本菌株通常要有一定的遗传标记以便于筛选。可作为青霉菌亲本菌株的遗传标记有许多种，如营养缺陷型、耐药性突变型等。其中以营养缺陷型作为遗传标记最为常见，下面叙述的杂交方法就是以营养缺陷型作为遗传标记的。通常是将两个用来杂交的野生型菌株，经过诱变得到两株不同的营养缺陷型作为杂交的直接亲本菌株。

(2) 核体形成 要获得异核体有许多种方法，这里介绍完全培养基混合培养法。将两个直接亲本（营养缺陷型）的孢子混合接种于液体完全培养基中，培养 1～2 天，挑出生长的菌丝体，用液体基本培养基或生理盐水离心洗涤 3 次，将菌丝取出、撕碎，置于基本培养基平板上培养 7 天，由菌丝碎片长出的菌丝即为异核体。异核体是两个直接亲本菌株经过细胞间的接合而形成的，即在一条菌丝里含有两个遗传特性不同的细胞核，共同生活在均一的细胞质里，能够互补营养，因此能在基本培养基上生长。

(3) 杂合二倍体的形成 杂合二倍体是杂交育种的关键。因为杂合二倍体本身不仅已经具备了杂种的特性，而且随着其染色体或基因的重组和分离，还能形成更多类型的杂种（重组体分离子），这就为杂交育种提供了丰富的材料。

杂合二倍体形成的方法是在基本培养基平板上分离异核体所产生的分生孢子，在异核体的分生孢子里偶尔有两个遗传性状不同的细胞核发生了融合，这样就形成了杂合二倍核，这个杂合二倍核经过繁殖，就可以得到杂合二倍体。杂合二倍体的营养要求、分生孢子的颜色以及生长习性都与野生型相近似，其孢子体积和 DNA 含量明显大于其直接亲本。杂合二倍体菌株与单倍体菌株（亲本菌株）相比，具有较高的酶活性，生长速率和糖的利用速率比较快。但异核体自发形成杂合二倍体的频率很低，因此必须人为地提高形成杂合二倍体的频率。常用的方法有：提高异核体的培养温度，用紫外线照射异核体，用樟脑蒸气熏异核体菌丝等。

(4) 染色体交换和单倍化 杂合二倍体一般是稳定的，但也有极少数杂合二倍体的细胞核在它们无性繁殖的细胞分裂过程中偶然发生染色体交换和单倍化，产生很多类型的二倍或单倍分离子。用诱变剂处理则分离子的类型更多，这些分离子从表型上可以分为亲本型分离子和重组型分离子两种。重组型分离子在二倍体菌落中表现为角变和扇形斑点。青霉菌杂交的目的是为了获得重组型分离子。

2.2.3.2 原生质体融合育种

(1) 原生质体融合及其意义 原生质体融合就是将双亲株的微生物细胞分别通过酶解去壁，使之形成原生质体，然后在高渗条件下混合，并加入物理的、化学的或生物的助融条件，使双亲株的原生质体间发生相互凝集和融合的过程。通过细胞核融合而发生基因组间的交换、重组，从而在适宜条件下再生出微生物细胞壁，获得重组子。原生质体融合技术具有重要的理论与应用价值。它打破了微生物的种属界限，可以实现远缘间菌株的基因重组。1975 年 Ahkong 等人用聚乙二醇（PEG）诱导酵母的原生质体与母鸡的红细胞融合，产生了真菌和动物的异核体。1981 年 Yamada 用 PEG 诱导酵母原生质体与细菌细胞成功地融合，并使其固氮作用或光合作用实现了不稳定的表达。原生质体融合为远缘微生物间的重组育种展示了广阔前景。

原生质体融合在实际应用中主要用于改良菌种特性，提高目标产物的产量，使菌种获得新的性状，合成新的产物等。如原生质体融合可使遗传物质传递更为完整，获得更多基因重组体的机会。借助聚合剂可同时将几个亲本的原生质体随机融合在一起，从而获得综合几个亲本性状的重组体。可与其他育种方法相结合，如把常规诱变和原生质体诱变等所获得的优良性状，组合到一个单株中。这些均可加速育种进程。

原生质体融合技术可用来探索一系列重大理论问题，可用于研究细胞质遗传、核质关系、噬菌体与宿主关系，并在研究外源 DNA 转化、质粒转移、基因定位、病毒传递以及核与核、核与质之间的关系等方面已取得重大进展。

（2）原生质体融合技术及育种步骤　首先需要除去遗传物质交换重组的屏障；其次是融合后的原生质体必须能再生出细胞壁，再生率越高则筛选出正变菌株的概率也越大；第三是实现遗传物质的交换、重组，形成稳定的重组子；最后是对重组子的检出、传代和鉴定。

① 原生质体的制备　制备原生质体是保证实现原生质体融合技术的关键步骤，主要是要除去细胞壁。目前破壁方法主要用酶法消化。细菌主要用溶菌酶；放线菌除用溶菌酶外，亦有用裂解酶 2 号、消色酞酶等；霉菌细胞壁成分较复杂，故破壁较困难，常用的酶有葡萄糖苷酸酶、壳多糖酶、酵母裂解酶、半纤维素酶、纤维素酶、蜗牛酶等，其中蜗牛酶的破壁效果更好些；酵母菌最常用的是蜗牛酶和酵母裂解酶。除了酶破壁外，也有用研磨和超声波法，但不如酶解效果好。为提高酶的作用效率，常在酶作用前进行预处理。此外还要考虑其他条件，如菌龄和酶浓度等。

a. 菌体的预处理　为提高酶作用效果而进行的前处理。例如，在细菌中加入乙二胺四乙酸（EDTA）、甘氨酸、青霉素和 D-环丝氨酸；在放线菌中加入 1%～4% 的甘氨酸；在酵母菌中加入 EDTA 和巯基乙醇等。加入这些物质的目的在于使菌体细胞壁对酶的敏感性增强。例如，在细菌中用甘氨酸处理，使其细胞壁肽聚糖中的 L-丙氨酸和 D-丙氨酸被甘氨酸所取代，从而干扰了正常的交叉键合；用青霉素处理，能干扰甘氨酸桥与四肽侧链上的 D-丙氨酸之间的联结，从而不能形成完整的细胞壁，便于溶菌酶处理。

b. 菌体的培养时间即菌龄　一般选择对数生长期的菌体，这时的细胞正在生长，代谢旺盛，细胞壁对酶解作用最敏感，原生质体形成率高，再生率亦高。细菌宜选用对数期后期，放线菌宜采用对数生长期到平衡期之间的转换期。

c. 酶浓度　在一定范围内，随酶浓度增加而原生质体的形成率增大。酶浓度过低不利于原生质体的形成，过高则导致原生质体再生率的降低，若原生质体形成率很高而其后的再生率很低，则不利于原生质体融合育种。因此有人建议以原生质体形成率和再生率之积达到最大时的酶浓度作为最佳浓度。

② 原生质体融合

a. 原生质体亲本的选择　为便于融合后对融合子的选择，在原生质体亲本的选择上可采用多种方法，如选择不同的营养缺陷型，对药物抗性的差异；应用紫外线照射、加热或一些化学的方法使某一亲本原生质体灭活；利用荧光色素标记，选择利用不同碳源的原生质体亲本等。

b. 原生质体融合方法　主要有生物助融、物理助融、化学助融。生物助融是通过病毒聚合剂，如仙台病毒等病毒和某些生物提取物使原生质体融合。物理助融是通过离心沉淀、电脉冲、激光等物理方法刺激原生质体融合。化学助融是通过化学助融剂刺激其融合，早期主要是硝酸盐类，现在应用最多的是 PEG 加 Ca^{2+}。

c. PEG 诱导融合的机制及过程　脱水凝聚，有人认为，PEG 分子常显示弱的负电性，可与带正电荷 Ca^{2+}、Mg^{2+} 等的原生质体表面分子（水、蛋白质、糖类分子等）相互作用形成氢键而形成凝集体；收缩变形，进而使相邻原生质体接触面扩大；蛋白移位，凝聚部位的细胞膜内蛋白质颗粒转移；脂类分子重排，Ca^{2+} 可强烈地促进脂类分子的骚动以及重排，使形成的细胞质桥扩大，极大地加速融合进程。但要注意 PEG 也对细胞产生毒性，作用时间不宜过长。

③ 原生质体再生　是指去壁后的原生质体能重建细胞壁，恢复细胞完整形态，并能生长、分裂的过程。这是原生质体融合育种的必要条件。但原生质体的再生过程复杂，影响因

素多，主要有菌种本身的再生特性、原生质体制备条件、再生培养基成分以及再生培养条件等。

通常在原生质体融合前要测定原生质体的再生率，以此分析其融合率不高是由于双亲株原生质体本来就没有活性或再生率低，还是由于融合条件不适所致。因此测定原生质体形成率和再生率不仅可作为检查、改善原生质体形成和再生条件的指标，也是分析融合实验结果，改善融合条件的一个重要指标。原生质体再生率可用下式进行计算：

$$原生质体再生率 = \frac{破壁前菌数 - 剩余菌数}{再生菌数 - 剩余菌数} \times 100\%$$

④ 融合子的检出与鉴定　原生质体融合育种的目的在于迅速准确地检出各种类型的融合子，并通过鉴定、筛选等步骤，及时选出稳定高产的融合子。

融合子的检出常用的两种方法是：直接检出法，将融合液涂布于无双亲株生长所必要的营养物或存在抑制双亲株生长的抑制物的再生平皿上，直接检出原养型或具有双亲抑制物抗性的融合子；间接检出法，将融合液涂布于营养丰富而又不加任何抑制物的再生完全培养基（CM）平皿上，使亲株及融合子都再生出菌落，然后再用影印法复制到一系列选择培养基平皿上检出融合子。

融合子的鉴定。经过传代选出的稳定融合子，可从形态学、生理生化、遗传学及生物学等几方面进行鉴定。如比较菌落形态和颜色变化，用光镜或电镜比较融合子与双亲株间的个体形态和大小，测定不同时期的菌体体积、湿重和干重，测定某些有代表性代谢产物的产量，进行核酸的分子杂交、分析 DNA 含量、GC 对的变化等。

2.2.4　基因工程育种

体外重组 DNA 技术或称基因工程、遗传工程，是以分子遗传学的理论为基础，综合分子生物学和微生物遗传学的最新技术而发展起来的一门新兴技术。它是现代生物技术的一个重要组成方面，是 20 世纪 70 年纪以来生命科学发展的最前沿。利用基因工程能够使任何生物的 DNA 插入到某一细胞质复制因子中，进而引入寄主细胞进行成功表达，因而在遗传学上开辟了一条崭新的研究 DNA 序列和功能的关系及基因表达调控机制的渠道，在工业微生物学上提供了巨大的创造具有工业应用价值的生产菌株的潜力。这里仅对体外重组 DNA 技术做一简要的基础性介绍，具体内容可参考相关专著。

2.2.4.1　DNA 重组过程

体外重组 DNA 技术操作的对象是单个基因，它的发展应归功于以下几方面的发现：在细菌中发现了染色体外能自主复制的质粒，它们可作为分子克隆的载体；发现了许多识别序列不同的限制性核酸内切酶，使不同来源的 DNA 分子得以切割和连接；在大肠杆菌中发现了质粒转化系统。

基因操作就是把 DNA 分子结合到任何病毒、质粒或其他载体系统中，组成新的遗传物质，并转入宿主细胞内继续繁殖的过程。通过 DNA 片段的分子克隆，可以从复杂的 DNA 分子中分离出单独的 DNA 片段，这是常规物理或化学方法难以办到的；可以大量生产高纯度的基因片段及其产物；可以在大肠杆菌中研究来自其他生物的基因；在高等动植物细胞中也可以发展和建立这种基因操作系统。

重组 DNA 技术一般包括四步，即目标 DNA 片段的获得、与载体 DNA 分子的连接、重组 DNA 分子引入宿主细胞及从中选出含有所需重组 DNA 分子的宿主细胞。作为发酵工业的工程菌在此四步之后还需加上外源基因的表达及稳定性的考查。

（1）目标基因的获得　目前获得目标基因的方法主要有化学合成法、基因文库法和 cDNA 文库法。下面简要介绍基因文库法和 cDNA 文库法。

① 基因文库法　所谓基因文库是指汇集了某一基因组所有 DNA 序列的重组 DNA 群体（重组载体），或称基因库。要想从生物材料，尤其是高等真核生物的大型基因组中分离到特定的目标基因犹如大海捞针，因此，人们首先构建一个基因文库，然后从中"钓"取所需的基因。基因文库在克隆各种基因过程中起着仓库的作用。当然，一个完整基因库的建立和筛选是一项繁重的工作。

② cDNA 文库法　从基因文库中筛选目标基因的工作量十分繁重，若是从真核生物中直接分离目标基因难度就更大。为此在基因工程中，人们提出了分离真核基因为主的 cDNA 基因文库法。所谓 cDNA 基因文库，是指以真核 mRNA 为模板，在逆转录酶的催化下合成互补 DNA，即 cDNA，将其插入到载体分子上，转化到大肠杆菌细胞中，如此便构成了包含着 mRNA 所有基因编码的 cDNA 序列，称为 cDNA 基因文库。此种技术已成为当今研究真核分子生物学的基本手段。

（2）基因分离　要得到目标基因必须首先得到全部细胞的 DNA 或 mRNA，可用密度梯度离心等物理方法或化学方法，使其沉淀而获得。在以 mRNA 分离基因时，主要通过逆转录酶制备 cDNA。细胞的全部 DNA 或 cDNA 经内切酶内切即得到了全部细胞的基因组。所谓基因组（genome）是指一个生物体或个体细胞所具有的一套完整的遗传信息（基因）。为寻找目标基因，可运用凝胶电泳分离技术将基因组中的核酸片段进行分离，通过 DNA 印迹法（southern blotting），将核酸片段从凝胶转移到醋酸纤维膜上，并通过与标记引物（核苷酸）共育，用放射自显影法即可找到目标基因。

（3）DNA 分子的切割与连接　DNA 分子的切割是由限制性核酸内切酶来实现的。限制性核酸内切酶主要是从原核生物中分离的，可分为三类。在分子克隆中应用的主要是 II 类限制性核酸内切酶，其分子量较小，在 DNA 上有各种不同的识别顺序，被称为分子手术刀。它不仅对切点邻近的两个核苷酸有严格要求，而且对较远的核苷酸顺序也有严格要求。限制性核酸内切酶的识别顺序通常为 4～6 个核苷酸，这些位点的核苷酸都做旋转对称排列。DNA 片段的连接主要通过限制性核酸内切酶产生的黏性末端、末端转移酶合成的同聚物接尾以及合成的人工接头等，利用 DNA 连接酶来实现。大肠杆菌的 DNA 连接酶和 T4 噬菌体感染大肠杆菌产生的 T4 DNA 连接酶，都能修复互补黏性末端之间的单链缺口。T4 DNA 连接酶还能连接末端的双链 DNA 分子或连接合成的人工接头等。

（4）载体　能够克隆外源 DNA 片段并能在大肠杆菌中繁殖的载体有 4 种类型：质粒、λ 噬菌体、黏粒和单链噬菌体 M13 等。这 4 类载体大小、结构及生物特性各不相同，但具有以下的共同点：能在大肠杆菌中自主复制，在共价连接了外源 DNA 片段后仍能自主复制，即载体本身就是一个单独的复制子；对某些限制酶来说只有一个切口，并在酶作用后不影响其自主繁殖能力；从细菌核酸中分离和纯化很容易；在宿主中能以多拷贝形式存在，有利于插入的外源基因的表达，能在宿主中稳定地遗传。

（5）引入宿主细胞　外源 DNA 片段与载体连接形成的重组体必须进入宿主细胞才能进一步增殖和表达。以质粒为载体的重组 DNA 以转化的方式进入宿主细胞；以噬菌体为载体的重组 DNA 则以转染的方式进入宿主细胞；经体外包裹进噬菌体外壳的噬菌体载体重组子或柯斯质粒，则以转导的方式进入宿主细胞。

（6）重组体的选择和鉴定　从转化、转染或转导的受体细胞群体中选择被研究的重组体，一般分两步：一是根据载体的遗传标记等选择出含有重组分子的转化细胞；二是进一步根据外源 DNA（目标基因）的遗传特性进行鉴定。鉴定转化细胞的方法主要有：遗传学方法、免疫化学方法和核酸杂交方法等。

（7）外源基因的表达　外源基因引入受体后，能否很好地表达，表达所形成的外源蛋白能否分泌或到达催化反应的场所等，是关系到能否工业化应用的问题。影响外源基因表达的因素主要表现在以下几个方面：转录水平上，启动子和受体细胞中 RNA 聚合酶的统一；翻译水平上，mRNA 的核糖体结合部位与受体细胞核糖体的统一；外源基因插入方向对表达的影响；转录后修饰和翻译后修饰等。其中主要集中在转录、转译及修饰三方面，任一步的失效均可造成表达失败。

随着重组 DAN 技术的发展，将高等生物的基因克隆到大肠杆菌中，由大肠杆菌发酵生产人胰岛素、人生长激素和干扰素等高附加值药物产品已工业化生产。同时，在微生物发酵生产的其他产品中，重组 DNA 技术对产量的提高及性状的改良等也得到了广泛的研究和应用。

2.2.4.2 分子育种技术

分子育种是应用基因工程手段来进行的，基因工程是一种 DNA 体外重组技术，是在分子水平上，根据需要，用人工方法取得供体 DNA 上的基因，在体外重组于载体 DNA 上，再转移入受体细胞，使其复制、转录和翻译，表达出供体基因原有的遗传性状。这种使 DNA 分子进行重组，再在受体细胞内无性繁殖的技术又称为分子克隆。通过基因工程改选后的菌株称为工程菌。近年来，工程菌已逐渐应用在发酵生产中。

近年来，直接将基因克隆到链霉菌寄主中的质粒载体和噬菌体载体的开发取得了相当快的进展。链霉菌的基因克隆技术可用于提高抗生素产生菌的发酵单位和产生新的抗生素。

(1) 链霉菌的基因克隆　链霉菌基因克隆的基本步骤如下。

① 制备供体 DNA　对供体菌进行适当培养后，分离染色体 DNA，用限制性内切酶将染色体 DNA 切成大小不等的 DNA 片段。

② 制备载体 DNA　载体是链霉质粒或噬菌体，往往是经过高度修饰的、能提供多种优良性状的环状 DNA。它通常具备有复制起始点（提供自主复制能力）和遗传标记（常为抗生素耐药基因）。遗传标记基因有两种类型，当被克隆的供体 DNA 片段和载体连接时，一种遗传标记基因不会失活，便于将来筛选转化子；另一种遗传标记基因中含有限制性内切酶位点，供体 DNA 片段插入该位置可使该基因功能丧失。分离载体 DNA（质粒）时，为了挑选含有质粒的细胞，培养基中应含有适当量的药物，分离到的载体 DNA 用限制性内切酶消化，使载体 DNA 产生与供体 DNA 片段末端相匹配的黏性末端。再用磷酸化酶脱磷，以防止没有插入 DNA 载体重新环化。

③ 连接载体和供体 DNA 片段　在连接酶作用下，利用限制性内切酶所切出的黏性末端来连接载体和供体 DNA。

④ 将受体菌制成原生质体　选择受体菌株应考虑受体菌表型、转化率、限制性内切酶活性和 DNA 酶活性。受体菌株必须缺乏一种酶活力，当基因克隆到载体并转入受体菌时，可由该基因的产物来补充这种酶活性。例如，克隆一种耐药基因，就要求受体菌株对那种药物敏感；克隆一种氨基酸生物合成有关的基因，就要求受体菌株是该种氨基酸的营养缺陷型。受体菌的转化效率受自身的转化能力、载体、已经转化的原生质体的再生能力等因素的影响。受体菌的限制性内切酶活性能限制来自供体的插入 DNA，因此需设法降低该酶的活性。解决此矛盾主要有如下 3 种方法：挑选限制性内切酶活性低的菌株为受体菌；对受体菌诱变，降低限制性内切酶活力；对原生质体进行热处理，以降低限制性内切酶活力。许多菌株具有不耐热的限制性内切酶，原生质体在 45~50℃培养 10~15min，使其限制性内切酶变性，但原生质体存活，且能进行转化。一些链霉菌具有能使 DNA 降解的 DNA 酶，它由原生质体往外渗漏，或是存在于某些原生质体溶解后的溶液中。因此，如果质粒 DNA 加到原生质中时，将有部分 DNA 降解，而使得转化效率降低。可用热处理或在加入质粒 DNA 之前先在原生质体中加入异源 DNA（如小牛胸腺 DNA），以减少 DNA 酶对质粒 DNA 的降解。

受体菌的原生质体制备一般需将细胞在含有 0.5% 甘氨酸的培养基中培养，使菌丝体对溶菌酶的处理更加敏感。

⑤ 转化作用　用 PEG 将 DNA 导入原生质中。

⑥ 再生和选择　在转化之后，要有一定时间让编码耐药酶的基因进行表达，同时在细胞内形成足够量的耐药酶以显示耐药表型。因此，假如被转化的原生质体直接涂在含有药物的培养基上，它们将会被杀死。相反，当它们被涂在不含有药物的再生培养基上，与未被转化的原生质体一起进行一段时间的非选择性再生，此后，加药物到再生培养基上，那么没有被转化的原生质体被杀死，而转化体存活下来了。

(2) 利用基因工程技术生产新的抗生素　将一种抗生素生物合成基因引入产生结构相近似的抗生素产生菌，可改造抗生素的结构。如将放线紫红素全部生物合成基因转入曼得霉素或榴霉素产生菌，得到曼得紫红素或二氢榴红霉素。外源基因的作用可分为两种情况。第一种情况是，外源基因转入后，使原来不具备羟化酶基因的曼得霉素产生菌获得了来自放线紫红素产生菌的羟化酶基因，由于放线紫红素和曼得霉素的结构相似，放线紫红素产生菌的羟化酶基因产物，可使曼得霉素羟基化。第二种情况是放线紫红素的生物合成基因产物，利用了原来存在于榴霉素产生菌中能合成放线紫红素部分结构的前体物质，与榴霉素生物合成酶共同起作用，合成了兼有二者结构的二氢榴红霉素。

随着基因工程育种技术的发展，目前已可能将供体菌的个别基因从一整套的生物合成基因中转移给别的链霉菌，或者将其完整的生物合成基因转移到别的链霉菌进行重组，并得到表达。这样，人们有可能运用基因工程育种技术人为地剔除某个有害的基因或引进某个需要的基因去改进已有的抗生素结构。例如，将布替罗星的侧链的生物合成基因引入卡那霉素产生菌并得到表达，就可以不经过化学方法的结构改造直接生物合成丁胺卡那霉素。

(3) 利用基因工程技术生产氨基酸　氨基酸生产菌的基因克隆系统多采用鸟枪法，即利用一种或几种限制性内切酶将某一株的 DNA 分子切割成相当于一个或者大于一个基因的片段，然后将这些片段与载体一一连接，制成重组 DNA 分子，转化到另一菌株中进行体外无性繁殖，最后对所有带有重组 DNA 分子的细菌进行培养和选择，从中挑出含有目标基因的转化子。

利用基因工程技术将氨基酸合成酶基因克隆是提高氨基酸产量的有效途径。目前，几乎所有的氨基酸合成酶基因都可以在不同系统中克隆与表达。其中苏氨酸、色氨酸、脯氨酸和组氨酸等的工程菌已达到工业化生产水平。例如，在 L-色氨酸生产中，利用色氨酸合成酶基因和丝氨酸转羟甲基酶（催化甘氨酸和甲醛合成丝氨酸的酶）基因的重组质粒，在大肠杆菌中克隆化。通过添加甘氨酸来制造 L-色氨酸，该方法能使上述两种酶的活性提高而增产 L-色氨酸。基因工程育种技术还应该和其他育种技术相结合才更为有效。例如，色氨酸的工程菌经过菌种筛选，色氨酸产量由最初的 6.2g/L 上升到 50g/L。

2.3　工业微生物菌种制备

现代发酵工业生产有两大显著特点，一方面，高附加值的基因工程菌发酵规模小、产值高；另一方面，更多的是对于大宗量化学品发酵，其规模越来越大，每只发酵罐的容积有几十立方米甚至几百立方米。对于规模化的发酵，若按 5% ~ 10% 的接种量计算，就要接入几立方米到几十立方米的种子。单靠试管或摇瓶里的少量种子直接接入发酵生产罐不可能达到必要的种子数量要求，必须从试管保藏的微生物菌种逐级扩大为发酵生产使用的种子。不仅如此，作为发酵工业的种子，其质量是决定发酵成败的关键，只有将数量多、代谢旺盛、活力强的种子接入发酵生产罐中，才能实现缩短发酵时间、提高发酵效率和抗杂菌能力等目标。所以发酵工业的种子制备非常重要。

2.3.1 优良种子应具备的条件

种子的优劣对发酵生产起着关键的作用。因此，作为种子应具备以下条件：①菌种细胞的生长活力强，转种到发酵罐后能迅速生长，延迟期短；②菌种生理状态稳定，菌丝形态、菌丝生长速率和种子培养液的特征等符合要求；③菌体浓度及总量能满足大容量发酵罐接种量的要求；④无杂菌污染，能保证纯种发酵；⑤菌种的适应性强，能保持稳定的生产能力。

2.3.2 种子制备的过程

种子制备一般包括两个过程，即在固体培养基上生产大量孢子的孢子制备和在液体培养基中生产大量菌丝的种子制备过程。

2.3.2.1 孢子制备

孢子制备是种子制备的开始，是发酵生产的一个重要环节。孢子的质量、数量对以后菌丝的生长、繁殖和发酵产量都有明显的影响。不同菌种的孢子制备工艺有其不同的特点。

（1）放线菌孢子的制备　放线菌的孢子培养一般采用琼脂斜面培养基，培养基中含有一些适合产孢子的营养成分，如麸皮、豌豆浸汁、蛋白胨和一些无机盐等。碳源和氮源不要太丰富（碳源约为 1%，氮源不超过 0.5%），碳源丰富容易造成生理酸性的营养环境，不利于放线菌孢子的形成，氮源丰富则有利于菌丝繁殖而不利于孢子形成。一般情况下，干燥和限制营养可直接或间接诱导孢子形成。放线菌斜面的培养温度大多数为 28℃，少数为 37℃，培养时间为 5～14 天。

放线菌发酵生产的工艺过程见图 2-2。

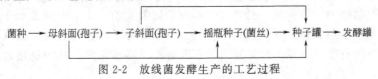

图 2-2　放线菌发酵生产的工艺过程

采用哪一代的斜面孢子接入液体培养，视菌种特性而定。采用母斜面孢子接入液体培养基有利于防止菌种变异，采用子斜面孢子接入液体培养基可节约菌种用量。菌种进入种子罐有两种方法。一种为孢子进罐法，即将斜面孢子制成孢子悬浮液直接接入种子罐。此方法可减少批与批之间的差异，具有操作方便、工艺过程简单、便于控制孢子质量等优点，孢子进罐法已成为发酵生产的一个方向。另一种方法为摇瓶菌丝进罐法，适用于某些生长发育缓慢的放线菌。此方法的优点是可以缩短种子在种子罐内的培养时间。

（2）霉菌孢子的制备　霉菌的孢子培养，一般以大米、小米、玉米、麸皮、麦粒等天然农产品为培养基。这是由于这些农产品中的营养成分较适合霉菌的孢子繁殖，而且这类培养基的表面积较大，可获得大量的孢子。霉菌的培养一般为 25～28℃，培养时间为 4～14 天。

（3）细菌培养物的制备　细菌的斜面培养基多采用碳源限量而氮源丰富的配方，牛肉膏、蛋白胨常用作有机氮源。细菌的斜面培养温度大多数为 37℃，少数为 28℃，细菌菌体培养时间一般 1～2 天，产芽孢的细菌则需培养 5～10 天。

2.3.2.2 种子制备

种子制备是将固体培养基上培养出的孢子或菌体转入到液体培养基中培养，使其繁殖成大量菌丝或菌体的过程。种子制备所使用的培养基和其他工艺条件，都要有利于孢子发芽和菌丝繁殖。

（1）摇瓶种子制备　某些孢子发芽和菌丝分裂速度缓慢的菌种，需将孢子经摇瓶培养成菌丝后再进入种子罐，这就是摇瓶种子。摇瓶相当于微缩了的种子罐，其培养基配方和培养条件与种子罐相似。

摇瓶种子进罐，常采用母瓶、子瓶两级培养，有时母瓶种子也可以直接进罐。种子培养基要求比较丰富和完全，并易被菌体分解利用，氮源丰富有利于菌丝生长。原则上各种营养成分不宜过浓，子瓶培养基浓度比母瓶略高，更接近种子罐的培养基配方。

(2) 种子罐种子制备　种子罐种子制备的工艺过程，因菌种不同而异，一般可分为一级种子、二级种子和三级种子的制备。孢子（或摇瓶菌丝）被接入到体积较小的种子罐中，经培养后形成大量的菌丝，这样的种子称为一级种子，把一级种子转入发酵罐内发酵，称为二级发酵。如果将一级种子接入体积较大的种子罐内，经过培养形成更多的菌丝，这样制备的种子称为二级种子，将二级种子转入发酵罐内发酵，称为三级发酵。同样道理，使用三级种子的发酵，称为四级发酵。

种子罐的级数主要决定于菌种的性质、菌体生长速度及发酵设备的合理应用。种子制备的目的是要形成一定数量和质量的菌体。孢子发芽和菌体开始繁殖时，菌体量很少，在小型罐内即可进行。种子罐级数减少，有利于生产过程的简化及发酵过程的控制，可以减少因种子生长异常而造成发酵的波动。

由于工业生产规模的增大，每次发酵所需的种子就增多。要使小小的微生物在几十个小时的较短时间内，完成如此巨大的发酵转化任务，那就必须具备数量巨大的微生物细胞才行。菌种扩大培养的目的就是要为每次发酵罐的投料提供相当数量的代谢旺盛的种子。因为发酵时间的长短和接种量的大小有关，接种量大，发酵时间则短。将较多数量的成熟菌体接入发酵罐中，就有利于缩短发酵时间，提高发酵罐的利用率，并且也有利于减少染菌的机会。因此，种子扩大培养的任务，不但要得到纯而壮的培养物，还要获得活力旺盛的、接种数量足够的培养物。对于不同产品的发酵过程来说，必须根据菌种生长繁殖速度快慢决定种子扩大培养的级数，如抗生素生产中，放线菌的细胞生长繁殖较慢，常采用三级种子扩大培养。一般 50t 发酵罐多采用三级发酵罐，有的甚至采用四级发酵，如链霉素生产。有些酶制剂发酵生产也采用三级发酵。而谷氨酸及其他氨基酸的发酵所采用的菌种是细菌，生长繁殖速度很快，所以采用二级发酵。

2.3.3　种子质量的控制

种子质量是影响发酵生产水平的重要因素。种子质量的优劣，主要取决于菌种本身的遗传特性和培养条件两个方面。这就是说既要有优良的菌种，又要有良好的培养条件才能获得高质量的种子。

2.3.3.1　影响孢子质量的因素及其控制

孢子质量与培养基、培养温度、湿度、培养时间、接种量等有关，这些因素相互联系、相互影响，因此必须全面考虑各种因素，认真加以控制。

(1) 培养基　构成孢子培养基的原材料，其产地、品种、加工方法和用量对孢子质量都有一定的影响。生产过程中孢子质量不稳定的现象，常是原材料质量不稳定所造成的。原材料产地、品种和加工方法的不同，会导致培养基中的微量元素和其他营养成分含量的变化。例如，由于生产蛋白胨所用的原材料及生产工艺的不同，蛋白胨的微量元素含量、磷含量、氨基酸组分均有所不同，而这些营养成分对于菌体生长和孢子形成有重要作用。琼脂的牌号不同，对孢子质量也有影响，这是由于不同牌号的琼脂含有不同的无机离子造成的。

此外，水质的影响也不能忽视。地区的不同、季节的变化和水源的污染，均可成为水质波动的原因。为了避免水质波动对孢子质量的影响，可在蒸馏水或无盐水中加入适量无机盐，供配制培养基使用。例如，在配制四环素斜面培养基时，有时在无盐水内加入 0.03%

$(NH_4)_2HPO_4$、0.028%KH_2PO_4 及 0.01%$MgSO_4$ 以确保孢子质量，提高四环素发酵产量。

为了保证孢子培养基的质量，斜面培养基所用的主要原材料，糖、氮、磷含量需经过化学分析及摇瓶发酵试验后才能使用。制备培养基时要严格控制灭菌后的培养基质量。斜面培养基使用前，需在适当温度下放置一定的时间，使斜面无冷凝水呈现，水分适中有利于孢子生长。

配制孢子培养基还应该考虑不同代谢类型的菌落对多种氨基酸的选择。菌种在固体培养基上可呈现多种不同代谢类型的菌落，各种氨基酸对菌落的表现不同。氮源品种越多，出现的菌落类型也越多，不利于生产的稳定。斜面培养基上用较单一的氮源，可抑制某些不正常表现，以利筛选。因此在制备固体培养基时有两条经验：①供生产用的孢子培养基或作为制备砂土孢子或传代所用的培养基要用比较单一的氮源，以便保持正常菌落类型的优势；②作为选种或分离用的平板培养基，则需采用较复杂的有机氮源，目的是便于选择特殊代谢的菌落。

(2) 培养温度和湿度　微生物可以在一个较宽的温度范围内生长。但是，要获得高质量的孢子，其最适温度区间很狭窄。一般来说，提高培养温度，可使菌体代谢活动加快，缩短培养时间，但是，菌体的糖代谢和氮代谢的各种酶类，对温度的敏感性是不同的。因此，培养温度不同，菌的生理状态也不同，如果不是用最适温度培养的孢子，其生产能力就会下降。不同的菌株要求的最适温度也不同，需经实践考察确定。例如，龟裂链霉菌斜面最适温度为 36.5～37℃，则孢子成熟早，易老化，接入发酵罐后，就会出现菌丝对糖、氮利用缓慢，氨基氮回升提前，发酵产量降低等现象。培养温度控制低一些，则有利于孢子的形成。龟裂链霉菌斜面先放在 36.5℃培养 3 天，再放在 28.5℃培养 1 天，所得的孢子数量比在 36.5℃培养 4 天增加 3～7 倍。

斜面孢子培养时，培养室的相对湿度对孢子形成的速度、数量和质量有很大影响。空气中相对湿度高时，培养基内的水分蒸发少；相对湿度低时，培养基内的水分蒸发多。例如，在我国北方干燥地区，冬季由于气候干燥，空气相对湿度偏低，斜面培养基内的水分蒸发快，致使斜面下部含有一定水分，而上部易干瘪，这时孢子长得快，且从斜面下部向上长。夏季时空气相对湿度高，斜面内水分蒸发得慢，这时斜面孢子从上部往下长，下部常因积存冷凝水，致使孢子生长得慢或孢子不能生长。试验表明，在一定条件下培养斜面孢子时，在北方相对湿度控制在 40%～45%，而在南方相对湿度控制在 35%～42%，所得孢子质量较好。一般来说，真菌对湿度要求偏高，而放线菌对湿度要求偏低。

在培养箱培养时，如果相对湿度偏低，可放入盛水的平皿，提高培养箱内的相对湿度，为了保证新鲜空气的交换，培养箱每天宜开启几次，以利于孢子生长。现代化的培养箱是恒温、恒湿，并可换气，不用人工控制。

最适培养温度和湿度是相对的。如相对湿度、培养基组分不同，对微生物的最适温度会有影响；培养温度、培养基组分不同也会影响到微生物培养的最适相对湿度。

(3) 培养时间和冷藏时间　丝状菌在斜面培养基上的生长发育过程可分为 5 个阶段：孢子发芽和基内菌丝生长阶段；气生菌丝生长阶段；孢子形成阶段；孢子成熟阶段；衰老菌丝自溶阶段。

① 孢子的培养时间　基内菌丝和气生菌丝内部的核物质和细胞质处于流动状态，如果把菌丝断开，各菌丝片断之间的内在质量是不同的，有的片断中含有核粒，有的片断中没有核粒，而核粒的多少亦不均匀，该阶段的菌丝不适宜于菌种保存和传代。而孢子本身是一个独立的遗传体，其遗传物质比较完整，因此孢子用于传代和保存均能保持原始菌种的基本特征。但是孢子本身亦有年轻与衰老的区别。一般来说衰老的孢子不如年轻孢子，因为衰老的孢子已在逐步进入发芽阶段，核物质趋于分化状态。孢子的培养工艺一般选择在孢子成熟阶

段时终止培养，此时显微镜下可见到成串孢子或游离的分散孢子，如果继续培养，则进入斜面衰老菌丝自溶阶段，表现为斜面外观变色、发暗或黄，菌层下陷，有时出现白色斑点或发黑。白斑表示孢子发芽长出第二代菌丝，黑色显示菌丝自溶。孢子的培养时间对孢子质量有重要影响，过于年轻的孢子经不起冷藏，如土霉素菌种斜面培养 4.5 天，孢子尚未完全成熟，冷藏 7~8 天菌丝即开始自溶。而培养时间延长半天，孢子完全成熟，可冷藏 20 天也不自溶。过于衰老的孢子会导致生产能力下降，因此应控制在孢子量多、孢子成熟、发酵产量正常的阶段终止孢子培养。

② 孢子的冷藏时间 斜面孢子的冷藏时间对孢子质量也有影响，其影响随菌种不同而异，总的原则是冷藏时间宜短不宜长。曾有报道，在链霉素生产中，斜面孢子在 6℃冷藏 2 个月后的发酵单位比冷藏 1 个月的低 18%，冷藏 3 个月后则降低 35%。

（4）接种量 制备孢子时的接种量要适中，接种量过大或过小对孢子质量均会产生影响。因为接种量的大小影响到在一定量培养基中孢子的个体数量的多少，进而影响到菌体的生理状态。凡接种后菌落均匀分布整个斜面，隐约可分菌落者为正常接种。接种量过小则斜面上长出的菌落稀疏，接种量过大则斜面上菌密集一片。一般传代用的斜面孢子要求菌落分布较稀，适于挑选单个菌落进行传代培养。接种摇瓶或进罐的斜面孢子，要求菌落密度适中或稍密，孢子数达到要求标准。一般一支高度为 20cm、直径为 3cm 的试管斜面，丝状菌孢子数要求达到 10^7 以上。

接入种子罐的孢子接种量对发酵生产也有影响。例如，青霉素产生菌之一的球状菌的孢子数量对青霉素发酵产量影响极大，若孢子数量过少，则进罐后长出的球状体过大，影响通气效果；若孢子数量过多，则进罐后不能很好地维持球状体。

除了以上几个因素需加以控制之外，要获得高质量的孢子，还需要对菌种质量加以控制。用各种方法保存的菌种每过 1 年都应进行 1 次自然分离，从中选出形态、生产性能好的单菌落接种孢子培养基。制备好的斜面孢子，要经过摇瓶发酵试验，合格后才能用于发酵生产。

2.3.3.2 影响种子质量的因素及其控制

种子质量主要受孢子质量、培养基、培养条件、种龄和接种量等因素的影响。摇瓶种子的质量主要以外观颜色、效价、菌丝浓度或黏度以及碳氮代谢、pH 值变化等为指标，符合要求方可进罐。

种子的质量是发酵能否正常进行的重要因素之一。因为种子制备不仅是要提供一定数量的菌体，更为重要的是要为发酵生产提供适合发酵、具有一定生理状态的菌体。种子质量的控制，将以此为出发点。

（1）培养基 种子培养基的原材料质量的控制类似于孢子培养基原材料质量的控制。种子培养基的营养成分应适合种子培养的需要，一般选择一些有利于孢子发芽和菌丝生长的培养基，在营养上易于被菌体直接吸收和利用，营养成分要适当丰富和完全，氮源和维生素含量较高，这样可以使菌丝粗壮并具有较强的活力。另一方面，培养基的营养成分要尽可能地和发酵培养基接近，以适合发酵的需要，这样种子一旦移入发酵罐后也能比较容易适应发酵罐的培养条件。发酵的目的是为了获得尽可能多的发酵产物，其培养基一般比较浓，而种子培养基以略稀薄为宜。种子培养基的 pH 值要比较稳定，以适合菌的生长和发育，因为 pH 值的变化会引起各种酶活力的改变，对菌丝形态和代谢途径影响很大。

（2）培养条件 种子培养应选择最适温度，前面已有叙述。培养过程中通气搅拌的控制很重要，各级种子罐或者同级种子罐的各个不同时期的需氧量不同，应区别控制，一般前期需氧量较少，后期需氧量较多，应适当增大供氧量。在青霉素生产的种子制备过程中，充足的通气量可以提高种子质量。例如，将通气充足和通气不足两种情况下得到的种子都接入发酵罐内，它们的发酵单位可相差 1 倍。但是，在土霉素发酵生产中，一级种子罐的通气量小一些却对发酵有利。通气搅拌不足可引起菌丝结团、菌丝粘壁等异常现象。生产过程中，有时种子培养会产生大量泡沫而影响正常的通气搅拌，此时应严格控制，甚至可考虑改变培养基配方，以减少发泡。

对青霉素生产的小罐种子，可采用补料工艺来提高种子质量，即在种子罐培养一定时间后，补入一定量的种子培养基，结果种子罐放罐体积增加，种子质量也有所提高，菌丝团明显减少，菌丝内积蓄增多，菌丝粗壮，发酵单位增高。

（3）种龄　种子培养时间称为种龄。在种子罐内，随着培养时间延长，菌体量逐渐增加。但是菌体繁殖到一定程度，由于营养物质消耗和代谢产物积累，菌体量不再继续增加，而是逐渐趋于老化。由于菌体在生长发育过程中，不同生长阶段菌体的生理活性差别很大，接种种龄的控制就显得非常重要。在工业发酵生产中，一般都选在生命力极旺盛的对数生长期，菌体量尚未达到最高峰时移种。此时的种子能很快适应环境，生长繁殖快，可大大缩短在发酵罐中的调整期，缩短发酵罐中的非产物合成时间，提高发酵罐的利用率，节省动力消耗。如果种龄控制不适当，种龄过于年轻的种子接入发酵罐后，往往会出现前期生长缓慢、泡沫多、发酵周期延长以及因菌体量过少而菌丝结团，引起异常发酵等；而种龄过老的种子接入发酵罐后，则会因菌体老化而导致生产能力衰退。

最适种龄因菌种不同而有很大的差异。细菌的种龄一般为 $7 \sim 24h$，霉菌种龄一般为 $16 \sim 50h$，放线菌种龄一般为 $21 \sim 64h$。同一菌种的不同批罐培养相同的时间，得到的种子质量也不完全一致，因此最适的种龄应通过多次试验，特别要根据本批种子的质量来确定。

（4）接种量　发酵罐接种量的大小与菌种特性、种子质量和发酵条件等有关。不同的微生物其发酵的接种量是不同的，如制霉菌素发酵的接种量为 $0.1\% \sim 1\%$；肌苷酸发酵接种量为 $1.5\% \sim 2\%$；霉菌发酵的接种量一般为 10%；多数抗生素发酵的接种量为 $7\% \sim 15\%$，有时可加大到 $20\% \sim 25\%$。

接种量的大小与该菌在发酵罐中生长繁殖的速度有关。有些产品的发酵以接种量大一些较为有利，采用大接种量，种子进入发酵罐后容易适应，而且种子液中含有大量的水解酶，有利于对发酵培养基的利用。大接种量还可以缩短发酵罐中菌体繁殖至高峰所需的时间，使产物合成速度加快。近年来，生产上多以大接种量和丰富培养基作为高产措施。如谷氨酸生产中，采用高生物素，大接种量，添加青霉素的工艺。但是，过大的接种量往往使菌体生产过快、过稠，造成营养基质缺乏或溶解氧不足而不利于发酵。一般来说，接种量过小，会引起发酵前期菌体生缓慢，使发酵周期延长，菌丝量少，还可能产生菌丝团，导致发酵异常等。但是，对于某些品种，较小的接种量也可以获得较好的生产效果。例如，生产制霉菌素时用 1% 的接种量，其效果较用 10% 的为好，而 0.1% 接种量的生产效果与 1% 的生产效果相似。

2.3.3.3　种子质量判断

不同产品、不同菌种以及不同工艺条件的种子质量有所不同，判断种子质量的优劣需要有丰富的实践经验。发酵工业生产上常用的种子质量标准，大致有如下几个方面。

（1）细胞或菌体　菌体形态、菌体浓度以及培养液的外观，是种子质量的重要指标。菌体形态可通过显微镜观察来确定。以单细胞菌体为种子的质量要求是菌体健壮、菌形一致、均匀整齐，有的还要求有一定的排列或形态。以霉菌、放线菌为种子的质量要求是菌丝粗壮，对某些染料着色力强、生长旺盛、菌丝分枝情况和内含物情况良好。

菌体的生长量也是种子质量的重要指标，生产上常用离心沉淀法、光密度法和细胞计数法等进行测定。种子液外观如颜色、黏度等也可以作为种子质量的粗略指标。

（2）生化指标　种子液的碳、氮、磷含量的变化和 pH 值变化是菌体生长繁殖、物质代谢的反映，不少产品的种子液质量以这些物质的利用情况及变化为指标。

（3）产物生成量　种子液中产物的生成量是多种发酵产品发酵中考察种子质量的重要指标，因为种子液中产物生成量的多少是种子生产能力和成熟程度的反映。

（4）酶活力　测定种子液中某种酶的活力，作为种子质量的标准，是一种较新的方法。如土霉素生产的种子液中淀粉酶活力与土霉素发酵单位有一定的关系，因此种子液淀粉酶活力可作为判断该种子质量的依据。

此外，种子应确保无任何杂菌污染。

2.4　工业微生物菌种复壮与保藏

2.4.1　工业微生物菌种复壮

在微生物的基础研究和应用研究中，选育一株理想菌株是件艰苦的工作，而要保持菌种的遗传稳定性更是困难。菌种退化是一种潜在的威胁，因而引起了微生物学研究人员的关注与重视。

2.4.1.1　菌种退化

菌种退化是指群体中退化细胞在数量上占一定数值后，表现出菌种生产性能下降的现象。常表现为，在形态上的分生孢子减少或颜色改变，甚至变形，如放线菌和霉菌在斜面上经多次传代后产生了“光秃”型，从而造成生产上用孢子接种的困难；在生理上常指产量的下降，如黑曲霉的糖化力、抗生素生产菌的抗生素发酵单位下降等。造成菌种退化的原因主要有如下几种。

（1）自然突变　微生物与其他生物类群相比最大的特点之一就是有较高的代谢繁殖能力，在DNA大量快速复制过程中，因出现某些基因的差错从而导致突变发生，故繁殖代数越多，突变体出现也越多。一般来说，微生物的突变常是负突变，是指使菌种原有的优良特性丧失或导致产量下降的突变。只有经过大量的筛选，才有可能找到正突变。

（2）环境条件　环境条件对菌种退化有影响，如营养条件，有人把泡盛曲霉（*A. awamori*）的生产种，在3种培养基上连续传代10代，发现不同培养基和传代次数对淀粉葡萄糖苷酶的产量下降有不同影响，说明营养成分影响菌种退化的速度。环境温度也是重要的作用因素如温度高，基因突变率也高，温度低则突变率也低，因此菌种保藏的重要措施就是低温。其他环境因子，如紫外线等诱变剂也可加速菌种退化。

2.4.1.2　菌种的复壮

因为在退化的菌种中仍有一些保持原有菌种特性的细胞，故有可能采取一些相应措施，使这些细胞生长、繁殖，以更新退化的菌株，称之为菌种的复壮。常用方法有单细胞分离、纯化、扩大培养。也可用高剂量紫外线和低剂量化学诱变剂如亚硝基胍（NTG）等联合处理，或用低温处理等，通过淘汰衰退个体而达到复壮的目的。

（1）纯种分离法　在衰退菌种的细胞群中，一般还存在着仍保持原有典型性状的个体。通过纯种分离法，设法把这种细胞挑选出来即可达到复壮的效果。纯种分离方法极多，大体可分两类：一类较粗放，可达到“菌落纯”水平；另一类较精细，可达到“菌株纯”的水平（图2-3）。

（2）淘汰已衰退的个体　有人发现，若对*S. micriflxvus*“5406”农用抗生菌的分生孢子采用$-30\sim-10℃$的低温处理5～7天，使其死亡率达到80%左右，结果会在抗低温的存活个体中留下未退化的个体，从而达到复壮的效果。

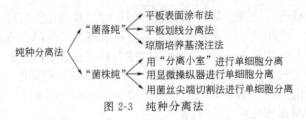

图 2-3　纯种分离法

以上综合了一些在实践中曾取得一定成效的防止菌种衰退和达到复壮的某些经验。但在使用这些措施之前，还得仔细分析和判断一下生产菌种究竟是发生了衰退，还是属于一般性的饰变或污染。

应当指出，自发突变引发的菌种退化只是一方面，另一方面这种突变也会产生少数高产菌株，所以，在复壮的同时也有可能获得更高产的菌株。

2.4.2　工业微生物菌种保藏

经诱变筛选、分离纯化以及纯培养等一系列艰苦劳动得到的优良菌株，能使其稳定地保存、保持原有的特性、不死亡、不污染，这就是菌种保藏的任务。

2.4.2.1　原理

人为地创造合适的环境条件，使微生物的代谢处于不活泼、生长繁殖受抑制的休眠状态。这些人工环境主要从低温、干燥、缺氧三方面设计。

2.4.2.2　常用方法

菌种的保藏方法多样，采取哪种方式，要根据保藏的时间、微生物种类、具备的条件等而定。这里着重介绍几种常用的保藏方法。

（1）冷冻干燥保藏法　这是最佳的微生物菌种保存法之一，保存时间长，可达 10 年以上。低温冷冻可以用普通 −20℃ 或更低的 −50℃、−70℃ 冰箱，用液氮（−196℃）更好。无论是哪种冷冻，在原则上应尽可能速冻，使其产生的冰晶小而减少细胞的损伤。不同微生物的最适冷冻速度不同。为防止细胞被冻死，保存液中应加些保护剂，如甘油、二甲亚砜等，它们可透入细胞，通过降低强烈的脱水作用而保护细胞；大分子物质如脱脂牛奶、血清白蛋白、糊精、聚乙烯砒咯烷酮（PVP）等，可通过与细胞表面结合的方式防止细胞膜受冻伤。为了防止菌种死亡，一般菌种只能使用一次，切勿反复冻融。其缺点是手续麻烦，需要高价设备，存活率低等。

（2）液氮保藏法　将菌种（悬液或菌块）通过预冻后放在超低温（−196～−150℃）的液氮中长期保藏的方法。对于用其他方法保藏有困难的微生物如支原体、衣原体及难以形成孢子的霉菌、小型藻类或原生动物等都可用本法长期保藏，这是当前保藏菌种的最理想方法。但必须将菌液悬浮于低温保护剂（如甘油、脱脂牛奶等）中，并需控制制冷速度进行预冻，以减少超低温对细胞造成的损伤。由于不同细胞类型的渗透性不同，每种生物所能适应的冷却速度也不同，因此需根据具体的菌种，通过试验来决定冷却的速度。在保存过程中要注意及时补充液氮。

（3）斜面保藏法　将菌种接种在试管斜面培养基上，待菌种生长完全后，置于 4℃ 冰箱中保藏，每隔一定时间再转接至新的斜面培养基上，生长后继续保藏。对细菌、放线菌、霉菌和酵母菌均可采用。此方法简单、存活率高，故应用较普遍。其缺点是菌株仍有一定的代谢强度，传代多则菌种易变异，故不宜长时间保藏菌种。为此有人做了某些改进，如将试管的棉塞用橡胶塞或木塞代替，然后用石蜡封口，这一改进可以使保存时间延长到 10 年以上，存活率仍达 75%～100%。

（4）液体石蜡覆盖保藏法　为了防止传代培养菌因干燥而死亡，也为限制氧的供应以削弱代谢水平，在斜面或穿刺的培养基中覆盖灭菌的液体石蜡的保藏方法。主要适用于霉菌、酵母菌、放线菌、好氧性细菌等的保存。霉菌和酵母菌可保存几年，甚至长达 10 年。本法的优点是方法简单，不需特殊装置。其缺点是对很多厌氧细菌或能分解烃类的细菌保藏效果较差。液体石蜡要求选择优质无毒，一般为化学纯规格。可以在 121℃ 湿热灭菌 2h，或 150～170℃ 干燥灭菌 1h。要求液体石蜡的油层高于斜面顶端 1cm；垂直放在室温或 4℃ 冰箱内保藏。

（5）载体保藏法　使微生物吸附在适当的载体上（土壤、砂子等）进行干燥保存的方法。最常用的有土壤保藏法，主要用于能形成孢子或孢子囊的微生物（真菌、放线菌和部分细菌）的保存。使用的土壤原则上为肥沃的耕土，灭菌后放于干燥器中使其水分逸散，然后接入菌悬液或直接接种斜面的孢子，充分干燥后，密封保存。因土壤中有大量有机质，高温下可形成抑制微生物生长的物质，故土壤应避免干热灭菌。此法简便，保藏时间较长，微生物转接也较方便，故应用范围较广。

（6）悬液保藏法　是将微生物混悬于适当媒液中加以保藏的方法。根据所使用的媒液不同有不同名称，其中蒸馏水保藏法较常用。酵母菌、霉菌和放线菌的大部分均适用此法保存。操作方法简便，在试管的斜面培养基中加入无菌蒸馏水少量，用灭菌吸管轻轻吹散表面菌落，使之分散均匀，然后分装至已灭菌的螺旋口小管中，将盖子盖严，即可放在室温下保存。有人用本法将 66 属 147 种霉菌、酵母菌和放线菌共计 417 株在室温下保存了 1～5 年，其中 93%（389 株）仍然存活。

此外，某些微生物（如病毒、立克次体、螺旋体和少数丝状真菌等）只能寄生在活着的动物、植物或细菌中才能繁殖传代，故可针对寄主细胞或细胞的特性进行保存。如植物病毒可用植物幼叶的汁液与病毒混合，冷冻或干燥保存；噬菌体可以经过细菌培养扩大后，与培养基混合直接保存；动物病毒可直接用病毒感染适宜的脏器或体液，然后分装于试管中密封，低温保存。

3 工业培养基及其设计

3.1 工业培养基的基本要求

工业培养基是提供微生物生长繁殖和生物合成各种代谢产物所需要的，按一定比例配制的多种营养物质的混合物。培养基组成对菌体生长繁殖、产物的生物合成、产品的分离精制乃至产品的质量和产量都有重要影响。

虽然不同微生物的生长状况不同，且发酵产物所需的营养条件也不同，但对于所有发酵生产用培养基的设计而言，仍然存在一些共同遵循的基本要求，如所有的微生物都需要碳源、氮源、无机盐、生长因子和水等营养成分。在小型试验中，所用培养基的组分可以使用纯净的化合物即采用合成培养基，但对工业生产而言，即使纯净的化合物在市场供应方面能满足生产需要，也会由于经济效益原则而不宜在大规模生产中应用。因此对于大规模的发酵工业生产，除考虑上述微生物需要外，还必须十分重视培养基的原料价格和来源的难易。具体来说，一般设计适宜于工业大规模发酵的培养基就要遵循以下原则。

① 必须提供合成微生物细胞和发酵产物的基本成分。

② 有利于减少培养基原料的单耗，即提高单位营养物质的转化率。

③ 有利于提高产物的浓度，以提高单位容积发酵罐的生产能力。

④ 有利于提高产物的合成速度，缩短发酵周期。

⑤ 尽量减少副产物的形成，便于产物的分离纯化。

⑥ 原料价格低廉，质量稳定，取材容易。

⑦ 所用原料尽可能减少对发酵过程中通气搅拌的影响，利于提高氧的利用率，降低能耗。

⑧ 有利于产品的分离纯化，并尽可能减少"三废"物质的产生。

3.2 工业培养基的成分及来源

在微生物的营养中有6大要素物质：碳源、氮源、能源、生长因子、无机盐和水。工业培养基的成分也主要是这6大要素物质。

3.2.1 碳源

碳源是微生物细胞需要量最大的元素。能提供微生物营养所需碳（元）素或碳架的营养物质称为碳源。能被微生物用作碳源的物质种类极其广泛。简单的无机含碳化合物（CO_2、$NaHCO_3$ 和 $CaCO_3$ 等）、比较复杂的有机物（烃类、醇、羧酸、脂肪酸、糖及其衍生物、杂环化合物、氨基酸和核苷酸等）、复杂的有机大分子（蛋白质、脂质和核酸等），乃至复杂的天然含碳物质（牛肉膏、蛋白胨、花生饼粉、糖蜜、石油及其不同的馏分等）都可以被不同的微生物利用，甚至像二甲苯、酚等有毒的物质都可以被少数微生物用作碳源。不同营养类型的微生物利用不同的碳源。为数众多的异养微生物常利用某类有机化合物中的一种或几种作为它们的碳源。糖类是微生物利用最广泛的碳源，尤其是葡萄糖，其次是醇、有机酸和脂肪酸等。而其余微生物或是利用 CO_2 或碳酸盐作为唯一或主要的碳源，如蓝细菌等光能自养微生物和硝化细菌等化能自养微生物；或是利用 CO_2 及相对低分子量的简单有机物作为主要碳源，如紫色非硫细菌等光能异养微生物。

不同微生物利用碳源物质的范围也很不相同。有的微生物利用的碳源物质范围很广。例如，洋葱伯克霍尔德菌（*Burkholdria cepacia*）可以利用 90 多种不同类型的有机化合物作为碳源。这些物质分别属于：糖及其衍生物（如葡萄糖和葡萄糖酸）；羧酸（乙酸、丙酸、丁酸和异丁酸等）；二羧酸（丙二酸和琥珀酸等）；有机酸（丙酮酸和乳酸等）；伯醇（乙醇和丙醇等）；氨基酸（丙氨酸、谷氨酸和赖氨酸等）；其他含氮化合物（对氨基苯甲酸和丁胺等）以及无氮环状化合物（苯甲酸和酚等）。而有些微生物所能利用的碳源物质种类极其有限。例如，甲基营养细菌只利用甲醇和甲烷作为碳源。产甲烷菌的绝大多数利用 CO_2 作为碳源，有些也利用甲酸、甲醇、甲胺类和乙酸等有机碳源。

对于为数众多的化能异养微生物来说，碳源是兼有能源功能的双功能营养物。

3.2.2 能源

能源是提供微生物生命活动所需能量的物质。极大多数微生物的能源物质是化学物质（有机化合物和无机化合物）。只有光合细菌利用光作为能源。但微生物生长过程中所涉及的能量主要是 ATP 形式的化学能。即使是光合细菌，也要将光能转换成 ATP 形式的化学能后才可利用。

3.2.3 氮源

氮是微生物细胞需要量仅次于碳的元素。能提供微生物所需氮素的营养物质称为氮源。能被微生物用作氮源的物质种类也很广泛，有分子态氮、氨、铵盐和硝酸盐等无机含氮化合物，尿素、氨基酸、嘌呤和嘧啶等有机氮化合物。实验室中常用富氮的胰酪蛋白、牛肉膏、蛋白胨和酵母膏等。生产上常用鱼粉、玉米浆、饼粉（黄豆饼粉和花生饼粉）和蚕蛹粉等。

铵盐是微生物最常用的氮源。多数微生物利用无机氮化物，如 $(NH_4)_2SO_4$ 和 KNO_3 等作为氮源，但它们也利用有机含氮化合物作为氮源，只有少数固氮微生物（固氮菌、根瘤菌和蓝细菌等）能利用分子态氮（N_2）作为氮源。

氮源的主要功能是提供细胞原生质和其他结构物质中的氮素，一般不作为能源使用。但化能自养细菌中的亚硝化细菌和硝化细菌能从 NH_3 和 NO_2^- 等还原态无机含氮化合物的氧化过程中获得其生命活动所需的能量。所以对于硝化细菌来说，NH_3 和 NO_2^- 是兼有氮源与能源功能的双功能营养物质。对于异养微生物来说，含有 C、H、O、N 的有机化合物是具有碳、能源和氮源三重功能的营养物。

3.2.4 无机盐及微量元素

微生物除了需要碳源、能源和氮源之外，还需要 P、S、K、Mg、Ca、Na、Fe、Co、Zn、Mo、Mn、Ni 和 W 等元素。其中需要浓度在 $10^{-4} \sim 10^{-3}$ mol/L 范围内的元素称大量元素；需要浓度在 $10^{-8} \sim 10^{-6}$ mol/L 范围内的元素称微量元素。前者如 P、S、K、Mg、Ca、Na 和 Fe 等；后者如 Co、Zn、Mo、Mn、Ni 和 W 等。上述元素大多是以无机盐的形式提供的，故称无机盐或矿物质元素。Mg、K、Na、Fe、Co、Zn、Mo、Cu、Mn 和 Ni 等金属元素来源于无机盐的阳离子，而 P、S 等非金属元素极大多数来自于无机盐的酸根。

无机盐的需要量虽然比 C、N 少，但其重要性并不亚于 C 和 N，它们的生理功能可归纳为如下几点。①提供微生物细胞化学组成中（除 C 和 N 外）的重要元素，如 P 和 S 分别为核酸与含硫氨基酸（半胱氨酸和甲硫氨酸）的重要组成元素。②参与并稳定微生物细胞的结构，如 P 参与的磷脂双分子层构成了细胞膜的基本结构；Ca 参与细菌芽孢结构的皮层组成，它与吡啶二羧酸（DPA）形成的盐——DPA-Ca 赋予细菌芽孢以高度的抗热性；Mg 有稳定核糖体和细胞膜的作用。③与酶的组成和活力有关。如 Fe 是细胞色素氧化酶的必要组分，Mg、Cu 和 Zn 等是许多酶的激活剂，固氮酶含 FeMo 辅因子。④调节和维持微生物生长过程中诸如渗透压、氢离子浓度和氧化还原电位等生长条件。如 Na 和 K 有调节细胞渗透压的作用；由磷酸盐组成的缓冲剂能保持微生物生长过程中 pH 值的稳定；含 S 的 Na_2S 和含巯基（—SH）的巯基乙酸、半胱氨酸、谷胱甘肽和二硫苏糖醇等可降低氧化还原电位。⑤用作某些化能自养细菌的能源物质，如 NH_4^+、NO_2^-、S 和 Fe^{2+} 分别被亚硝化细菌、硝化细菌、硫化细菌和铁细菌用作能源。⑥用作呼吸链末端的氢受体，如 NO_3^-、SO_4^{2-} 和 S 等可被硝酸盐还原细菌或硫酸盐还原细菌等用作无氧呼吸时呼吸链末端的氢受体。

3.2.5 生长调节物质

许多微生物除了需要碳源、能源、氮源与无机盐之外，还必须在培养基中补充微量的有机营养物质才能生长或者生长良好，这些微生物生长所不可缺少的微量有机物质就是生长因子。生长因子有维生素、氨基酸、嘌呤碱和嘧啶碱、卟啉及其衍生物、固醇、胺类、$C_2 \sim C_6$ 直链或支链脂肪酸等（表 3-1）。一些特殊的辅酶也能用作生长因子。能提供生长因子的天然物质有酵母膏、蛋白胨、麦芽汁、玉米浆、动植物组织或细胞浸液以及微生物生长环境的提取液等。

表 3-1　某些微生物生长所需的生长因子

微生物	生长因子	需要量
弱氧化醋酸杆菌（Acetobacter suboxydans）	对氨基苯甲酸	0～10ng/mL
	烟碱酸	3μg/mL
丙酮丁醇梭菌（Clostridium acetobutylicum）	对氨基苯甲酸	0.15ng/mL
Ⅲ型肺炎链球菌（Streptococcus pneumoniae）	胆碱	6μg/mL
肠膜明串珠菌（Leuconostoc mesenteroides）	吡哆醛	0.025μg/mL
金黄色葡萄球菌（Staphylococcus auteus）	硫胺素	0.5ng/mL
白喉棒杆菌（Cornebacterium diphtherriae）	β-丙氨酸	1.5μg/mL
破伤风梭状芽孢杆菌（Clostridium tetani）	尿嘧啶	0～4μg/mL
阿拉伯糖乳杆菌（Lactobacillus arabinosus）	烟碱酸	0.1μg/mL
	泛酸	0.02μg/mL
	甲硫氨酸	10μg/mL
粪链球菌（Streptocodccus faecalis）	叶酸	200μg/mL
	精氨酸	50μg/mL
德氏乳杆菌（Lactobacillus delburckii）	酪氨酸	8μg/mL
	胸腺核苷	0～2μg/mL
干酪乳杆菌（Lactobacillus casei）	生物素	1ng/mL
	麻黄素	0.02μg/mL

生长因子的主要功能是提供微生物细胞中的重要化学物质（蛋白质、核酸和脂质）、辅因子（辅酶和辅基）的组分和参与代谢。但是，有些微生物可以合成并分泌大量维生素等生长因子，因此，可用作维生素等生产菌，例如，利用阿舒假囊酵母（Eremothecium ashbyii）和棉阿舒囊霉（Ashbya gossypii）生产维生素 B_2，用作维生素 B_{12} 生产菌的有谢氏丙酸杆菌（Propionibacterium shermanii）、橄榄链霉菌（Streptomyces oliuaceus）、灰色链霉菌

（*S. griseus*）与巴氏甲烷八叠球菌（*Methanosarcina barkeri*）等。

3.2.6　水

　　水是微生物营养中不可缺少的物质。这并不是由于水本身是营养物质，而是因为水是微生物细胞的主要化学组成；水是营养物质和代谢产物的良好溶剂，营养物质与代谢产物都是通过溶解和分散在水中而进出细胞的；水是细胞中各种生物化学反应得以进行的介质，并参与许多生物化学反应；水的比热高，汽化热高，又是热的良好导体，保证了细胞内的温度不会因代谢过程中释放的能量骤然上升；水还有利于生物大分子结构的稳定，如 DNA 结构的稳定、蛋白质表面的极性（亲水）基团与水发生水合作用形成的水膜，使得蛋白质颗粒不至于相互碰撞而聚集沉淀。

　　水以自由水与结合水两种形式存在。结合水没有流动性和溶解力，所以微生物不能利用它。水的可利用性常用水活度（a_w）来表示。水活度以相同温度下，溶液或物质上面空气的蒸汽压与纯水的蒸汽压之比表示。

$$水活度(a_w)=\frac{p_{溶液}}{p_{纯水}}$$

纯水的 a_w 值为 1。有溶质时，水活度就低于 1。

3.3　培养基类型

　　培养基是为人工培养微生物而制备的、提供微生物以合适营养条件的基质（表 3-2）。由于微生物种类、营养类型以及使用目的的多样性，培养基的配方和种类很多，但是培养基的制备还是有一定原则和规律的。

表 3-2　自然界和培养基中所存在的常量营养物

元素	营养因子	营养物
C	CO_2、有机化合物	葡萄糖、麦芽糖、醋酸、丙酮酸和几百种其他化合物或复杂的混合物（如酵母、蛋白胨等）
H	H_2O、有机化合物	H_2O、有机化合物
O	H_2O、O_2、有机化合物	H_2O、O_2、有机化合物
N	NH_3、NO_3^-、N_2、有机含氮化合物	无机氮：NH_4Cl、$(NH_4)_2SO_4$、KNO_3、N_2；有机氮：氨基酸、核苷酸及许多其他含氮有机化合物
P	PO_4^{3-}	KH_2PO_4、Na_2HPO_4
S	H_2S、SO_4^{2-}、有机硫化物、金属硫化物（FeS、CuS、ZnS、NiS 等）	Na_2SO_4、Na_2SO_3、Na_2S、半胱氨酸或其他含硫化合物
K	溶液中 K^+ 或多种钾盐	KCl、KH_2PO_4、KNO_3
Mg	溶液中 Mg^{2+} 或多种镁盐	$MgCl_2$、$MgSO_4$
Na	溶液中 Na^+ 或 NaCl 或其他钠盐	$NaCl$
Ca	溶液中 Ca^{2+} 或 $CaSO_4$ 或其他钙盐	$CaCl_2$、$CaCO_3$、$CaSO_4$
Fe	溶液中 Fe^{2+} 或 Fe^{3+} 或 FeS、$Fe(OH)_3$ 以及其他许多铁盐	$FeCl_3$、$FeSO_4$、许多螯合铁离子的溶液（EDTA 中的 Fe^{3+}、柠檬酸盐中的 Fe^{3+} 等）
Mo		Na_2MoO_4
Cu		$CuSO_4$
Mn		$MnSO_4$

3.3.1　制备培养基的基本原则

　　目标明确、营养协调、条件适宜、经济合理是制备工业规模培养基的基本原则。

3.3.1.1 目标明确

目标明确就是根据培养的对象和目的，如培养何菌，获何产物，用于实验室还是大规模生产以及做种子培养用还是发酵用。

培养细菌、放线菌、酵母菌与霉菌的培养基是不同的。自养微生物有较强的生物合成能力，所以自养微生物的培养基完全由无机盐组成。异养微生物的生物合成能力较弱，所以培养其中至少要有一种有机物，通常是葡萄糖。

如为获取微生物细胞或做种子培养基用，一般来说，营养成分宜丰富些，尤其是氮源含量应高些，即 C/N 低，这样有利于微生物的生长与繁殖；反之，如为获取代谢产物或用作发酵培养基，其 C/N 应该高些，即所含氮源宜低些，以使微生物生长不致过量而有利于代谢产物的积累。

实验室中进行一般培养时，常用营养丰富、取材与制备均较方便的天然培养基。进行精细的代谢或遗传等研究时，则必须用合成培养基。在发酵生产中还需考虑更多的因素，如选用原料时，除考虑满足菌种的营养需要外，还需选择来源广的廉价原料，如采用野生原料、代粮品，甚至农副产品废弃物等。种子培养基和发酵培养基都是发酵生产用的培养基。种子培养基是为获取大量优良菌种而制备的培养基，除营养丰富和含氮量较高外，还应加入能使菌种适应以后发酵条件的基质。发酵培养基是使生产菌生长良好并能积累大量代谢产物的培养基。一般地讲，在生产含碳量较高的代谢产物，如有机酸时，培养基所用原料的 C/N 要高。例如，柠檬酸发酵培养基只用山芋粉作原料。而生产氨基酸类含氮量高的代谢产物时，要增加氮源比例。例如，谷氨酸发酵培养其中除了含水解淀粉或大量的糖外，还有尿素和玉米浆。在有些代谢产物的生产中还要加入作为它们组成部分的元素或前体物质，如生产维生素 B_{12} 时要加钴盐，在金霉素生产中要加氯化物，生产氨苄西林时要加入其前体物质苯乙酸等。

3.3.1.2 营养协调

培养基应含有维持微生物最适生长所必需的一切营养物质。但更重要的是，营养物质浓度与配比要合适，就是要做到培养基营养协调。对于大多数异养微生物来说，它们所需各种营养要素的比例大体是：水＞碳源＞氮源＞P、S＞K、Mg＞生长因子。其中碳源与氮源的比例（即 C/N）尤为重要。严格地说，C/N 是指培养基所含碳源中的碳原子物质的量与氮源中的氮原子物质的量之比。但也有用还原糖与粗蛋白含量之比表示。不同微生物要求不同的 C/N。如细菌和酵母菌培养基中的 C/N 约为 5/1，霉菌培养基中的 C/N 约为 10/1。如为获得微生物细胞或制备种子培养基，通常用较低的 C/N；如所要代谢产物中含碳量较高，则 C/N 要高些；如所要代谢产物中含氮量较高，C/N 要低些。谷氨酸发酵中，种子培养基的 C/N 通常为 100/(0.5～2)，可使菌种大量繁殖；发酵培养基的 C/N 为 100/(11～12)，可使谷氨酸大量积累。

此外，还需注意培养基中无机盐的量以及它们之间的平衡。很多无机盐在低浓度时为微生物最适生长所必需，但在超出其生长范围的高浓度时则变为抑制因子。还要注意无机盐间的适当比例，例如，K_2HPO_4 与 KH_2PO_4 浓度比例的失调就会影响培养基的缓冲能力。

同样，加生长因子时也要注意有适当的比例，以维持微生物对生长因子的平衡需求和吸收。

3.3.1.3 条件适宜

微生物的生长除了取决于营养之外，还受 pH、氧气、渗透压等物理化学因素的影响，而微生物的生长反过来又会影响环境条件。为使微生物良好地生长、繁殖或积累代谢产物，必须为其创造尽可能适宜的生长条件。

（1）pH 调节培养基 pH 的原因之一是各大类群微生物都有适合其各自生长的 pH 范围。一般来说，细菌生长的最适 pH 范围在 7.0～8.0 之间，放线菌在 7.5～8.5 之间，酵母菌在 3.8～6.0 之间，而霉菌则在 4.0～5.8 之间。具体的每一种微生物还有其特定的最适生长 pH 范围，但是对于某些极端环境中的微生物来说，往往可以大大突破所属类群微生物 pH 范围的上限和下限。例如，氧化硫硫杆菌这种嗜酸菌的生长 pH 范围为 0.9～4.5；一些专性嗜碱菌的生长 pH 在 11 甚至 12 以上。所以必须调节培养基的 pH，以保证微生物能良好地生长、繁殖或积累代谢产物。

培养基 pH 可以通过加入碱性化合物（NaOH）或酸性化合物（HCl）来调节。但是由于微生物在代谢过程中会产生使培养基 pH 改变的代谢产物，例如，微生物在含糖培养基上生长时产生的有机酸会使培养基 pH 下降；微生物分解蛋白质与氨基酸时产生的氨会使培养基 pH 值上升；微生物利用 $(NH_4)_2SO_4$ 作为氮源时也会使培养基 pH 下降等。这种由于微生物代谢作用而引起环境中 pH 值的变化是不利于微生物进一步生长的。为此，要在培养基中加入能够保持 pH 值相对稳定的物质。通常可加入缓冲液或微溶性碳酸盐。常用由两种磷酸盐（如 K_2HPO_4 与 KH_2PO_4）的等物质的量溶液（pH6.8）组成的磷酸缓冲液。这种缓冲液不仅起缓冲作用，还兼有磷源和钾源作用。不过，此种缓冲液只在狭窄的接近中性的 pH 范围内（6.4～7.2）有缓冲作用。所以对于不同的 pH 区域应选用不同的缓冲剂来保持 pH 的相对稳定。

在产酸的发酵过程中常加入 $CaCO_3$（1%～5%）。但加 $CaCO_3$ 时培养基会有沉淀。如果不希望培养基有沉淀，则可采用 $NaHCO_3$。

有时，由于微生物产生过量的酸或碱，使用上述 $CaCO_3$ 不足以保持 pH 的稳定，此时，可以考虑向培养基中直接加酸或碱来调节培养基的 pH。

此外，通常还要在培养基中加入作为指示剂的染料以指示培养基的 pH 变化。

（2）渗透压及其他条件 绝大多数微生物适宜于在等渗溶液中生长。一般培养基的渗透压都是适合的，但培养嗜盐微生物（如嗜盐细菌）和嗜渗透压微生物（如高渗酵母）时就要提高培养基的渗透压。培养嗜盐微生物常加适量 NaCl，海洋微生物的最适生长盐度约 3.5%。培养嗜渗透压微生物时要加接近饱和量的蔗糖。

自养微生物需以 CO_2 作为碳源，但空气中 CO_2 仅 0.03%，难以满足它们的生长需要。因此必须外加 CO_2。直接向培养基中供应 CO_2 时，因 CO_2 微酸会改变培养基的 pH 值，这样就需采取缓冲的措施。在密闭容器中培养紫硫细菌等厌氧光合细菌时，可在培养基中加入 $NaHCO_3$ 作为 CO_2 的来源。但在培养好氧微生物的培养基中不能加 $NaHCO_3$，因为 $NaHCO_3$ 中的 CO_2 释放到大气中，留下的 Na^+ 会使培养基呈强碱性。培养好氧的，特别是产酸的自养细菌如亚硝化单胞菌属（*Nitrosomonas*）与硝化杆菌属（*Nitrobacter*）等，可向培养基中加 $CaCO_3$，它不仅能提供 CO_2，而且是极佳的缓冲剂。

此外，要根据微生物的不同特性提供不同条件，如培养好氧微生物时必须提供足够的氧气，培养严格厌氧微生物时要把培养基和周围环境中的氧气驱除掉等。

3.3.1.4 经济合理

经济合理的原则也是不可忽视的，尤其是在设计、制备大规模生产用的培养基时更应如此，在保证微生物生长与积累代谢产物需要的前提下，经济合理原则大致有："以粗代精"、"以野代家"、"以废代好"、"以简代繁"、"以纤代糖"、"以氮代朊（蛋白）"和"以国（产）代进（口）"等方面。

3.3.2 培养基的种类及其应用

培养基的种类繁多，可从不同角度进行分类。

3.3.2.1 根据所培养微生物的类群与营养类型区分

分别有细菌培养基、放细菌培养基、酵母菌培养基、霉菌培养基和自养微生物培养基、异养微生物培养基。培养不同营养类型的微生物也各有不同的培养基（表3-3）。

表 3-3 各类培养基成分

细 菌	放线菌	酵母菌和霉菌	自养微生物	异养微生物
牛肉膏(3)	可溶性淀粉(20)	蔗糖(30)	粉状硫(10)	葡萄糖(0.5)
蛋白胨(5)	K_2HPO_4(1)	K_2HPO_4(1)	$MgSO_4$(0.5)	$NH_4H_2PO_4$(1)
NaCl(5)	NaCl(1)	$MgSO_4$(0.5)	$(NH_4)_2SO_4$(0.4)	$MgSO_4$(0.2)
pH 7.2~7.4	$FeSO_4$(0.01)	$NaNO_3$(3)	$FeSO_4$(0.01)	K_2HPO_4(1)
	KNO_3(1)	KCl(0.5)	KH_2PO_4(4)	NaCl(5)
	$MgSO_4$(0.5)	$FeSO_4$(0.01)	$CaCl_2$(0.25)	pH 7.2~7.4
	pH 7.2~7.4	pH 6.0	pH 7.0~7.2	

注：表中括号中数据单位为 g/L 培养基。自养微生物以氧化硫杆菌为例，异养微生物以大肠杆菌为例。

3.3.2.2 根据对培养基成分的了解程度区分

可分为化学成分确定的培养基或合成培养基，化学成分不确定的培养基或天然培养基，以及化学成分部分确定的半合成培养基。

合成培养基是通过顺序加入准确称量的高纯化学试剂与蒸馏水配制而成的，其所含成分（包括微量元素在内）以及它们的量都是确切知道的，如表 3-3 中的异养微生物培养基。合成培养基的优点是化学成分确定并精确定量，所以实验的可重复性高；缺点是配制较麻烦，成本较高。合成培养基一般用于实验室中进行的营养、代谢、遗传育种、鉴定和生物测定等定量要求较高的研究。

天然培养基采用动植物组织或微生物细胞或它们的提取物或粗消化产物配制而成。如牛肉膏蛋白胨培养基（表 3-3 中的细菌培养基）。配制这类培养基常用牛肉膏、蛋白胨、酵母膏、麦芽汁、玉米粉、马铃薯、牛奶和血清等营养价值高的物质。天然培养基的优点是所用物质取材方便，营养丰富，而且配制方便。如果目的仅是取得微生物细胞，那么，使用天然培养基则便、快、好、省。但缺点是所用物质的成分不稳定，因而营养成分难以控制，实验结果的重复性差。

用纯化学试剂和天然物质可配制成半合成培养基，如培养真菌用的马铃薯蔗糖培养基。

3.3.2.3 根据制备后培养基的物理状态区分

根据制备后培养基的物理状态可将培养基分为固体培养基、半固体培养基和液体培养基。

（1）固体培养基　呈固体状态的培养基都称固体培养基。固体培养基有加了凝固剂后制成的；有直接用天然固体状物质制成的；还有在营养基质上覆上滤纸或滤膜等制成的。常用的固体培养基是在液体培养基中加入琼脂（约 2%）或明胶（5%～12%），加热到 100℃，然后再冷却并凝固而成。

常用的凝固剂是琼脂，又称洋菜，是用某些红藻（如石花菜）制成的，其主要成分为硫酸半乳聚糖。琼脂没有什么营养价值，所以不为极大多数微生物所分解液化。在一般微生物的培养温度下呈固体状态。琼脂的熔解温度约 96℃，凝固温度约 40℃，透明、黏着力强，经过高压灭菌也不被破坏。正是这些优良特性，使琼脂取代了早期使用的明胶而成了制备固体培养基时常用的凝固剂。多数微生物在琼脂培养基表面能很好地生长，尤其是生长在琼脂平板上的微生物常形成可见的、一个一个分离的菌落，所以琼脂平板在微生物学中应用极广。

天然固体培养基直接用某些天然固体状物质制成，如培养真菌用麸皮、大米、玉米粉和马铃薯块培养基。这些培养基的取材和制备都很方便，所以为生产所常用。在营养基质上面覆盖滤纸或微孔滤膜（如硝酸纤维滤膜），或将滤纸条一端插入培养液而另一端露出液面的培养基也具有固体性质。这类培养基用于特殊目的，如滤纸条培养基专门用于纤维素分解细菌的培养。

（2）半固体培养基　如在液体培养基中加 0.5％ 或更低浓度的琼脂就制成柔软的浆糊状半固体培养基，它们用于微好氧细菌的培养或细菌运动能力的确定。

（3）液体培养基　呈液态的培养基为液体培养基。它广泛用于微生物学实验和生产，在实验室中主要用于生理、代谢研究和获得大量菌体；在发酵生产中极大多数发酵培养基为液体培养基。

3.3.2.4　根据培养基的功能区分

根据功能培养基可分为选择培养基和鉴别培养基等。

（1）选择培养基　选择培养基通过加入不妨碍目的微生物生长而抑制非目的微生物生长的物质以达到选择的目的。常用的抑制物质有染料和抗生素。如分离真菌用的马丁培养基中加有抑制细菌生长的孟加拉红、链霉素和金霉素；分离产甲烷菌用的培养基通常都加有抑制真细菌的青霉素等。

选择培养基也可通过在培养基中加入目的微生物特别需要的营养物质而使它们加富以达到选择目的，这种选择培养基就是加富培养基。用于加富的营养物质通常是被富集对象专门需要的碳源和氮源，例如，富集纤维素分解菌选用的纤维素、富集石油分解菌用的石蜡油、富集自生固氮菌用的甘露醇以及富集酵母菌用的浓糖液等。当然，温度、氧气和其他气体、pH 以及盐度等理化因素也可用来选择某些特殊类型的微生物，如嗜热和嗜冷微生物、好氧和厌氧微生物、嗜酸和嗜碱微生物以及嗜盐微生物等。

（2）鉴别培养基　是一类在培养基中添加某种化学物质而将目的或对象微生物的菌落与同一平板上的其他微生物菌落区别开来的培养基（表 3-4）。用于鉴别肠道杆菌中某些细菌的伊红美蓝培养基是最好的例子。

表 3-4　微生物鉴别培养基

培养基名称	加入化学物质	微生物代谢产物	培养基特征性变化	主要用途
酪素培养基	酪素	胞外蛋白酶	蛋白水解圈	鉴别产蛋白酶菌株
明胶培养基	明胶	胞外蛋白酶	明胶液化	鉴别产蛋白酶菌株
油脂培养基	食用油、吐温、中性红指示剂	胞外脂肪酶	由淡红色变成深红色	鉴别产脂肪酶菌株
淀粉培养基	可溶性淀粉	胞外淀粉酶	淀粉水解圈	鉴别产淀粉酶菌株
H_2S 试验培养基	醋酸铅	H_2S	产生黑色沉淀	鉴别产 H_2S 菌株
糖发酵培养基	溴甲酚紫	乳酸、醋酸、丙酸	由紫色变成黄色	鉴别肠道细菌
远藤培养基	碱性复红、亚硫酸钠	酸	带金属光泽深红色菌落	鉴别水中大肠菌群
伊红美蓝培养基	伊红、美蓝	乙醛酸	带金属光泽深紫色菌落	鉴别水中大肠菌群

伊红美蓝培养基中的伊红和美蓝有着几方面的作用。首先鉴别染色，伊红是一种红色酸性染料，美蓝是一种蓝色碱性染料。大肠杆菌能强烈分解乳糖产生大量有机酸，结果与两种染料结合形成深紫色菌落。由于伊红还发出略呈绿色的荧光，因此在反射光下可以看到深紫色菌落表面有绿色金属闪光。而肠道内的沙门菌和志贺菌不发酵乳糖，所以形成无色菌落。这样就可以将无害的大肠杆菌与致病的沙门菌和志贺菌区别开来。伊红和美蓝还起着抑制某些细菌（革兰阳性细菌与一些难以培养的革兰阴性细菌）生长的作用。此外，这两种染料在 pH 值低时结合形成沉淀，可起产酸指示剂的作用。

伊红美蓝培养基在饮用水、牛乳的细菌学检查以及遗传学研究上也有着重要的用途。

（3）选择压力培养基　现代基因克隆技术中，基因工程的载体上常带有各种遗传学标记，当这样的载体携带目标基因转入受体菌时，由于标志基因所对应的遗传表型与受体菌是互补的，因此在培养基中施加合适的选择压力，将受体菌接入这种选择压力培养基，形成菌落的受体菌就是克隆子，即基因工程目的菌，而非克隆子则不生长。遗传学标记可以是氨苄西林抗性基因、四环素抗性基因、红霉素抗性基因等，相应的选择压力培养基中除了加入合适的营养成分外，再加入氨苄西林、四环素、红霉素等。

3.4　培养基的设计原理与优化方法

3.4.1　培养基的设计原理

一般来讲，培养基的设计首先是确定培养基的组成成分，然后再决定各组分之间的最佳配比。培养基的配比、缓冲能力、黏度、灭菌是否彻底、灭菌后营养破坏的程度以及原料中杂质的含量等因素都对菌体生长和产物合成有影响。但目前还不能完全从生化反应的基本原理来推断和计算出适合某一菌种的培养基配方，只能用生物化学、细胞生物学、微生物学等学科的基本理论，参照文献报道的某一类菌种的经验配方，再结合所用菌种和产品的特性，采用摇瓶及小型发酵设备，按照一定的实验设计和实验方法选择出较为适合的培养基。近百年来发酵工业的不断进步和有关学科的发展，为人们提供了相当丰富的设计和优化经验。

一般在考虑某一菌种对培养基的要求时，除了考虑基本要求外，从微生物生长、产物合成的角度还必须考虑以下几点。

（1）菌体的同化能力　一般只有小分子能够通过细胞膜进入细胞体内进行代谢。微生物能够利用复杂的大分子是由于微生物能够分泌各种各样的水解酶系，在体外将大分子水解为微生物能够直接利用的小分子物质。由于微生物来源和种类的不同，所能分泌的水解酶系不同。因此，有些微生物由于水解酶系的缺乏只能够利用简单的物质，而有些微生物则可以利用较为复杂的物质。因而在考虑培养成分选择的时候，必须充分考虑菌种的同化能力，从而保证所选用的培养基成分是微生物能够利用的。因为许多碳源和氮源都是复杂的有机物大分子，所以在选取用淀粉、黄豆饼粉这类原料作为培养基时，必须考虑微生物是否具备分泌胞外淀粉酶和蛋白酶的能力。

葡萄糖是几乎所有的微生物都能利用的碳源，因此在培养基选择时一般被优先考虑。但工业上如果直接选用葡萄糖作为碳源，成本相对较高，一般采用淀粉水解糖。在工业生产上，将淀粉水解为葡萄糖的过程称为淀粉的糖化，所得的糖液称为淀粉水解糖液。

淀粉水解糖液中的主要糖类是葡萄糖。因水解条件的限制，糖液中尚有少量的麦芽糖及其他一些二糖、低聚糖等复合糖类，这些低聚糖的存在不仅降低了原料的利用率，而且会影响糖液的质量，降低糖液可利用的营养成分。因此，为了保证生产出高产、高质量的发酵产品，水解糖液必须达到一定的质量指标（见表 3-5）。影响淀粉水解糖液的质量因素除原料本身外，很大程度上和制备方法密切相关。目前淀粉水解糖的制备方法有酸法、酸酶法和双酶法，其中以双酶法制得的糖液质量最好（见表 3-6）。

表 3-5　谷氨酸发酵生产中水解糖液的质量指标

项　目	质量要求	项　目	质量要求
色泽	浅黄色、杏黄色,透明	葡萄糖值（DE 值）	90%以上
糊精反应	无	透光率	60%以上
还原糖含量	18%左右	pH	4.6～4.8

表 3-6 不同糖化工艺所得糖液质量比较

项 目	酸 法	酸酶法	双酶法
葡萄糖(DE 值)/%	91	95	98
葡萄糖含量(干重)/%	86	93	97
灰分/%	1.6	0.4	0.1
蛋白质/%	0.08	0.08	0.10
色度/%	0.30	0.008	0.003
羟甲基糠醛	10.0	0.3	0.2
葡萄糖收得率/%	80~90	比酸法高 5%	比酸法高 10%

许多有机氮源都是复杂的大分子蛋白质。有些微生物如大多数氨基酸产生菌，缺乏蛋白质分解酶，不能直接分解蛋白质，必须将有机氮源水解后才能利用。常用的有机氮源有黄豆饼粉、花生饼粉和玉米浆的水解液。

(2) 培养基对菌体代谢的阻遏与诱导的影响　在配制培养基考虑碳源和氮源时，应根据微生物的特性和培养的目的，注意速效碳（氮）源和迟效碳（氮）源的相互配合，发挥各自的优势，避其所短。

对于快速利用的碳源如葡萄糖来讲，当菌种利用葡萄糖时产生的分解代谢产物会阻遏或抑制某些产物合成所需酶系的形成或酶的活性，即发生"葡萄糖效应"，也称为"葡萄糖分解阻遏作用"。因此，在抗生素发酵时，作为种子培养时的培养基所含的快速利用的碳源和氮源，往往比作为合成目的产物发酵培养时的培养基所含的多。一般也可考虑分批补料或连续补料的方式来控制微生物对底物的全程利用速率，以解除"葡萄糖效应"来得到更多的目的产物。

在酶制剂生产过程中，应考虑碳源的分解代谢阻遏的影响。对许多诱导酶来说，易被利用的碳源如葡萄糖与果糖等不利产酶，而一些难被利用的碳源如淀粉、糊精对产酶是有利的（见表 3-7）。因而淀粉糊精等多糖也是常用的碳源，特别是在酶制剂生产中几乎都选用淀粉类作为碳源。

表 3-7 碳源对生长和产酶的影响

碳 源	生物量/(g/L)	α-淀粉酶活力/(U/mL)	果胶酶活力/(U/mL)
葡萄糖	4.2	0	0.77
果糖	4.18	0	0
蔗糖	4.02	0	0.66
糊精	3.06	38.2	0.52
淀粉	3.09	40.2	1.92

注：所用微生物为地衣芽孢杆菌和黑曲霉。

微生物利用氮源的能力因菌种、菌龄的不同而有差异。多数能分泌胞外蛋白酶的菌株，在有机氮源（蛋白质）上可以良好地生长。同一微生物处于生长的不同阶段时对氮源的利用能力不同，在生长早期容易利用易同化的铵盐和氨基氮，在生长中期则由于细胞的代谢酶已经形成，利用蛋白质的能力增强。因此在培养基中有机氮源和无机氮源应当混合使用。

有些产物会受氮源的诱导与阻遏，这在蛋白酶的生产中表现尤为明显。除个别微生物外（如黑曲霉生产酸性蛋白酶需高浓度的铵盐），通常蛋白酶的产生受培养基中蛋白质或脂肪的诱导，而受铵盐、硝酸盐以及氨基酸的代谢阻遏。这时在培养基氮源选取时应考虑以蛋白质等有机氮源为主。

(3) 碳氮比对菌体代谢调节的重要性　培养基中碳氮比对微生物生长繁殖和产物合成的影响极为显著。氮源过多，会使菌体生长过于旺盛，pH 偏高，不利于代谢产物的积累；氮源不足，则菌体繁殖量少，从而影响产量。碳源过多则容易形成较低的 pH；若碳源不足则容易引起菌体的衰老和自溶。

微生物在不同的生长阶段对碳氮比的最适要求也不一样。一般来讲，因为碳源既作为碳骨架参与菌体和产物的合成，又作为生命过程中的能源，所以比例要求比氮源高。应该指出，碳氮比也随碳源及氮源的种类以及通气搅拌等条件而异，因此很难确定一个统一的比值。

（4）pH 值对不同菌体代谢的影响　微生物的生长和代谢除了需要适宜的营养环境外，其他环境因子也应处于适宜的状态。其中 pH 就是极为重要的环境因子。

微生物在利用营养物质时，由于酸碱物质的积累或代谢时酸碱物质的形成都会造成培养体系 pH 的波动。发酵过程中调节 pH 的方式一般不主张直接用强酸或强碱来调节，因为培养基的 pH 异常波动常是由于某些营养成分过多或过少而造成的，因此用酸碱虽然可以调节 pH，但不能解决引起 pH 异常的根本原因，其效果常不甚理想。

合理配制培养基是保证发酵过程中 pH 能满足工艺要求的决定因素之一。因而在选取培养基的营养成分时，除了考虑营养的需求外，也要考虑其代谢后对培养体系 pH 缓冲体系的贡献，从而保证整个发酵过程中 pH 能够处于较为适宜的状态。

当然，设计任何一种培养基不可能全部满足上述各项要求，必须根据具体情况抓住主要环节，使其既满足微生物的生长要求，又能获得优质高产的产品，同时也符合增产节约、因地制宜的原则。发酵培养基的主要作用是为了获得目的产物，即必须根据产物合成的特点来设计培养基。这就要求培养基的营养要适当丰富和完全，菌体迅速生长且健壮，整个代谢过程中 pH 适当且稳定，糖、氮代谢能完全符合高水平发酵的要求，能充分发挥生产菌种合成代谢产物的能力，此外还要求成本和单耗低。

要确定一个适合工业规模生产的发酵培养基，首先必须做好调查研究工作，了解菌种的来源、生长规律、生理生化特性和一般的营养要求。其次，对生产菌种的培养条件，生物合成的代谢途径，代谢产物的化学性质、分子结构，提取方法和产品质量要求等也需要有所了解，以便在选择培养基时做到心中有数。最好先以一种较好的化学合成培养基为基础，先做一些摇瓶试验，然后进一步做小型发酵罐培养，摸索菌种对各种主要营养物质，如碳源和氮源的利用情况和产生代谢产物的能力。注意培养过程中的 pH 变化，观察适合于菌种生长繁殖和适合于代谢产物形成的两种不同 pH，不断调整配比，再确定各种重要的金属离子和非金属离子对发酵的影响，即对各种无机元素的营养要求，试验其最适范围和最佳用量。在合成培养基上得出一定结果后，再做复合培养基试验。最后通过试验确定各种发酵条件和培养基的关系。有些发酵产物如抗生素等，除了配制培养基以外，还要进行中间补料，一方面可以对碳和氮的代谢予以适当控制，另一方面间歇添加各种养料和前体类物质，可以促进发酵和积累目的产物。

3.4.2　培养基的优化方法

一般来说，选择培养基成分、设计培养基配方会依据培养基的设计原理，但最终培养基配方的确定还是通过实验来获得。培养基设计与优化过程一般要经过以下几个步骤：根据以前的经验以及培养基成分确定时必须考虑的一些问题，初步确定可能的培养基组分；通过单因素优化实验确定最为适宜的各个培养基组分及其最适浓度；最后通过多因子实验，进一步优化培养基的各种成分及其最适浓度。

作为一种适宜的培养基，首先必须满足产物的高效合成，即所使用的培养基原材料的转化率要高。考察发酵过程的转化率通常涉及理论转化率和实际转化率。其中，理论转化率是指理想状态下根据微生物的代谢途径进行物料衡算，得出转化率大小。而实际转化率是指发酵实验所得转化率的大小。由于实际发酵过程中一般有副产物形成、原材料利用不完全等因素存在，实际转化率往往要小于理论转化率。因此，如何使实际转化率接近于理论转化率是发酵控制的一个重要目标。

综上所述，培养基不仅影响产物的产率，而且还可能影响产物的组成和产量，因此要对培养基进行优化。但最优培养基的确定往往需要花费大量的时间和精力，为了克服这些问题，通常需要采用合理的实验设计以减少实验次数来解决。在实际的生产中，培养基的优化通常和培养条件的优化紧密结合在一起，所以微生物发酵培养基的优化需要同时注重两个方面的内容：一是对培养基进行优化，二是对发酵的条件，如温度、pH、通气量、搅拌速度等发酵条件进行优化和控制。

4　生物工艺过程中的无菌技术

4.1　生物反应过程中无菌的要求

　　生物反应过程，特别是各种细胞培养过程，往往要求在没有杂菌污染的情况下进行。只有少数培养过程，由于培养基中的基质不易被微生物利用，或者温度、pH不适于一般微生物生长，因而可在不很严格的条件下生产，一般多数培养过程要求在严格的条件下进行纯种培养，以避免因杂菌感染而产生不良后果。因此必需采取措施对生产过程涉及的原料、设备等进行灭菌处理，达到严格的纯种培养条件。通常工业上采取的主要措施包括：对培养基进行灭菌处理；对好氧过程的空气进行灭菌处理；对生物反应器（发酵罐）及其连接管道进行灭菌处理；菌种为无污染的纯粹种子；使生物反应器处于正压环境；对培养过程中的补料进行灭菌处理等。

4.2　工业常用无菌技术

　　保持发酵过程无杂菌污染，最重要的是要建立发酵工业中的无菌技术。常用的无菌技术和方法主要有以下几种，可根据灭菌的对象和要求选用。

4.2.1　干热灭菌

　　干热灭菌时，微生物主要由于氧化作用而死亡。最常用的方法有以下两种。

　　(1) 灼烧法　这是最简单、最彻底的干热灭菌方法，它将被灭菌物品放在火焰中灼烧，使所有的生物物质炭化。但该法对被灭菌物品的破坏极大，适用的范围较小，常用于实验室接种针、勺、试管或三角瓶口和棉塞的灭菌，也用于工业发酵罐接种时的火环保护。

　　(2) 烘箱热空气法　将物品放入烘箱内，然后升温至150～170℃，维持1～2h。经过烘箱热空气法可以达到彻底灭菌的目的。该法适用于玻璃、陶瓷和金属物品的灭菌。其优点是灭菌后物品干燥；缺点是操作所需时间长，易损坏物品，对液体样品不适用。

4.2.2　湿热灭菌

　　利用饱和蒸汽进行灭菌的方法称为湿热灭菌。由于蒸汽具有很强的穿透能力，而且在冷凝时会放出大量热能，使微生物细胞中的蛋白质、酶和核酸分子内部的化学键，特别是氢键受到破坏，引起不可逆的变性，造成微生物死亡。从灭菌的效果来看，干热灭菌不如湿热灭菌有效，干热灭菌温度每升高10℃时，灭菌速率常数仅增加2～3倍；而湿热灭菌对耐热芽孢的灭菌速率常数增加的倍数可达到8～10倍，对营养细胞则增加得更高。通常湿热灭菌条件为121℃，维持30min。

　　高压蒸汽灭菌是实验室、发酵工业生产中最常用的灭菌方法。一般培养基、玻璃器皿、无菌水、缓冲液、金属用具等都可以采用此法灭菌。

4.2.3　射线灭菌

射线灭菌是利用紫外线、高能电磁波或放射性物质产生的高能粒子进行灭菌的方法，其中以紫外线最常用。其杀菌作用主要是因为导致 DNA 胸腺嘧啶间形成胸腺嘧啶二聚体和胞嘧啶水合物，抑制 DNA 正常复制。此外，空气在紫外线辐射下产生的臭氧有一定杀菌作用。但细菌芽孢和霉菌孢子对紫外线的抵抗力强，且紫外线的穿透力差，物料灭菌不彻底，只能用于物体表面、超净台及培养室等环境灭菌。

4.2.4　化学药剂灭菌

某些化学试剂能与微生物发生反应而具有杀菌作用。常用的化学药剂有酒精、甲醛、漂白粉（或次氯酸钠）、高锰酸钾、环氧乙烷、季铵盐等。由于化学药剂也会与培养基中的一些成分作用，且加入培养基后易残留在培养基内，所以，化学药剂不能用于培养基的灭菌，一般应用于发酵工厂环境的消毒。

4.2.5　过滤除菌

过滤除菌是利用过滤法阻留微生物以达到除菌的目的。此法仅适用于不耐高温的液体培养基组分和空气的过滤除菌。工业上常用过滤法大量制备无菌空气，供好氧微生物的液体深层发酵使用。

4.3　培养基灭菌

4.3.1　湿热灭菌原理

4.3.1.1　微生物热阻

每种微生物都有一定的生长温度范围。当微生物处于生长温度的下限时，代谢作用几乎停止而处于休眠状态。当温度超过生长温度的上限时，微生物细胞中的蛋白质等大分子物质会发生不可逆变性，使微生物在很短的时间内死亡。加热灭菌就是根据微生物的这一特性进行的。一般微生物的营养细胞在 60℃加热 10min 全部死亡，但细菌芽孢能耐受较高的温度，在 100℃需要数分钟甚至数小时才能被杀灭。某些嗜热菌的芽孢在 120℃下需 30min 甚至更长时间才能被杀灭。所以，一般衡量灭菌彻底与否，是以能否杀灭细菌芽孢为标准。

杀死微生物的极限温度称为致死温度。在致死温度下，杀死全部微生物所需要的时间称为致死时间。在致死温度以上，温度愈高，致死时间愈短。由于不同种类微生物细胞及细胞和孢子对热的抵抗力不同，它们的致死温度和致死时间也有很大的差别。微生物对热的抵抗力称为热阻，即指微生物在某一特定条件下（主要是温度）的致死时间。相对热阻是指一种微生物在某一条件下的致死时间与另一微生物在相同条件下的致死时间之比。表 4-1 是某些微生物对湿热的相对热阻。

表 4-1　某些微生物对湿热的相对热阻

微生物名称	大肠杆菌	细菌芽孢	霉菌孢子	病毒
相对热阻	1	3×10^6	2～10	1～5

4.3.1.2 湿热灭菌的对数残留定律

在一定温度下，微生物受热致死遵循分子反应速率理论。微生物受热死亡的速率——dN/dt 在任何瞬间与残留的活菌数 N 成正比，这就是对数残留定律，其数学表达式为：

$$-\frac{dN}{dt} = kN \tag{4-1}$$

式中　N——残留活菌数，个；

　　　t——受热时间，min；

　　　k——比死亡速率常数，也称灭菌速率常数，此常数大小与微生物种类及灭菌温度有关，s^{-1}；

dN/dt——活菌数瞬时变化速率，即死亡速率。

若开始灭菌（$t=0$）时，培养基中活的微生物数为 N_0，将式(4-1)积分后可得到：

$$\ln \frac{N_t}{N_0} = -kt \tag{4-2}$$

$$t = \frac{2.303 \lg \dfrac{N_0}{N_t}}{k} \tag{4-3}$$

式中　N_0——开始灭菌时原有的活菌数，个；

　　　N_t——经过 t 时间灭菌后的残留菌数，个。

式(4-3)是计算灭菌的基本公式，从中可知灭菌时间取决于污染程度（N_0）、灭菌程度（残留菌数 N_t）和 k 值。将存活率 N_0/N_t 对时间 t 在半对数坐标上作图，可以得到一条直线，其斜率的绝对值即比死亡速率 k。不同微生物在相同温度下的 k 值是不同的，k 值愈小，则此微生物愈耐热。即使对于同一微生物，也受微生物的生理状态、生长条件及灭菌方法等多种因素的影响，其营养细胞和芽孢的比死亡速率也有极大的差异。就微生物的热阻来说，细菌芽孢是比较耐热的，孢子的热阻要比生长期营养细胞大得多。例如，在 121℃ 时，枯草杆菌 FS5230 的 k 为 $0.047 \sim 0.063 s^{-1}$，嗜热芽孢杆菌 FS1538 的 k 为 $0.013 s^{-1}$，嗜热芽孢杆菌 FS617 的 k 为 $0.048 s^{-1}$。因此，在具体计算时可以细菌芽孢的 k 值为标准。

从式(4-3)还可看出，如果要求完全彻底灭菌，即残留菌数 $N_t=0$ 时，需要的灭菌时间为无穷大，式(4-3)即无意义，事实上是不可能的。因此，工程上进行灭菌设计时，一般采用 $N_t=0.001$，即在 1000 次灭菌中允许有一次染菌机会。

4.3.1.3 非对数残留定律

在实际过程中某些微生物受热死亡的速率是不符合对数残留定律的，将其 N_0/N_t 对灭菌时间 t 在半对数坐标中标绘得到的残留曲线不是直线。呈现这种热死亡非对数动力学行为的主要是一些微生物芽孢。有关这一类热死亡动力学的行为，虽然可用多种模型来描述，但其中以 Prokop 和 Hunphey 所提出的"菌体循序死亡模型"最有代表性。

"菌体循序死亡模型"假设耐热性微生物芽孢的死亡不是突然的，而是渐变的，即耐热性芽孢（R 型）先转变为对热敏感的中间态芽孢（S 型），然后转变成死亡的芽孢（D 型），这一过程可用式(4-4)表示。

$$N_R \xrightarrow{k_R} N_S \xrightarrow{k_S} N_D \tag{4-4}$$

于是有：

$$\frac{dN_R}{dt} = -k_R N_R \tag{4-5}$$

$$\frac{dN_S}{dt} = k_R N_R - k_S N_S \tag{4-6}$$

式中　N_R——耐热性活芽孢数（R型）；

　　　N_S——敏感性活芽孢数（S型）；

　　　N_D——死亡的芽孢数（D型）；

　　　k_R——耐热性芽孢的比死亡速率，s^{-1}；

　　　k_S——敏感性芽孢的比死亡速率，s^{-1}。

联立上述微分方程组，可求得其解为

$$\frac{N_t}{N_0} = \frac{k_R}{k_R - k_S}\left[\exp(k_S t) - \frac{k_S}{k_R}\exp(-k_R t)\right] \tag{4-7}$$

式中　N_t——任一时刻具有活力的芽孢数，即 $N_t = N_S + N_R$；

　　　N_0——初始的活芽孢数。

在温度相同时，对数残留定律与非对数残留定律的灭菌时间 t 不同。

4.3.1.4　灭菌温度和时间的选择

微生物的受热死亡属于单分子反应，其灭菌速率常数 k 与温度之间的关系可用阿伦尼乌斯方程表示：

$$k = A\exp\left(-\frac{\Delta E}{RT}\right) \tag{4-8}$$

式中　A——阿伦尼乌斯常数，s^{-1}；

　　　R——气体常数，8.314J/(mol·K)；

　　　T——热力学温度，K；

　　　ΔE——微生物死亡活化能，J/mol。

培养基灭菌过程中，除微生物被杀死外，还伴随着培养基成分被破坏。在高压加热的情况下氨基酸及维生素极易遭到破坏，如121℃仅20min，就有59%的赖氨酸和精氨酸被破坏，也有相当数量的蛋氨酸和色氨酸被破坏。因此，在生产中必须选择既能达到灭菌目的，又能使培养基成分破坏减少至最少的工艺条件。

大部分培养基的破坏也可认为是一级分解反应，其反应动力学方程为：

$$\frac{dc}{dt} = -k'c \tag{4-9}$$

式中　c——对热不稳定物质的浓度，mol/L；

　　　k'——分解速率常数，随反应物质种类和温度而不同，s^{-1}；

　　　t——分解反应时间，s。

在一级分解反应中，若其他条件不变，则培养基成分的分解速率常数和温度的关系也可用阿伦尼乌斯方程表示：

$$k' = A'\exp\left(-\frac{\Delta E'}{RT}\right) \tag{4-10}$$

式中　A'——分解反应的阿伦尼乌斯常数，s^{-1}；

　　　R——气体常数，8.314J/(mol·K)；

　　　T——热力学温度，K；

　　　$\Delta E'$——微生物死亡活化能，J/mol。

当培养基受热温度从 T_1 上升至 T_2 时，微生物的比死亡速率常数 k 和培养基成分分解破坏的速率常数 k' 变化情况如下。

① 对微生物的死亡情况而言，有：

$$k_1 = A\exp\left(-\frac{\Delta E}{RT_1}\right) \tag{4-11}$$

$$k_2 = A\exp\left(-\frac{\Delta E}{RT_2}\right) \tag{4-12}$$

将式(4-11)与式(4-12)相除并取对数后可得：

$$\ln\frac{k_2}{k_1} = \frac{\Delta E}{R}\left(\frac{1}{T_2} - \frac{1}{T_1}\right) \tag{4-13}$$

② 培养基成分的破坏，同样也可得到类似的关系：

$$\ln\frac{k_2'}{k_1'} = \frac{\Delta E'}{R}\left(\frac{1}{T_2} - \frac{1}{T_1}\right) \tag{4-14}$$

将式(4-13)和式(4-14)相除，得：

$$\frac{\ln\left(\frac{k_2}{k_1}\right)}{\ln\left(\frac{k_2'}{k_1'}\right)} = \frac{\Delta E}{\Delta E'} \tag{4-15}$$

由于灭菌时杀死微生物的活化能 ΔE 大于培养基成分破坏的活化能 $\Delta E'$（见表4-2），因此随着温度的上升，微生物比死亡速率常数的增加倍数要大于培养基成分破坏分解速率常数的增加倍数。也就是说，当灭菌温度升高时，微生物死亡速率大于培养基成分破坏的速率。根据这一理论，培养基灭菌一般选择高温快速灭菌法。换言之，为达到目的相同的灭菌效果，提高灭菌温度可以明显缩短灭菌时间，并可减少培养基因受热时间长而遭到破坏的损失。

表 4-2   某些营养物质分解反应和一些微生物致死的活化能

营养物质或微生物	活化能/(J/mol)	营养物质或微生物	活化能/(J/mol)	营养物质或微生物	活化能/(J/mol)
葡萄糖	100500	维生素 B_1	108860	枯草芽孢杆菌	318210
叶酸	70342	维生素 B_2	98800	肉毒梭状芽孢杆菌	346260
泛酸	87927	嗜热脂肪芽孢杆菌	283460		
维生素 B_{12}	96300	厌氧腐败菌	303140		

表4-3列出的是灭菌温度和完全灭菌时间对维生素 B_1 破坏量的比较，可以清楚地说明这个问题。

表 4-3   灭菌温度和完全灭菌时间对维生素 B_1 破坏量的比较

灭菌温度/℃	完全灭菌时间/min	维生素 B_1 破坏量/%	灭菌温度/℃	完全灭菌时间/min	维生素 B_1 破坏量/%
100	400	99.3	130	0.5	8
110	36	67	145	0.08	2
115	15	50	150	0.01	<1
120	4	27			

4.3.1.5 影响培养基灭菌的其他因素

在影响培养基灭菌的因素中，除了所污染杂菌的种类、数量、灭菌温度和时间外，还有以下影响因素。

（1）培养基成分 油脂、糖类及一定浓度的蛋白质增加了微生物的耐热性，高浓度有机物会在细胞的周围形成一层薄膜，从而影响热的传入。所以灭菌温度应高些。例如，大肠杆菌在水中加热到60~65℃便死亡；在10%的糖液中，需70℃处理4~6min；而在30%的糖液中则需70℃处理30min。

低含量（1%~2%）的NaCl溶液对微生物有保护作用，但随着浓度的增加，保护作用减弱，含量达到8%~10%以上，则减弱微生物的耐热性。

（2）培养基pH pH对微生物的耐热性影响很大，pH为6.0~8.0时微生物耐热能力最强，pH 小于 6.0 时，H⁺ 易渗入微生物细胞内，改变细胞的生理反应，促使其死亡。所以培养基 pH 愈低，灭菌所需时间愈短（见表 4-4）。

表 4-4　pH 对灭菌时间的影响

温度/℃	孢子数/(个/mL)	灭菌时间/min				
		pH 6.1	pH 5.3	pH 6.5	pH 4.7	pH 4.5
120	10000	8	7	5	3	3
115	10000	25	25	12	30	13
110	10000	70	65	34	30	24
105	10000	340	720	180	150	150

（3）培养基的物理状态　培养基的物理状态对灭菌具有极大的影响。固体培养基的灭菌时间要比液体培养基的灭菌时间长，假如 100℃ 时液体培养基的灭菌时间为 1h，而固体培养基则需要 2～3h 才能达到同样的灭菌效果。其原因在于液体培养基灭菌时，热的传递除了传导作用外还有对流作用，而固体培养基则只有传导作用而没有对流作用，另外液体培养基中水的传热系数要比有机固体物质大得多。

（4）泡沫　泡沫中的空气形成隔热层，使传热困难，对灭菌极为不利。因此对易产生泡沫的培养基进行灭菌时，可加入少量消泡剂。

（5）培养基中的微生物数量　不同成分的培养基其含菌量是不同的。培养基中微生物数量越多，达到无菌要求所需的灭菌时间也越长。天然基质培养基，特别是营养丰富或变质的原料中含菌量远比化工原料的含菌量多，因此，灭菌时间要适当延长。含芽孢杆菌多的培养基，要适当提高灭菌温度并延长灭菌时间。

4.3.2　分批灭菌

培养基的分批灭菌就是将配制好的培养基放在发酵罐或生物反应器中，通入蒸汽将培养基和所用设备仪器进行灭菌的操作过程，也称为实罐灭菌。而若反应中没有物料，则称为空消。空消是对发酵罐设备及其周边连接管道进行灭菌处理。培养基的分批灭菌不需要专门的灭菌设备，投资少，设备简单，灭菌效果可靠。分批灭菌对蒸汽要求低，但在灭菌过程中蒸汽消耗量大，造成锅炉负荷波动大。分批灭菌是中小型发酵罐经常采用的一种培养基灭菌方法。

分批灭菌在所用的发酵罐中进行。将培养基在配制罐中配好以后，用泵通过专用管道输入发酵罐中，然后用直接蒸汽或间接蒸汽加热到灭菌温度（一般 121℃），在此温度维持一定时间，再冷却到发酵所需温度，完成灭菌过程。

由式(4-2)和式(4-8)，可得：

$$\ln \frac{N_0}{N} = \int A e^{\frac{-E}{RT}} \mathrm{d}t \tag{4-16}$$

为了使灭菌处理得到期望的结果，Deindoerfer 引入了 ▽ 来测定灭菌度（N_0/N）：

$$\nabla = \ln \frac{N_0}{N} \tag{4-17}$$

▽ 可用作设计参数，可使在同样热处理条件下，确保不同体积发酵罐的分批灭菌（或不同流速的连续灭菌）均符合灭菌处理的结果。

Deindoerfer 还假设各阶段灭菌效果可以叠加，即：

$$\nabla_\text{总} = \nabla_\text{加热} + \nabla_\text{维持} + \nabla_\text{冷却} = \ln \frac{N_0}{N} \tag{4-18}$$

$$\nabla_{加热} = \ln \frac{N_0}{N_1} = \int_0^{t_1} k\mathrm{d}t = A\int_0^{t_1} \mathrm{e}^{-E/RT}\,\mathrm{d}t \qquad (4\text{-}19)$$

$$\nabla_{维持} = \ln \frac{N_1}{N_2} = \int_0^{t_2} k\mathrm{d}t = A\int_0^{t_2} \mathrm{e}^{-E/RT}\,\mathrm{d}t = A\mathrm{e}^{\frac{-E}{RT}}t_2 \qquad (4\text{-}20)$$

$$\nabla_{冷却} = \ln \frac{N_2}{N} = \int_0^{t_3} k\mathrm{d}t = A\int_0^{t_3} \mathrm{e}^{-E/RT}\,\mathrm{d}t \qquad (4\text{-}21)$$

$$t = t_1 + t_2 + t_3 \qquad (4\text{-}22)$$

式中　N——无菌或无菌级（灭菌后的污染菌数目）；

N_0——污染度或污染级（灭菌前的污染菌数目）；

N_1——加热期 t_1 后的污染菌数目；

N_2——保持期 t_2 后的污染菌数目。

分批灭菌过程包括升温、维持和冷却 3 个阶段。通常 100℃ 以下的温度对灭菌没有太多贡献，在实际过程中是忽略的，升温是指从 100℃ 升到 121℃ 的情况，而冷却是指 121℃ 冷却到 100℃ 时的情况，在这两个温度段，加热升温和冷却对灭菌是有贡献的。

如果我们知道灭菌过程的温度图，在灭菌过程中可以计算不同时间的 k 值。以不同 k 值和时间作图，积分就可得到 $\nabla_总$。

计算 ∇ 值的重要性和特定价值取决于实际结果。如果培养基采用设计值的 ∇ 进行加热灭菌处理，达到发酵培养的灭菌要求，则说明 ∇ 值的选取是合适的，这个值与分批灭菌发酵罐的体积大小和连续灭菌的底物流速无关。

∇ 值的确定可通过实验或理论计算获得。

① 实验测定　如果实验室使用不同的灭菌保持时间进行实验，达到获得可满足发酵要求的灭菌培养基，分析这一可满足发酵工艺要求的过程，即可得到符合的 ∇ 值，这个 ∇ 值可用于所有体积的培养基分批灭菌。

② 理论计算　可使用文献推荐的 ∇ 值设计灭菌过程，如果对染菌微生物的相关数据不清楚，通常可使用嗜热脂肪芽孢杆菌作指示菌。实际上，通常 ∇ 值在 30～80 之间。Deindoerfer 建议对于大多数的工业发酵，∇ 值取 40 为好。因为：

$\nabla = 30$ 时，相对应于 $N_0/N = 1.0 \times 10^{13}$；

$\nabla = 40$ 时，相对应于 $N_0/N = 1.0 \times 10^{17}$；

$\nabla = 80$ 时，相对应于 $N_0/N = 1.0 \times 10^{34}$。

在食品工业，罐头生产达到卫生标准的设计参数在 10^{12} 个肉毒梭状芽孢杆菌中只有一个孢子存活，相当于 ∇ 值为 27.6。

由于积分求解方法非常复杂，人们尝试简化这一计算过程，Richards 的方法被认为是适合的方法。Richards 假设在 100℃ 以上"标准的"加热和冷却曲线为直线，且斜率为 1，他计算了每分钟升温 1℃ 的条件下，嗜热脂肪芽孢杆菌的 k 值和 ∇ 值（表 4-5），这就可以大大简化计算，只需温度达到 100℃ 以上，即可求出任何分批灭菌的 $\nabla_总$。

例 1：10000L 培养基在发酵罐中于 120℃ 分批灭菌，各阶段的时间分别为：升温从 100～120℃，37min，保持 120℃，10min，从 120℃ 冷却到 100℃，13min，计算 $\nabla_总$。

解：由表 4-5，从 100～120℃ 的 $\nabla_总$ 为 7.25，由于实际升温过程为 37min，而不是 20min，实际有更多的灭菌处理。则：

$$\nabla_{加热} = 7.25 \times \frac{37}{20} = 13.41$$

同样，从 120℃ 冷却到 100℃，在 20min 时间内 ∇ 值为 7.25，由于实际冷却时间为 13min，灭菌过程实际更少，则：

表 4-5　使用嗜热脂肪芽孢杆菌计算的 k 值和 ∇ 值

温度/℃	k	$\nabla_\text{总}$	温度/℃	k	$\nabla_\text{总}$
100	0.0147		116	0.605	3.66
101	0.0182	0.0325	117	0.757	4.60
102	0.0232	0.0558	118	0.945	5.78
103	0.0296	0.0854	119	1.18	7.25
104	0.0376	0.1229	120	1.47	9.08
105	0.04777	0.231	121	1.83	11.36
106	0.0604	0.308	122	2.28	14.19
107	0.0765	0.404	123	2.83	17.70
108	0.0967	0.526	124	3.51	22.05
109	0.122	0.681	125	4.35	27.45
110	0.154	0.875	126	5.39	34.11
111	0.194	1.12	127	6.67	42.36
112	0.244	1.43	128	8.24	52.54
113	0.307	1.81	129	10.18	65.08
114	0.388	2.29	130	12.55	
115	0.483	2.90			

注：$A=4.93\times10^{37}\,\text{s}^{-1}$，$E=67.48\text{kJ/mol}$。

$$\nabla_\text{冷却}=7.25\times\frac{13}{20}=4.71$$

维持阶段，$\nabla=kt$，$k=1.47$（120℃）

$$\nabla_\text{维持}=1.47\times10=14.7$$

所以，$\nabla_\text{总}=\nabla_\text{加热}+\nabla_\text{维持}+\nabla_\text{冷却}=13.4+4.71+14.7=32.82$。

一般来说，在培养基分批灭菌，使用 Richards 方法计算有大约 $\pm5\%$ 的偏差，其最大优点是计算简单，这样，在灭菌过程中可很快调整灭菌过程中出现的失误。

例 2：在培养基分批灭菌过程中，通常控制 121℃ 10min，当温度达到 116℃，控制系统出现误操作，加热温度在 116℃ 保持 15min，这时发现问题，问在 121℃ 应实际保持多长时间，才能使培养基灭菌达到分批灭菌的要求。

解：正常的话，$\nabla_\text{总}=\nabla_\text{加热}+\nabla_\text{维持}+\nabla_\text{冷却}$。

由于控制失误，$\nabla_\text{总}=\nabla_\text{A}+\nabla_\text{B}+\nabla_\text{C}+\nabla_\text{N}+\nabla_\text{冷却}$。

这里，∇_A 为从 100℃ 加热到 116℃；

∇_B 为在 116℃ 保持 15min（误操作）；

∇_C 为从 116℃ 加热到 121℃（正常模式时）；

∇_N 为在 121℃ 新的保持时间。

对正常操作，$\nabla_\text{加热}=\nabla_\text{A}+\nabla_\text{C}$。$\nabla_\text{冷却}$ 对两种情况下都一样。

$$\nabla_\text{维持}=\nabla_\text{B}+\nabla_\text{N}$$

116℃ 时，$k=0.605$，$\nabla_\text{B}=0.605\times15=9.08$。

121℃ 时，$k=1.83$，正常情况下加热 10min，$\nabla_\text{保持}=1.83\times10=18.3$。

$\nabla_\text{N}=18.3-9.08=9.22$。

这样，新的保持时间为：

$$\frac{9.22}{1.83}=5\text{min}$$

分批灭菌的操作过程：发酵罐上一般装有空气管道、取样用的取样管道、放料用的出料管道、接种管道、消泡管道、补料管道、调节 pH 用的酸碱管道以及控制培养温度用的降温水管道。降温水管与夹套或蛇管连接，与发酵罐内部不相通。

在进行培养基灭菌之前，通常应先把发酵罐的分空气过滤器灭菌，并用空气吹干。开始灭菌时，应放去夹套或蛇管中的冷水，开启排气管阀，通过空气管向罐内的培养基通过蒸汽进行加热。当培养基温度升到75℃左右时，从取样管和放料管向罐内通入蒸汽，培养基温度达到120℃，罐压达1×10^5Pa（表压）时，安装在发酵罐上封头的接种管道、补料管道、消泡管道以及酸碱管道应排气，并调节好各进气和排气阀门，使罐压和温度保持在这一水平进行保温。在保温阶段，凡进口在培养基液面下的各管道以及显示镜管都应通入蒸汽，在液面上的其余各管道则应排放蒸汽，这样才能保证灭菌彻底，不留死角。保温结束后，依次关闭各排气、进气阀门，待罐内压力低于空气压力后，向罐内通入无菌空气，在夹套或蛇管中通冷却水，使培养基温度降到所需温度。

4.3.3 连续灭菌

培养基灭菌应尽量采用高温短时间的连续灭菌，培养基连续加热、维持和冷却后进入发酵罐。

培养基的连续灭菌就是将配好的培养基在向发酵罐等培养装置输送的同时进行加热、保温和冷却的灭菌过程。图4-1为连续灭菌过程中温度变化的情况。

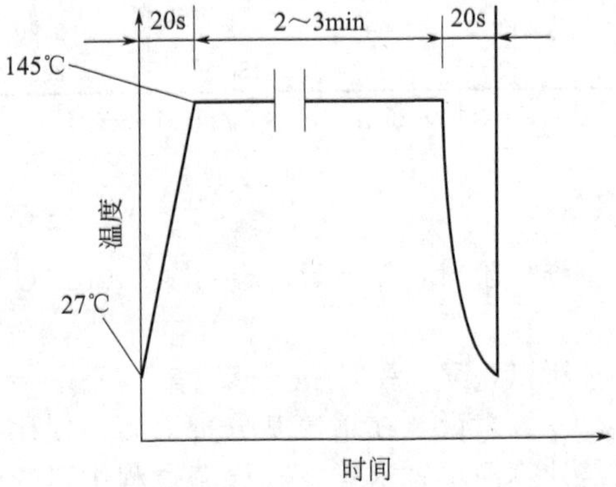

图 4-1　连续灭菌过程中温度变化

连续灭菌时，培养基可在短时间内加热到保温温度，并且很快的冷却，因此可在此间歇灭菌更高的温度下进行灭菌。由于灭菌温度很高，保温时间就相应地可以很短，这样有利于减少培养基中营养物质的破坏。

连续灭菌具有如下优点：提高产量；与分批灭菌相比，培养液受热时间短，可缩短发酵周期，同时培养基成分破坏较少；产品质量较易控制；蒸汽负荷均衡，锅炉利用率高，操作方便；适宜采用自动控制；降低劳动强度。

在连续灭菌过程中，蒸汽用量虽平稳，但气压一般要求高于0.5MPa（表压）。连续灭菌设备比较复杂，投资较大。根据灭菌原理和生产实践证明，灭菌温度较高而时间较短比温度较低而时间较长要好。据此，可以在灭菌时选择较高的温度、较短的时间，这样便既可达到需要的灭菌程度，同时又可减少营养物质的损失。下面介绍常用的连续灭菌工艺流程。

4.3.3.1 连消塔——喷淋冷却流程

图4-2是连消塔的喷淋冷却连续灭菌流程。配好的培养基用泵打入连消塔与蒸汽直接混合，达到灭菌温度后进入维持罐，维持一定时间后经喷淋冷却器冷却至一定温度后进入发酵罐。连续灭菌的基本设备一般包括：①配料预热罐，将配好的料液预热到60～70℃，以避免灭菌时由于料液与蒸汽温度相差过大而产生水汽撞击声；②连消塔，其作用主要是使高温蒸汽与料液迅速接触混合，并使料液的温度很快升高到灭菌温度（126～132℃）；③维持罐，连消塔加热的时间很短，光靠这段时间的灭菌是不够的，需要在维持罐高温保温；④冷却管，从维持罐出来的料液要经过冷却管进行冷却，生产上一般采用冷却水喷淋冷却，冷却到40～50℃后，输送到预先已经灭菌过的罐内。

4.3.3.2 喷射加热——真空冷却流程

图4-3是一种喷射加热的真空冷却连续灭菌流程。培养基用泵打入喷射加热器，以较高速度自喷嘴喷出，借高速流体的抽吸作用与蒸汽混合后进入管道维持器，经一定维持时间后通过一膨胀阀进入真空闪急蒸发室，因真空作用使水分急骤蒸发而冷却到70～80℃左右，

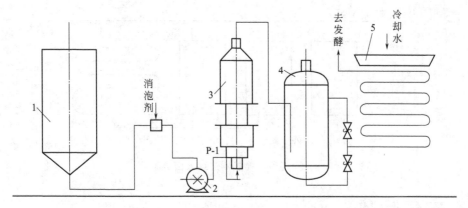

图 4-2 连消塔的喷淋冷却连续灭菌流程
1—配料预热罐；2—连消泵；3—连消塔；4—维持罐；5—喷淋冷却器

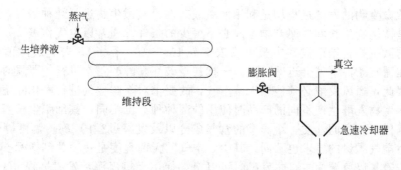

图 4-3 喷射加热的真空冷却连续灭菌流程

再进入发酵罐冷却到接种温度。这个流程的优点是：加热和冷却在瞬间完成，营养成分破坏最少，可以采用高温灭菌，把温度升高到 140℃ 而不致引起培养基营养成分的严重破坏。设计得合适的管道维持器能保证物料先进先出，避免过热。但如维持较长时间时，管道维持器的长度就很长，给安装使用带来不便。灭菌温度取决于喷射加热器中加入蒸汽的压力和流量，要保持灭菌温度恒定就需要使蒸汽的压力和流量以及培养基的流量稳定，故宜设置自动控制装置。如果自动控制的滞后较大，也会引起操作不稳定而产生灭菌不透或过热现象。

4.3.3.3　板式换热器灭菌流程

图 4-4 为薄板换热器连续灭菌流程。流程中采用了薄板换热器作为培养液的加热器和冷却器，培养液在设备中同时完成预热、灭菌及冷却过程。蒸汽加热段使培养液的温度升高，经维持段保温一段时间，然后在薄板换热器的另一段冷却，从而使培养液的预热、加热灭菌及冷却过程可在同一设备内完成。虽然利用板式热交换器进行连续灭菌时，加热和冷却培养液所需要的时间比使用喷射式连续灭菌稍长，但灭菌周期则较间歇灭菌短得多。由于灭菌培养液的预热过程同时为灭菌培养液的冷却过程，所以节约了蒸汽及冷却水的用量。

采用连续灭菌时，发酵罐应在连续灭菌开始前空消，以容纳经过灭菌的培养基。加热器、维持罐和冷却器也应先进行灭菌，然后才能进行培养基连续灭菌。组成培养基的耐热性物料和热敏性物料可在不同温度下分开灭菌，以减少物料受热破坏的损失。也可将糖和氮源分开灭菌，以免醛基与氨基发生反应而生成有害物质。对于黏度较高或固体成分较多的培养基要实现连消较困难，主要是灭菌的均匀度问题，设计这类物料的连续设备必须避免管道过长，或尽可能将淀粉质物料先行液化。

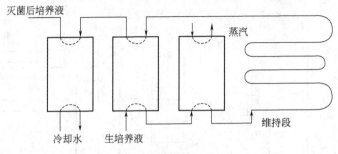

图 4-4　薄板换热器连续灭菌流程

4.4　空气除菌

绝大多数微生物的发酵过程均是利用好氧或兼性厌氧微生物进行纯种培养，培养液中适度的溶解氧是微生物生长和代谢产物生成必不可少的条件。通常以空气作氧源，但空气中含有各种各样的微生物，城市空气中微生物浓度为 $10^3 \sim 10^4$ 个/m^3。若空气除菌不彻底而进入培养基，在适宜条件下就会迅速繁殖，干扰甚至破坏发酵的正常进行，严重时甚至发酵失败而倒罐。因此，通风发酵必须使用无菌空气，故要求对新鲜空气进行净化除菌。

当然，微生物发酵生产不同的产品时使用的菌种种类也不同，其细胞生长繁殖速度、发酵周期长短、代谢产物的性质、培养基的营养成分以及发酵过程的 pH、温度等也有不同程度的差别，对空气质量的要求也不同。其中，空气的无菌程度是一项关键指标。如要进行酵母培养，其培养基以氮源为主，主发酵时可以全部使用无机氮源，发酵过程 pH 控制在 4.5 左右，因此在这种发酵条件下，大多数细菌难以繁殖，加之酵母繁殖速度较快，发酵时间只需 10h 左右，因此对空气的无菌度要求不苛刻。但对于大多数的抗生素发酵，需要 3～7 天的发酵时间，对空气的无菌要求就十分严格。

微生物发酵工业生产中使用的"无菌空气"，是指通过过滤除菌使空气含菌量为零或极低。通常，工业生产设计中实用染菌概率为 10^{-3}，即每 1000 批次发酵过程所用的全部无菌空气最多只允许有一个微生物，以此来进行空气过滤器的设计计算。

此外，生物制药过程必须按照 GMP 的要求进行设计。对不同的发酵生产和同一工厂内不同的生产区域（环节），有不同的无菌度的要求。中国已颁布了有关的空气洁净度级别（如表 4-6 所示）。

表 4-6　环境空气洁净度级别

生产区分类	洁净度级别	尘埃		菌落数/个	工作服
		粒径/mm	粒数/(个/L)		
一般生产区					无规定
控制区	＞100000 级	≥0.5	≤35000	暂缺	色泽或式样应有规定
	100000 级	≥0.5	≤3500	平均≤10	色泽或式样应有规定
洁净区	10000 级	≥0.5	≤350	平均≤3	色泽或式样应有规定
	局部 100 级	≥0.5	≤3.5	平均≤1	色泽或式样应有规定

注：洁净度级别以动态测定为准。使用 9cm 培养皿露置 0.5h 测定。

4.4.1　空气除菌方法

空气除菌就是除去或杀灭空气中的微生物，可使用介质过滤、辐射、化学药品、加热、静电吸附等方法。其中，介质过滤和静电吸附方法是利用分离过程把微生物粒子除去，其余的方法是使微生物蛋白质变性失活。

4.4.1.1　热杀菌

热杀菌是一种有效且可靠的方法。例如，细菌孢子虽然耐热能力很强，而悬浮在空气中的细菌孢子在218℃保温24s就被杀死。但是如果采用蒸汽或电来加热大量的空气，以达到杀菌的目的，则需要增设许多换热设备，这在工业生产是很不经济的。大生产利用空气被压缩时所产生的热量进行加热保温杀菌在生产上有重要意义。在实际应用时，对空气压缩机与发酵罐的相对位置、连接压缩机与发酵罐的管道的灭菌及管道长度等问题都必须精心考虑。为确保安全，应安装分过滤器将空气进一步过滤，然后再进入发酵罐。

4.4.1.2　辐射杀菌

X射线、β射线、紫外线、超声波、γ射线等从理论上都能破坏蛋白质活性而起到杀菌作用。但应用较广泛的还是紫外线，它的波长在253.72～256nm时杀菌效力最强，它的杀菌力与紫外线的强度成正比，与距离的平方成反比。紫外线通常用于无菌室和医院手术室等空气对流不大的环境消毒杀菌。但杀菌效率低，杀菌时间长，一般要结合甲醛或苯酚喷雾等来保证无菌室的高度无菌。

4.4.1.3　静电除菌

近年来，一些企业采用静电除尘法去除空气中的水雾、油雾、尘埃和微生物等，在最佳条件下对$1\mu m$微粒的去除率达99%；消耗能量小，每处理$1000m^3$空气每小时只耗电0.2～0.8kW；空气压力损失小，一般仅为30～150Pa；设备也不大，但对设备维护和安全技术措施要求较高。常用于洁净工作台和洁净工作室所需无菌空气的预处理，再配合高效过滤器使用。

静电除尘是利用静电引力吸附带电粒子而达到除菌除尘的目的。悬浮于空气中的微生物，其孢子大多带有不同的电荷，没有带电荷的微粒在进入高压静电场时都会被电离变成带电微粒，对于一些直径很小的微粒，它所带的电荷很小，当产生的引力等于或小于气流对微粒的拖带力或微粒布朗扩散运动的动量时，则微粒就不能被吸附而沉降，所以静电除尘对很小的微粒效率较高。

4.4.1.4　过滤除菌法

过滤除菌是目前生物技术产业生产中最常用的空气除菌方法，它采用定期灭菌的干燥介质来阻截滤过的空气所含的微生物，从而获得无菌空气。空气的过滤除菌原理与通常的过滤原理不一样，一方面是由于空气中气体引力较少，且微粒很小，常见的悬浮于空气中的微生物粒子大小在$0.5～2\mu m$之间，而深层过滤常用的过滤介质（如棉花）的纤维直径一般为$16～20\mu m$，当填充系数为8%时，棉花纤维所形成网络的孔隙为$20～50\mu m$。微粒随空气流通过过滤层时滤层纤维所形成的网格阻碍气流前进，使气流无数次改变运动速率和运动方向而绕过纤维前进，这些改变引起微粒对滤层纤维产生惯性冲击、重力沉降、拦截、布朗扩散、静电吸引等作用而把微粒截留在纤维表面。

根据理论分析，纤维介质过滤除菌有5个作用，即惯性冲击滞留作用、拦截滞留作用、布朗扩散作用、重力沉降作用和静电吸附作用。当空气流通过过滤介质时，上述5种除菌机理同时起作用。当气流速度较高时，惯性冲击起主要作用；当气流速度较低时，扩散作用占主导地位；当气流速度中等时，可能是拦截滞留作用起主导作用。

4.4.2　空气除菌流程

空气除菌流程是按发酵生产时对无菌空气的要求，如无菌程度、空气压力、温度和湿度等，并结合采气环境的空气条件和所用除菌设备的特性，根据空气的性质制定的。

要把空气过滤除菌，并输送到需要的地方，首先要增加空气的压力，这就需要使用空气压缩机和鼓风机。而空气经压缩后，温度会升高，经冷却会释出水分，空气在压缩过程中又有可能夹带机器润滑油雾，这就使无菌空气的制备流程复杂化。

对于风压要求低、输送距离短、无菌度要求也不很高的场合（如洁净工作室、洁净工作台等）和具有自吸作用的发酵系统（如转子式自吸发酵罐、喷射式自吸发酵系统等），只需要数十帕（Pa）到数百帕的空气压力就可以满足需要。在这种情况下可以采用普通的离心式鼓风机增压，具有一定压力的空气通过一个大过滤面积的过滤器，以很低的流速进行过滤除菌，这样气流的阻力损失就很小。由于空气的压缩比很小，空气温度升高不大，相对湿度变化也不大，空气过滤效率比较高，经一级、二级过滤后就能符合所需无菌空气的要求。这样的除菌流程很简单，关键在于离心式鼓风机的增压与空气过滤的阻力损失要配合好，以保证空气过滤后还有足够的压强推动空气在管道和无菌空间的流动。

要制备无菌程度较高且具有较高压强的无菌空气，就要采用较高压的空气压缩机来增压。由于空气压缩比大，空气的参数变化就大，就需要增加一系列附属设备。这种流程的制定应根据所在地的地理、气候环境和设备条件而考虑。如在环境污染比较严重的地方，要考虑改变吸风条件，以降低过滤器的负荷，提高空气的无菌度；在温暖潮湿的南方，要加强除水设施，以确保过滤器的最大除菌效率和使用寿命；在压缩机耗油严重的流程中要加强消除油雾的污染等。另外，空气被压缩后温度升高，需将其迅速冷却，以减小压缩机的负荷，保证机器的正常运转。空气冷却将析出大量的冷凝水形成水雾，必须将其除去，否则带入过滤器将严重影响过滤效果。冷却与除水除油的措施，可根据各地环境气候条件而改变，通常要求压缩空气的相对湿度为 50%～60% 时通过过滤器为好。

总之，生物技术产业生产中所使用的空气除菌流程要根据生产的具体要求和各地的气候条件而制定，要保持过滤器有高的过滤效率，应维持一定的气流速度和不受油、水的干扰，满足工业生产的需要。

4.4.2.1 两极冷却、加热除菌流程

两极冷却、加热除菌流程见图 4-5。这是一个比较完善的空气除菌流程，可适应各种气候条件，能充分地分离油水，使空气达到低的相对湿度并进入过滤器，以提高过滤效率。该流程的特点是两次冷却、两次分离、适当加热。两次冷却、两次分离油水的好处是能提高传热系数，节约冷却水，油水分离得比较完全。经第一冷却器冷却后，大部分的水、油都已结成较大的颗粒，且雾粒浓度较大，故适宜用旋风分离器分离；第二冷却器使空气进一步冷却后析出一部分较小雾粒，宜采用丝网分离器分离，这样就发挥了丝网能够分离较小直径的雾粒和分离效率高的作用。通常，第一级冷却到 30～35℃，第二级冷却到 20～25℃。除水后，空气的相对湿度仍较高，需用丝网分离器后的加热器加热空气，使其相对湿度降低至 50%～60%，以保证过滤器的正常运行。

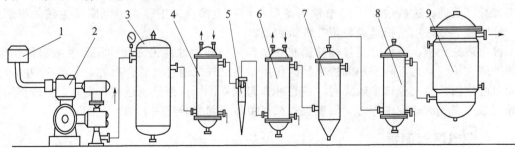

图 4-5　两极冷却、加热除菌流程

1—粗过滤器；2—压缩机；3—贮罐；4,6—冷却器；5—旋风分离器；7—丝网分离器；8—加热器；9—过滤器

两级冷却、加热除菌流程尤其适用潮湿的地区，其他地区可根据当地的情况，对流程中的设备作适当的增减。一些对无菌程度要求比较高的微生物工程产品，均使用此流程。

4.4.2.2 冷热空气直接混合式空气除菌流程

冷热空气直接混合式空气除菌流程见图4-6。从流程图可以看出，压缩空气从贮罐出来后分成两部分，一部分进入冷却器，冷却到较低温度，经分离器分离水、油雾后与另一部分未处理过的高温压缩空气混合，此时混合空气已达到温度30~35℃，相对湿度50%~60%的要求，再进入过滤器过滤。该流程的特点是可省去第二次冷却后的分离设备和空气加热设备，流程比较简单，利用压缩空气来加热析水后的空气，冷却水用量少等。该流程适用于中等含湿地区，但不适合于空气含湿量高的地区。由于外界空气随季节而变化，冷热空气的混合流程需要较精密的操作技术。

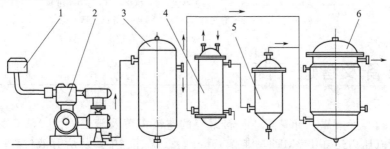

图4-6 冷热空气直接混合式空气除菌流程
1—粗过滤器；2—压缩机；3—贮罐；4—冷却器；5—丝网分离器；6—过滤器

4.4.2.3 高效前置过滤空气除菌流程

图4-7为高效前置过滤除菌流程。它采用了高效率的前置过滤设备，利用压缩机的抽吸作用，使空气先经中效、高效过滤后，再进入空气压缩机，这样就降低了主过滤器的负荷。经高效前置过滤后，空气的无菌程度已相当高，再经冷却、分离，进入主过滤器过滤，就可获得无菌程度很高的空气。此流程的特点是采用了高效率的前置过滤设备，使空气经过多次过滤，因而所得的空气无菌程度比较高。

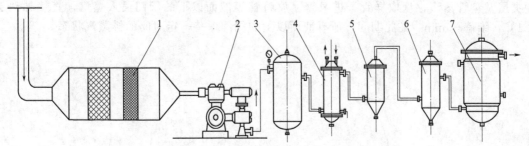

图4-7 高效前置过滤除菌流程
1—高效前置过滤器；2—压缩机；3—贮罐；4—冷却器；5—丝网分离器；6—加热器；7—过滤器

4.4.2.4 利用热空气加热冷空气的流程

图4-8为热空气加热冷空气流程。它利用压缩后热空气和冷却后的冷空气进行交换，使冷空气的温度升高，降低相对湿度。此流程对热能的利用比较合理，热交换还可以兼做贮气罐，但由于气-气交换的传热系数很小，加热面积要足够大才能满足要求。

由以上较为典型的无菌空气制备流程可以看出，无菌空气制备的整个过程包括两部分内容：一是对进入空气过滤器的空气进行预处理，达到合适的空气状态（压强）；二是对空气进行过滤处理，以除去微生物颗粒，满足生物细胞培养的需要。

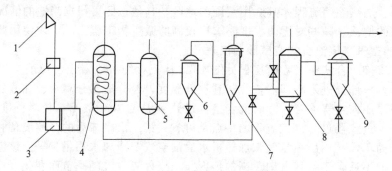

图 4-8　热空气加热冷空气流程

1—高空采风；2—粗过滤器；3—压缩机；4—热交换器；5—冷却器；

6,7—析水器；8—空气总过滤器；9—空气分过滤器

4.5　设备及管道灭菌

（1）种子罐、发酵罐、计量罐、补料罐等的空罐灭菌及管道灭菌　从有关管道通入蒸汽，使罐内蒸汽压力达 0.147MPa，维持 45min。灭菌过程中，从所有液位以上的阀门、边阀排出空气，并使蒸汽通过这些阀门，以防止出现死角。灭菌完毕后关闭蒸汽，待罐内压力低于空气过滤器压力时，通入无菌空气保压 0.098MPa。

（2）空气总过滤器和分过滤器灭菌　排出过滤器中的空气，从过滤器上部通入蒸汽，并从上、下排气口排蒸汽，维持压力 0.147MPa 灭菌 2h。灭菌完毕，通入压缩空气吹干。

（3）种子培养基实罐灭菌　从夹层通入蒸汽间接加热至 80℃，再从取样管、进风管、接种管等液面以下的阀门通入蒸汽，进行直接加热，同时关闭夹层蒸汽进口阀门升温至121℃，维持 30min。期间，所有液面以上的阀门保持一定时间的排蒸汽状态。

（4）发酵培养基实罐灭菌　从夹层或盘管式热交换器进入蒸汽，间接加热至 90℃，关闭夹层及盘管蒸汽，从取样管、进风管、放料管等液面以下的阀门通入蒸汽，直接加热至121℃，维持 30min。在此期间，所有液面以上的阀门保持一定时间的排蒸汽状态。

5 生物反应动力学

生物反应动力学主要研究生物反应的规律，为反应过程提供数量化处理的数学依据，为发酵优化提供研究基础。生物反应动力学是发酵过程优化的核心内容，研究生物反应过程菌体的生长、基质的消耗、产物的形成等及其相关的影响因素，并建立数学模型，以及利用计算机系统对生物反应的工艺参数进行估计，动态地优化控制过程，提高产率，降低生产成本。同时为发酵过程的比拟放大、发酵方式的优化提供理论依据。

生物反应过程根据催化剂不同，分为以酶为催化剂的反应和以细胞为催化剂的反应。酶为催化剂的反应是将微生物、动植物等产生的酶，经分离提纯后以游离或固定化的方式进行生物反应。细胞为催化剂的反应实质也是酶的作用，细胞中的复杂酶系可将原料转化为产物，并吸收原料中的养分进行代谢，合成自身组成物质，获得能量。细胞有微生物细胞及动植物细胞，使用方式也有游离和固定化两种。细胞反应是细胞与分子之间的反应，在产生产物的同时，细胞自身也进行生长代谢。细胞要经历生长、繁殖、维持、死亡等生长阶段，细胞的形态、组成、活性在各生长阶段中均处于动态变化的过程。在本章中主要讨论细胞生物反应，具体内容有描述底物、细胞、产物等变化规律的反应速率、微生物生长代谢过程的能量和物质平衡、不同发酵方式下微生物发酵动力学等内容。

在细胞生物反应动力学的研究中，因为是多酶系的复杂生化反应，对细胞内部的反应调控机制及代谢途径等的认识还有待更深一步研究，所以目前的动力学研究将细胞看成是一种均匀分布的物质，不考虑细胞的结构等微观因素，只考虑各个宏观变量之间的关系，建立宏观的非结构动力学模型。对于细胞与外界环境进行的物质交换所经历的复杂反应过程，根据质量守恒定律，只对某一物质在反应前后的变化进行恒算。

5.1 生物反应动力学概述

生物反应过程中细胞的生长、繁殖、代谢是一个非常复杂的生物化学过程，有胞内的反应，也有通过细胞膜与胞外环境的物质交换。在反应体系中有气、液、固的多相体系，有营养成分、代谢产物及胞内物质等多种组分同时存在，而且细胞的生长、代谢过程为一个非线性变化过程。在体系中的细胞浓度通常为 $10^6 \sim 10^9$ 个/mL，每个单独细胞的性质、胞内组分、结构、生长状态等都存在差异，使得细胞反应的研究变得非常复杂。现将细胞反应体系进行简化，忽略细胞间的差异及细胞内多组分受环境的影响，以在一定条件下大量聚集的细胞群体为生物反应过程的研究对象。

生物反应动力学研究的核心之一是反应速率，它反映了细胞生长、底物利用、氧气消耗、产物形成、反应热的释放等随时间的变化情况，可用绝对速率和比速率两种定义来描述。

绝对速率（简称速率），对于液态发酵过程，定义为单位时间、单位反应体积某一组分的变化量，单位为 g/(L·h)，当为反应热的生成速率时，单位为 kJ/(L·h)。用式(5-1)来表示。

$$r = \pm \frac{dc}{dt} \qquad (5\text{-}1)$$

式中　　c——某一组分的浓度，g/L；

　　　　t——时间，h^{-1}；

　　　　r——反应速率，g/(L·h)。

当为细胞生长、产物生成、反应热生成等的反应速率时，$r = \frac{dc}{dt}$；当表示为底物、氧气消耗等的反应速率时，$r = -\frac{dc}{dt}$。

比速率是以菌体浓度为基准来表述各组分的变化速率，单位为 h^{-1}，当为反应热的比速率时，单位为 kJ/(g·h)。比速率的大小反应了具有催化活性的细胞活力大小，其中的菌体浓度为单位体积或单位面积的培养基中的菌体量。

$$\mu = \pm \frac{1}{c_x} \times \frac{dc}{dt} \qquad (5\text{-}2)$$

式中　　c_x——菌体浓度，g/L；

　　　　μ——菌体的比生长速率，h^{-1}。

下面用速率及比速率来描述生物反应过程中菌体生长、基质消耗、产物生成、反应热等方面的动力学特征。

5.1.1　菌体生长速率

微生物群体的生长速率是群体生物量的生长速率，是单位时间内，单位体积或单位表面积的培养基中菌体量的增加。菌体量一般指菌体干重。在微生物群体中，微生物个体的生长速率因菌体细胞的大小、活性等差异而不同，所以以群体的生长平均值为菌体生长速率。

根据上述定义，菌体生长速率及比生长速率分别描述为：

$$r_x = \frac{dc_x}{dt} \qquad (5\text{-}3)$$

$$\mu = \frac{1}{c_x} \times \frac{dc_x}{dt} \qquad (5\text{-}4)$$

菌体的生长是靠消耗营养物质获得菌体生物量增长的物质基础及能量，用菌体得率或生长得率 $Y_{x/s}$ 来描述被消耗基质与合成菌体量之间的关系，即消耗单位底物所生成的菌体干重，单位为 g(菌体)/g(底物)。

$$Y_{x/s} = -\frac{dX}{dS} = -\frac{r_x}{r_s} \qquad (5\text{-}5)$$

式中　　X——菌体干重，g；

　　　　S——基质消耗量，g；

　　　　r_x——菌体生成速率，g/(L·h)；

　　　　r_s——基质消耗速率，g/(L·h)；

　　　　$Y_{x/s}$——生成的菌体量和基质消耗量之比，是实际的菌体得率，g/g。

同样，对于得率的概念还可定量地表示不同消耗量之间或形成量之间的相互关系（见表 5-1）。

在表 5-1 中的 $Y_{ATP/x}$ 与微生物及基质的种类无关，基本为一常数，约为 10.5g/mol，该值对微生物生长具有普遍性。由于细胞的种属、遗传特性及培养条件的不同，细胞物质代谢的程度也不同。消耗相同量的基质，物质的分解代谢在代谢中所占比例高的菌体所获得的细胞生物量及产物量就少，得率就低，相反就高。所以可用得率来衡量代谢效率的高低。

表 5-1 生物反应过程中得率系数定义一览表

得率系数	定 义	反 映 关 系	单 位
$Y_{x/s}$	$Y_{x/s}=-r_x/r_s$	消耗基质与生成菌体量之间的关系	g/g
Y_{x/O_2}	$Y_{x/O_2}=-r_x/r_{O_2}$	消耗氧气与生成菌体量之间的关系	g/g
$Y_{p/s}$	$Y_{p/s}=-r_p/r_s$	消耗基质与生成产物量之间的关系	g/g
$Y_{CO_2/s}$	$Y_{CO_2/s}=-r_{CO_2}/r_s$	消耗基质与生成 CO_2 量之间的关系	g/g
Y_{p/O_2}	$Y_{p/CO_2}=-r_p/r_{O_2}$	消耗基质与生成产物量之间的关系	g/g
$Y_{H_v/s}$	$Y_{H_v/s}=-r_{H_v}/r_s$	消耗基质与生成燃烧热量之间的关系	kJ/g
$Y_{ATP/s}$	$Y_{ATP/s}=-r_{ATP}/r_s$	消耗基质与生成 ATP 量之间的关系	kJ/g
Y_{ATP/O_2}	$Y_{ATP/O_2}=-r_{ATP}/r_{O_2}$	消耗氧气与生成 ATP 量之间的关系	kJ/g
$Y_{ATP/x}$	$Y_{ATP/O_2}=-r_{ATP}/r_x$	增加的菌体量与生成 ATP 量之间的关系	kJ/g

5.1.2 基质消耗速率

如果基质的消耗仅用于细胞的生长，基质的消耗速率可通过菌体的生长得率与细胞的生长速率之间进行关联。则培养基中基质的消耗速率 r_s 及比消耗速率 q_s 可表示为：

$$r_s=-\frac{r_x}{Y_{x/s}}=-\frac{\mu c_x}{Y_{x/s}} \tag{5-6}$$

$$q_s=-\frac{r_s}{c_x}=-\frac{r_x}{Y_{x/s}}\times\frac{1}{c_x}=-\frac{\mu}{Y_{x/s}} \tag{5-7}$$

式中 r_s——基质的消耗速率，g/(L·h)；

q_s——基质的比消耗速率，h^{-1}。

好氧微生物的生长及代谢都需要氧气，在发酵过程中溶解氧浓度过高或过低都会影响微生物的生长及产物合成。在基质的消耗过程中，伴随着氧在微生物呼吸作用中作为最终电子受体，生成水并释放反应能量的过程。所以，在好氧发酵过程中，氧的消耗与基质的消耗同等重要。氧的消耗速率与比消耗速率可表示为：

$$r_{O_2}=-\frac{r_x}{Y_{x/O_2}}=-\frac{\mu c_x}{Y_{x/O_2}} \tag{5-8}$$

$$q_{O_2}=-\frac{\mu}{Y_{x/O_2}} \tag{5-9}$$

$$r_{O_2}=c_x\mu_{O_2} \tag{5-10}$$

式中 r_{O_2}——氧气的消耗速率，g/(L·h)；

q_{O_2}——氧气的比消耗速率，h^{-1}。

在基质中的某些成分如碳源，除了构成菌体生长的组成成分外，还提供菌体生长代谢的能量需要。所以在基质的消耗中若考虑提供能量，维持代谢的部分，则基质的消耗速率及比消耗速率表示为：

$$-r_s=\frac{r_x}{Y_{x/s}^*}+mc_x=\frac{\mu c_x}{Y_{x/s}^*}+mc_x \tag{5-11}$$

$$-q_s=\frac{\mu}{Y_{x/s}^*}+m \tag{5-12}$$

式中 $Y_{x/s}^*$——生成的干菌体质量和完全用于细胞生长的基质质量之比，是无维持代谢时的细胞得率，即理论得率，为细胞得率的最大值，是一个常数，g/g；

m——细胞的维持系数，s^{-1}。

细胞维持系数是指单位质量的干菌体在单位时间内因维持代谢消耗的基质质量。所谓的维持即指活细胞群体的生长速率与死亡速率处于动态平衡时，无新生物量生成及无胞外代谢产物合成的状态。细胞所需的能量由细胞物质的氧化及降解产生，这种代谢称为维持代谢或内源代谢。细胞维持系数对于菌株是一种特性值，对于特定的菌株在特定的培养条件下，是一个常数。

$$m = \frac{1}{X}\left(\frac{-\mathrm{d}S}{\mathrm{d}t}\right) \tag{5-13}$$

式中　X——菌体干重，g；

　　　S——用于维持的基质消耗量，g；

　　　t——发酵时间，h。

将式(5-7)代入式(5-12)，得：

$$\frac{1}{Y_{x/s}} = \frac{1}{Y_{x/s}^{*}} + \frac{m}{\mu} \tag{5-14}$$

式(5-14)表示了不考虑基质为细胞生长提供能量消耗的理论细胞得率 $Y_{x/s}^{*}$ 与宏观菌体得率 $Y_{x/s}$ 及细胞比生长速率 μ 之间的关系。

对于氧的消耗，同样也存在：

$$-r_{\mathrm{o}_2} = \frac{r_{\mathrm{x}}}{Y_{x/\mathrm{o}_2}^{*}} + m_{\mathrm{o}_2} c_{\mathrm{x}} = \frac{\mu c_{\mathrm{x}}}{Y_{x/\mathrm{o}_2}^{*}} + m_{\mathrm{o}_2} c_{\mathrm{x}} \tag{5-15}$$

$$-q_{\mathrm{o}_2} = \frac{\mu}{Y_{x/\mathrm{o}_2}^{*}} + m_{\mathrm{o}_2} \tag{5-16}$$

但当产物的合成与能量的代谢过程相偶联时，基质的消耗除了满足细胞生长的需求外，还要生成产品，所以基质消耗速率也应考虑产物的生成速率。

$$-r_{\mathrm{s}} = \frac{\mu c_{\mathrm{x}}}{Y_{x/s}^{*}} + mc + \frac{q_{\mathrm{p}} c_{\mathrm{x}}}{Y_{\mathrm{p}/s}} \tag{5-17}$$

$$-q_{\mathrm{s}} = \frac{\mu}{Y_{x/s}^{*}} + m + \frac{q_{\mathrm{p}}}{Y_{\mathrm{p}/s}} \tag{5-18}$$

式中　q_{p}——产物的比生长速率，h^{-1}；

　　　$Y_{\mathrm{p}/s}$——生成的产物量和基质消耗量之比，是实际的产物得率，g/g。

5.1.3　代谢产物的生成速率

细胞反应生成的代谢产物种类繁多，代谢途径非常复杂，代谢机制各有其特点，所以，目前很难用统一的数学模型来描述代谢产物的生成动力学。按代谢产物与微生物生长繁殖的关系，可分为两大类：一类代谢产物与微生物自身生长繁殖关系密切，是微生物生长过程必需的一类小分子物质，即初级代谢产物，如氨基酸、核苷酸、核酸等；另一类为次级代谢产物，此类产物与微生物的生长繁殖无明确关系，在微生物生长的后期，细胞浓度积累到一定量后产生，如抗生素、生物碱、色素等。

为了研究在生产中如何使代谢产物高产，应先确定目的代谢产物的合成与细胞的生长之间的动力学关系，再根据此关系探索发酵控制及工艺优化的方案。Gaden 根据产物的生成速率与细胞生成速率之间的动态关系，将这种关系分为三类：生长关联型、生长部分关联型、非生长关联型（图5-1、图5-2、图5-3）。在图5-1、图5-2、图5-3中显示了不同发酵时间下基质浓度、细胞浓度、产物浓度、反应速率、比速率的变化情况。

5.1.3.1　生长关联型

生长关联型是指产物的生成与细胞的生长密切相关，是细胞能量代谢的直接结果。此类产物通常是基质分解代谢的产物，与细胞的生长相关，常是一些初级代谢产物，如乙醇、乳酸、葡萄糖酸等，故产物的生成与细胞的生长是同步的和偶联的。其动力学方程可表示为：

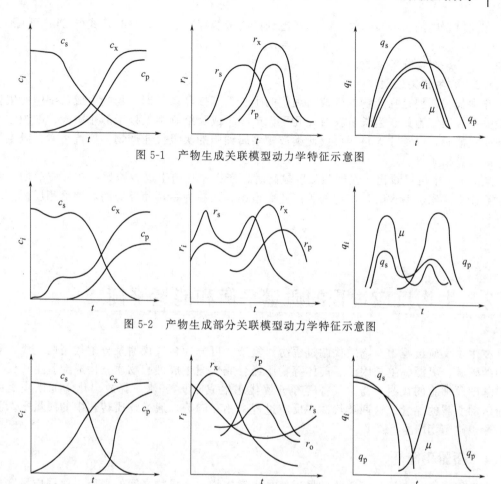

图 5-1 产物生成关联模型动力学特征示意图

图 5-2 产物生成部分关联模型动力学特征示意图

图 5-3 产物生成非关联模型动力学特征示意图

$$r_p = Y_{p/x} r_x = Y_{p/x} \mu c_x \tag{5-19}$$

$$q_p = Y_{p/x} \mu \tag{5-20}$$

由图 5-1 可见细胞与产物的浓度、反应速率、比速率变化几乎为同步的,最大值出现的时间相差不大,当基质浓度开始降低时,细胞及产物的浓度开始增长;基质的消耗速率逐步增高时,细胞及产物的生成速率也先后增加;基质及细胞的比速率几乎同步,产物的比生成速率在前期增长时与基质、细胞的比速率也几乎同步,但后期达最大值后,就出现延后现象。

5.1.3.2 生长部分关联型

该类反应产物的生成与基质的消耗仅有间接关系,是细胞的能量代谢的间接结果,产物的生成与底物的消耗仅有时间关系,无直接的化学计量关系。

从图 5-2 中看出当细胞及基的比速率下降到一定程度,细胞浓度有一定的积累时,产物生成才有较明显的增加,开始大量生成、积累。如氨基酸、柠檬酸等物质的生成。其动力学方程可表示为:

$$r_p = \alpha r_x + \beta c_x \tag{5-21}$$

$$q_p = \alpha \mu + \beta \tag{5-22}$$

式中 α——为与菌体生长速率相关的产物生成常数;

β——为与菌体浓度相关的产物生成常数。

式(5-22)被称为 Luedeking-Piret 方程。

在此模型中的一些特殊情况，如考虑到产物可能存在部分分解时，式（5-21）可写成：

$$r_p = \alpha r_x + \beta c_x - k_d p \tag{5-23}$$

式中　k_d——产物分解常数。

5.1.3.3　非生长关联型

非生长关联型是指产物的生成与细胞的生长无直接联系，即产物的生成与细胞的生长无偶联关系。当细胞处于生长阶段时，几乎无产物生成；细胞生长处于静止阶段，细胞浓度积累到一定值时，产物才大量积累。此类产物多属细胞的次级代谢产物，如抗生素、微生物毒素、甾体类物质等。

从图 5-3 中也可看出，在细胞浓度较高时，产物才开始生成、积累；在反应前期，细胞的生长速率及比速率大时，产物的生产速率很小，几乎为零，而反应的后期恰相反。其动力学方程可表示为：

$$r_p = \beta c_x \tag{5-24}$$

$$q_p = \beta \tag{5-25}$$

5.2　生物反应过程的质量平衡和能量平衡

在生物反应过程中，物质代谢过程纷繁复杂，可分为合成代谢及分解代谢两大类。培养基中的碳源、氮源、生长因子、前体等物质经合成代谢生成细胞物质，构成细胞生长繁殖的物质基础及细胞的代谢产物。碳源等经分解代谢生成 CO_2 和水，释放出化学能以满足细胞生命活动所需的能量。这两类代谢在反应过程中相互渗透，通过物质转化中的质量平衡及能量平衡规律密切联系。

5.2.1　质量平衡

在生物反应动力学中研究的质量平衡是指反应物与生成物之间的平衡，根据质量守恒定律常可建立元素间和物质间的平衡关系。

5.2.1.1　碳元素平衡

在生物反应过程中，碳源是细胞生长和代谢过程中必不可少的重要物质，研究碳平衡可了解碳元素在生物反应中的流向，通过理论计算及工艺优化控制，为碳源对产物的转化率及生产效率的提高提供有力的依据。基质中的碳源，经微生物利用可转移到菌体、产物、分解代谢的 CO_2 中，根据平衡关系，建立细胞生长代谢过程的碳元素平衡关系：

$$\sum_{i=1}^{n} \alpha_{s_i} \frac{-dc_{s_i}}{dt} = \alpha_x \frac{dc_x}{dt} + \sum_{j=1}^{m} \alpha_{p_j} \frac{dc_{p_j}}{dt} + \alpha_{CO_2} \frac{dc_{CO_2}}{dt} \tag{5-26}$$

式中　α_{s_i}——第 i 项基质含碳量，g/mol 或 g/g；

　　　α_x——干菌体含碳量，g/g；

　　　α_{p_j}——第 j 项产物含碳量，g/mol 或 g/g；

　　　α_{CO_2}——CO_2 含碳量，g/mol 或 g/g。

由于反应过程中各物质的含碳量多且较为稳定也容易测定，故可较有效地对各反应阶段进行精确的碳平衡计算。

5.2.1.2　氮元素平衡

同理，基质中的氮元素可建立相应的平衡关系：

$$\sum_{i=1}^{n} \beta_{s_i} \frac{-dc_{s_i}}{dt} = \beta_x \frac{dc_x}{dt} + \sum_{j=1}^{m} \beta_{p_j} \frac{dc_{p_j}}{dt} \tag{5-27}$$

式中 β_{s_i}——第 i 项基质含氮量，g/mol 或 g/g；

  β_x——干菌体含氮量，g/g；

  β_{p_j}——第 j 项产物含氮量，g/mol 或 g/g；

在分批发酵过程中，随着营养物质的消耗，基质中氮源的减少及细胞因营养的限制而使生长速率下降等因素使细胞对氮的摄入率下降，从而使细胞中的氮含量减少。如果进行补料控制，维持细胞的活性及比生长速率，可获得稳定的氮摄入率及氮含量。

5.2.1.3 基质平衡

在碳元素平衡的基础上建立基质平衡。在好氧发酵中，含碳基质经呼吸作用释放出能量，满足细胞生长代谢的需求，并在代谢过程中转化成初级代谢产物，进而合成细胞成分及次级代谢产物。所以基质的平衡关系为：

$$-\Delta c_s = (-\Delta c_s)_m + (-\Delta c_s)_x + (-\Delta c_s)_p \tag{5-28}$$

式中 $-\Delta c_s$——基质分解的消耗量；

 $(-\Delta c_s)_m$——微生物维持分解需消耗的基质量；

 $(-\Delta c_s)_x$——用于菌体生长相应的基质消耗量；

 $(-\Delta c_s)_p$——用于产物生成相应的基质消耗量。

对发酵时间进行微分，得：

$$-\frac{dc_s}{dt} = m_s x + \frac{1}{Y_{x/s}} \times \frac{dc_x}{dt} + \frac{1}{Y_{p/s}} \times \frac{dc_p}{dt} \tag{5-29}$$

$$q_s = m_s + \frac{\mu}{Y_{x/s}} + \frac{q_p}{Y_{p/s}} \tag{5-30}$$

同理，氧也可建立相应的平衡关系：

$$-\frac{dc_{O_2}}{dt} = m_{O_2} x + \frac{1}{Y_{x/O_2}} \times \frac{dc_x}{dt} + \frac{1}{Y_{p/O_2}} \times \frac{dc_p}{dt} \tag{5-31}$$

$$q_{O_2} = m_{O_2} + \frac{\mu}{Y_{x/O_2}} + \frac{q_p}{Y_{p/O_2}} \tag{5-32}$$

在生物反应过程中，基质、氧气的消耗较易进行在线检测，故式(5-32)对菌体量及产物量的变化率的估算是有一定意义的。

5.2.2 能量平衡

能量依附于物质而存在，物质代谢过程中伴随着能量的变化。一般合成代谢伴随着能量的消耗，发生吸能反应；分解代谢伴随着能量的释放，发生放能反应。最后能量由碳-能源基质为来源，一部分被细胞和产物贮存起来，另一部分以热能的形式释放被环境吸收。

在微生物的生长代谢过程中，能量多以 ATP 的形式进行贮存，则能量的平衡关系可表示为：

$$[\Delta N(ATP)]_s = [\Delta N(ATP)]_m + [\Delta N(ATP)]_G + [\Delta N(ATP)]_p \tag{5-33}$$

式中 $[\Delta N(ATP)]_s$——基质分解所生成的 ATP 量；

 $[\Delta N(ATP)]_m$——微生物维持分解需消耗的 ATP 量；

 $[\Delta N(ATP)]_G$——用于菌体生长相应的 ATP 消耗量；

 $[\Delta N(ATP)]_p$——用于产物生成相应的 ATP 消耗量。

5.3 微生物发酵动力学

微生物发酵动力学的研究与发酵的种类、方式密切相关。根据微生物对氧的需求不同可分为好氧发酵、厌氧发酵、兼性好氧发酵；按所使用培养基的形态不同可分为固态发酵、液态发酵、半固态发酵；按培养基的装载方式不同可分为浅层发酵和深层发酵。其中研究和应用得较多的为深层液态发酵，根据发酵操作方式的不同可分为分批发酵、分批补料发酵、连续发酵。现主要介绍这3种发酵方式的动力学研究内容及应用。

5.3.1 分批发酵

分批发酵又称间歇式发酵（培养），是指将一定量的培养基一次性地加入发酵罐中，接种后发酵一段时间，一次性地排出发酵成熟液，结束发酵的培养方式。发酵罐经清洗、灭菌后再加入新鲜培养基，接种后依次进行新批次的发酵。在整个发酵过程中除了氧气的通入，尾气的排放，pH的调节及消泡而添加的酸碱及消泡剂外，发酵罐内的培养液与外界之间无物质的转移，基本上算一个密闭的发酵过程。在微生物的培养过程中，微生物所处的环境时时变化，是典型的非稳态过程。基质逐渐被消耗，代谢产物不断积累，微生物经历接种、适应、生长繁殖、衰亡的过程，受培养环境及自身特性的影响，菌体浓度及活性随之不断变化。根据菌体浓度随发酵时间的变化情况，人为地将分批发酵中微生物的生长过程分为延迟期、对数生长期、稳定期、衰亡期4个阶段（如图5-4所示）。处于不同生长阶段的微生物生长状态有较大的差异。

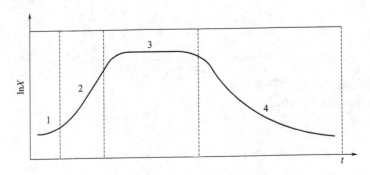

图 5-4 分批发酵过程典型的生长模型

1—延迟期；2—对数生长期；3—稳定期；4—衰亡期

5.3.1.1 分批发酵的微生物生长动力学

（1）延迟期 延迟期又称为调整期、停滞期，是指菌体细胞刚接种到新的营养环境，生长所需要的一个适应阶段。在此阶段，细胞对新培养基中的成分利用较为缓慢，需分泌相应的诱导酶来利用其成分，合成胞内物质，单个菌体细胞的质量有所增加，但数量却几乎不增加，比生长速率接近为零。延迟期的长短与细胞生理状态、培养条件等因素密切相关，在生产上，常采用处于对数生长期的菌种、合适的接种量、减少菌种培养与发酵培养基组分间的差异等措施来缩短延迟期的时间，进而缩短细胞的非生产时间，提高生产效率。

（2）对数生长期 对数生长期又称为指数生长期，是指在延迟期后，细胞的生长繁殖速率快速提高，能达到比生长速率最大值的阶段。在此阶段中，培养基中营养充分，菌体生长不受基质浓度限制，菌体生理活性高，繁殖速率快，胞内反应速率快，细胞数量及质量呈指数倍增长，胞内的各组分均以相同的速率增加，细胞的平均组成相对恒定，比生长速率 μ 可视为定值，细胞的生长速率与细胞浓度符合一级动力学关系，即：

$$r_x = \frac{dc_x}{dt} = \mu c_x \tag{5-34}$$

对式(5-34)在发酵时间 $0 \sim t$ 范围内积分得：

$$\ln c_{x_t} = \ln c_{x_0} + \mu t \tag{5-35}$$

式中　c_{x_t}——微生物在培养了 t 时间的细胞浓度；

　　　c_{x_0}——微生物培养初始的细胞浓度。

由式(5-34)看出，此生长速率 r_x 与细胞浓度 c_x 的对数值呈正比关系。在此阶段中，培养条件良好时，比生长速率可达最大值 μ_{max}。微生物不同，则其 μ_{max} 也不同，可用 μ_{max} 来反映特定培养条件下的微生物生长特性，这对指导工艺优化有一定的意义。

根据式(5-35)，当细胞浓度增加一倍时，所对应的培养时间称为倍增时间 t_d，即：

$$t_d = \frac{\ln2}{\mu_{max}} = \frac{0.693}{\mu_{max}} \qquad (5-36)$$

式中　μ_{max}——最大比生长速率，h^{-1}。

（3）稳定期　稳定期又称为平衡期、静止期，是随着营养成分的继续消耗，影响了细胞的比生长速率，降低了生长速率，增大了死亡速率，当生长速率与死亡速率相等时，细胞的纯生长速率为零，新增活细胞数减少，细胞浓度达最大值 $c_{x,max}$，细胞进入次生代谢产物合成阶段。此时有：

$$\frac{dc_x}{dt} = (\mu - k_d)c_x = 0 \qquad (5-37)$$

式中　k_d——细胞死亡速率常数。

当 k_d 为零时，c_x 达最大值　$c_{x,max} = c_{x_0}\exp(\mu t)$ $\qquad (5-38)$

（4）衰亡期　衰亡期是指随着营养物质的不断耗尽，细胞死亡速率增大，细胞浓度迅速下降的阶段。此时细胞的死亡速率也遵守一级动力学关系：

$$\frac{dc_x}{dt} = -k_d c_x \qquad (5-39)$$

在衰亡期中的某一时间内，活细胞浓度为：

$$c_x = c_{x,max}\exp(-k_d t) \qquad (5-40)$$

由此可见，在分批发酵过程中，细胞的生长速率、比生长速率、细胞浓度等均处于动态变化状态，与其相关的基质浓度、细胞生长速率、活力大小、代谢产物浓度等因素也随之变化，进而使细胞的生长出现了一定的变化规律。

5.3.1.2　Monod 模型

对于菌体的生长受培养基中营养物质的限制关系，Monod 在 1947 年提出了限制性基质对微生物比生长速率影响的动力学模型。Monod 假设在微生物的生长过程中，仅受培养基中的一种基质浓度限制影响，则这种基质称为限制性基质或底物。微生物细胞的比生长速率大小受这种限制性基质浓度的影响，随基质浓度增大而呈抛物线形变化（见图 5-5）。

两者关系可用 Monod 方程来描述：

$$\mu = \frac{\mu_{max}c_s}{K_s + c_s} \qquad (5-41)$$

式中　K_s——细胞对底物的亲和常数，mg/L。

K_s 表示微生物对底物的亲和力大小，K_s 越大，细胞对底物的亲和力越小，μ 越小，两者呈反比关系。K_s 的数值相当于 μ 为 μ_{max} 一半时的底物浓度。当培养基中限制性基质的浓度较低时，$c_s \ll K_s$ 时，Monod 方程可略写成 $\mu = \frac{\mu_{max}}{K_s} \times c_s$，微生物

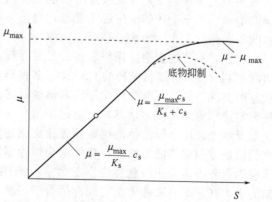

图 5-5　限制性底物浓度对比生长速率的影响

的比生长速率与基质浓度呈线性关系；当 $c_s \gg K_s$ 时，一般情况下，$\mu \approx \mu_{max}$，但如果限制性基质浓度过高，造成底物或产物的抑制作用，而使 μ 下降，则不再符合 Monod 方程。

Monod 方程是在不考虑细胞内部结构及其变化的非结构模型的基础上提出的，只有在细胞的生长受一种限制性基质影响时才与实验数据相符，如果培养基中存在多种限制性基质时，则 Monod 方程需修改为：

$$\mu = \mu_{max} \left(\frac{K_1 c_{s_1}}{K_1 + c_{s_1}} + \frac{K_2 c_{s_2}}{K_2 + c_{s_2}} + \cdots + \frac{K_i c_{s_i}}{K_i + c_{s_i}} \right) \frac{1}{\sum\limits_{i=1}^{n} K_i} \tag{5-42}$$

式中　K_i——细胞对各种限制性基质的亲和常数，mg/L；

　　　　c_{s_i}——各种限制性基质浓度，mg/L。

当多种限制性基质的浓度同时过量时，即 $c_{s_i} \gg K_i$ 时，$\mu \approx \mu_{max}$。

Monod 方程体现了分批发酵过程中 K_s、c_s、μ 之间的关系。在发酵前期 c_s 过量时，细胞生长不受基质浓度限制，以 μ_{max} 生长；在发酵后期，c_s 下降到 K_s 水平，μ 开始下降，细胞生长由对数生长期转入衰减期；随基质的消耗，μ 继续下降，最后为零，细胞进入衰亡期，停止生长。K_s 越小，细胞对底物的亲和力越大，μ 下降得越慢，细胞在对数生长期停留的时间越长，对细胞生长越有利。

除 Monod 方程外，在动力学研究中还有一些类似的微生物生长动力学模型，但 Monod 方程在大多数情况下与实验情况相符，则较为常用。

5.3.2　连续发酵

在分批发酵过程中，因一次性投入培养基而使细胞生长受营养物质浓度的限制影响，出现了分阶段的生长现象，这不是细胞所固有的，而是一种在封闭的培养环境中营养等环境条件不断变化的结果。连续发酵是在分批发酵的基础上，以一定的速率连续地流加新鲜培养基并流出等量的发酵液，以维持培养系统内各营养物质量的恒定，使细胞处于近似恒定状态下生长的发酵培养方式，也称连续培养。连续发酵是相对于分批发酵的开放系统，在发酵过程中，消耗的营养物质通过不断流入新鲜培养液得以补充，增加的产物量通过不断流出的发酵液得以平衡，减轻有毒代谢产物对细胞的影响，温度、pH 值、溶解氧等通过培养系统的实时监控调节，基本保持不变，使细胞能保持较恒定的生长速率及产物生成速率，处于对数生长期或产物的生成阶段，高效、恒定地获得细胞或产物。

连续发酵具有机械化、自动化程度高，利于对发酵过程进行优化，发酵罐的清洗、灭菌等非生产时间占用少，设备利用率及生产效率得到有效提高等特点。但在发酵过程中，易染菌而污染，菌种易变异。连续发酵目前主要用于发酵动力学参数的测定、发酵条件的优化等研究中，在工业生产的应用还不普遍，目前只在酒精、单细胞蛋白、丙酮丁醇、葡萄糖酸、醋酸等产品的生产及污水处理等方面应用。

在连续发酵过程中应用得较多的是搅拌罐式反应器（CSTR），其中有单级 CSTR、多级串联 CSTR、带有细胞循环的 CSTR 等多种形式。在此种类型的连续发酵中，根据达到稳定状态的方式不同，可分为恒化器法和恒浊器法。恒化器法是指在连续发酵过程中，反应器保持恒定速率流入及流出培养基，通过细胞自身的生长、代谢特性，获得相对稳定的细胞生长速率及细胞浓度。恒浊器法则是预先指定细胞浓度（浊度），通过反馈控制培养基流量而维持细胞浓度预定值的方法。恒化器法与恒浊器法相比更易控制，对设备的要求较低，故在实际应用过程中多采用恒化器法。下面重点描述在 CSTR 中恒化器法的细胞生长和产物合成动力学，其基本原理和方法也同样适合于恒浊器法。

在恒化器法中，细胞的生长一般采用均一的非结构模型，可看成单级全混式反应器培养系统（如图 5-6 所示）。假设流入液中仅有一种营养成分为细胞的限制性基质，其他成分不发生抑制，则在反应过程中，菌体、限制性底物、产物的物料平衡遵循：变化量＝流入量＋生成量－流出量。

（1）细胞的物料平衡　细胞和限制性基质浓度、培养基流速之间的关系依物料平衡关系建立如下关系。

发酵罐中细胞浓度的变化量＝流入的细胞量－流出的细胞量＋生长的细胞量－死亡的细胞量，即：

$$\frac{dc_x}{dt} = \frac{Fc_{x_0}}{V} - \frac{F}{V}c_x + \mu c_x - kc_x \qquad (5\text{-}43)$$

式中　c_{x_0}——流入发酵罐的细胞浓度，g/L；

$\quad\quad c_x$——流出发酵罐的细胞浓度，g/L；

$\quad\quad F$——流入发酵罐的培养基流速，h^{-1}；

$\quad\quad V$——发酵罐内液体的体积，L；

$\quad\quad \mu$——比生长速率，h^{-1}；

$\quad\quad k$——比死亡速率，h^{-1}；

$\quad\quad t$——时间，h。

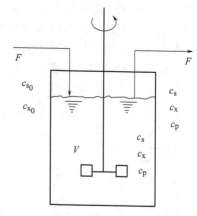

图 5-6　连续全混流操作示意图
F—流入培养液的体积流量；c_{s_0}—流入的培养液中生长限制性底物的浓度；c_{x_0}—流入的发酵罐的菌体浓度；V—反应器内液体的体积；c_s、c_x、c_p—分别为定稳态下的底物、菌体和产物浓度

当流入基质的流速恒定，流出的细胞不循环回流时，则 $c_{x_0}=0$，通过限制性基质浓度的控制，使细胞的比生长速率远高于比死亡速率，$\mu \gg k$，死亡细胞几乎可忽略不计。当连续发酵达到稳态时，发酵罐内细胞浓度的变化量为零，$\frac{dc_x}{dt}=0$，则式（5-43）变为：

$$-\frac{F}{V}c_x + \mu c_x = 0 \qquad (5\text{-}44)$$

$$\frac{F}{V} = \mu \qquad (5\text{-}45)$$

将单位时间内连续流入发酵罐的新鲜培养基体积或流入发酵罐的培养基流速与发酵罐内液体总体积的比值定义为稀释率 D，即 $\frac{F}{V}=D$，单位 h^{-1}。故：

$$D = \mu \qquad (5\text{-}46)$$

在恒定状态时，比生长速率等于稀释率，这表明在一定范围内，可通过调节流入发酵罐的培养基速率来控制细胞的比生长速率，从而控制细胞的生长活性。

对于用限制性基质培养时，当稀释率开始增加时，在发酵罐内底物残留浓度增加得很少，大部分底物被细胞所消耗，直到 $D \approx \mu_{max}$ 时，底物残留浓度才显著增加。细胞对底物的亲和性不同，即 K_s 不同，底物残留浓度随 D 的增大而变化的程度也不同（见图 5-7、图 5-8）。如果继续增大稀释率，菌体将从系统中被洗出，菌体浓度随稀释率的增大迅速降低，底物残留浓度也随之迅速增加。现将导致底物开始从发酵罐中洗出时的稀释率定义为临界稀释率 D_c，即在恒化器中能达到的最大稀释率。

（2）限制性基质的物料平衡　限制性基质的物料平衡可建立如下关系。

发酵罐中限制性基质浓度的变化量＝流入的限制性基质的量－流出的限制性基质的量－用于细胞生长的限制性基质的量－维持细胞生命所需的限制性基质的量－形成产物消耗的限制性基质的量，即：

$$\frac{dc_s}{dt} = \frac{F}{V}c_{s_0} - \frac{F}{V}c_s - \frac{\mu c_x}{Y_{x/s}} - mc_x - \frac{q_p c_x}{Y_{p/s}} \qquad (5\text{-}47)$$

式中 c_{s_0}——流入发酵罐的基质浓度，g/L；

$\quad\quad c_s$——流出发酵罐的基质浓度，g/L；

$\quad\quad Y_{x/s}$——细胞生长相对于基质的得率系数；

$\quad\quad q_p$——产物比产生速率，h^{-1}；

$\quad\quad Y_{p/s}$——产物得率系数。

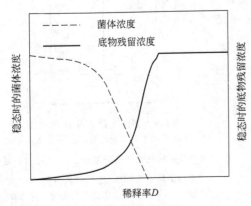

图 5-7 对限制性底物具有低 K_s
值的细菌连续培养特性

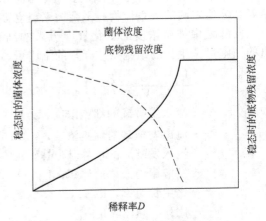

图 5-8 对限制性底物具有高 K_s
值的细菌连续培养特性

一般情况下，基质用于维持细胞生命的量及用于产物形成的量均远小于基质用于细胞生长的量，$mc_x \ll \mu c_x/Y_{x/s}$，$q_p c_x \ll \mu c_x/Y_{x/s}$，故可忽略不计。在达到稳定状态时，$\dfrac{dc_s}{dt}=0$，式（5-47）变成：

$$D(c_{s_0}-c_s)=\mu c_x/Y_{x/s} \tag{5-48}$$

又因 $D=\mu$，式（5-48）变为：

$$c_x=Y_{x/s}(c_{s_0}-c_s) \tag{5-49}$$

Monod 方程应用于连续培养时，大多数情况下，D_c 相当于分批培养的 μ_{max}，则有：

$$D=\frac{\mu_{max}c_s}{K_s+c_s}=\frac{D_c c_s}{K_s+c_s} \tag{5-50}$$

$$c_x=Y_{x/s}\left(c_{s_0}-\frac{DK_s}{\mu_{max}-D}\right) \tag{5-51}$$

当 D 小时，底物被细胞充分利用，$c_s \to 0$，细胞浓度 $c_x=Y_{x/s}c_{s_0}$。随着 D 的增加，达到 D_c 时，$c_x \to 0$，$c_s \to c_{s_0}$，即为洗出点，则有：

$$c_{s_0}=\frac{DK_s}{\mu_{max}-D} \tag{5-52}$$

得到：

$$D_c=D=\frac{\mu_{max}c_{s_0}}{K_s+c_{s_0}} \tag{5-53}$$

又因 $\dfrac{c_{s_0}}{K_s+c_{s_0}} \approx 1$，所以洗出点的 $D_c=D=\mu_{max}$。

5.3.3 分批补料发酵

分批补料发酵是在分批发酵（培养）过程中，间歇地或连续地向培养基中补加新鲜培养基的发酵（培养）方式，是介于分批发酵及连续发酵之间的一种过渡性操作，又称为半连续发酵（培养）。

在反应过程中，根据培养基被细胞利用的情况，不断地向反应器中补加新鲜培养基，可在较长时间内维持反应器中细胞对限制性基质的需求，又能使基质浓度维持在较低的水平，消除基质的底物抑制效应，有效地控制细胞在整个发酵过程中的生长及发酵速率，有利于细胞的生长及产品的积累。在此发酵过程中，细胞浓度及基质、产品浓度均处于一个动态变化过程，通过对基质的流加来控制基质浓度，进而控制细胞的生长状态及产物的积累。从工业应用的角度来看，分批补料发酵基质浓度可控，染菌、菌种变异概率较低，优于分批发酵和连续发酵，是目前应用较广的发酵方式。特别适于细胞的高密度培养、存在底物抑制或分解代谢物阻遏的反应过程、营养缺陷型菌株的培养、需补充前体物质的反应过程及高黏度的培养系统等情况。现已在氨基酸、抗生素、生长激素、维生素、有机酸、核苷酸及单细胞蛋白的工业生产中广泛应用（见表 5-2）。

表 5-2　分批补料发酵法生产的部分产品

产　　物	加　入　底　物	产　　物	加　入　底　物
面包酵母	糖蜜（作为碳源）、氮源	维生素 B_{12}	葡萄糖、前体物质
青霉素及其他抗生素	葡萄糖、氮、前体物质	青霉素	碳源
谷氨酸及其他氨基酸	糖蜜（作为碳源）、氮	柠檬酸	碳源、硫源
葡萄糖酸	葡萄糖、钙盐	单细胞蛋白（SCP）	碳源、氨
维生素 B_2	糖蜜	蛋白酶、淀粉酶等酶类	碳源、氮源、诱导物

　　尽管分批培养中的补料方法在发酵工业上的应用很普遍，但作为理论研究，在 20 世纪 70 年代之前几乎是空白，直到 1973 年，才首次提出分批补料发酵（培养）这个术语，并从理论上推导建立了第一个数学模型后才进入理论研究阶段。从此以后，对于分批补料发酵的应用，在补料方式、各种动力学模型的建立、系统优化、计算机自动控制以及优化等方面进行了大量的研究。

5.3.3.1　分批补料发酵的分类

　　分批补料发酵的分类方式较多，常见的主要有按基质流加的方式分类、按流加基质的种类分类、在补料的同时是否排放一定量的发酵液等分类方式。

　　根据在分批补料培养过程中基质的流加方式的不同，可分为反馈控制流加和无反馈控制流加两大类。反馈控制流加方式是借助对一些参数的在线测定来反馈控制补料操作。这些参数常为 pH 值、溶解氧、细胞浓度、CO_2 的释放量等。无反馈控制流加方式常根据基质流加方式及流速的不同，可分为间歇流加、恒速流加、变速流加、指数流加等。其中间歇流加是指将基质间歇性地、间断地流入反应器中，操作简单，但不适于细胞生长的不同阶段对营养的需求；恒速流加是指以恒定的速率将基质连续不断地流入反应器中，是最简单的一种基质补加方式，但在细胞的比生长速率下降后，会造成基质的浪费；变速流加是指根据不同时期细胞对基质的需求大小不同，来调整基质流加的速率。此种方式能维持细胞较高的比生长速率，同时又节省补加的基质用量；指数流加是指在整个细胞培养期间，基质流加的速率与细胞生长速率相一致，也呈指数方式增加，符合细胞的生长及其对营养的需求规律，是一种简单有效的补料流加方式。

　　根据补加基质的种类，可分为单一组分分批补料发酵及多组分分批补料发酵。根据在补料的同时是否排放一定的发酵液分为单一分批补料发酵及重复分批补料发酵。单一分批补料发酵是在反应器中不断地补加基质，直到培养液体积达到反应器能容许的最大值时，便停止补料，发酵结束后，一次性排放全部成熟发酵液的操作方式。由于受发酵罐工作容积的限制，发酵周期只能控制在较短的范围内。重复分批补料发酵是在单一分批补料发酵的基础上，每隔一定时间按一定比例放出一部分发酵液，使发酵液体积始终不超过发酵罐的最大工作容积，从而延长发酵周期，直至发酵产率明显下降，才最终将发酵液全部放出的方式。这种操作方式既保留了单一分批补料发酵的优点，又避免了它的缺点。

分批补料操作控制的核心是底物浓度。在反应器中培养液的体积随补料的加入而不断变化，各组分的浓度也在不断变化。由于补料的速率及方式不同，对反应过程中的细胞浓度、生长速率、生产率的影响也不相同。下面主要讨论单一组分的单一分批补料发酵及重复分批补料发酵方式的动力学。

5.3.3.2 分批补料发酵动力学

（1）单一分批补料发酵 分批补料的流加操作示意图见图5-9。

搅拌罐式反应器的流加操作模型可表示的衡算关系如下。

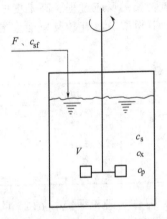

图5-9 分批补料的流加操作示意图
F—培养液的流加速率；c_{sf}—流加培养液中的基质浓度；V—反应器内液体的体积；c_s、c_x、c_p—分别为定常态下的底物、菌体和产物浓度

细胞：
$$\frac{d(Vc_x)}{dt} = \mu(Vc_x) \tag{5-54}$$

底物：
$$\frac{d(Vc_s)}{dt} = Fc_{sf} - q_s(Vc_x) \tag{5-55}$$

产物：
$$\frac{d(Vc_p)}{dt} = q_p(Vc_x) \tag{5-56}$$

式中，F定义为反应器中料液体积随时间的变化率或加料速率。

$$\frac{dV}{dt} = F \tag{5-57}$$

式（5-54）可表示为：
$$V\frac{dc_x}{dt} + c_x\frac{dV}{dt} = \mu(Vc_x) \tag{5-58}$$

又因，$\dfrac{dV}{dt}=F$，$D=\dfrac{F}{V}=\dfrac{F}{V_0+Ft}$，式中的$V_0$为流加开始时反应器的有效体积。所以，式（5-58）可表示为：

$$\frac{dc_x}{dt} = (\mu - D)c_x \tag{5-59}$$

若底物同时消耗于细胞生长、维持能量和生成产物，则式（5-55）可展开整理为：

$$\frac{dc_s}{dt} = D(c_{sf} - c_s) - \left(\frac{\mu}{Y_{x/s}} + m_s + q_p\right)c_x \tag{5-60}$$

式（5-56）可表示为：

$$\frac{dc_p}{dt} = q_p c_x - D c_p \tag{5-61}$$

下面对分批补料的恒速流加、指数流加、变速流加等操作方式分别进行讨论。

① 恒速流加 恒速流加即是将限制性基质以恒定不变的流速流入反应器中，是一种最简单的操作方式。假设反应器内为理想混合，培养基中仅有一种限制性基质，底物仅用于细胞的生长，$Y_{x/s}$为一常数。在操作中，随着新鲜培养液的流加，其稀释率随时间而下降，当限制性底物的消耗速率等于其流加速率时，即达到$\mu \approx D$，则流加操作可视为达到拟稳态操作。在拟稳态下，则有如下关系。

底物：
$$c_s = \frac{K_s\dfrac{F}{V}}{\mu_{max} - \dfrac{F}{V}} \tag{5-62}$$

细胞：
$$c_x = c_{x,max} = Y_{x/s}c_{sf} \tag{5-63}$$

$$\frac{dc_x}{dt} \approx 0 \tag{5-64}$$

当 $t=0$ 时，反应器内的细胞总量为 $V_0 c_{x_0}$，在 t 时间时的细胞总量应为：

$$Vc_x = V_0 c_{x_0} + FY_{x/s} c_{sf} t \tag{5-65}$$

式(5-65)表明，在恒速流加时，细胞的总量随时间呈线性关系。

细胞的比生长速率：

$$\frac{d\mu}{dt} = \frac{d\left(\dfrac{F}{V}\right)}{dt} = \frac{d\left(\dfrac{F}{V_0 + Ft}\right)}{dt} = -\frac{F^2}{(V_0 + Ft)^2} \tag{5-66}$$

当 $V \gg V_0$ 时，则有：$\dfrac{d\mu}{dt} = -\dfrac{1}{t^2}$，细胞的比生长速率在基质的流加过程中随时间的增加而减小，使细胞生长受到限制。

考虑代谢产物的生成时，由式(5-61)得知，产物浓度与 q_p、D 有关。

如果 q_p 为常数时，式(5-61)经展开整理得：

$$c_p = c_{p_0} \frac{V_0}{V} + q_p c_{x,max} \left(\frac{V_0}{V} + \frac{Dt}{2}\right) t \tag{5-67}$$

当 q_p 不为常数时，则有：

$$c_p = c_{p_0} \frac{V_0}{V} + \frac{1}{V} \int_0^t q_p(t) c_{x,max} \left(\frac{V_0}{V} + \frac{Dt}{2}\right) dt \tag{5-68}$$

② 指数流加　指数流加操作是考虑细胞的生长特性而提出的，是采用流加速率随时间呈指数变化的方式来流加限制性基质，以维持细胞的比生长速率不变的操作模式。可表示为：

$$V_t = V_0 \exp(\mu t) \tag{5-69}$$

细胞的总量为：

$$Vc_x = V_0 c_{x_0} \exp(\mu t) \tag{5-70}$$

$$\mu = f(c_{s_D}) \tag{5-71}$$

式中　c_{s_D}——要求控制的基质浓度。

分批补料发酵方式中控制的核心即是使反应器中限制性基质的浓度在反应中保持恒定，即 $\dfrac{dc_s}{dt} = 0$。

根据式(5-62)展开整理得：

$$F_t Y_{x/s} (c_{sf} - c_s) = \mu_0 Vc_x \tag{5-72}$$

$$F_t = \frac{\mu_0 V_0 c_{x_0} \exp(\mu_0 t)}{Y_{x/s}(c_{sf} - c_s)} \tag{5-73}$$

式中　F_t——时间 t 的加料速率。

变速流加情况较为复杂，模型建立的基本原理同指数流加，在此不再描述。

(2) 重复分批补料发酵　与单一分批补料发酵方式不同，当反应器中的培养液体积达到一定程度后，就取出部分培养液，剩余的部分继续流加培养液，如此反复进行流加、排放的操作方式。对于恒速流加的重复补料分批发酵方式可在排放一部分培养液后，使细胞的比生长速率重新得到提高，同时有效地延长了细胞的生产过程，提高了生产能力及设备的利用率。

假设在流加操作过程中达到拟稳态，培养液初始体积为 V_0，经过时间 t_m 的恒速流加后，培养液体积达到 V_m 后，排放一部分培养液使体积恢复到 V_0，再流加培养液，排出培养液，反复进行操作。

现定义：

$$\gamma = \frac{V_0}{V_m} \tag{5-74}$$

式中 γ——每流加周期开始与结束时培养液的体积比。

排放时的稀释率为：

$$D = \frac{F}{V} \tag{5-75}$$

一个流加周期的时间为：

$$t_m = \frac{V_m - V_0}{F} = \frac{1-\gamma}{D_m} \tag{5-76}$$

当 q_p 为常数时，式(5-68) 经整理得：

$$c_{p_m} = \gamma c_{p_0} + q_p c_{x,max} \frac{1-\gamma^2}{2D_m} \tag{5-77}$$

定义：

$$K = q_p c_{x,max} \frac{1-\gamma^2}{2D_m}$$

当 q_p 不为常数时，则有：

$$c_{p_m} = \gamma c_{p_0} + c_{x,max} \int_0^t q_p(\gamma + D_m t) dt \tag{5-78}$$

定义：

$$K = c_{x,max} \int_0^t q_p(\gamma + D_m t) dt$$

则对第一次排放培养液时的产物浓度，无论 q_p 是否为常数，均可表示为：

$$c_{p_1} = \gamma c_{p_0} + K \tag{5-79}$$

第二周期结束前的产物浓度为：

$$c_{p_2} = \gamma c_{p_1} + K = \gamma^2 c_{p_0} + \gamma K + K \tag{5-80}$$

则第 n 个流加周期结束前的产物浓度为：

$$c_{p_n} = \gamma^n c_{p_0} + K(\gamma^{n-1} + \gamma^{n-2} + \gamma^{n-3} + \cdots + \gamma + 1) = \gamma^n c_{p_0} + K \frac{1-\gamma^n}{1-\gamma} \tag{5-81}$$

由上述结论可看出，反复分批发酵操作时，开始时产物浓度增加较快，随着反复流加的进行，产物浓度趋于定值。在进行较长时间的反复分批补料发酵操作时，可有效增加单位反应器体积的产出率，缩短发酵时间，提高生产效率，一定程度地避免了连续发酵操作中菌种易变异、发酵易染菌的不足。所以，目前在生产上应用较为广泛。

分批补料发酵与分批发酵及连续发酵相比优点较多，但在工业化生产的具体操作中则需对相应的参数进行在线检测和控制。所以在工业上，用反应体系的动力学研究结果指导控制参数及具备优良的自控系统是使分批补料发酵操作成功实施的基本条件。

6 发酵过程原理

发酵过程是非常复杂的生物化学反应过程，不同于一般的化学反应过程，它既涉及生物细胞的生长、发育、繁殖等生命过程，又涉及合成代谢产物的多酶生化反应过程。不论是微生物发酵还是动植物细胞培养过程，生物细胞按照其遗传物质所含的遗传信息，在一定的营养和培养条件下，在多相共存体系中进行着各种复杂而细微的动态生化反应，使体系变得非常复杂。体系所处环境是一个以气、固、液多相混合的复杂体系，生物细胞的传质及代谢过程受多种因素的共同影响及控制。在体系中以生物的动态变化过程为主，进行着上千种不同的生化反应，并受到各种各样的相互促进又相互制约的调控机制的影响及控制，使发酵过程具有不确定性和时变性。所以，在生物的代谢过程中，一旦某一营养因素及培养条件发生变化，就会影响甚至改变生物的代谢过程，使产物的生产受到影响。为了使生物细胞的发酵过程能够得到最佳生产效果，就要研究和把握生物细胞的发酵原理。研究生物细胞的发育、生长和代谢等生命过程，采用不同的方法来检测与发酵条件和内在代谢变化有关的各种参数，以了解生物细胞对环境条件的要求和细胞的代谢变化规律，并根据各个参数的变化情况，结合代谢调控的基础理论，合理、有效地控制发酵，使生物细胞的代谢变化沿着人们所需要的方向进行，以达到预期的生产水平。

因此，生物细胞在不同发酵方式下的代谢变化，与其发酵过程相关参数的变化及参数对发酵过程的影响情况等内容构成了发酵过程研究的主要原理，用于指导和控制生物细胞的发酵过程，保证细胞的高产。

6.1 发酵方式

微生物发酵的分类方式较多。根据微生物对氧的需求不同可分为好氧发酵、厌氧发酵、兼性好氧发酵；按所使用的培养基的形态不同可分为固态发酵、液态发酵、半固态发酵；按培养基的装载方式不同可分为浅层发酵和深层发酵。其中研究和应用得较多的为深层液态发酵，在深层液态发酵过程中，根据操作方式的不同可分为分批发酵、连续发酵、分批补料发酵。在第五章发酵动力学中已介绍了不同发酵方式的基本概念、动力学特征等内容，本章将较详细地介绍不同发酵方式对生物细胞的代谢变化影响及特点、应用等内容。

6.1.1 分批发酵

分批发酵又称间歇发酵（培养），是指将一定量的培养基一次性地加入发酵罐中，接种后发酵一段时间，一次性地排出发酵成熟液的培养方式。分批发酵是最简单、传统的发酵方式，具有如下特点：①在发酵过程中，菌体各个生长阶段的生理、代谢特征明显；②每一次发酵需进行反复的清洗、灭菌等操作，增大了发酵的非生产时间，降低了设备利用率及发酵效率；③每次均存在一个微生物的生长适应、增殖过程，增大了对底物的消耗，使底物的利用率低；④培养基中的底物浓度较高，具有较高的渗透压，不利于微生物的生长等。

尽管分批发酵方式存在较多的不足，但因其操作简单、便于控制、不易染菌等优点，仍是工业化生产及实验室研究阶段探索菌体发酵过程、发酵动力学的主要方式。

分批发酵过程是一个封闭的培养过程，初始限制量基质在系统中不断被消耗，使生物细胞处于一个典型的非稳态过程。根据菌体浓度随发酵时间的变化情况，分批发酵中微生物的生长过程可分为延迟期、对数生长期、稳定期、衰亡期 4 个阶段。细胞的代谢过程也产生一定规律的变化。从产物形成来说，代谢变化反映发酵过程的菌体生长、发酵参数（培养基和培养条件）和产物形成这三者之间的关系。如把它们随时间的变化过程绘制成图，就成为所谓的代谢曲线。

根据代谢途径的种类可将代谢产物分为初级代谢产物和次级代谢产物。一般情况下，初级代谢产物常是微生物分解基质途径中的直接产物，与微生物的生长、繁殖关系密切，其对生命存在的意义重大，如氨基酸、核酸、维生素等小分子物质。分批发酵过程中的菌体、基质和初级代谢产物三者浓度变化的过程特征是：菌体进入发酵罐后就开始生长、繁殖，直到达到一定的菌浓度，其生长过程显示延滞期、对数期、静止期和衰亡期等特征；基质浓度随发酵时间的延长而降低，被用于菌体的生长繁殖及初级代谢产物的形成；产物的形成中没有明显的形成期，而与菌体的生长呈平行关系，产物生产速率与菌体的生长速率成正比关系。

次级代谢产物以大多数的抗生素、生物碱和微生物毒素等物质为代表。菌体的生长及基质的消耗情况与初级代谢过程相同，但菌体的生长繁殖阶段与产物的形成阶段是分开的，即形成菌种的生长期和产物的生产期。在此种代谢中产物的形成只与菌体的多少量有关，与菌种的生长速率无关。次级代谢的代谢变化，一般可分为菌体生长、产物合成和菌体自溶 3 个阶段。

（1）菌体生长阶段　生产菌接种后，在合适的培养条件下，经过适应期，就开始生长和繁殖，直至菌体生长达到恒定。其代谢变化的主要特征是：碳源、氮源和磷酸盐等营养物质不断被消耗，pH 也发生一定改变。新菌体不断被合成，其摄氧率也不断增大，溶氧浓度不断下降。当营养物质消耗到一定程度，溶氧浓度降到一定水平时，其中某一成分可能成为菌体生长的限制性因素，使菌体生长速率减慢，生长达到恒定。同时，在大量合成菌体期间，积累了相当量的某些代谢中间体，原有酶的活力下降（或消失），出现了与次级代谢有关的酶或其酶被解除了控制等原因，导致菌体的生理状况发生改变，发酵过程开始从菌体生长阶段转入产物合成阶段。

（2）产物合成阶段　此阶段主要是次级代谢产物的合成。在这个阶段中，产物的产量逐渐增多，直至达到高峰，生产速率也达到最大，直至产物合成能力衰退。生产菌的呼吸强度一般无显著变化，菌体物质的合成仍未停止，使菌体的质量有所增加，但基本不繁殖。这个阶段的代谢变化是以碳源和氮源的分解代谢和产物的合成代谢为主。碳、氮等营养物质不断被消耗，产物不断被合成。外界环境的变化很容易影响这个阶段的代谢，碳源、氮源和磷酸盐等的浓度，发酵条件必须控制在一定的范围内，才能促使产物不断地被合成。如果营养物质过多或发酵条件控制不当，则菌体就要进行生长繁殖，抑制产物的合成，使产量降低；如果营养物浓度过低，则菌体易衰老，产物合成能力下降，产量减少。

（3）菌体自溶阶段　这个阶段一般称为菌体自溶期或发酵后期。在此阶段中菌体衰老，细胞开始自溶，氨氮含量增加，pH 上升，产物合成能力衰退，生产速率大幅度下降。发酵到此阶段必须结束，否则不仅会因菌体自溶而使发酵液在过滤和提取等后续工艺中操作困难，而且产物可能会受菌体自身分泌的酶破坏。

从对上述分批发酵方式中不同代谢产物的代谢变化情况的研究可知，如果生产的产品是菌体细胞或初级代谢产物，则宜采用有利于细胞生长的培养条件，延长与产物合成相关的对数生长期；如果产品是次级代谢产物，则宜在迅速获得足够大的细胞浓度后，缩短菌体的对数生长期，防止细胞过多地将基质用于生长，有效延长产物生产期，以降低成本，提高产量。

6.1.2 连续发酵

连续发酵是在分批发酵的基础上，以一定的速率连续地流加新鲜培养基并流出等量的发酵液，以维持培养系统内量的恒定，使细胞处于近似恒定状态下生长的发酵培养方式，也称连续培养。在连续发酵过程中因为连续不断输入新鲜培养基，输出含产品及其他代谢产物的发酵液，使发酵过程中细胞所处的环境条件，如营养物质的浓度、产物浓度、供氧情况等可维持不变，细胞生长可维持在一个相对稳定的状态，彻底改变了细胞在分批发酵过程中的代谢变化规律，让细胞代谢朝着有利于产物合成的方向进行，达到稳定、高效培养微生物细胞或生产产物的目的。

和分批发酵比较，连续发酵具有如下特点：①可以维持稳定的操作条件，从而使产率和产品质量也相应保持稳定；②机械化和自动化程度高，可控性好，可较大程度地降低劳动强度；③避免菌种的适应期并减少设备清洗、灭菌等非生产占用时间，有效提高设备利用率，节省劳动力和工时，节省能源；④由于灭菌次数减少，使测量仪器探头的寿命得以延长；⑤容易对工艺过程进行优化，有效地提高发酵产率；⑥对设备、仪器及控制元器件的技术要求较高，从而增加投资成本；⑦发酵周期长，容易造成杂菌污染；⑧微生物容易发生变异，特别是代谢控制发酵所采用的菌种，大部分是经过诱变的突变菌株，其遗传性质非常不稳定。

由于连续发酵存在的不足在工业上较难解决，严重地影响了连续发酵在工业上的普遍应用，目前，连续发酵主要在科学研究中得到较广泛的应用。

（1）在菌体生产方面的应用　连续发酵省去了反复的放料、清洗、装料、灭菌等步骤，避免了延迟期，有效地提高了设备利用率及菌体的生产效率。同时在连续发酵操作中选择合适的营养物质进行流加，使细胞处于限制性基质浓度稳定的营养环境和对数生长期，利于菌体浓度的积累。现已用于工业规模的面包酵母生产。

（2）在代谢产物生产方面的应用　连续发酵除了存在易污染杂菌和菌种易退化、变异的问题外，菌体浓度还因在操作时不断被稀释，与分批培养时相比较低。虽然连续发酵可以获得较高的产物比产生速率，但胞外产物的浓度往往比分批培养时低得多，这是连续发酵应用受到限制的又一个重要原因。所以连续发酵在工业上用于大量生产微生物代谢产物的实例较少，目前只有啤酒和丙酮-丁醇等产品的生产。

（3）用于微生物生理特性及动力学方面的研究　在连续发酵中，通过稀释率有效地控制菌体的比生长速率，因而在稳定状态时反应器中的细胞浓度、基质浓度、产物浓度、细胞的比生长速率都基本保持恒定，从而有利于进行细胞的代谢活动与环境间关系方面的研究，反应动力学方面的研究，不同生长速率下细胞的生理特性及代谢调控方面的研究，有利于制定适当的生物反应控制策略。而这些研究在分批发酵过程中都较难实现。

（4）在菌种遗传稳定性方面的研究　基因工程菌中质粒的稳定性是其生产性能的保障，因而研究细胞中重组 DNA 质粒的稳定性就尤显重要，通常需要培养 100 代或更多代数，而分批发酵法就很难满足要求。即使采取多次转接的方法，由于培养液中营养物质浓度等因素会发生很大变化，使细胞的生长环境变化很大，比生长速率不恒定，不能得出精确的结果。因此连续发酵被广泛地用于研究基因重组微生物的质粒稳定性以及载体-宿主系统对稳定性的影响等。

（5）在菌种的筛选和富集方面的研究　利用多种微生物在同一反应器中混合连续培养时，各种微生物竞争利用限制性基质，从而具有优势的微生物得以保留，不具优者则被洗掉而淘汰的原理，筛选和富集生产所需要的高产菌株。

（6）在发酵培养基配方改进方面的研究　在连续发酵过程中，通过对流加的限制性基质的浓度及种类的控制，为改进培养基配方提供了方向，而不需进行大量的摇瓶试验。

6.1.3 分批补料发酵

分批补料发酵是在分批发酵过程中，间歇地或连续地向培养基中补加新鲜培养基的发酵或培养方式，可在获得较高的产品得率的同时有效利用培养基组分，是介于分批发酵及连续发酵之间的一种过渡性操作，又称为半连续发酵或半连续培养。分批补料发酵现已成功地用于甘油、有机酸、抗生素、维生素、氨基酸、核苷酸、酶及生长激素等产品的生产。

分批补料发酵技术兼有分批发酵和连续发酵之优点，并克服了两者之缺点。同传统的分批发酵相比，分批补料发酵具有如下优点。①可以避免在分批发酵过程中因一次性投料过多造成细胞大量生长而产生不利影响。如耗氧发酵中造成耗氧过多，供需氧不平衡，溶氧下降；过多的菌体生成量，影响底物对产物的转化率，并引起发酵液流变学的特性改变等，使传质及物料输送、后处理困难。②可以解除产物反馈抑制和分解代谢物抑制作用。③可作为控制细胞量的手段，以提高发芽孢子的比例。④可为自动控制和最优控制提供实验基础。与连续发酵相比，分批补料发酵的菌种老化、变异、污染的概率相对较低；最终产物浓度较高；使用范围也比连续发酵更为广泛。

但是分批补料发酵也有一些不足。①增加的反馈控制的附属设备使投资较高。②在没有反馈控制的系统中料液的添加程序是预先固定的。当菌体的生长与时间变化的关系与预想的不一致或出现异常时，则不能进行有效的控制调节。而且，对发酵过程中的补料种类及补料时间的控制，需先进行相应的发酵动力学研究，在此基础上结合经验来确定最佳补料控制，这样才可能进行较有效的控制。③对操作者的技能要求较高。④存在一定量的清洗、灭菌等非生产时间，影响整个发酵过程的效率。

目前，运用分批补料培养技术进行生产和研究的范围十分广泛，主要有以下几个方面。①用于菌体高密度培养的研究。通过流加高浓度的营养物质，培养液中细胞浓度可以达到非常高的程度，如用分批发酵方式培养酵母菌，其菌体的生成量可以达到 $5\sim10g/L$，而分批补料发酵培养可以使其菌体得率增大 10 倍。对于某些存在 Crabtree 效应的培养系统（如在酵母培养过程中，糖浓度过高时，即使溶解氧很充足，酵母菌也会将糖分解成乙醇，从而使菌体得率下降。在大肠杆菌等细菌的需氧培养过程中，糖浓度过高时也会生成副产物乙酸、乳酸等有机酸，抑制菌体生长或对代谢过程产生不利影响。这种现象称为 Crabtree 效应），也可通过控制系统中糖浓度的分批补料的发酵方式来避免。②分批补料发酵方式也适合于与菌体生长偶联的胞内产物的生产过程。如初级代谢产物及与生长偶联的次级代谢的生产。对于需要控制底物或前体浓度的发酵过程，采用营养缺陷型菌株进行产物的生产通过分批补料的发酵方式也可较好地达到生产目的。

分批补料发酵方式不仅广泛用于液态发酵过程，有人也在固态发酵和混合发酵过程中对该发酵方式进行应用。可以预见，随着研究工作的不断深入，计算机在发酵过程自动控制中应用的不断发展，分批补料发酵方式必将在发酵工业中得到更为广泛的应用，发挥更大的经济效益。

6.1.4 细胞的高密度发酵

从理论上来讲，当细胞处于适当的生产条件下，能保持较佳的生产能力，即当反应器中营养物充足、无细胞生长抑制物质积累，细胞生长在空间上不受限制时，细胞将持续生长，提高在反应器中的浓度，实现高密度培养。

在一定范围内，细胞代谢产物的产量随着反应器内细胞浓度的增加而增加。采用细胞高密度发酵，可以增加细胞代谢产物的产量，也缩小了反应器的容积和降低目的产物的分离提纯费用。但需注意的是，产物相对于底物的转化率并不随细胞浓度的增大而增大，这样就会造成生产成本的增加。而且在高密度发酵过程中因高浓度的菌体悬浮液，使发酵液的性质发生改变，如黏度会有较大幅度的增加，当菌体浓度为 200kg/m³ 时，培养液的黏度可达几十毫帕·秒（mPa·s）。这样通常会影响反应器中物料混合的均匀性、氧的传递速率及溶解度，增大对设备供氧及混合的需求。所以对高密度发酵方式的推广和应用，必须要较好地解决上述问题，才能体现其优势。

实现菌体高密度发酵的方法目前应用得较多的是分批补料方式，但依赖于微生物生长抑制性物质是否积累其实施方法有所不同。下面对其分别进行讨论。

6.1.4.1 无生长抑制物积累时的细胞高密度发酵

要保持微生物生长的适宜环境条件以达到高菌体浓度，就必须采用恰当的补料流加方式及时补充菌体生长所需要的所有营养物。建立细胞高密度发酵的实验方案可从以下三方面来考虑：①使用最低合成培养基，有助于避免引入未知的、不确定的对细胞生长不利的因素，便于进行较准确的培养基设计和计算菌体的生长得率；②优化细胞的生长速率，使碳源能被充分利用，获得较高的产率；③采用分批补料发酵方式，以碳源或氮源为限制性基质进行流加，有效控制细胞的生长速率、对氧的需求、菌种稳定性等问题。

采用分批补料发酵方式，对氮源或碳源采用恰当的方式进行自动流加。如氮源的流加，可结合 pH 控制与碳源一起流加，并利用氨气传感器或铵离子选择电极等实行自动流加控制。但目前很难对这么多离子的浓度进行连续检测，因而无法对其浓度进行反馈控制，其加料流量可根据物料衡算来确定，通过计算机控制自动流加。对于好氧微生物的高密度发酵，氧的供给是主要问题。首先，需要一个能供给大量氧气的高性能反应器，能使发酵液的溶氧值保持在 $10\mu g/L$ 左右。可通过计算机自动控制系统自动调节空气与纯氧的混合比、通气量以及搅拌转速等常用措施，使得溶氧值保持在给定值范围内。

6.1.4.2 有生长抑制物生成时的细胞高密度发酵

当有对细胞生长有抑制作用的代谢产物生成、积累时，如果不采取措施及时将这些物质除去，就不可能使菌体保持持续生长以达到高浓度。目前所研究的用于除去抑制性产物的方法是在常规的反应器上耦联渗析、萃取、过滤、渗透、汽化等操作系统，在发酵的过程中实现边发酵边除去抑制性产物的操作。这样的反应器类型有常用的搅拌罐和带有外置式或内置式细胞持留装置的反应器，如透析膜发酵系统、萃取发酵系统、外置过滤器的发酵系统等。

（1）透析膜发酵系统　透析膜发酵系统结构如图 6-1 所示。其中关键装置是半透性膜，它不能让细胞自由通过，而允许发酵液及培养液中的成分自由透过。通过半透膜使发酵液中的生长抑制性物质透过膜排出发酵罐，从而减小或排除抑制作用，同时使培养基贮罐中的营养物透过膜进入细胞的培养罐，以补充其消耗。

（2）萃取发酵系统　萃取发酵系统就是向发酵罐内或将发酵液引出发酵罐在单独的萃取系统中加入难溶于水的有机溶剂，选择性地萃取菌体的生长抑制物，从而减轻有毒产物对菌体发酵速率的抑制作用，提高菌体浓度，提高产物产率。在萃取操作中需选择分配系数大、对微生物毒性小的廉价溶剂，并能较好地回收萃取剂。有人用这种方法对丙酮-丁醇发酵进行了研究。

（3）外置过滤器的发酵系统　此系统是利用一种只能使发酵液通过而不能使微生物通过的微滤膜，将发酵液中的抑制性物质及其产物通过过滤膜降低其浓度，实现边过滤边发酵的操作（系统结构如图 6-2 所示）。在过滤的同时还必须添加新鲜物料，满足菌体不断增殖发酵的营养需求。所用的微滤膜可用能够灭菌的精密陶瓷或合成高分子材料，发酵液高速流过膜表面，滤液沿着与过滤膜垂直的方向通过膜进行错流过滤。有人将这种发酵方式用于乳酸菌培养的研究中。

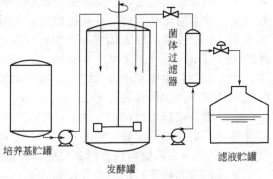

图 6-1　透析膜发酵系统结构　　　　　　图 6-2　外置过滤器的发酵系统

实现高密度培养除上述方法外，还有细胞固定化方法，以及用沉降、离心等方法使细胞截留形成细胞循环而实现菌体的高密度发酵。

6.2　发酵过程的影响因素

细胞的发酵水平不仅取决于细胞本身的性能，而且要赋以合适的营养因素及培养条件才能使它的生产能力充分表达出来。为此必须了解影响发酵过程的各相关因素。影响发酵过程的因素主要有种子质量、培养基组成、灭菌及培养条件，如培养温度、pH、溶氧浓度等。为了更好地控制发酵过程，人们用各种参数来反映细胞的代谢变化，并根据代谢变化情况控制发酵条件，设计合理的生产工艺，使生产细胞的代谢朝着人们需要的方向进行，以达到预期的生产目标。

6.2.1　种子质量

菌种是发酵过程的关键，是发酵过程的核心和主体。它直接影响生产效率、产品成本和产品质量。首先，要采用自然育种、诱变育种、杂交育种、代谢控制育种、基因定向育种等一系列选育方法来改良原始菌株，得到生产菌株，满足发酵生产高产、稳定、安全的需求。

发酵期间菌种生长的快慢和产物合成的多寡在很大程度上取决于种子的质和量。首先要选择适当的种子菌龄，太年轻或过老的种子对发酵都不利。不同品种或同一品种的不同工艺条件的发酵，其种子接种时的菌龄及接种量也不尽相同。通常要经多次试验，以其最终发酵结果而定。一般情况下，接种时的菌龄以对数生长期后期，即培养液中菌体浓度接近高峰时的种子较为适宜。太年轻的种子接种后往往会出现前期生长缓慢、整个发酵周期延长、产物开始形成时间推迟等现象；过老的种子虽然能获得较多的菌量，但接种后会出现生产能力下降、菌体过早出现衰退等现象。除了种子接种时所处的生长状态外，培养种子的条件也尤为重要，较大程度地影响种子的质量。通常菌体生长及生产的最适温度、pH、溶解氧等培养条件均不同，所以，应根据多次实验来确定其孢子发芽、菌体生长的最适条件，以保证种子的质量。

种子接种量的大小是由发酵罐中菌种的生长繁殖速率决定的。通常，采用较大的接种量可缩短菌种生长达到高峰的时间，使产物的合成提前。这是因为种子数量多，种子液中所含的大量胞外水解酶类，有利于加快菌体对基质的利用，使生产菌在整个发酵罐中较短时间内占具数量优势，从而减少杂菌污染机会。但是，如接种量过大，也可能使菌种生长过快，增大发酵液的黏度，导致溶氧及营养不足，影响产物的合成。在普通情况下种子的接种量为

5%～10%为宜；抗生素发酵的接种量有时可增加到 20%～25%，甚至更大。

6.2.2 培养基

培养基是维持细胞发酵重要的物质基础。培养基为细胞提供代谢过程所必需的能源，并提供满足细胞生长及生产需要的各种元素。所以，只有选用良好的培养基成分和配比，才能充分发挥生产菌种生物合成产物的能力，保证发酵单位、提取收率和产品质量。

培养基的组成要在生产实践中不断改进，特别需要随着菌种特性或工艺条件的改变而做相应的调整。根据菌种所处的培养阶段不同，所需的培养基成分、组成也不同，其设计具有一定的目的性。菌种保藏培养基是为了让菌种处于休眠的条件下，减缓代谢，保存其生存能力；孢子培养基是为了让孢子能在较好的营养条件下，发芽成菌丝体；种子培养基主要是为了使菌种快速生长；发酵培养基则是为了让菌种能更好地生长、生产，保证菌种生产性能的最大化发挥。

培养基成分对微生物发酵产物的形成有很大影响。发酵培养基必须满足微生物对能量、元素和特殊养分的需求，各营养成分的功能作用已在第三章中详细描述，现着重对培养基中各主要原料对发酵生产过程的影响进行描述。工业发酵培养基常用碳源和氮源原材料见表6-1。

表 6-1　工业发酵培养基常用碳源和氮源原材料

碳　源	氮　源
工业葡萄糖、糖蜜(来自甘蔗或甜菜)、玉米淀粉、红薯粉、木薯粉及其糊精、液糖、甘油、油脂(大豆、玉米、花生和棉子)、乳清(含65%的乳糖)、醇(如甲醇、乙醇等)	黄豆饼粉、黄豆粉、花生饼粉、棉子饼粉、亚麻子饼粉、干酒糟、玉米浆或其干粉、全酵母、酵母膏及酵母水解液、蛋白胨(鱼胨、羽胨、骨胨、肉胨等)、鱼粉

碳源常用于构建细胞和形成产物。工业培养基中碳源的种类可以分为迅速利用的碳源和缓慢利用的碳源。如典型的迅速利用的碳源——葡萄糖能迅速地参与代谢、合成菌体和产生能量，并产生分解产物，因此，有利于菌体生长。但同时也会造成葡萄糖效应。缓慢利用的碳源，能被菌体缓慢利用，有效地控制了菌体利用碳源的速率，有利于延长代谢产物的合成时间，尤其是有利于延长次级代谢物抗生素的分泌期，所以成为许多微生物药物发酵的最适碳源。例如，乳糖、蔗糖、麦芽糖、玉米油及半乳糖分别是青霉素、头孢菌素 C、链霉素、核黄素及生物碱发酵的最适碳源。

工业培养基中的氮源有无机氮源和有机氮源两大类，对菌体代谢都能产生明显的影响。氮源的种类和浓度不同，均能影响产物合成的方向和产量。如谷氨酸发酵过程中，只有当 NH_4^+ 适量时，才能使谷氨酸的产量达到最大。而 NH_4^+ 供应不足时，就促使形成 α-酮戊二酸；过量时，促使谷氨酸转变成谷氨酰胺。在有机氮源中，常含有菌体的生长因子或一些特殊养分，如氨基酸、嘌呤、嘧啶、维生素和生物素等，能促进菌体的生长。如在玉米浆中含有磷酸肌醇等，能有效地促进产黄青霉的生长和青霉素 G 的生产。与碳源相似，根据菌体利用的速率，氮源也可分为快速利用的氮源（如氨基态氮的氨基酸和玉米浆及大部分的无机氮源等）和缓慢利用的氮源（如黄豆饼粉、花生饼粉等蛋白质）。快速利用的氮源容易被菌体利用，促进菌体生长，但对某些代谢产物的合成，特别是次级代谢产物的合成产生调节作用，影响其产量。如链霉菌的竹桃霉素的发酵中，采用促进菌体生长的铵盐浓度，能刺激菌丝生长，却使抗生素产量下降。铵盐还对柱晶白霉素、螺旋霉素、泰洛星等的合成产生调节作用。缓慢利用的氮源对延长次级代谢产物的分泌期、提高产物的产量有好处。但单独使用时，容易因养分不足而使菌体生长受阻，过早衰老而自溶，从而缩短产物的分泌期。所以，工业上常用的发酵培养基一般选用快速利用的氮源和慢速利用的氮源搭配使用，如氨基酸发酵时用铵盐和麸皮水解液、玉米浆搭配；土霉素、链霉素等的发酵多采用硫酸铵和黄豆饼粉搭配。在分批补料发酵过程中，还需要根据氮源的消耗情况，补充一定的氮源。生产上常采用补充酵母粉、玉米浆、尿素等有机氮源和氨水或硫酸铵等无机氮源。如在土霉素发酵中，补加酵母粉，可提高发酵单位；青霉素发酵中，后期出现糖利用缓慢、菌浓度变稀、pH下降等现象，补加尿素就可改善这种状况，并提高发酵单位。在生产中也可补加无机氮源，在补充氮源的同时，又可以调节 pH。在抗生素的发酵工业中，流加氨水是提高发酵产量的有效措施，如与其他条件相配合，可使某些抗生素的发酵单位提高量高达 50% 左右。但当 pH 偏高而又需补氮时，则选择补加生理酸性物质，如硫酸铵等，以达到提高氮含量和降低 pH 的双重目的。

大多数微生物发酵需添加磷酸盐、镁、锰、铁、钾盐和氯化物等矿物质。通常在自来水或天然培养基中已含有足够量的所需微量元素，所以在初级代谢产物的发酵培养基中不需另外添加。但对于次级代谢产物的发酵，因为大多数金属离子，尤其是无机磷酸盐，能促进菌体生长，但对其生物合成却有一定的抑制作用。所以，次级代谢产物合成的培养基多为半合成培养基，需对各无机盐离子的浓度进行严格控制，并根据各批原料的盐离子成分及含量变化情况来适当地调整培养基中盐离子的浓度及种类，以防止抑制作用。

6.2.3 灭菌情况

在发酵过程中，只允许生产菌存在和生长繁殖，不允许其他的杂菌存在，因此，在发酵之前，必须对发酵过程中所有与生产菌接触的培养基、空气、辅料、设备、管道等进行彻底的灭菌。

对于不同微生物的发酵，其培养基的组成及配比也不同，所需原材料也随之不同。所以不同的培养基原材料，应采用适当的灭菌方法，在保证良好的灭菌效果的同时，尽量降低灭菌对营养的损失。有些培养基为了满足发酵需求，含有高糖、高氮、高浓度的营养成分。这种培养基若采用高温、高压、长时间灭菌，则会造成营养成分极大的损坏。但是，如果降低灭菌条件，这种营养丰富的培养基中大量的杂菌则不易被彻底杀灭。如玉米浆、麸质粉、麸质水、花生饼粉、黄豆饼粉、蛋白胨等富含蛋白质的原料，在加热灭菌时，蛋白质易在所包裹的菌体外形成一层保护膜，降低微生物热死灭的速率，影响其灭菌效果。所以，在消毒灭菌此类物料的时候，一方面要照顾到营养成分的破坏程度，另一方面还要充分考虑细菌的致死温度及致死时间。以实罐灭菌为例，富含蛋白质的物料，加热升温 40min，维持在 125℃，0.12MPa 的条件下，保温 30min 就可以了；对于配制后浓度比较小的培养基，且物料本身又相对较为纯净，被视为易于达到灭菌要求的物料，只需加热升温 40min，维持在 120℃、0.10～0.12MPa 压力条件下，保温 20min 即可。在消毒灭菌易于挥发的物料，如尿素、硫酸铵等时，因为这些物料本身成分较单纯，物料本身所含杂菌相对较少，同时，高温也会破坏这类物料的物化性质，所以灭菌时，应采用较低温度、压力和较短时间。以实罐灭菌为例，加热升温 20min，维持在 105～110℃、0.05MPa 压力条件下，保温 5～10min 就足够了。对于消泡剂的灭菌，可采用直接加热至 121℃，保温 30min 即可。对于氨水的灭菌，为了防止氨水中嗜碱性微生物的感染，在进入发酵罐之前，可通过高效过滤器来除菌。

在灭菌过程中，培养基的灭菌方法、灭菌温度和时间除了对培养基的营养成分有影响外，还会对培养基的性质有一定改变。如会改变发酵液的起泡性能，灭菌强度越大，其发酵液中的泡沫就越多。这可能是由于灭菌过程中的高温使得培养基中的糖、氨基酸形成了大量的类黑精，或者是形成了 5′-羟甲基糠醛，增大了发酵液的起泡能力。如在糖蜜培养基的灭菌温度从 110℃升高到 130℃，灭菌时间为 30min 时，发酵液的发泡系数几乎会增加一倍。同时，5′-羟甲基糠醛和类黑精对菌体的生长、繁殖是有毒物质，会较严重地影响微生物的生长及生产，造成孢子不成活，发酵过程代谢异常，补料过程中代谢数据混乱，发酵产量降低等现象。同样因为高温灭菌，又会造成糖类物质或玉米浆等被焦化、结垢，导致在发酵罐或维持罐等设备内形成死角，焦化物脱落后又会造成管路、阀门的堵塞，易造成大面积的染菌。对于培养基中的某些成分，如无机盐成分，在高温灭菌时会相互作用，生成不利于生产菌代谢的物质。如磷酸盐和碳酸钙在高温蒸汽作用下，生成不溶于水的磷酸盐，致使可溶性磷酸盐的浓度下降，影响生长菌的代谢变化和产物的合成产量。

目前有一些生物工厂，为降低加热灭菌对培养基营养成分的破坏，采用葡萄糖等易被破坏的成分单独灭菌的办法，但这种方法人为地使操作和设备流程复杂化。有的采用膜过滤除菌的方法，有效地消除培养基中营养成分的破坏，但此种工艺在设备的选择、除菌机理、操作环节上都存在着一些值得探讨的问题，尤其是膜的使用周期、投入成本等需慎重权衡。

对于空气过滤设备的消毒灭菌，因为空气过滤器中的介质以活性炭、棉花，玻璃棉或超细纤维纸为主，这些介质本身具有吸附、拦截尘埃、微生物的作用，当容尘量达到饱和数量时，容易产生拦截失效。所以，需定期对过滤设备进行消毒。空气过滤器的消毒一般控制在 0.12MPa、120℃ 条件下，维持 30min。对高效膜过滤器的消毒，因为高效膜的材质大部分为聚氟乙烯，这些材质本身遇热后易变形，所以，应当更慎重选择灭菌控制点。通常采用 0.10MPa、115℃ 条件下，维持 30min 就可。

综上所述，灭菌是发酵工艺中的一个重要环节，而发酵的最终目的，是为了获得产物高产。所以，对不同性质的原材料、不同的介质内容，应当选择不同的消毒灭菌条件及灭菌方法，千万不可生搬硬套只采用一种灭菌方法和模式。应在保证灭菌效果的前提下，尽可能地减少培养基营养成分的损失及对被灭菌材料的破坏。

6.2.4 温度

在发酵过程中除满足生产细胞的营养需要外，还需维持细胞的适当培养条件。其中之一就是保持菌体生长和产物合成所需的最适温度。因为细胞的生长和产物合成的生化过程都是在各种酶的催化作用下进行的，细胞所处的环境温度不同，对酶活力的影响就不同，也就会影响代谢途径的方向，从而影响产物合成，所以在发酵过程中必须维持合适的温度范围。

6.2.4.1 温度对发酵的影响

发酵过程常涉及的菌株有霉菌、放线菌和一般细菌，它们绝大多数是中温菌，最适生长温度一般在 20～40℃。温度对酶活性的发挥、生化反应速率的快慢、微生物的代谢调控机制的发挥、菌体代谢产物的合成方向等均会有不同程度的影响。所以，温度会影响细胞生长、产物形成，另外还会影响发酵液的物理性质。

温度对化学反应速率的影响可用温度系数 Q_{10} 来表示，即温度每增加 10℃，化学反应速率增加的倍数。Q_{10} 一般为 2～3。Q_{10} 也同样适用于酶促的生化反应。在酶的作用温度范围内，存在一个最适温度。但通常在菌体内与生长及生产相关的代谢反应过程不同，涉及的酶系也不相同，所以，最适生长温度及最适生产温度也常不相同。在最适生长温度范围内，温度升高，细胞的生长、繁殖、代谢速率加快。当温度超过最适生长温度范围时，酶的催化活性将受很大影响，酶失活的速率加快，细胞死亡速率加快，不利于细胞的生长。同时，菌体内的重要组成成分，如蛋白质、核酸等生物活性物质对温度也较为敏感，随着温度的增加，可能会受到不可逆的破坏，造成对菌体生长不利。此外，过高或过低的温度都会使细胞膜丧失正常功能，影响细胞正常的代谢功能。温度不但影响菌体的生长速率，而且还会影响细胞得率。如果随着温度的升高，细胞生命活动加快，所需能量增加，碳源用于细胞合成的量少而被消耗的量多，造成营养物不足，减少了细胞得率。所以菌体在最适生长温度范围内生长才能达到最好，菌体繁殖的世代时间最短，比生长速率最大，活菌数增加最快，菌体得率最高。

温度影响着各代谢途径中酶的活性作用，进而影响生物的代谢调控机制及产物的合成方向和产量。有人考察了不同温度（13～35℃）对青霉菌的生长速率、呼吸强度和青霉素合成速率的影响，结果是温度对这两种代谢的影响是不同的，按照阿伦尼乌斯方程的计算，青霉素生长的活化能 $E=34kJ/mol$，呼吸的活化能 $E=71kJ/mol$，青霉素合成的活化能 $E=112kJ/mol$。从以上数据可见，青霉素形成速率对温度反应最为敏感，偏离最适温度引起的生产率下降比其他两个参数的变化更为严重。又如在四环类抗生素发酵中，金色链丝菌能同时产生四环素和金霉素，在低于 30℃时，它合成金霉素的能力较强。随着温度的提高，合成四环素的比例提高。当温度超过 35℃时，金霉素的合成几乎停止，只产生四环素。

但温度对产物生成的影响也存在一定的不确定性，因为在产物生成过程中，其他参数，特别是菌体的生长速率、气体在水中的溶解度等也受温度的影响而变动，故产量的变化究竟是温度的直接影响还是因生长速率或溶解氧浓度的变化间接影响难以确定。若采用连续发酵，便可在不同温度下保持恒定的菌体生长速率，从而能不受干扰地判断温度与菌体代谢或产物生成的影响关系。

温度除了直接影响发酵过程中的各种反应速率外，还能对发酵液的物理性质产生影响，如发酵液的黏度、基质和氧在发酵液中的溶解度和传递速率，某些基质的分解速率和吸收速率等，进而影响发酵动力学特征和产物的生物合成。

6.2.4.2 影响发酵温度变化的因素

发酵过程中，生物对营养物质的利用以及机械搅拌作用，都会产生一定的热能，同时因为罐壁散热、水分蒸发等也会带走部分热量。所谓发酵热即发酵过程中释放出来的净热量，它由产热因素和散热因素两方面共同决定。

$$Q_{发酵} = Q_{生物} + Q_{搅拌} - Q_{蒸发} - Q_{显} - Q_{辐射} \tag{6-1}$$

（1）生物热（$Q_{生物}$）　生产菌在生长繁殖过程中产生的热能，叫做生物热。这种热的来源主要是培养基中的碳水化合物、脂肪和蛋白质等物质被微生物分解成二氧化碳、水或其他物质时释放出来的。其中部分能量被生产菌利用来合成高能化合物 ATP，满足菌体代谢和产物合成的能量需求，其余部分则以热的形式散发到周围环境中去，形成了生物热，引起环境温度的变化。

生物热的大小，随菌种所处的培养基成分及培养阶段的不同而变化。一般地说，对某一菌株而言，在相同条件下，培养基成分越丰富，营养被利用的速率越快，产生的生物热就越大。在不同的菌种培养阶段，菌体的呼吸作用、发酵作用的强度不同，所产生的热量也就不同。在发酵初期，菌体处在滞后期和孢子发芽时，菌数少，呼吸作用缓慢，产生的生物热是有限的。当进入对数生长期后，菌体的生长、繁殖速率增大，呼吸作用激烈，就释放出大量的热能，使温度升高快，并与细胞的合成量成正比。因此，在对数生长期释放的发酵热为最大，常作为发酵热平衡的主要依据。生产上必须注意控制温度。对数期后，菌体已基本上停止繁殖并逐渐衰老，主要靠菌体内的物质进行发酵，产生的热量不高，温度变化不大，且逐渐减弱。

（2）搅拌热（$Q_{搅拌}$）　在机械搅拌罐中，搅拌器转动引起的液体之间和液体与设备之间的摩擦所产生的热量，即为搅拌热。搅拌热可根据 $Q=3600(P/V)$ 近似计算，其中的 P/V 是通气条件下单位体积发酵液所消耗的功率（kW/m³），3600 为热功当量 [kJ/(kW·h)]。

（3）蒸发热（$Q_{蒸发}$）　空气进入发酵罐与发酵液广泛接触后，排出时引起水分蒸发所需的热能，即为蒸发热。水分的蒸发热及废气因温度差异所带走的部分显热（$Q_{显}$）一起都散失到外界环境。由于进入的空气温度和湿度随外界的气候和控制条件而变化，所以 $Q_{蒸发}$ 和 $Q_{显}$ 是不确定的。

（4）辐射热（$Q_{辐射}$）　由于发酵罐内外温度不同，发酵液中有部分热通过罐体向外辐射，这种热能称为辐射热（$Q_{辐射}$）。辐射热的大小取决于罐内外的温度差，差值越大，$Q_{辐射}$ 也越大。$Q_{辐射}$ 受环境变化的影响，冬季影响较大，夏季影响较小，一般不会超过发酵热的 5%。

由于 $Q_{生物}$、$Q_{蒸发}$ 和 $Q_{显}$，特别是 $Q_{生物}$，在发酵过程中是随时间而变化的，因此发酵热在整个发酵过程中也随时间变化，引起发酵温度波动。为了使发酵在一定温度下进行，故要设法对温度进行控制。

6.2.4.3 最适温度的选择

最适发酵温度要既能满足菌体的生长、又能满足代谢产物合成的需要。但通常菌种不同，培养阶段不同，培养目的不同，则最适温度也不相同。最适生长温度与最适生产温度往往是不一致的。如初级代谢产物乳酸的发酵，其生产菌乳酸链球菌的最适生长温度为 34℃，产酸量最多的温度为 30℃，发酵速率最高的温度为 40℃。在谷氨酸发酵中，生产菌的最适生长温度为 30~34℃，生产谷氨酸的最适温度为 36~37℃。次级代谢产物发酵青霉素的生产菌产黄青霉的最适生长温度通常为 30℃，而青霉素合成的最适温度为 24.7℃。这样可考虑在不同的菌体培养阶段，分阶段地控制发酵温度，以获得较高的产量。例如，四环素发酵中，发酵前期 0~30h 时，以稍高的温度促使菌丝迅速生长，尽可能缩短滞后期所占用的发酵周期；发酵在 30~150h 时，以稍低的温度尽可能维持较长的抗生素分泌期；在 150h 后进行升温培养，以刺激抗生素分泌。

最适发酵温度的选择还要参考其他发酵条件，如培养基成分、培养条件等。当发酵处于较差的通气条件时，则可选择较低的发酵温度，以提高氧的溶解度，降低菌体生长速率，减少对氧的消耗量，从而弥补了因通气不足而造成代谢异常。在使用浓度较稀或较易利用的培养基时，也可采用较低的培养温度，以避免菌体快速利用营养物质导致的营养过早耗竭、菌体过早自溶，使产物合成提前终止的发酵异常。

因此，在各种微生物的培养过程中，各发酵阶段最适温度的选择是多方面因素综合考虑的结果，同时还需通过不断的生产实践才能确实掌握其规律。

6.2.4.4 温度的控制

工业上使用大体积发酵罐时，因发酵过程中释放大量的发酵热，一般不需要加热，而需要冷却的情况较多。对于小型种子罐或发酵前期，散热量有时会大于菌种所产生的发酵热，特别是在气候寒冷的地区或冬季，则需用热水保温。

发酵罐的温度控制，目前主要有罐内、罐外两种换热方式。罐内主要是采用蛇管或列管式换热方式，常用于体积大于 $10m^3$ 以上的发酵罐。罐外换热主要有夹套式换热方式，常用于体积小于 $10m^3$ 的发酵罐；也有采用将发酵液引出罐外，在罐外用螺旋板式换热器等换热效率较高的换热器对发酵液进行集中换热，然后通过泵或压差将发酵液打回发酵罐的循环换热方式。发酵温度的恒定常用自动化控制或手动调整的阀门来控制冷却水的流量大小，以平衡时刻变化的发酵温度，维持恒温发酵。对于气温较高的季节，冷却水达不到预期冷却效果时，就可采用冷冻盐水进行循环降温，以迅速达到最适发酵温度。

6.2.5 pH

除温度外，发酵过程中的 pH 值对菌体内各酶促反应的影响也较大，同样也影响着菌体的生长和产物合成。同时，发酵过程中 pH 值的变化，是菌体在一定的环境条件下代谢活动的综合性指标，它集中反应了菌体生长代谢和产物合成的情况。所以，pH 是微生物发酵过程中反应及影响微生物生长、产物合成状态的重要控制参数。掌握发酵过程中 pH 的变化规律，及时监测并加以控制，使它处于满足菌体生长、生产的最佳范围，以保证发酵过程的顺利进行。

6.2.5.1 pH 对发酵的影响

发酵培养基的 pH 值,对微生物体内各酶系活性的发挥有着非常明显的影响。pH 对酶活性的影响,一方面是由于酶本身是蛋白质,过酸或过碱易使酶变性失活;另一方面是影响了酶分子的活性中心上有关基团或底物的解离,影响酶与底物的结合,从而影响酶的活力。

多数微生物的生长都有最适 pH 范围及能忍受的 pH 上下限。大多数微生物能在 3~4 个 pH 单位范围内生长。一般说来,大多数细菌生长的最适 pH 为 6.3~7.5,霉菌和酵母菌生长最适 pH 为 3~6,放线菌生长最适 pH 为 7~8。通常,微生物能忍受的 pH 上限都在 8.5 左右,超过此上限,微生物将无法忍受而自溶;下限以酵母的 2.5 为最低。但菌体内的 pH 值一般认为是中性附近。在发酵工艺中,为了达到高生长速率和最佳产物形成,应根据微生物各自的最适生长 pH 和最适生产 pH 将 pH 在很窄的范围内保持恒定。如酿酒酵母在 pH 为酸性时,酵母生长良好,而在 pH 偏碱性时,大量产生甘油。对于次级代谢产物链霉素生产菌灰色链霉菌的生长 pH 应控制在 6.5~7.1,生产 pH 应控制在 6.9~7.5。土霉素的生产菌龟裂链丝菌的生长 pH 应控制在 6.0~6.6,生产 pH 应控制在 5.6~6.4。若 pH 不当,会影响或改变菌体的生长和产物合成的代谢过程。在黑曲霉的柠檬酸发酵过程中,pH 为 2~3 时,菌体合成柠檬酸;当 pH 为 6~7,菌体则合成草酸。

发酵过程中 pH 的变化会引起菌体内 ATP 生产率的减少,因此引起细胞产量的减少,倍增时间增加。如葡萄糖进行酒精发酵时,当 pH 从 7.20 变为 5.01 时,每 100mmol 葡萄糖形成的 ATP 从 224mmol 降到 153mmol,相当于菌体从 2.58g 降到 1.77g,倍增时间从 2h 增到 4h。

pH 对细胞壁的机械强度也有明显的影响,细胞壁的膨胀或收缩改变了细胞内部的渗透压,使细胞形态发生变化。Collning 等人发现产黄青霉的细胞壁厚度就随 pH 的升高而变薄,在 pH 为 6.0 时其菌丝直径 2~3μm,菌丝形态缩短;在 pH 为 7.4 时,变为 1.8~2μm,呈膨胀酵母状,菌丝强度变弱;当 pH 恢复酸性时,菌丝形态又会恢复正常。pH 值还会影响菌体细胞膜的带电状态,影响细胞膜的渗透性,必然就会影响营养物质的吸收与代谢产物的排泄。pH 值也会影响培养基中营养成分和中间代谢产物的电离状态,从而影响菌体对这些物质的正常利用。

pH 还对发酵液或代谢产物产生物理化学的影响,其中要特别注意的是对产物稳定性的影响。如在 β-内酰胺抗生素硫霉素的发酵中考察 pH 对产物生物合成的影响时,发现 pH 6.7~7.5,抗生素的产量相近,硫霉素的稳定性未受到严重影响。高于或低于这个范围,合成就受到抑制,发酵单位也下降。当 pH>7.5 时,硫霉素稳定性下降。

6.2.5.2 发酵过程中 pH 的变化情况

在发酵过程中,pH 的变化决定于所用菌种、培养基成分和培养条件。一般在正常情况下,菌体在不同的生长阶段,pH 显现一定的变化规律。①生长阶段:根据菌体利用基质及涉及的代谢途径的不同,pH 呈现上升或下降的趋势。如利福霉素 B 发酵起始 pH 为中性,但生长初期由于菌体产生的蛋白酶水解培养基中蛋白胨而生成铵离子,使 pH 上升至碱性。接着,随着菌体量的增多、铵离子的利用及葡萄糖利用过程中产生的有机酸的积累,使 pH 下降到酸性范围,而有利于菌的生长。②生产阶段:在此阶段 pH 趋于稳定,维持在最适产物合成的范围。③自溶阶段:随着基质的耗尽,菌体蛋白酶的活跃,发酵液中氨基氮增加,致使 pH 又上升,此时菌丝趋于自溶而代谢活动终止。例如,苏云金芽孢杆菌 Bt 发酵过程中 pH 值的变化,发酵中期,由于菌体从以碳源代谢为主的生长期转为以氮源代谢为主的产物伴胞晶体合成期,使发酵液 pH 值上升;后期随着代谢的减慢或者停止,发酵液的 pH 值也继续上升,通过镜检发现,发酵液的菌体浓度明显下降,且有大量的菌体碎片存在。

在生产菌的代谢过程中,菌体本身具有一定的调整环境 pH 的能力,从而建成最适 pH

的环境。曾以产生利福霉素 SV 的地中海诺卡菌进行发酵研究，采用 pH 6.0、6.8、7.5 3 个初始值，结果发现 pH 在 6.8、7.5 时，最终发酵 pH 都达到 7.5 左右，菌丝生长和发酵单位都达到正常水平，但 pH 为 6.0 时，发酵结束后，菌体浓度仅为原有的 20%，发酵单位为零。这说明菌体仅有一定的自调能力。

6.2.5.3 影响发酵液 pH 值变化的因素

由此可见，pH 变化对菌种细胞的影响是多种多样的，其最后的作用结果也各不相同，所以 pH 值是发酵过程中很重要的参数。然而，在发酵过程中，培养液 pH 变化是在特定环境条件下微生物生命活动的综合结果，在同一时间也许既存在 pH 上升的因素，又存在使 pH 降低的可能的综合影响。影响 pH 值变化的因素主要有以下几种。

（1）使 pH 下降的因素　在发酵过程中，主要是菌体代谢过程中酸性产物的积累导致发酵液的 pH 下降。引起酸性产物积累的原因主要有以下几方面：①培养基中碳源过多或降糖速率过快，特别是导致糖酵解途径（EMP）进行速率过快，打破了 EMP 和三羧酸（TCA）循环之间的平衡，丙酮酸大量积累，使丙酮酸的代谢转向生成乳酸，pH 下降。②在发酵过程中，中间补料时添加碳源或消泡剂过量。其中消泡剂除了消泡的作用外，还可被微生物当作碳源利用掉，使 pH 下降。③在对数生长期，或者产物合成期，由于菌体需氧量增大，供氧不匹配，导致发酵液的溶解氧急剧下降，使得有氧呼吸等途径受阻，乳酸等酸性物质积累，使 pH 下降。④培养基中的生理酸性物质被利用，引起 pH 下降。常见的生理酸性物质有 $(NH_4)_2SO_4$、$(NH_4)_2HPO_4$、$NH_4H_2PO_4$ 等，当其中的 NH_4^+ 被利用后，余下的 SO_4^{2-} 或 PO_4^{3-} 被利用或者电离后，引起发酵液的 pH 下降。⑤酸性代谢产物，如柠檬酸、某些酸性氨基酸能溶解在发酵液中，造成 HCO_3^- 的 CO_2 等的积累，也导致发酵液 pH 下降。⑥某些杂菌的感染，如醋酸杆菌、乳酸杆菌、野生酵母等，也会引起 pH 的下降。

（2）使 pH 上升的因素　培养基在设计、配制过程中，氮源偏高，造成 pH 值上升。当菌体生长到一定的阶段后，由于自身分泌的胞外蛋白酶水解培养基中的蛋白质，产生并积累大量的氨基酸，从而使菌体内的氨基酸合成受阻，则 NH_4^+ 浓度增加，导致发酵液的 pH 值上升。培养基中生理碱性物质被利用，也会引起 pH 的上升。常见的生理碱性物质有 $NaNO_3$、尿素等，当其中的 NO_3^- 被利用后，使发酵液 pH 值上升。在分批补料发酵过程中，中间补料时氨水或尿素等的碱性物质加入过多而使 pH 上升。发酵后期或发酵异常，菌体大量死亡、自溶造成菌体内容物的溶出，导致发酵液的 pH 上升。

对于引起发酵液 pH 变化的生理酸性或生理碱性物质也是相对而言的，有些物质是生理酸性物质，但也可能在另一条件下表现为生理碱性物质，主要是由菌的生理特性所决定。如菌体氨基酸作为主要或唯一碳源进行好氧性发酵时，引起 NH_4^+ 的产生和积累，当其量超过菌体需氮量时，就会引起 pH 值的上升。如果以氨基酸进行厌氧发酵，在进行脱氨作用时，即产生碱也产生酸，引起 pH 值变化。对于这些由于菌体代谢所引起的 pH 变化，如果不加以控制的话，必然要干扰微生物反应的正常进行。因此，需要对 pH 进行严格控制。

6.2.5.4 发酵 pH 的确定

发酵最适 pH 的确定是以有利于菌体生长和产物的合成为原则。发酵时，需将发酵培养基调节成一定的出发 pH 值，在发酵过程中，定时测定、加酸或加碱来调节 pH 值，以维持出发 pH 值。除此外，还需在培养基配方中考虑 pH 缓冲性物质，以减缓在发酵过程中发酵液 pH 值的变化。常用的缓冲性物质有：$CaCO_3$、柠檬酸盐、磷酸盐等。其中 $CaCO_3$、磷酸盐在许多发酵过程中都使用，如黄原胶、土霉素等的生产；柠檬酸盐、磷酸盐用于地衣芽孢杆菌的耐高温 α-淀粉酶的生产。但在对培养基灭菌时，需注意的是缓冲性物质在高温、高压条件下易与金属离子、大分子物质形成沉淀，引起损耗，所以常需对此类物质进行单独灭菌。

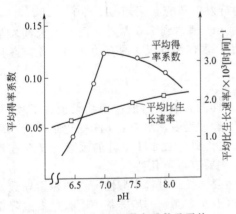

图 6-3 pH 对平均得率系数及平均
比生长速率的影响

发酵最适 pH 值一般根据实验结果来确定。在发酵过程中定时观察菌体的生长情况，以菌体生长达到最高值的 pH 值为菌体生长的最适 pH。以同样的方法，可测得产物合成的最适 pH。通常在不同的发酵阶段最适 pH 范围差别较大时，可以采用分阶段地控制发酵 pH 值的方式，以满足不同发酵阶段的需要。这在许多次级代谢物特别是抗生素的生产上都得到较好地应用。例如，利福霉素 B 的发酵，当发酵 pH 值为 7.0 时，利福霉素 B 的平均得率系数达最大值，在此 pH 值条件下进行发酵生产，已能较好地满足菌体生长及产物生产的需求。但通过试验，将其生产菌的生长阶段的 pH 值控制在 6.5，而生产阶段的 pH

值控制在 7.0，可使利福霉素 B 的总产率比单纯将发酵 pH 值控制在 7.0 时的产率高 14%（见图 6-3）。但在确定最适 pH 值时，除了考虑不同的菌种、培养基组成对 pH 的影响外，还需考虑培养条件特别是温度对 pH 的影响，培养温度的升高或降低都会使发酵最适 pH 波动。

6. 2. 5. 5 发酵 pH 的控制

在各种类型的发酵过程中，实验所得的最适 pH 值与菌体比生长速率 μ、产物比产生速率 q_p 这两个参数的相互关系有 4 种情况（见图 6-4）。

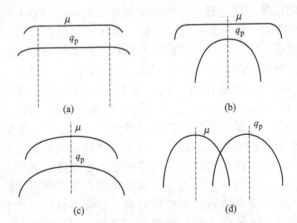

图 6-4 pH 值与比生长速率和产物比产生速率之间的几种关系

① 菌体比生长速率 μ 和产物比产生速率 q_p 在一个相似的较宽的范围内 [如图 6-4(a)]，这种发酵比较容易控制；②菌体比生长速率 μ 的最适 pH 范围较宽，而产物比产生速率 q_p 的最适 pH 范围较窄，或 μ 的较窄，q_p 的范围较宽 [如图 8-4(b)]，此种发酵较难控制，应严格控制发酵过程的 pH 变化；③菌体比生长速率 μ 和产物比产生速率 q_p 的最适 pH 范围较窄，对 pH 变化都很敏感，其最适 pH 相同 [如图 8-4(c)]，此种发酵过程也应严格控制；④菌体比生长速率 μ 和产物比产生速率 q_p 对 pH 都很敏感，并有各自的最适 pH [如图 8-4(d)]，此种情况更复杂，发酵过程控制难度最大。

在了解发酵过程中合适 pH 值的要求及控制难易程度后，就要采用各种方法来控制。首先需要设计和试验发酵培养基的基础配方，使它们有适当的配比，使发酵过程中的 pH 变化在合适的范围内。在分批发酵或分批补料发酵过程中，需考虑在培养基中采用合适的碳源和氮源配比及缓冲性物质在一定范围内控制发酵过程的 pH 值变化。当 pH 值变化较大时，可通过补加物料的方式来控制 pH 值变化。过去是直接加入酸或碱来控制，现在常用的是添加生理酸性物质（如硫酸铵）或生理碱性物质（如氨水）来调节 pH 值，同时也可补加氮源；或直接补加碳源、氮源，可以同时实现补充营养、延长发酵周期、调节 pH 和培养液的特性（如菌体浓度）等几个目的。最成功的例子就是青霉素发酵过程中通过补料对 pH 值的控制，如图 6-5 所示。图 6-5 中也显示了用恒定加糖速率的恒速补糖方式与根据生产菌的代谢需要来改变加糖速率的按需补糖方式来控制 pH 的比较。两者相比，按需补糖方式可使青霉素的产量提高 25%。图 6-5 中恒速补糖方式与按需补糖方式的加糖量相同。这说明，以 pH 为依据，采用按需补料的方式来控制 pH，能较好地满足菌体合成代谢的要求，使产量提高。所以，pH 是菌体代谢变化的综合反应，也是确定补料速率的依据，把两者紧密结合起来可以有效提高产量。

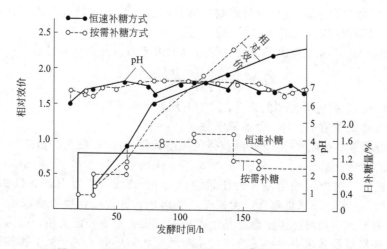

图 6-5   青霉素发酵的 pH 值控制对青霉素产量的影响

6.2.6   氧的供给

氧是好氧微生物发酵过程所必需的限制性基质，是好氧发酵过程的重要控制参数之一，也是各种好氧生物反应器设计的重要参数之一。氧在水中的溶解存在困难，这也决定了氧的供给成为提高微生物培养密度、提高单位体积发酵液产量的限制性因子。合理控制生物反应器的供氧与菌体需氧之间的平衡关系，才能有效地避免溶解氧对发酵过程的影响，提高发酵产量。

6.2.6.1   溶氧对发酵的影响

（1）微生物对氧的需求   氧是细胞的组成成分和各种产物的构成元素，又是生物能量代谢的必需元素，是生物体生存的重要元素。分子态的氧是好氧微生物在氧化代谢过程中的电子最终受体，同时通过氧化磷酸化反应生成生物体生命活动过程中所需要的大量能量。此外，氧还作为反应物直接参与一些生物合成反应。

对于大多数的好氧发酵过程，如果考虑呼吸的化学计量，则葡萄糖的氧化可由式(6-2)表示：

$$C_6H_{12}O_6 + 6O_2 \longrightarrow 6H_2O + 6CO_2 \tag{6-2}$$

只有当氧和葡萄糖两种反应物都溶于水后，才能被菌体所利用。氧在水中的溶解度比葡萄糖的要小得多。约为葡萄糖的 1/6000（氧在水中的饱和度约为 10mg/L）。这使许多发酵的生产能力受到氧溶解度的限制，因此氧成为影响发酵的重要因素。

在式(6-2)中仅考虑了氧在呼吸过程中的化学计量，未曾考虑转化为生物物质的氧，而难以表明菌体的真实需氧情况。许多研究工作者已经考虑到氧、碳源、氮源转化为生物物质的总化学计量关系，并利用这样的关系来预测发酵的需氧情况。在 1964 年，Johnson 得出预测菌体需氧量计算的关系式，如下：

$$\frac{A}{Y} - B = C \tag{6-3}$$

式中　A——燃烧 1g 底物得到 CO_2、H_2O 或 NH_3 所需氧的量，此值可通过计算获得，g；

　　　B——燃烧 1g 菌体得到 CO_2、H_2O 或 NH_3 所需氧的量，如果菌体组分已知，则也可通过计算获得，g；

　　　C——为生产 1g 菌体所需氧的量，g；

　　　Y——为 1g 底物转化成菌体的量，g。

因此，A/Y 为燃烧生成 1g 菌体的底物所需氧的量，而 B 为燃烧菌体所需氧的量；它们之间的差为 C，即将底物转化成菌体所需氧的量。

在 1971 年，Meteles 也提出了预测发酵过程中菌体需氧量的计算公式：

$$Q = \frac{32C + 8H - 16O}{YM} - 1.58 \tag{6-4}$$

式中　Q——形成 1g 细胞消耗掉的氧量，g（O_2）/g（干细胞）；

C、H、O——1g 碳源含有 C、H、O 的原子数；

　　　Y——碳源得率系数（每 1g 碳源获得的细胞数量），g(干细胞)/g(碳)；

　　　M——碳源分子量。

式(6-4)成立的前提需假定菌体的正常组分 C 为 53%、N 为 12%、O 为 19%、H 为 7%；微生物除产生水、二氧化碳外，无其他产物形成。因此，这些方程仅适用于菌体生产过程中预测氧的要求，而对菌体能形成其他产物的过程，就不一定实用，则需要修正。

微生物的耗氧量及其速率主要受菌体代谢活动变化的影响。对于微生物的耗氧速率可用两个物理量表示：一是微生物摄氧率（γ），即单位发酵时间内单位体积发酵液消耗的氧量，单位为 mmol（O_2）/(m^3·h)；一是呼吸强度（Q_{O_2}），即单位时间内单位质量的干菌体消耗的氧量，单位为 mmol（O_2）/[g(干菌体)·h]。两个物理量通过单位体积的发酵液中菌体量 X（干重，g）紧密联系，即：

$$\gamma = Q_{O_2} X \tag{6-5}$$

由式(6-5)可知，微生物在发酵过程中的耗氧速率与微生物的呼吸强度及单位体积内的菌体量密切相关。菌体呼吸强度又受到菌体的菌龄、菌种特性、培养基组成及培养条件等多方面因素的影响。

(2) 氧对辅酶 NAD（P）浓度的影响　在微生物的代谢过程中，有许多催化脱氢氧化反应的酶的辅酶是 NAD（P），NAD（P）的浓度是保证酶活力的基础。NAD（P）作为 H 的受体，加氢还原为 NAD（P）H，NAD（P）H 只有在有氧的条件下才可以及时地通过呼吸链被氧化或在少数情况下通过还原反应脱氢，生成氧化性的 NAD（P），作为辅酶重新加入脱氢反应。但当发酵液中氧的浓度不够时，NAD（P）的浓度大量降低，则与 NAD（P）相关的酶促反应停止，影响代谢的正常进行。

(3) 氧对代谢途径的影响　通常情况下，溶氧浓度可能成为发酵的限制性因子，但对于不同的菌种，发酵产物的代谢途径不同，对氧的需求也不相同。氧的存在是 TCA 循环能够进行的基础，缺氧必然使丙酮酸积累，导致乳酸形成，使发酵液的 pH 值下降，影响菌体的正常代谢。

在初级代谢产物氨基酸的发酵过程中，根据对氧的需求大小不同就可将氨基酸生产分为三类：一类在供氧充足条件下，产量最大，若供氧不足，产物合成将受到强烈抑制，如谷氨酸、精氨酸、脯氨酸等的生产；一类在供氧充足条件下，可得到最高产量，但供氧受限，产量受影响不明显，如异亮氨酸、赖氨酸、苏氨酸等的生产；一类在供氧受限、细胞呼吸受抑制时，才能获得最大的产物量，而在供氧充足时，产物形成反而受抑制，如亮氨酸、缬氨酸、苯丙氨酸等的生产。所以不同的代谢产物其代谢途径对氧的需求是不同的，当培养液中溶解氧量不能满足菌体要求时，则会使代谢途径的方向受到影响，影响产物的正常合成。

6.2.6.2 发酵过程中溶氧的变化及其异常

（1）发酵过程中溶氧的变化规律 在分批发酵过程中，正常的设备操作和发酵条件下，每种菌种发酵的溶氧浓度都有一定的变化规律。通常，在发酵前期（滞后期及对数生长期），生产菌种开始大量繁殖，需氧量不断增加。当需氧量超过供氧量时，溶氧浓度明显下降，出现一个低峰（谷氨酸发酵的溶氧低峰在发酵后 6～20h，抗生素的都在发酵后 10～70h），发酵液中的菌浓度也不断上升，生产菌种的摄氧率同时也出现一个高峰。过了生长阶段，菌种需氧量有所减少，溶氧浓度经过一段时间的平稳阶段（如谷氨酸发酵）或上升阶段（如抗生素发酵）后（见图 6-6、图 6-7），就开始形成产物，溶氧浓度也不断上升。发酵中后期，对于分批发酵来说，因为菌体已繁殖到一定浓度，进入静止期，呼吸强度变化也不大，如不补加基质，发酵液的摄氧率变化也不大，供氧能力仍保持不变，溶氧浓度变化也不大。但当外界进行补料（包括补加碳源、前体、消泡油）时，则溶氧浓度就会发生改变。变化的大小和持续时间的长短，则随补料时的菌龄、补入物质的种类和剂量的不同而不同。如补加糖后，发酵液的摄氧率就会增加，引起溶氧浓度下降，经过一段时间后又逐步回升；继续补糖，溶氧浓度会继续下降，甚至降至临界氧浓度以下，成为生产的限制性因素。其补料与溶氧浓度的变化关系可见图 6-8。在生产后期，由于菌体衰老，呼吸强度减弱，溶氧浓度也会逐步上升，一旦菌体自溶，溶氧浓度更会明显上升。

（2）发酵过程中溶氧的异常变化 在发酵过程中，有时会出现溶氧浓度明显降低或明显升高的异常变化情况。在溶氧浓度的异常变化中较常见的是溶氧下降，可能由下列几种原因造成。①污染好氧杂菌，大量的溶氧被消耗掉，可能使溶氧在较短时间内下降到零附近。但如果杂菌本身的耗氧能力不强，溶氧变化可能不明显。②菌体代谢发生异常现象，对氧的要求增加，使溶氧下降。③发酵过程中，某些

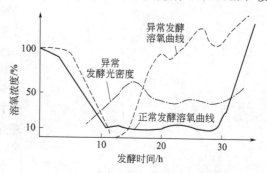

图 6-6 谷氨酸发酵时正常和异常的溶氧曲线

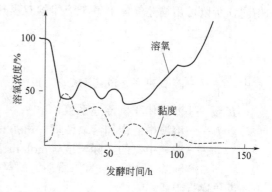

图 6-7 红霉素发酵过程中溶氧和黏度的变化

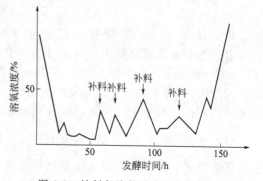

图 6-8 补料与溶氧浓度的变化关系

设备或工艺控制发生故障或变化，也可能引起溶氧下降。如搅拌功率消耗变小或搅拌速率变慢甚至停止，影响了供氧能力，使溶氧降低；又如消泡油因自动加油器失灵或人为加量太多，也会引起溶氧迅速下降。

在发酵过程中，在供氧条件没有发生变化的情况下，出现溶氧上升主要是耗氧出现改变，如菌体代谢出现异常，耗氧能力下降，使溶氧上升。特别是污染烈性噬菌体，影响最为明显，生产菌种尚未裂解前，呼吸已受到抑制，溶氧迅速上升，直到菌体破裂后，完全失去呼吸能力，溶氧就直线上升。

由上可知，通过发酵液中的溶解氧浓度的变化，就可以了解微生物生长代谢是否正常，工艺控制是否合理，设备供氧能力是否充足等问题，帮助人们查找发酵不正常的原因，控制好发酵生产。

6.2.6.3 影响溶氧的主要因素

（1）氧的传递　氧在发酵液中的溶解，首先是气态氧要从气泡中通过扩散而溶入发酵液的液体中，最后被微生物所吸收利用。对于氧的传递过程常用双膜理论来描述。双膜理论认为，气液两相间存在一个界面，界面两侧分别为呈层流状态的气膜和液膜；在气液界面上两相浓度相互平衡，界面上不存在传递阻力；气液两相的主流中不存在浓度差。氧在两膜间的传递在稳态下进行，因此氧在气膜和液膜间的传递速率是相等的。氧传递双膜理论示意图见图 6-9。

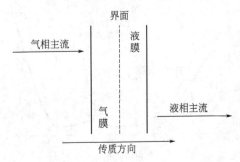

图 6-9　氧传递双膜理论示意图

在以上 3 个假设条件的基础上，这种由气态氧转变为溶解态氧的过程与液体吸收气体的过程相同，所以可用描述气体溶解于液体的双膜理论的传质公式来表示：

$$\frac{dc}{dt} = K_L a \times (c^* - c) \tag{6-6}$$

式中　$\dfrac{dc}{dt}$——溶氧速率，$mol/(m^3 \cdot h)$；

　　　$K_L a$——液相体积氧传递系数，h^{-1}；

　　　c^*——溶液中的饱和溶氧浓度，mol/m^3；

　　　c——液相中氧的实际浓度，mol/m^3。

式（6-6）是以 $(c^* - c)$ 为传质动力的氧传递方程式，也可以写成以 $(P^* - P)$ 为推动力的氧传递方程式：

$$\frac{dc}{dt} = K_L a \times (P^* - P) \tag{6-7}$$

由式（6-7）可知，能使 $K_L a$ 及 c^* 或 P^* 增加的措施都能提高溶氧速率，使发酵供氧得以改善。在实际发酵过程中，气液比表面积 a 的测定较为困难，一般将它与液膜传递系数 K_L 合并考虑为 $K_L a$。研究表明，$K_L a$ 不但与反应器的设计参数（结构参数）D/T、涡轮形式、N、P_g/V 等有关外，还与发酵液的黏度、浓度等性质有关。而且黏度及浓度也随发酵过程的进行而不断变化，因此，$K_L a$ 的值也在不断变化。

（2）影响溶氧的阻力　考察溶氧速率 $\dfrac{dc}{dt}$ 也需要正确地认识氧传递过程中的各种阻力，从多方面提高传氧速率。可以从供氧与耗氧两个方面来分析氧传递的阻力（如图 6-10 所示）。

由图 6-10 可知，供氧、需氧方面的传质阻力可归纳为表 6-2。

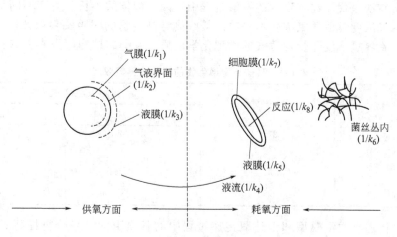

图 6-10　氧传递各项阻力的示意图

表 6-2　供氧、需氧方面的传质阻力

供氧方面的阻力	需氧方面的阻力
气相主流到气液界面间的气膜阻力，$1/k_1$	细胞表面上的液膜阻力，$1/k_5$
克服气液界面阻力，$1/k_2$	菌丝丛（团）内的传质阻力，$1/k_6$
通过气液界面到液体主流，气体克服液膜的阻力，$1/k_3$	细胞膜的阻力，$1/k_7$
进入液相主流中的传递阻力，$1/k_4$	细胞内氧与呼吸酶反应的阻力，$1/k_8$

氧在传质过程中所受总阻力 R 为：

$$R = k_1^{-1} + k_2^{-1} + k_3^{-1} + k_4^{-1} + k_5^{-1} + k_6^{-1} + k_7^{-1} + k_8^{-1} \tag{6-8}$$

式（6-8）中的前 4 项，与发酵液的组成、浓度等性质、操作运行条件有关，显然阻力越少，溶氧越好。由于氧在水中的溶解度低，所以供氧中的液膜阻力 $1/k_3$ 较大，成为氧溶于水的主要限制性因素。式（6-8）中的后 4 项，与菌种的生理特性和种类有关，降低这一部分阻力，实际上是提高了（$c^* - c$），即提高了溶氧传递推动力。经实验及动力学研究证实，因细胞壁上与液相主流中氧的浓度差别很小，所以，细胞表面上的液膜阻力 $1/k_5$ 很小，可忽略不计。而菌丝丛（团）内的传质阻力 $1/k_6$ 对菌丝体的摄氧能力影响较大。

6.2.6.4　溶氧浓度的控制

发酵液中的溶氧浓度是设备供氧和微生物需氧不平衡的结果，在发酵过程中，当发酵供氧量大于需氧量时，溶氧浓度就上升，直到饱和；反之就下降。因此要合理控制发酵液的溶氧浓度。

尽管发酵液的溶氧浓度常成为好氧发酵的限制性因素，但并非溶氧浓度越大越好，有时溶氧太大，反而会抑制产物的形成。因此在发酵过程中需合理平衡供氧和需氧，使溶氧处于发酵的最适氧浓度。为了避免溶氧降到影响发酵正常进行的浓度，需对发酵的临界氧浓度 $c_{临界}$ 进行考察。发酵液中溶氧浓度对菌体呼吸强度的影响情况见图 6-11。据报道，青霉素的临界氧浓度为 5%～10%，低于此值菌体的活性会受到严重影响，使青霉素的合成受到不可逆

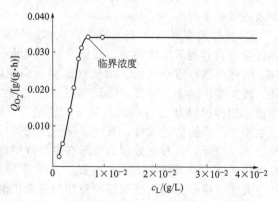

图 6-11　发酵液中溶氧浓度对菌体呼吸强度的影响

的损失。通常在次级代谢物抗生素的发酵过程中，因为菌体的生长、生产不同步，常导致两个阶段的临界氧浓度及最适氧浓度不一致。某些典型微生物的呼吸临界氧浓度 $c_{临界}$ 如表 6-3 所示。另外，临界氧浓度还受发酵液的物理化学性质、发酵罐结构等因素影响。

表 6-3　某些典型微生物的呼吸临界氧浓度

微 生 物	温度/℃	呼吸临界氧浓度	
		mmol/L	mg/L
大肠杆菌	37.8 16	0.0082 0.0031	0.26
酵母菌	34.8 20	0.0046 0.0037	0.15
产黄青霉	30 24	0.009 0.022	0.7

现结合氧传递动力学模型和上述氧传递过程中的各项阻力，来分析提高氧传递速率的方法。

(1) 提高 K_La　影响 K_La 的因数较复杂，主要有以下几方面：发酵罐形状结构、搅拌器形状及其直径、挡板、空气分布器等设备设计参数；搅拌转速 N、搅拌器功率 P_w、空气表观线速度 W_s、发酵液体积 V 等操作参数；发酵液的黏度 η、密度 ρ、界面张力 σ 及扩散系数 D_L、泡沫状态等物理化学性质。K_La 与其中主要影响因素的函数关系可以用式(6-9) 表示：

$$K_La = f(d, N, W_s, D_L, \eta, \rho, \sigma, g) \tag{6-9}$$

式中　d——搅拌器直径，m；

　　　N——搅拌器转速，s^{-1}；

　　　W_s——空气表观线速度，m/s；

　　　D_L——扩散系数，m^2/s；

　　　η——发酵液黏度，Pa·s；

　　　ρ——发酵液密度，kg/m^3；

　　　σ——界面张力，N/s；

　　　g——重力加速度，9.18m/s^2。

对于牛顿型流体发酵液，K_La 的关联式可简单表示为：

$$K_La = K\left(\frac{P_w}{V}\right)^{\alpha} W_s^{\beta} \tag{6-10}$$

式中　P_w——通气时搅拌器的搅拌功率，kW；

　　　V——发酵液的体积，m^3。

式(6-10) 中的 α、β 为关系指数。由式(6-10) 可知，对 K_La 影响较大的为搅拌器的效率及通气速率等。

① 搅拌效率对 K_La 的影响　在机械搅拌发酵罐内装搅拌器的作用主要有：使发酵罐中的温度和营养物质浓度均一，使组成发酵液的三相体系充分混合；能将进入发酵液的气流打碎，气体分散形成小气泡，增加气液接触面积，以利于溶氧；增加气泡在液体中的滞留时间；增加液体的湍流程度，降低气液界面的液膜厚度，降低液膜阻力 $1/k_3$，减少氧在液相主流中的传递阻力 $1/k_4$；减少真菌、放线菌等的易结团现象，降低细胞壁的表面阻力，降低细胞周围代谢物的浓度，有利于加强细胞的代谢活动。对于没有搅拌器的生物反应器，如气升式反应器，只有靠分散的气泡在发酵液中的运动，来产生搅拌的作用。一般情况下，提高搅拌转速可有效提高 K_La，但要注意搅拌器的转速太快或不合适的搅拌器类型会导致剪切力太大，损伤菌丝，反而影响菌体的正常代谢；并会在反应器中形成漩涡，降低气液间的混合效果；高转速也会增加能耗，提高生产成本。

对于发酵液黏度较高的情况，不同的搅拌速率对于气液混合会带来比较显著的影响。A. Amanullah 和 B. Tuttiett 引用了气穴体积/发酵液体积（C_v/T_v）这一概念来表示发酵液内部的传质情况，C_v/T_v 越小则说明基本上处于停止不动的发酵液的体积越大，这一部分发酵液内部氧的传递和其他营养物质的交换很少，甚至可以说根本就不存在传质。当发酵液的黏度很高时，搅拌转速越大则气穴体积越大。他们在实验室中用 6L 的玻璃生物反应器较系统地研究了搅拌速率对黄原胶发酵过程中气液混合的影响（如图 6-12 所示）。研究表明：当发酵液的黄原胶浓度在 18g/L 时，在搅拌速率分别为 500r/min 和 1000r/min 时，其 C_v/T_v 值基本上相同，近似于 100%。但是当发酵液的黄原胶浓度增加至 20g/L 时，搅拌速率为 500r/min 时，其 C_v/T_v 值下降到 77%，而当发酵液的黄原胶浓度增加到 26g/L 时，其 C_v/T_v 值进一步下降，只有 35%；当搅拌转速为 1000r/min 时，发酵液的黄原胶为 24g/L 时，其 C_v/T_v 值只下降到 88%，而当黄原胶的浓度达到 32g/L 时，其 C_v/T_v 值随之进一步下降到 80%。上述研究结果说明，搅拌转速对黄原胶的发酵有着重要的影响，而且这种影响随着发酵液中黄原胶浓度的增加将变得更为严重。

所以，搅拌器的功率、转速、搅拌器的类型、直径、组数、搅拌器间的距离等操作及设备参数对氧的传递系数 $K_L a$ 都有不同程度的影响。$K_L a$ 是选择、设计设备及确定各发酵阶段最佳操作参数需考察的重点。

② 气体流速对 $K_L a$ 的影响 由式(6-10)可知，提高 W_s，即提高通气量 Q，也可以有效地提高 $K_L a$。研究表明，当通气量 Q 较低时，随着通气量 Q 的增加，W_s 空气表观线速度也会增加。但 Q 增加到一定的量后，$\dfrac{P_W}{V}$ 会随着 Q 的增加而下降，也就是说单位体积发酵液所拥有的搅拌功率会下降，不但不能提高 $K_L a$，甚至会造成 $K_L a$ 值的下降。这是因为 Q 过大时，搅拌器不能有效地将空气气泡充分分散，而在大量气体中空转，形成所谓的"过载"现象，使搅拌器功率大大降低，$K_L a$ 自然也降低。通气对 $K_L a$ 的影响见图 6-13。另外，通气量 Q 的提高，还会造成发酵液逃液，增大损失及染菌机会。

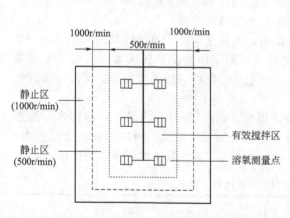

图 6-12 不同搅拌转速对发酵的影响

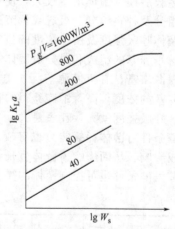

图 6-13 通气对 $K_L a$ 的影响

③ 设备参数的影响 式(6-10)中的 α、β 与发酵罐的大小、形状、搅拌器的类型等因素有关。Bartholomew 研究指出，9L 发酵罐的 α 为 0.95；$0.5m^3$ 的发酵罐，α 变为 0.67；而 $27\sim57m^3$ 发酵罐的 α 变为 0.5。搅拌器的类型不同，α、β 值的大小也不相同，对于 α 值，弯叶>平叶>箭叶；对于 β 值，则箭叶>弯叶>平叶。

④ 发酵液的性质 在发酵过程中，菌体本身的繁殖、代谢还会引起发酵液物理化学性质的不断改变。如改变了培养液的表面张力、pH、黏度和离子强度，进而影响到培养液中

气泡的大小、气泡的溶解性、稳定性以及合并为大气泡的速率。发酵液的物理性质还会影响液体的湍动以及界面或液膜的阻力，因而显著影响溶氧传递速率。

随着菌体浓度的增加，发酵液黏度会随之显著增加，造成 K_La 值变小。菌体的形态对 K_La 也有影响，在相同的菌体浓度下，因为球状菌悬浮液比丝状菌悬液的流动特性大，造成前者的 K_La 值是后者的两倍。发酵液的离子强度大，有利于形成较小的气泡，则具有较大的气液传质的比表面积，提高了 K_La 值。在发酵培养基中，因为存在一些能增大表面张力的物质，使得气泡不易破裂，增大了气液传质阻力，不利于溶氧。所以，在发酵过程加入一定量的消沫剂，降低气泡形成的表面张力，降低传质阻力，利于提高 K_La 值。

(2) 提高氧的传递动力 ($c^* - c$)　氧传递动力中的饱和溶氧浓度 c^*，虽受到体系的温度、发酵液的浓度、黏度、pH 值等因素的影响，但受菌体生长、生产对发酵工艺要求的限制，c^* 的变化幅度并不大。

提高罐压，对增加气体在液体中的溶解度，对提高 ($c^* - c$) 是有一定作用的。但在溶氧浓度增加的同时，代谢产物 CO_2 等在发酵液中的浓度也会增加，同样也不利于菌体的正常代谢。

利用纯氧，虽可提高发酵液中溶氧浓度，但会导致生产成本高；在发酵罐中局部氧的浓度高，会引起菌体的氧中毒；而且纯氧易引起爆炸，增加了生产管理的难度。

比较上述能提高溶氧速率的方法，能提高 ($c^* - c$) 的方法实用性较差，对于已定反应器，提高 K_La 方法中改变操作参数，如搅拌器转速及通气量的方法较为有效。

在发酵过程中，微生物是耗氧的主体，微生物的种类、代谢类型、菌龄、培养基成分、浓度、培养条件等的不同，导致微生物对溶氧的需求也不相同。

不同种类的微生物耗氧量不相同，一般在 $25 \sim 100 \, \text{mmol}/(\text{L} \cdot \text{h})$ 的范围内。菌体不同的代谢过程所涉及的代谢途径不同，其呼吸强度及对氧的需求也不相同。在发酵过程中，微生物的菌龄不同，所处的生长阶段不同，对氧的需求也不同。一般幼龄菌生长旺盛，呼吸强度大，但生长初期，菌体浓度较低，总需氧量不会太高。老龄菌生长速率减慢，呼吸强度减弱，但生长后期，菌体浓度较大，使得总需氧量也不会太低。在发酵过程中可通过控制基础培养基组分及补料组分、组成或调节连续流加培养基的速率等来控制菌种的比生长速率，达到控制菌体呼吸强度及菌体浓度的目的，实现供氧和需氧的平衡。

发酵培养基的组成和成分对菌体需氧量有影响，尤其是碳源、氮源的组成和比例。在培养基中氮源丰富，有机氮源与无机氮源的比例恰当，则菌体比生长速率大，增大了呼吸强度。培养基的浓度偏高，细胞获得的营养丰富，特别是限制性基质的浓度得以保证，细胞代谢旺盛，呼吸强度就大，耗氧量大。

发酵条件对菌体耗氧能力也有较大的影响，温度、pH、补料方式等会对菌体内的酶系活性造成影响，从而影响了菌体生长及代谢能力，影响对氧的需求。所以，在一定范围内，通过调节发酵条件也可控制菌体的需氧量。表 6-4 中列出了各种溶氧控制方法的比较。

表 6-4　溶氧控制方法的比较

方　法	作用于	投资	运转成本	效果	对生产作用	备　　注
气体中氧的含量	c^*	中到低	高	高	好	气相中高氧浓度可能会爆炸,适用于小规模
搅拌速率	K_La	高	低	高	好	在一定限度内,要避免过分剪切力作用
挡板	K_La	中	低	高	好	设备上需改装
通气速率	c^* 和 a	低	低	低		可能引起泡沫
罐压	c^*	中到高	低	中	好	罐强度要求高,对密封、探头有影响
基质浓度	需求	中	低	高	不一定	响应较慢,需及早行动
温度	需求,c^*	低	低	变化	不一定	不是常应用
表面活性剂	K_L	低	低	变化	不一定	需试验确定

6.2.7 二氧化碳和呼吸商

6.2.7.1 二氧化碳对发酵的影响

（1）二氧化碳对菌体生长及产物形成的影响　发酵过程中，CO_2 既是微生物在生长繁殖过程中产生的代谢产物，同时它也是合成某些代谢产物的基质。由于 CO_2 的溶解度比氧气大，所以随着发酵罐压力的增加，其溶解量比氧气增加得更快。大容量发酵罐的发酵液静压力可达到 1×10^5 Pa 以上，又因为是正压发酵，致使罐底部压强达 1.5×10^5 Pa。当 CO_2 浓度增大时，不改变通气、搅拌速率，则 CO_2 不易排出，易在罐底形成碳酸，使 pH 下降，进而影响微生物细胞的生长和产物合成。当在排气中的 CO_2 含量超过 4% 时，即使溶解氧在临界氧浓度以上，也会导致菌体的呼吸强度及对碳水化合物的代谢速率下降。CO_2 除了影响菌体细胞的生长速率外，还影响菌体的形态，用扫描电子显微镜观察 CO_2 对产黄青霉生长形态的影响，发现菌丝形态随排气中 CO_2 的含量不同而改变，当 CO_2 含量在 0~8% 时，菌丝主要呈丝状，上升到 15%~22% 时呈膨胀、粗短的菌丝，CO_2 分压再提高到 0.08×10^5 Pa 时，则出现球状或酵母状细胞，使青霉素合成受阻。微生物的生长受到抑制，也阻碍了基质的异化作用和 ATP 的生成，因而影响了产物的合成。如对肌苷、异亮氨酸和组氨酸发酵，特别是对抗生素发酵，CO_2 对代谢产物产生的抑制作用尤为明显。当 CO_2 的分压为 0.08×10^5 Pa 时，青霉素比合成速率会降低 40%。CO_2 也抑制紫苏霉素的合成，在进气中加入 1% 的 CO_2，使生产菌对营养基质的代谢速率明显降低，菌丝增长速率降低，紫苏霉素产量比不通入 CO_2 时下降 33%。CO_2 对红霉素合成也产生明显抑制作用，从发酵 15h 起，按进气量的 11% 通入 CO_2，红霉素产量将减少 60%，但对菌体生长并无影响。

同时，CO_2 也能促进某些菌体的生长及产物合成代谢。如环状芽孢杆菌等发芽孢子在开始生长时就需要一定量的 CO_2，此现象被称为 CO_2 效应。CO_2 还是大肠杆菌和链孢霉突变株的生长因子，有时需要含有一定量 CO_2 的气体，菌体才能生长。如牛链球菌发酵生产多糖，最重要的条件就是通入的空气中要含有 5% 的 CO_2。精氨酸发酵，也需要有一定的 CO_2，才能得到最大产量。四环素发酵过程中也有一个最佳的 CO_2 分压，达到此分压产量才能达最高。

CO_2 除对菌体生长、形态以及产物合成产生上述影响外，还对发酵液的酸碱平衡产生影响，使 pH 值下降，或与其他物质发生化学反应，导致发酵液的 pH 发生改变。

（2）二氧化碳对发酵影响的机理　CO_2 及 HCO_3^- 主要是影响细胞膜的结构，两者分别作用不同的细胞膜位置。发酵液中的 CO_2 主要作用于细胞膜的脂质核心部位；HCO_3^- 则影响细胞膜的膜蛋白。当细胞膜中脂相的 CO_2 浓度达到临界值时，就会导致膜的流动性及表面电荷密度发生改变，影响到细胞膜的输送效率，导致细胞生长受到抑制、形态发生改变。也有因 CO_2 是代谢产物，产生产物反馈抑制作用，影响产物的正常合成。或是通过 CO_2 对发酵液的酸碱平衡的影响及与其他物质发生化学反应，对菌体的生长及产物的合成造成直接或间接的影响。

6.2.7.2 呼吸商与发酵的关系

在菌体消耗糖经生物氧化形成 CO_2 时，必定要消耗氧，在对发酵过程排气成分的分析中明显测得氧浓度在下降，二氧化碳的浓度随之升高，两者呈反向同步的关系。对于菌体的耗氧速率及二氧化碳的释放速率两者间的关系可用呼吸商 RQ 来表示。

$$RQ = \frac{r_{CO_2}}{r_{O_2}} \tag{6-11}$$

其中二氧化碳的释放率 r_{CO_2} 常用 CER 表示；耗氧速率 r_{O_2} 常用 OUR 表示。CER、OUR

可分别表示为式(6-12)、式(6-13)。

$$CER = q_{CO_2} c_x = \frac{F_{in}}{V}\left[\frac{c_{inert} c_{CO_2,out}}{1-(c_{O_2,out}+c_{CO_2,out})} - c_{CO_2,in} \right] \times \frac{273}{(273+t_{in})} p_{in} \qquad (6-12)$$

$$OUR = q_{O_2} c_x = \frac{F_{in}}{V}\left[c_{O_2,in} - \frac{c_{inert} c_{O_2,out}}{1-(c_{CO_2,out}+c_{O_2,out})} \right] \times \frac{273}{(273+t_{in})} p_{in} \qquad (6-13)$$

式中
q_{CO_2}——二氧化碳比释放速率，$molCO_2/(g菌·h)$；

q_{O_2}——呼吸强度，$molO_2/(g菌·h)$；

c_x——菌体浓度，g/L；

c_{inert}，$c_{O_2,in}$，$c_{CO_2,in}$——分别为进气中的惰性气体、氧气、二氧化碳的体积分数，%；

$c_{O_2,out}$，$c_{CO_2,out}$——分别为排气中的氧气、二氧化碳的体积分数，%；

V——发酵液体积，L；

F_{in}——进气流量，mol/L；

t_{in}——进气温度；

p_{in}——进气绝对压强，$\times 10^5 Pa$。

RQ 是碳-能源代谢的指示值，在碳-能源限制及供氧充分的情况下，碳-能源趋于完全氧化，RQ 应达到完全氧化的理论值。因此，RQ 可反映微生物的代谢情况。如酵母发酵过程的 $RQ=1$，表示糖代谢走有氧分解代谢途径，仅生成菌体，无产物形成。如 $RQ>1.1$，表示菌体进行 EMP 途径，生成乙醇；当 $RQ=0.93$，则菌体生成柠檬酸；$RQ<0.7$，表示菌体生成的乙醇被当作基质利用。菌体在利用不同基质时，其 RQ 值也不相同。如大肠杆菌以延胡索酸为基质，RQ 为 1.44；利用丙酮酸的 RQ 为 1.26；利用琥珀酸的 RQ 为 1.12；利用乳酸、葡萄糖的 RQ 分别为 1.09 和 1.00；利用乙酸为 0.96；利用甘油的 RQ 为 0.80。对于次级代谢物的生产，由于存在菌体生长、维持以及产物形成的不同阶段，其 RQ 值也不一样。如青霉素发酵中的理论呼吸商，菌体生长阶段为 0.909，菌体维持阶段为 1，青霉素生产阶段为 4。产物形成对 RQ 值的影响较为明显。如果产物的还原性比基质大，其 RQ 就增加；当产物的氧化性比基质大时，RQ 就要减少。其变化程度决定于每单位菌体利用基质所形成的产物量。

在实际生产中所测出的 RQ 值明显低于理论值，说明发酵过程中存在不完全氧化的中间代谢物和除葡萄糖以外的其他碳源。如在发酵中添加天然油脂作碳源，由于油具有不饱和性和还原性，使 RQ 值大大低于葡萄糖为唯一碳源的 RQ 值。试验结果表明，RQ 值在 0.5～0.7 范围，且随葡萄糖和油加入量的相对比例而波动。如在发酵初期即菌体生长期，在碳源总量不变，提高油对葡萄糖的比例，结果 OUR 和 CER 上升的速率减慢，且菌浓度增加也慢；若降低其比例，OUR 和 CER 则快速上升，菌浓度迅速增加。这说明葡萄糖有利于生长，油不利于生长。由此根据 RQ 值及 OUR 和 CER 的变化情况可得知，油的加入主要用于控制生长，并作为合成产物的碳源。

6.2.7.3　CO$_2$ 的控制

二氧化碳在发酵液中的浓度变化不像溶解氧那样有一定的规律。它的大小受到许多因素的影响，如细胞的呼吸强度、发酵液的流变学特性、通气搅拌程度、罐压大小、设备规模等。在发酵过程中通常采用调节通风和搅拌的方式来控制。如果 CO_2 对发酵有促进作用，应该提高其浓度，反之，则降低其浓度。通过提高通气量和搅拌速率，使溶解氧保持在临界值以上，CO_2 又可随着废气排出，使其维持在引起抑制作用的浓度之下。降低通气量和搅拌速率，有利于提高 CO_2 在发酵液中的浓度。有研究报道，利用 $3m^3$ 的发酵罐进行四环素发酵试验，在发酵 40h 之前，通气量应维持在 $76m^3/h$，搅拌转速为 $80r/min$，使 CO_2 浓度提高；40h 之后，通气量和搅拌转速分别提高至 110m³/h 和 140r/min，以降低 CO_2 浓度。如此操作能使四环素的产量提高 25%～30%。另外，控制发酵时的罐压、温度、pH 对 CO_2 浓度也有一定的影响。当罐压降低时 CO_2 的分压会降低，也就降低了 CO_2 的浓度，但同时也降低了溶氧。所以，对于 CO_2 敏感的发酵生产，液位高度也是一个控制指标，不宜采用大高径比的反应器。发酵液温度升高时，CO_2 在发酵液中的溶解度变小，所以提高发酵温度也可以降低 CO_2 浓度。降低发酵液的 pH，也可以减少 CO_2 在发酵液中的溶解，降低 CO_2 浓度。在实际生产中，这些控制措施都应与发酵的工艺条件相结合。在分批补料发酵过程中，CO_2 的产生与补料控制密切相关，如在青霉素发酵过程中，补糖可使菌体生长、产物合成时都产生 CO_2，增加发酵液中 CO_2 的浓度。溶解在发酵液中的 CO_2 和代谢产生的有机酸，使发酵液 pH 下降。所以，补糖、CO_2、pH 三者之间具有一定的相关性，因排气中的 CO_2 量的变化比 pH 变化更为敏感，故采用 CO_2 释放率作为控制补糖的参数。

6.2.8 基质浓度、补料对发酵的影响

6.2.8.1 基质浓度对发酵的影响

基质即培养微生物的营养物质，基质的种类和浓度与发酵代谢有着密切的关系，所以选择适当的基质和控制适当的基质浓度是提高代谢产物产量的重要途径。

在分批发酵中，根据 Monod 方程，微生物细胞的比生长速率大小受到基质浓度影响，随基质浓度的增大而呈抛物线形变化。

$$\mu = \frac{\mu_{\max} c_s}{K_s + c_s} \tag{6-14}$$

当基质浓度远远大于 K_s 时，菌体的生长速率与营养成分的浓度无关，在正常情况下，可达到最大比生长速率。但当基质浓度过高时，易造成底物或产物的抑制作用，而使 μ 下降，不再符合 Monod 方程。当基质浓度远远小于 K_s 时，比生长速率与基质浓度呈线性关系。在培养基中，碳源浓度的控制相当重要，在发酵过程中，如果碳源过于丰富则可能引起菌体繁殖速率加快，对菌体代谢、产物合成及氧的传递都会产生不良影响。若碳源用量过大，则产物合成会受到明显的抑制；反之，仅供给维持量的碳源，菌体生长和产物合成就都可能停止。所以对菌体生长、生产的各阶段需合理控制碳源浓度。通常培养基中碳源浓度超过 5% 时，可能导致细菌细胞脱水，使其生长速率开始下降。而酵母或霉菌因对水的依赖性较低，可耐受更高的葡萄糖浓度，可达 200g/L。培养基中的氮源要和碳源合理搭配，一般工业发酵培养基的碳氮比为 100:(0.2～2.0)，对于含有氮的产物中，如氨基酸的生产，含氮量可略高一些，达 100:(15～21)。在培养基中如果基质浓度过高，即营养过于丰富，会使菌体生长过盛，发酵液非常黏稠，传质状况很差，细胞不得不花费许多能量来维持其生存环境，能量大量消耗于非生产用途，对产物的合成不利。在培养基中矿物质的浓度，也需合理控制。如对磷酸盐浓度的控制，通常微生物生长良好所允许的磷酸盐浓度为 0.32～300mmol/L，但对次级代谢产物合成良好所允许的最高平均浓度仅为 1.0mmol/L，如提高到 10mmol/L，就会明显地抑制其合成。相比之下，菌体生长所允许的浓度与次级代谢产物合成所允许的浓度两者平均相差几十倍至几百倍。因此，控制磷酸盐浓度对微生物次级代谢产物发酵来说是非常重要的。磷酸盐浓度调节代谢产物合成机制，对于初级代谢产物合成的影响，往往是通过促进生长而间接产生的，对于次级代谢产物来说，机制就比较复杂。磷酸盐浓度的控制，一般是在基础培养基中采用适当的浓度。在次级代谢比初级代谢严格，以抗生素发酵为例，常采用亚适量的磷酸盐浓度，就是对菌体生长不是最适合但又不影响生长的量。培养基中的磷含量，还可能因配制方法和灭菌条件不同而发生变化。在发酵过程中，有时发现代谢缓慢的情况，可以补加磷酸盐。在四环素发酵中，间歇、微量添加磷酸二氢钾，

有利于提高四环素的产量。

培养基中各成分的最适浓度应取决于菌种特性、培养条件、培养基组成和来源等因素，结合具体情况和对使用的原材料进行试验来确定。为了更合理地控制各基质的浓度，通常采用中间补料的方法来控制各阶段的基质浓度，即根据不同代谢类型来确定补料时间、补料量和补料方式。或根据菌体的比生长速率、糖等的比消耗速率及产物的比产生速率等动力学参数来控制中间补料。

6.2.8.2　补料对发酵的影响

分批补料发酵方式能有效地解除基质浓度过高所导致的产物反馈抑制和葡萄糖分解阻遏效应等作用，并能避免细胞在过于丰富的基质中大量生长，出现耗氧过多而供氧不足、发酵液黏度太大而影响传质等情况，可通过补料对基质浓度的控制使发酵朝着有利于产品合成的方向顺利进行。

在早期的工业生产中，补料方式是一种经验性的方法，操作比较简单。常采用在预定的发酵时间，根据基质的消耗速率及设定的基质残留浓度，称取一定量的添加物，投入到发酵液中的方法，但此种方法对发酵的控制不太有效。随着对发酵原理、动力学等的深入研究，发酵自动化控制技术的不断发展和应用，分批补料方式得以不断改进，逐渐向最优化控制方向发展。

补料的方式根据流加方式可分为连续流加、不连续流加或多周期流加。根据每次流加的速率可分为快速流加、恒速流加、指数流加和变速流加。根据补加营养物质的组分种类，可分为单组分补料和多组分补料。根据流加的操作系统可分为反馈控制流加和无反馈控制流加。根据在反馈控制中依据的指标不同，可分为直接指标控制和间接指标控制。直接指标控制是直接以限制性基质浓度作为反馈控制参数，如控制氮源、碳源或碳氮比等方式。但目前受到生物传感器应用的限制，只有少数基质，如甲醇、乙醇、葡萄糖能直接测量，这使直接控制方法的使用受到了限制。间接控制方法是以溶氧、pH、呼吸商、排气中二氧化碳分压及代谢物质浓度等作为反馈控制参数，间接地反馈基质消耗情况，是目前常用的控制方法。所以，为了更有效地进行中间补料，必须选择恰当的反馈控制参数，并较充分地了解这些参数与微生物代谢、菌体生长、基质利用以及产物形成之间的关系。

补料过程的控制就是通过控制菌体的中间代谢过程，使之向着有利于产物积累的方向发展。为此，要根据菌体的生长代谢、生物合成规律，利用中间补料的措施给予生产菌适当的调节，让它在生物合成阶段有足够而又不过多的养料，供给其合成代谢的需要。这有赖于在菌体的比生长曲线形态、产物生成速率等代谢规律及发酵的初始条件及环境条件等的情况充分了解的基础上，建立分批补料发酵的数学模型及选择最佳控制程序。但由于对微生物代谢的规律尚未充分掌握，现有的各种补料措施仍主要是根据实验而确定的。

常见的补料种类主要有以下几种。①补充能源和碳源：常在发酵液中添加葡萄糖、液化淀粉等，除此外，作为消沫剂的天然油脂，也可起到补充碳源的作用。②补充氮源：常在发酵过程中添加蛋白胨、豆饼粉、花生饼、玉米浆、酵母粉和尿素等有机氮源和氨水、硫酸铵等无机氮源。由于氮源本身及其代谢后能引起一定的酸碱度变化，可起到一定的调节发酵液pH值的作用。加入微量元素或无机盐，如磷酸盐、硫酸盐、氯化钴等，对生产菌的生长、生产起着调节促进作用。③补充诱导物：对于产诱导酶的微生物，在补料中加入该酶的作用底物，是提高酶产量的重要措施。④补充产物合成的前体物质：在发酵过程中适当添加前体物质，可避免氨基酸、抗生素、核苷酸等产物合成途径的反馈和抑制作用，获得较高的产率。通常前体物质加入量越多，产物的产量就越高，但前体的浓度越大，利用率就越低。而且大多数前体物质，会对菌体有一定的毒性，不宜一次加入量过大。所以，采用分批补料的方式加入。

在补料控制中最常见的是补加碳源及氮源。补料时要以基础培养基中碳源、氮源种类、用量和消耗速率，前期发酵条件，菌种特性和种子质量等因素来判断补料的方式、时间及用量。一般在加糖后开始的阶段，维持较高浓度的还原糖含量，对生物合成有利；但维持过久，则会导致菌丝大量繁殖，影响发酵产率。所以，还原糖维持的水平应因具体情况而略有差异，一般维持在0.8%～1.5%较为适合，以达到合理控制菌丝量的增加、糖的消耗与发酵单位增长三者之间的关系，就可获得比采用丰富培养基更长的生物合成期。除了以还原糖作为控制指标外，也可以用总糖作为指标。如土霉素发酵补糖方式为：前期少量多次，残糖控制在5%～6%；中期保持半饥饿状态，残糖控制在4%～5%；后期，残糖控制在3%～4%；放罐时为2%左右。有的发酵控制，还须参考糖的耗用速率、pH值变化、菌丝发育情况、用油多少、发酵液黏度、罐内实际体积等多方面因素。如用丝状菌发酵产青霉素G的补糖控制就以残糖量及pH变化为依据，一般残糖将至0.6%左右，pH上升后就可开始加糖，加糖率为每小时0.07%～0.15%，每小时加1次。球状菌发酵产青霉素G的补糖控制是在发酵20h后，当pH高于6.5时开始加糖，使全程的pH维持在6.7～7.0。补糖的方式一般都以定时间歇加入为主，但近年来逐渐用定时连续滴加的方式来补料。连续滴加比分批加入控制效果更好，可避免一次加入过多引起环境突然改变而影响菌体的代谢。有时会出现一次补料过多，十几小时不增加发酵单位的现象，这可能是由于环境的突然变化，菌体需要一个适应的过程。这种环境的突然改变有时还可能导致产物合成方向的改变，使发酵单位受到影响。补充氮源常采用通氨方式，通氨时要采用细流，并注意泡沫情况。为了避免一次加入过多，造成局部碱度过高，有些发酵工厂把氨水管道接到空气分管内，借助气流分散氨水，迅速将之与培养液混合均匀。另外，有些工厂根据发酵代谢的具体情况，中间添加某些具有调节生长代谢作用的物料等，如磷酸盐、尿素、硝酸盐、Na_2SO_4、酵母粉或玉米浆等。如遇生长迟缓、耗糖低，习惯补充适量的磷酸盐，以促进糖的作用，但也需注意与培养时间和空气流量的配合。

总之，补料工艺的确定较为灵活。不同的微生物、不同的培养条件，控制方法也有差异，不能照搬套用，应具体情况具体分析，通过实践确定最适的中间补料控制工艺。通常在添加补料时应注意以下几个问题：料液配比要适合，过浓会影响消毒及料液的输送，过稀则料液体积增大，会带来一系列问题，如发酵单位稀释、液面上升、加入天然油脂类的消泡剂量增加等；对设备和操作需加强无菌控制；应考虑经济核算，注意节能减耗。

6.2.9 泡沫的形成及其对发酵的影响

6.2.9.1 泡沫的形成

泡沫是气体被分散在少量液体中的胶体体系，是体积密度接近气体，而不接近液体的"气/液"分散体。泡沫有两种类型，一种是发酵液液面上的泡沫，气相所占的比例特别大，与液体有较明显的界限，如发酵前期的泡沫；另一种是发酵液中的泡沫，又称流态泡沫，分散在发酵液中，比较稳定，与液体之间无明显的界限。

发酵过程中形成气泡的主要原因是在发酵液中有气体及能稳定泡沫的物质存在。在发酵液中的气体有两种来源：气体由外界进入液体，在好氧发酵过程中通入大量的无菌空气，液体经搅拌吸入气体；气体由液体内部产生的气体聚结生成，如在微生物代谢过程中产生的代谢产物CO_2。从液体内部产生的气体，形成的泡沫一般较小、较稳定，在代谢旺盛时才比较明显。气泡产生的另一原因是在发酵液中存在能稳定气泡的物质，如糊精、蛋白质及一些代谢产物等，另外，细胞本身也具有稳定泡沫的作用。当形成气泡时，液体中出现气液界面，这些物质在界面上形成定向吸附层，与液体亲和性弱的一端朝着气泡内部，与液体亲和性强的一端伸向液相，在气液界面做定向排列，增加了泡沫的力学强度。在发酵液中的能稳定气泡的物质分子通常是长链形的，其烃链越长，链间的分子引力越大，膜的力学强度就越强。蛋白质分子中除分子间引力外，在羧基和氨基之间也有引力，因而形成的液膜比较牢固，泡沫比较稳定。

所以，泡沫的多少一方面与通风、搅拌的剧烈程度有关；另一方面与培养基所用原材料的性质有关，蛋白质原料如蛋白胨、玉米浆、黄豆粉、酵母粉等是主要的起泡因素。通常，培养基的配方中含蛋白质多，浓度高，黏度大，容易起泡，且泡沫多而持久稳定。水解不完全的多糖，糊精含量多，也容易引起泡沫的产生。在培养基中胶体物质多造成发酵液黏度大，更容易产生泡沫，如糖蜜原料与石油烃类原料，发泡能力特别强，泡沫多而持久稳定。

6.2.9.2　发酵过程中泡沫的变化

在发酵过程中，因微生物的代谢活动影响培养液的性质，进而影响泡沫的形成和消长。在发酵前期，由于培养基浓度大，黏度高，营养丰富，泡沫量大，且较稳定。随着发酵的进行，培养基中蛋白质等能稳定泡沫的物质被消耗利用，使液体表面黏度下降，泡沫的寿命逐渐缩短。当菌体大量繁殖时，尤其是细菌本身具有稳定泡沫的作用时，泡沫形成较多。在发酵后期因菌体自溶使发酵液中可溶性蛋白质增加，又导致泡沫量的回升。此外，发酵过程中若污染杂菌而使发酵液黏度增加，导致发酵异常，也会产生大量的泡沫。

6.2.9.3　泡沫对发酵的影响

大量泡沫的存在会给发酵带来一系列的负面影响。①通风发酵罐的装料系数（料液体积/发酵罐容积）一般取 0.7 左右。通常充满余下空间的泡沫约占所需培养基的 10%，而此部分空间及其所含培养基不能用来生产产物，则降低了发酵设备及原料的利用率。②导致氧传递系数的减小，严重时通气搅拌也无法进行，菌体呼吸受阻，导致代谢异常或菌体自溶。③导致了菌群的非均一性，由于泡沫高低的变化和处在不同生长周期的微生物随泡沫飘浮，或黏附在罐壁上，这部分菌体可能在气相环境中生长，从而引起菌体的分化、变异，甚至自溶，影响菌群的整体质量。④当大量起泡时，如控制不及时，会引起逃液，导致发酵液在排气管及轴封处残留或流失，引起营养成分及产物的损耗，并增大杂菌感染的机会。⑤消沫剂的加入有时会影响发酵或给提取工序带来麻烦。

6.2.9.4　泡沫的控制

泡沫的控制通常采用两种途径。一是调整培养基中的成分，如少加或缓加易起泡的原材料，或改变某些发酵控制参数，如温度、通气和搅拌功率，或改变发酵方式，如采用分次投料，以减少泡沫形成的机会。但这些方法的效果有一定的限度。二是在发酵过程中，采用机械消泡或化学消泡这两大类方法来消除已形成的泡沫。这是公认的效果较好的方法。另外，近年来也从生产菌种本身的特性着手，从遗传的角度来预防泡沫的形成。如可通过基因工程技术，优化菌株特性，筛选不产生流态泡沫的菌种，来消除起泡的内在因素。曾用杂交方法选育出不产生气泡的土霉素生产菌株。也可用混合培养方法，如产碱菌、土壤杆菌同莫拉菌一起培养来控制泡沫的形成。

下面主要对机械消泡及化学消泡两种方法进行介绍。

（1）化学消泡　化学消泡是在发酵罐中外加消沫剂使泡沫破灭的方法，是目前应用最广的一种消泡方法。大多数的消沫剂是表面活性剂，其作用是降低泡沫液膜的机械强度，或表面黏度，使泡沫破裂。优点是来源广泛，消泡效果好，作用迅速可靠，尤其是合成消泡剂效率高，用量少，同时，在发酵罐中安装泡沫的液位控制装置后，可通过控制消沫剂的自控添加实现对泡沫量的自动控制。

根据消泡原理和发酵液的性质，发酵过程中使用的理想消沫剂必须具有以下特点：消沫剂必须是表面活性剂，具有较低的表面张力，消泡作用迅速，效率高；消沫剂具有一定的亲水性，在气液界面的扩散系数必须足够大，才能迅速发挥它的消泡活性；消沫剂应具有持久的消泡或抑泡性能力；对发酵过程无毒，对人、畜无害；不影响产物的提取和产品质量；不影响氧的传递，不干扰溶解氧、pH 值等测定仪表的正常使用；能耐高温、高压灭菌；成本低。

许多物质都具有消泡作用，但是消泡程度却不同。发酵工业中常用的消沫剂分天然油脂类、聚醚类、高级醇类和硅树脂类 4 大类。

常用的天然油脂类有玉米油、豆油、米糠油、棉子油、鱼油和猪油等，它们除作消沫剂外，还可作为碳源。但消泡能力不强，对于不同的微生物发酵其消泡能力及对产物合成的能力也不相同。同时，需注意油脂的质量、新鲜度、所接触的金属离子的种类，以免微生物生长和产物合成受到抑制。具有价格便宜，来源较广泛，在发酵过程添加后可被微生物作为碳源使用的优点。但不能一次加入过多，否则，各种油脂会被脂肪酸酶分解成各种脂肪酸，造成发酵液的 pH 值下降。过量的油脂也会抑制气泡的分散，使体积溶氧系数 $K_L a$ 中的气液比表面积 a 减小，从而显著影响氧的传质速率，使溶氧迅速下降，甚至到零。而且，油脂易氧化，氧化了的油脂对微生物的生长和代谢可能带来抑制作用。通常在豆油中添加 0.1%～0.2% α-萘酚或萘胺等抗氧化剂，可有效防止过氧化物的生成，消除豆油对发酵的不良影响。

化学合成类的消泡剂应用较多的是聚醚类，主要有聚氧丙烯甘油醚（简称 GP 型）和聚氧乙烯聚氧丙烯甘油醚（简称 GPE 型，俗称泡敌）。GP 的亲水性差，在稀薄的发酵液中效果好于黏稠发酵液，抑泡性能比消泡能力强，适用于基础培养基中。GPE 亲水性好，消泡能力强，作用快，但其溶解度也大，消泡活性维持时间较短，在黏稠发酵液中使用效果比在稀薄发酵液中更好，通常用量为 0.03% 左右。在实际生产中，可以考虑两者共同使用。十八醇是高级醇类中常用的一种消沫剂，它与冷榨猪油一起能有效控制青霉素发酵的泡沫。聚二醇具有消泡效果持久的特点，尤其适用于霉菌发酵。硅酮类消泡剂的代表是聚二甲基硅氧烷及其衍生物，不溶于水，单独使用效果很差。它常与分散剂一起使用，也可与水配成 10% 的纯硅酮乳液。这类消泡剂适用于微碱性的放线菌和细菌发酵。

消沫剂的消泡效果与它们在发酵液中的扩散能力有关。消沫剂的分散可借助于机械方法，也可借助某种称为载体或分散剂的物质，使消沫剂更易于分布均匀。消沫剂在应用中可通过下列方法来增效：①消泡剂加载体可增效，载体一般为惰性液体，消泡剂应溶于载体或分散于载体中，如 GP 用豆油为载体提高其消泡效果；②几种消泡剂并用可增效，如 0.5%～3% 硅酮，20%～30% 植物油或矿物油，5%～10% 聚乙醇二油酸酯，1%～4% 多元醇脂肪酸酯与水组成的消泡剂，可增强消泡作用；③消沫剂乳化可增效，如 GP 用吐温 80 为乳化具有增效作用，在庆大霉素和谷氨酸发酵中，其消泡能力可提高 1～2 倍。

（2）机械消泡　机械消泡是一种靠机械强烈振动、压力的变化，促使气泡破裂的方法。机械消泡的优点在于不需要引入外界物质，从而减少染菌的机会，节省原材料，不会增加下游工段的负担。缺点是需要消泡装置，并消耗一定的动力，而且不能从根本上消除泡沫成因。机械消泡的方法主要有两大类：一类是在发酵罐内设置消泡装置将泡沫消除；另一类是将泡沫引到发酵罐外的消泡装置，将泡沫消除后，分离的发酵液再返回发酵罐内。

罐内消泡常有耙式消泡桨、流体吹入式消泡、气体吹入管内的吸引式消泡、冲击反射板消泡、碟片式消泡器等机械消泡方式及设备。其中较常用的为耙式消泡桨，直径一般为 0.8～0.9 倍罐径（如图 6-14 所示）。它装于发酵罐内的搅拌轴上，

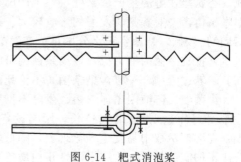

图 6-14　耙式消泡桨

齿面略高于液面。当产生少量泡沫时耙齿随时将泡沫打碎；但当产生大量泡沫、泡沫面上升很快时，耙桨来不及将泡沫打碎，就失去消泡作用，此时就需添加消泡剂，或将少量消泡剂加到消沫转子上，以增强消泡效果。

在消泡方式上，从对微生物代谢及发酵产品的质量影响上，还是从其使用方法上，机械消泡要比消沫剂消泡优越。但目前国内受生物反应器结构的局限，常以机械消泡和消沫剂消泡结合使用，以消沫剂消泡的方式为主，以机械消泡方式为辅。

6.3　杂菌及噬菌体感染

6.3.1　杂菌感染对发酵的影响及其防治

（1）杂菌感染对发酵的影响　目前，大多数的发酵为纯种培养过程，要求在发酵系统中只允许有生产菌存在，而当其他的微生物侵入了发酵系统，使发酵过程受到影响失去纯培养的意义时，即发生发酵染菌。据报道，目前国外抗生素发酵染菌率为 $2\%\sim5\%$，国内青霉素发酵染菌率为 2%，链霉素、红霉素、四环素发酵的染菌率为 5%，谷氨酸发酵噬菌体感染率为 $1\%\sim2\%$。杂菌污染会导致生产的一系列直接或间接的经济损失，造成大量原材料的浪费，菌种生产性能的破坏，菌种发生自溶，甚至造成倒罐及停产；降低设备利用率，破坏生产计划；杂菌所产生的物质，使目的产物的提取困难，污染最终产品，影响产品外观及内在质量；有些杂菌还会降解产物，降低发酵产率；遇到连续染菌，特别是在找不到染菌原因时，还会大大影响工作人员的情绪和生产积极性。

生产不同的品种，污染不同种类和性质的微生物，不同的污染时间，不同的污染途径，不同的染杂菌量，不同培养基和培养条件又可产生不同后果。

在发酵各过程中污染杂菌与噬菌体的影响是不同的，当感染了噬菌体，传播迅速，较难防治。发酵产量将大幅度下降，严重时造成断种，被迫停产，故危害极大。在污染的杂菌中，一般的真菌、不产芽孢的细菌，不耐热，找到染菌原因后，一般不会造成连续性染菌，而感染产芽孢的细菌时，由于芽孢耐热，不易杀死，往往一次染菌后会造成连续性染菌。

放线菌由于生长的最适 pH 为 7 左右，因此染细菌较多；而霉菌生长 pH 为 5 左右，因此染酵母菌较多。在抗生素的生产中，青霉素生产中污染能产青霉素酶的杂菌，会使青霉素迅速分解破坏，使目的产物得率降低。链霉素、四环素、红霉素、卡那霉素等虽不会像青霉素生产那样一无所获，但也会造成不同程度的危害。灰黄霉素、制霉菌素、克念菌素等抗生素抑制霉菌，但对细菌几乎没有抑制和杀灭作用。核苷或核苷酸及大部分的氨基酸发酵所采用的生产菌多为营养缺陷型微生物，其生长能力差，所需的培养基营养丰富，易受到杂菌的污染，染菌后，培养基中的营养成分迅速被消耗，严重抑制了生产菌的生长和代谢产物的生成。谷氨酸发酵的生产菌繁殖快，生产周期短，培养基营养不太丰富，一般较少污染杂菌，但噬菌体污染对谷氨酸发酵的影响较大。柠檬酸等有机酸发酵过程中，一般产酸后的发酵液 pH 值比较低，杂菌生长十分困难，在发酵中后期不太会发生染菌，而在发酵前期因菌体数量少，抵抗杂菌的能力低，污染杂菌的可能性大。在疫苗的生产过程中因多采用深层培养，在其培养过程中，一旦污染杂菌，不论死菌、活菌或内外毒素，都应全部废弃。

染菌使发酵液因菌体自溶、发酵不彻底等原因而导致黏度增大，增大后续提取工段的处理难度。如造成过滤时间拉长，影响设备的周转使用，破坏生产平衡，大幅度降低过滤收率；在溶剂萃取中易发生乳化现象，降低收率，影响产品纯度；在树脂处理过程中，预处理分离不彻底的胶体物质（水溶性蛋白质等）易黏附在树脂表面或被吸附，大大降低了树脂的容量，洗脱时杂质易混入产品中，影响产品的内在及外观质量。此外，染菌使发酵、提取工段废液的有机物含量增大，生物需氧量（BOD）增高，增加"三废"治理费用和时间。

发酵过程中感染杂菌，会带来不同程度的危害。完全不染菌对于发酵工业来说，是不可能的，所以需对发酵过程的每一个工序进行无菌检测，尽可能地降低发酵染菌率，早发现早处理，将损失降到最低。

（2）杂菌感染的防治　导致发酵染菌的原因有很多，情况较为复杂，染菌后应尽量及时找出染菌原因，认真分析原因，总结发酵染菌的经验，为能采取防治措施做好准备。发酵染菌及原因分析见表 6-5。

表 6-5　发酵染菌及原因分析

项目	发酵染菌	染菌原因分析
感染杂菌种类	耐热的芽孢杆菌等	培养基或设备灭菌不彻底、操作问题、设备存在死角等
	不耐热的细菌、无芽孢杆菌、酵母及霉菌等	无菌室灭菌不彻底、无菌操作不当、种子带菌、灭菌不彻底、空气系统失效、设备或冷却盘管渗漏等
不同染菌时期	种子培养期	种子带菌、培养基或设备灭菌不彻底，以及接种操作不当或设备因素等原因而引起染菌
	发酵前期	种子带菌、培养基或设备灭菌不彻底，以及接种操作不当或设备因素、无菌空气等原因而引起染菌
	发酵中、后期	空气过滤不彻底、中间补料染菌、设备渗漏、泡沫顶盖以及操作问题而引起染菌
大批量发酵罐染菌	发酵前期	种子带菌、连消设备染菌
	发酵中、后期	中间补料染菌，如补料液带菌、补料管渗漏，如杂菌类型相同，一般是空气净化系统存在空气系统结构不合理、空气过滤介质失效等问题

针对不同的染菌原因，应采取及时有效的防治措施。

① 种子带菌的防治　根据生产工艺要求和特点，建立相应的无菌室，交替使用各种灭菌手段对无菌室进行处理，严格控制无菌室的污染。通过严格的无菌检查，确保从斜面菌种起的任何一级种子均未受杂菌污染后才能使用；对菌种培养基或器具进行严格的灭菌处理，保证灭菌操作的正确性，防止灭菌时的"假压"。

② 空气带菌的防治　空气系统的带菌常会造成较大规模的染菌。要杜绝无菌空气带菌，首先要加强生产环境的卫生管理，减少生产环境中空气的含菌量。根据工厂所在环境条件，设计合理、高效的空气除菌系统。如正确选择采气口；加强空气压缩前的预处理，如增加高效前置过滤器；通过采用合适的、低油的压缩机及高效、节能的冷却、分离、加热设备流程，尽可能减少空气带油、带水，降低空气的相对湿度；选用和安装合理的空气过滤器；采用除菌效率高的过滤介质；在介质安装时，保证一定的充填密度，防止在过滤器灭菌时介质被冲翻而造成短路，避免介质被烤焦或着火，防止过滤介质的装填不均而使空气走短路。

③ 防止发酵罐、管件的渗漏、灭菌死角　发酵罐是生产的主要设备，在使用前，必须对发酵罐进行认真检查，检查各附件的安装是否有松动，运行是否异常，机械密封是否严密，罐内的管道有无堵塞，夹套或罐内冷却管是否有泄漏，以及罐体连接阀门是否严密等。

④ 操作失误导致染菌及其防治　严格控制灭菌操作，避免"假压"现象，灭菌过程严格控制灭菌温度，最好采用自动控温系统；灭菌后的冷却需用无菌空气对发酵罐保压，防止罐内形成真空造成罐体内吸鼓起；同时，要求灭菌蒸汽采用饱和蒸汽，冷凝水越少越好，保证热量的穿透力；要严防泡沫冒顶、逃液，造成罐顶清洗不净的死角存在或泡沫中的空气和液膜的隔热作用造成灭菌不彻底，及时添加消泡剂防止泡沫的大量产生；要加强生产技术管

理，严格按工艺规程操作，分清岗位责任事故，奖罚分明，将生产技术进步、设备改良和加强管理同时并重，尽可能地降低染菌带来的损失。

6.3.2 噬菌体感染对发酵的影响及其防治

(1) 噬菌体感染对发酵的影响　通常在工厂投产初期，噬菌体的感染概率较小，随着生产时间的延长，生产和试验过程中对生产废水、废气的处理不当，未经灭菌就将活菌体排放到环境中去，使环境中能感染此种生产菌的噬菌体大量生长、繁殖，增大了感染噬菌体的概率。一旦环境中的有一定量的噬菌体，就极易感染。噬菌体体积小，能通过细菌过滤器，结构简单，繁殖速率快，对发酵的危害严重。在发酵过程中如果受噬菌体的侵染，一般发生溶菌，随之出现发酵迟缓或停止，而且往往会反复连续感染，使生产无法进行，甚至会发生生产断种。

感染噬菌体的表现为：镜检可发现菌体数量明显减少，出现不规则菌体碎片，严重时完全看不到菌体；发酵液的光密度不上升或回降；发酵液 pH 值逐渐上升，4～8h 之内可达8.0 以上，不再下降；发酵液残糖高，有刺激臭味，黏度大，泡沫多。菌体浓度增长缓慢或停止，产物生成量甚少。

(2) 噬菌体的防治　防治措施：建立工厂环境清洁卫生制度，做到定期检查、定期清扫，车间四周有噬菌体严重污染的地方应及时撒石灰或漂白粉。严格进行无菌操作。种子和发酵工段的操作人员要严格执行无菌操作规程，防止噬菌体在菌种的保藏、转接、移种过程中侵染种子。严格进行发酵罐、补料系统的灭菌。对逃液和取样分析和洗罐所废弃的菌体应进行严格灭菌后才可排放。选育抗噬菌体的菌种，或轮换使用菌种。在生产中发现噬菌体后，立即停止搅拌、减小通风，并将发酵液加热到 70～80℃，5min 杀死噬菌体后才可排放。或将培养基灭菌后再重新接种，或在发酵液追踪加入化学药物抑制噬菌体，如谷氨酸发酵可加 (2～4)×10⁻⁶ 氯霉素，0.1% 三聚磷酸钠，0.6% 柠檬酸钠或铵。四环素可抵抗乳糖杆菌噬菌体，吐温 60 等表面活性剂可抑制噬菌体的增殖和吸附等。利用噬菌体只能在生长阶段的细胞（即幼龄细胞）中繁殖的特点，将发酵正常并无杂菌感染，菌龄处于对数生长期之后的发酵液加入感染噬菌体的发酵液中，以等体积混合后再分开发酵。实践证明，此种方法在谷氨酸发酵中可获得较好的效果。

6.4　发酵终点的判断

发酵终点的判断即确定合理的放罐时间或发酵周期，此时间是由实验来确定的，就是根据不同的发酵时间所得的产物产量计算发酵罐的生产能力和产品成本，采用生产力高而成本又低的时间，作为放罐时间。其中发酵生产能力是指单位时间内单位罐体积的产物积累的量，单位为 g/(L·h)。

发酵过程中的产物形成，有的是菌体生长关联型或部分关联型，如初级代谢产物氨基酸等的生产；有的是菌体生长非关联型，如次级代谢产物抗生素的生产。但不论在菌体的哪个生长阶段产生产物，到了发酵后期，菌体的生理机能下降，使产物的生产能力下降或停止，当营养耗尽时，菌体衰老而进入自溶阶段，释放出体内的核酸、蛋白质等物质，甚至会分泌产物的分解酶破坏已形成的产物，影响发酵液的物理性质，降低产量。所以，确定一个合理的放罐时间，尤为重要。一般需要考虑下列三方面的因素。

(1) 经济因素　结束发酵的时间或放罐时间的确定首先要考虑经济因素，即要以最低的生产成本来获得最大生产能力的时间为最适发酵结束时间。在发酵过程中，发酵后期的菌体生产速率较小（或停止），随发酵时间的延续，单位发酵液体积中产物产量的增长有限。如果继续延长时间，平均生产能力下降，而动力消耗、管理费用支出、设备消耗等费用仍在增加，使产物成本增加。所以，需要从经济学角度进行权衡，确定一个合理的放罐时间。

对于发酵和原材料成本占整个生产成本主要部分的发酵产品，应以提高生产率（kg/m^3·h）、得率（kg 产物/kg 基质）和发酵系数 [kg 产物/(m^3 罐容·h 发酵周期)] 等指标作为主要考虑对象。如果下游技术成本占的比例较大、产品价格较贵，除考虑产率和发酵系数外，还要求高的产物浓度，易处理的发酵液特性等。因此，放罐时间还应考虑下列因素，如体积生产率 [g 产物/(发酵液 m^3·h)] 和总生产率。总生产率是指放罐时的发酵产量除以总发酵生产时间。总发酵生产时间包括发酵周期和辅助操作时间。因此要提高总的生产率，则有必要缩短发酵周期。这就要求在产物合成速率较低时放罐，没必要承担延长发酵时间所带来的更高的能量及成本消耗。

（2）产品质量因素　发酵时间长短对后续工艺和产品质量有很大的影响。如果发酵时间太短，势必有过多的尚未代谢的营养物质，如可溶性蛋白、脂肪等，残留在发酵液中，这些物质对发酵下游操作的过滤、提取、精制等工序都不利。如果发酵时间太长，菌体会自溶，释放出菌体蛋白、核酸类物质或体内的酶，又会显著改变发酵液的性质，增加过滤工序的难度。这不仅使过滤时间延长，甚至使一些不稳定的产物遭到破坏。所有这些影响，都可能使产物的质量下降，产物中杂质含量增加。故要考虑发酵周期长短对产物提取工序的影响。

（3）特殊因素　在实际发酵过程中还要考虑特殊因素。对老品种的发酵来说，生产中的放罐时间都已掌握，在正常情况下可根据作业计划，按时放罐。但当出现发酵异常时，如染菌、代谢异常，就应根据具体情况，进行适当处理。为了能够得到尽量多的产物，应该及时采取一些适当的措施，如改变发酵温度或重新补充营养物质等，但在临近放罐时，补料或消泡剂都要慎重，其补加量应根据糖耗速率计算到放罐时允许的残留量来控制，以免残留物过多对提取造成影响，并适当提前或延后放罐时间。

7 生物反应器及生物工艺过程放大

生物工程技术的最终目标是为人类提供服务，创造社会效益和经济效益。因此，生物产品必须经历从实验室到规模化生产直至成为商品的一系列过程，其研究开发过程包含了实验室的小试、适当规模的中试和产业规模化生产等几个阶段。随着生物产品生产规模的增大，生物工艺过程中的关键设备——生物反应器也逐渐增大。实验室的研究结果要放大到工业化生产中去，要力保放大过程中良好的结果稳定性及重现性，其中的关键是必须处理好生物反应器的合理、等效放大，达到技术工业化应用的目的。

7.1 生物反应器

利用生物催化剂（游离态或固定态的微生物或动植物细胞及酶）进行生物技术产品生产的反应装置称为生物反应器或生化反应器，常称为发酵罐。生物反应器的结构及功能的设计均以生物催化剂为中心，除了考虑一般反应器的传质、传热、参数检测及最优化控制等因素外，还需重点考虑对生物体的生长特性和要求的满足，如生物体对氧气、基质、温度、pH的不同需求，对剪切力的敏感程度、无菌程度的要求，含生物体培养液的流体力学特性等。

7.1.1 生物反应器的分类

随着生物工程的不断发展，生物反应器的种类日渐繁多，可从不同角度对生物反应器进行分类。根据所使用的生物催化剂种类的不同，可将生物反应器分为酶生物反应器和细胞生物反应器，其中细胞生物反应又可分为微生物细胞生物反应器、动物细胞生物反应器、植物细胞生物反应器、微藻生物反应器。根据培养过程中是否需要光照，分为光照生物反应器和普通生物反应器。光照生物反应器主要用于一些植物细胞及微藻类细胞的培养过程，为了便于透光，反应器的壳体部分或全部采用透明材料，通常配有备用光源，满足细胞对光强的需求，以更好地进行光合作用。

根据生物催化剂的使用形式，可分为固定化酶或细胞的反应器、游离态酶或细胞的反应器。其中常见的酶、细胞的反应器具体有搅拌罐式反应器、固定床或填充床反应器、流化床反应器、膜式反应器、鼓泡塔塔式反应器等。根据生物反应器的几何形状（高径比或长径比）和结构特征来分类，可将反应器可分为罐式（槽式或釜式）、管式、塔式及膜式等几大类。罐式反应器的高径比较小，一般为1~3，常含有搅拌器。根据操作方式不同可分为分批（间歇）式、分批补料式、连续式。连续式操作时采用多级罐式反应器串联使用。管式反应器的长径比最大，一般大于30。塔式反应器的高径比介于罐式及管式之间，通常竖直安装，大部分塔式反应器的形状是上部分圆柱体的直径大于下半部分圆柱体的直径，可达到对反应液减速分离部分细胞的作用。管式及塔式反应器一般只用于连续操作。膜式反应器是在其他形式的反应器中加装膜组件，使游离的酶、细胞或固定化酶或细胞保留在反应器内不随反应产物排出。

根据培养基状态分为固态生物反应器及液态生物反应器。对于大多数的生物反应都是采用深层液态发酵方式，但仍有一部分研究及应用采用固态发酵方式，如固态白酒的制备、调味品的生产等。其中固态发酵反应器根据基质的运动情况可分为：静态固态发酵反应器，包括浅盘式或塔柱式反应器；动态固态发酵反应器，包括带机械搅拌的筒式、柱式、转鼓式反应器等。

根据微生物细胞对氧的需求与否，分为好氧型生物反应器和厌氧型生物反应器。好氧型生物反应器，又称通气生物反应器，根据通入空气及物料混合的方式不同，可分为搅拌式、气升式、自吸式反应器。前两者在反应过程中利用外界动力通入无菌空气或氧气，并通过机械搅拌作用及空气上升作用使物料混合、循环。自吸式反应器是通过转子的高速旋转产生真空将无菌空气自行吸入反应器，利用空气上升作用使物料混合、循环。这 3 种反应器各有其特点及应用范围，目前机械搅拌通风式反应器的应用最广。

生物反应器的种类繁多，规模大小不同，其结构特征、使用范围也不相同。下面以深层液态发酵培养及固态发酵培养为基础，对常见的几种生物反应器及其使用情况进行介绍。

7.1.2 深层液态反应器

目前，大多数的生化反应都是采用深层液态发酵法，它具有如下优点：液体悬浮状态是许多微生物的最适生长环境；在液态环境中，菌体、底物、产物（包括热）易于扩散，使发酵在均质或拟均质条件下进行，便于检测、控制，易扩大生产规模；液体输送方便，易于机械化、自动化操作，产品易于提取精制；对其相应的生物反应器的研究、应用也较为深入及广泛。常见的好氧深层液态反应器有机械搅拌通风反应器、气升式反应器、自吸式反应器等。

7.1.2.1 机械搅拌通风反应器

机械搅拌通风反应器能适用于大多数的生物过程，是对大部分及新的生化过程的首选生物反应器。通常只是在机械搅拌通风反应器的气液传递性能或剪切力不能满足生化过程时才会考虑用其他类型的反应器。机械搅拌通风反应器大多数用于补料及分批补料式操作。据不完全统计，它占了发酵罐总数的 $70\% \sim 80\%$。目前，机械搅拌通风反应器已形成标准化的通用产品，对于不同的生化过程具有更大的操作灵活性。我国拥有 $630\mathrm{m}^3$ 特大型的机械搅拌通风反应器，是世界上最大型的通用罐之一。

机械搅拌通风反应器结构如图 7-1 所示。反应器的常见结构包括：罐体、搅拌装置、电动机与变速装置、换热装置、挡板、消泡装置，空气分散装置；在壳体的适当部位设置的溶氧电极、pH 电极、CO_2 电极、热电偶、压力表等检测装置，排气、取样、放料和接种口，酸、碱管道接口和人孔、视镜、人梯等部件。它各部位的几何尺寸目前已趋于标准化。

反应器的罐体由圆柱体和椭圆形或蝶形盖和底封头连接而成，为满足工艺要求，罐体的形状及壁厚均能承受消毒时的蒸汽压力。材料以不锈钢为好，但价格较贵，有些较大型的反应器也可采用铸钢为主体，内衬不锈钢的复合材料。小型反应器的罐体和罐顶常采用法兰连接，上设手孔方便清洗、

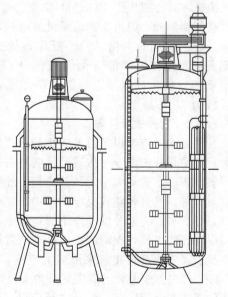

图 7-1　机械搅拌通风反应器结构图

配料。大型反应器的罐体和罐顶常采用焊接连接，为了满足清洗及灭菌要求，焊接部位需用强酸、强碱钝化和抛光处理。罐顶上设置人孔、光照灯孔，并将进料管、排气管、接种管、压力表等尽可能地安排在罐顶，管路采用几管合用、与罐体连接的管道越少越好的原则。

反应器的搅拌器使被搅拌的液体产生轴向流动和径向流动，其作用为混合和传质，它使通入的空气破碎分散成气泡，增大气-液界面，与发酵液充分混合，获得所需的溶氧速率，并使细胞悬浮分散于发酵体系中，以维持适当的气-液-固（细胞）三相的混合与质量传递，同时强化传热过程。搅拌器的叶轮可以分成两大类型：轴流式叶轮和径向叶轮。轴流式叶轮的叶面通常与轴成一定的角度，产生的流体流动基本轨迹是平行于搅拌轴的。径向叶轮的叶面是平行于搅拌轴、垂直于轴截面的，使流体沿叶轮半径方向排出。搅拌叶轮大多采用涡轮式，最常用的有平叶式、弯叶式圆盘涡轮式搅拌器，叶片数量一般为 6 个。涡轮式搅拌器具有结构简单、传递能量高、溶氧速率高等优点，但轴向混合较差，搅拌强度随搅拌轴距离增大而减弱，当培养液黏稠时，其搅拌和混合效果将大大下降。为了强化轴向混合，可采用涡轮式和螺旋桨式叶轮共用的搅拌系统。

在反应器中加设挡板是为了防止液面中央形成漩涡流动，增强其湍流和溶氧传质。挡板的高度自罐底起至设计的液面高度止。全挡板条件是在搅拌发酵罐中增加挡板或其他附件时，搅拌功率不再增加，而旋涡基本消失。搅拌器的形状和安装位置决定其在发酵罐内运行的性能。经验表明，发酵罐中如采用列管式换热器也可起到挡板的作用。

发酵罐常用的无级变速装置有三角皮带传动、圆柱或螺旋圆锥齿轮减速装置。在搅拌轴与发酵罐之间需用轴封来防止染菌和泄漏，目前大型发酵罐中常采用双端面机械轴封。端面轴封的作用是靠弹性元件（弹簧、波纹管）的压力使垂直于轴线的动环和静环光滑表面紧密地相互贴合，并做相对转动而达到密封，具有清洁、密封可靠、使用时间长、无死角、摩擦功率耗损小、轴或套不受磨损、对轴的震动敏感性小等优点，而原有的填料轴封因易磨损和渗漏，现很少采用。

反应器中的换热装置有罐内换热及罐外换热两种方式。罐内换热常在发酵罐内部加设盘管进行换热，但为了减少反应器内部的结构，便于清洗及灭菌，对于小型反应器多采用夹套式换热方式。对大于 $100m^3$ 的工业发酵罐也有采用将发酵液引入罐外，在外部通过热交换器进行换热的，但由于循环泵使发酵液起泡，造成冒罐跑液，影响其应用。

对于好氧的生化过程，反应器的通气装置是必需的，一般气体分布器置于反应器底部最底层搅拌桨叶的下面。气体分布器是带孔的平板、盘管或只是一根单管，为防止堵塞，一般孔口朝下。根据工厂经验，喷孔直径取 $2\sim5mm$，空气分布管内的空气流速一般为 $20m/s$。

7.1.2.2　气升式反应器

气升式反应器也是目前应用较为广泛的生化反应设备，这是一类塔式反应器，高径比较大，其中相际的混合与传质是借各种方式诱导的环流来实现的。具有结构简单、不易染菌、溶氧效率高、剪切力小、传热良好、能耗低等优点。常见类型有气升环流式、鼓泡式、空气喷射式等。气升环流式反应器靠中央拉力管中的压缩空气进行射流，诱导液体自拉力管内上升，然后自拉力管外的环隙下降，形成环流（见图 7-2）。喷射环流式反应器是用机械泵喷嘴引射压缩空气，在喷嘴出口处形成强的剪切力场，将射入的空气在液相分散为小气泡，再在反引器内重新聚集起来形成大气泡，通过环流得以再度分散，从而加快传质速率（见图 7-3）。已在工业上大量应用气升内环流反应器、气液双喷射气升环流反应器、设有多层分布板的塔式气升反应器。气升式反应器现已广泛地应用于酵母生产、细胞培养、酶制剂生产、有机酸生产及废水的生化处理等领域。

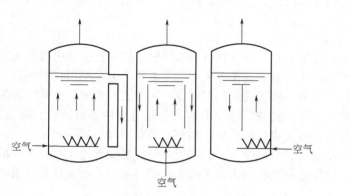
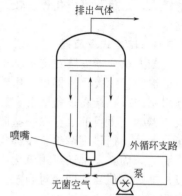

图 7-2　气升环流反应器示意图　　　　图 7-3　喷射环流反应器示意图

气升式反应器的主要结构参数要求：反应器的高径比为 5～9，导流筒径与罐径比为 0.6～0.8，空气喷嘴直径与反应器直径比及导流筒上下端面到罐顶及罐底的距离也很重要，其对发酵液的混合与流动、溶氧等有重要影响。气升式反应器的主要操作特性参数有平均循环时间 t_m、气液比 R、溶氧传质等。平均循环时间 t_m 是发酵罐内发酵液量与导流管（上升管）的发酵液循环流量之比，循环时间太短或太长都会影响溶氧速率。气液比 R 即是发酵液的环流量与通风量之比。通风量对气升式发酵罐的混合与溶氧起决定作用。气升式反应器的溶氧传质取决于发酵液的湍流及气泡的剪切细碎状态，而气液两相流动与混合主要受反应器输入能量的影响。

7.1.2.3　自吸式反应器

自吸式反应器是由充气搅拌叶轮或循环泵来完成对发酵液的搅拌、充气的。该发酵罐不需空气压缩机供应压缩空气，而是利用搅拌器旋转时产生的抽吸力吸入空气。自吸式发酵罐使用的是带中央吸气口的搅拌器。搅拌器由从罐底向上伸入的主轴带动，叶轮旋转时叶片不断排开周围的液体，使其背侧形成真空，于是将罐外空气通过搅拌器中心的吸气管而吸入罐内，吸入的空气与发酵液充分混合后在叶轮末端排出，并立即通过导轮向罐壁分散，经挡板折流涌向液面，均匀分布。

7.1.3　固态发酵反应器

固态发酵过程虽然不如深层液态发酵普遍，但固体发酵也具有很多液体发酵所不具备的优点，主要表现为：培养基组成较简单，多为便宜的天然原料；培养基含水量低，可大大减少生化反应器的体积，所产生的废水量较少，常不需要严格的无菌操作，后处理加工较方便；不一定需要连续通风，一般可通过间歇式通风或由气体扩散实现供氧；产物的产量较高；设备简单、投资小、能耗低。依据固态发酵过程的应用，常见的固态发酵反应器主要有以下几种类型。

7.1.3.1　浅盘式反应器

浅盘式反应器很早地应用于抗生素、有机酸的固态表面培养的生产中。通常为由木质、塑料或金属的材质制成的、带盖或无盖的、底部能通风的浅盘。虽然浅盘作为反应器操作简单、产率较高，但存在体积过大、需消耗大量的劳动力、较难实现机械化操作等缺陷，所以，在工业化生产中的应用较少。

7.1.3.2　填充床反应器

填充床反应器中的固体物通常呈颗粒状，粒径为 2～15mm，堆积成一定高度（或厚度）的床层，床层静止不动，在床层底部通常装有强制通风装置，可满足较大量的固态培养基的发酵需求，是目前机械化程度较高的能实现固态发酵的反应器。主要用于米曲、麸曲的工业化制备。

7.1.3.3　转鼓式反应器

转鼓式反应器安装在支承轴上，由转动装置带动整个筒体旋转，物料在转筒中转动得以充分的混合。此类反应器也应用较广，从实验室规模到工业规模都有。但在使用过程中，易使原料结团或粘结在设备壁上，影响传质，易造成灭菌不彻底，影响正常发酵。此外，转鼓式反应器的放大目前也存在一些问题。有些发酵厂将米曲的制备过程中的原料清洗、浸泡、蒸饭、接种、通风发酵等工序都集中在转鼓式反应器中，提高了设备的利用效率。

另外，固态发酵还可用流化床反应器、传输带（盘）式反应器、螺旋推进式反应器、塔式反应器等，但目前国内对固态反应器的研究应用仍处于起步阶段，还需不断地提高其机械化程度及工业化规模的应用。

7.2　实验室试验研究

7.2.1　实验室的生物反应器

实验室的研究内容主要为新产品开发的理论研究，新发酵菌种的选育、筛选，新发酵原料的开发，培养基配方及培养条件的优化，新工艺及技术的研究及放大等。根据研究的规模及细胞特性不同，所借助的生物反应器或研究工具也不同。

在实验室中小规模的研究，常要用到各种型号的试管、培养皿、三角瓶等玻璃器皿。试管、培养皿主要用于新菌种的保藏、筛选研究。三角瓶的常用规格为 100mL、250mL、500mL、1000mL 等，较广泛地应用于培养基及培养条件、新工艺技术等的研究。

对于好氧型发酵过程的研究，主要借助的设备有气体自然交换的摇瓶发酵和强制通气的发酵罐发酵。前者需要摇瓶机，后者需要容量大小不同的发酵罐。摇瓶机有往复式和旋转式两种。它们主要由支持台、电动机、控制系统等部件构成。支持台上可装有不同数量和不同容量大小的摇瓶，有 150mL、500mL、1000mL 的摇瓶，有时甚至采用 50mL 的摇瓶或更小的试管或 4L 的大摇瓶。为了提高通气效果，还可使用装有挡板的摇瓶，挡板摇瓶可以增加气液接触面积，提高气液传质效果，从而提高溶氧水平，其作用相当于发酵罐中的挡板，对于一些对氧要求比较高的微生物发酵，如青霉素、头孢菌素 C 等，使用挡板摇瓶发酵与普通摇瓶相比能大幅提高发酵单位。为了在实验室规模中更好地实现对发酵过程的控制，还在摇瓶上设置补料口或 pH 探头等插口。往复式摇瓶机的往复频率通常为 80～120 次/min，冲程为 8～12cm，适用于培养单细胞菌体，如细菌和酵母，若用于培养丝状菌，则易在培养基表面上形成菌膜，影响与氧的接触。旋转式摇瓶机的旋转速率一般为 60～300r/min，偏心距为 3～6cm。由于旋转式摇瓶机具有传氧速率好、功率消耗小、培养基不易溅到瓶口等优点，故常采用。特别是较新的转速高达 500r/min 的高转速旋转式摇瓶机，可获得与深层搅拌培养相接近的发酵结果。在选择和使用摇瓶机时，要注意其培养室中要配有良好的空气循环及温控设施，以保证各处的温度均匀并维持在所要求的温度范围内，避免影响发酵，引起实验结果的差异。

实验室内的小型发酵罐可实现实验室阶段的较大规模培养试验。实验室的发酵罐的罐体材料有的是玻璃制作的，有的是不锈钢制作的。它们附有温度、pH、溶氧、氧化还原电位、DO 值、泡沫和液位等参数的传感器，有的还配有尾气分析仪、微型电子计算机，用于监测和自动控制发酵过程。最新的配件还有高分辨率的在线细胞显微观察仪，可实现对

$0.5\sim150\mu m$ 范围微粒进行在线观察，其目视放大倍数可达 600 倍，43.18cm（17in）显示器的放大倍数可达 2000 倍，有效地实现了细胞生长状况的在线观察。因此，可通过发酵罐的各在线检测仪，考查通气量、搅拌器转速、温度、培养基组成、pH、发酵时间、菌体生长情况等参数对发酵过程、菌体生长速率、产物合成速率等的影响。一般 1L 的发酵罐用于制备种子和适应性试验，4~28L 发酵罐适用于基础考查实验，30~150L 或更大的发酵罐适用于中间放大试验，通过不同规模的发酵试验，可为生产放大提供重要的试验依据。

7.2.2　摇瓶试验

摇瓶试验是实验室研究的主要方式，是在一定大小体积的锥形烧瓶中装入一定量的培养基，经灭菌、接种，在摇瓶机上进行恒温振荡培养一定时间后，分析测定培养液中的参数变化和产物得率的试验。试验中摇瓶的装载量一般为 10%~20%，如果太高会使发酵液溅到瓶口的棉塞，影响正常的通气及发酵。摇瓶试验的方法可用较少量的培养基，获得大量的数据，但因受到条件的限制，对菌体的生长及发酵结果有一定的影响，影响因素主要有以下几方面。

7.2.2.1　瓶塞对氧传递的阻力

为了保证瓶内的纯种培养，将瓶内发酵液与瓶外环境相隔绝，所以需配置适当的瓶塞。通常瓶塞的滤材有棉花、纱布、纤维纸、特殊的聚乙烯醇等。而一定厚度的过滤介质，可以杜绝外界空气中的杂菌或杂质进入瓶内，但同时增大了瓶外氧气的传递阻力。不同材质的瓶塞对氧的传递阻力是不同的，在某些情况下可能成为氧传递的限制性因素。因此，在实际工作中，在保证除去杂菌的前提下，尽量选用传递阻力小的瓶塞材质和合适的介质厚度。

7.2.2.2　摇瓶内水分蒸发的影响

摇瓶在振荡培养期间，由于发酵液中的水分经由瓶塞而蒸发，影响了发酵液的体积及各成分浓度，改变了发酵液与摇瓶总体积的比值，进而改变了氧的传递速率。而在发酵罐中发酵是不存在此问题的，所以水分的蒸发成为摇瓶试验中不可忽略的影响因素之一。如用链霉菌生产红霉素，在 34℃ 条件下，将 20mL 发酵液装入 100mL 的摇瓶中振荡培养 162h，发现水分蒸发量为 10mL，如果在摇瓶试验过程中，注意定期按量补加水分，则可提高红霉素的发酵单位。摇瓶发酵过程中水分的蒸发量与发酵温度、周围空气的相对湿度和水汽的传递系数等因素有关，通常接种后的发酵液比未接种的发酵液在同等条件下的水分蒸发量高一些，这可能是因为菌体的生长代谢产生的生物热，使更多的水分蒸发。

7.2.2.3　与氧气接触的比表面积的影响

摇瓶发酵过程中氧气的提供，仅靠通过瓶塞过滤后的外界空气与发酵液液体表面接触而传递到液体内部。所以，氧的传递与发酵液的比表面积大小密切相关。影响比表面积大小的因素主要有：摇瓶机振荡的频率和振幅大小；摇瓶内培养基体积与摇瓶总体积的比例，即装载量大小；摇瓶的结构等方面。氧的传递速率在一定程度上与摇瓶机的振荡剧烈程度成正比，与培养基的装载量呈反比关系，装载量愈大，氧的传递速率就愈小，反之就大。这是因为振荡的剧烈程度及装载量对瓶中与空气接触的比表面积的影响而导致对氧传递的影响。所以应通过试验来确定摇瓶机振荡的最佳频率或振幅及发酵液的最佳装载量。摇瓶的形状对比表面积也有较大的影响，如前所述在摇瓶中设定挡板，可提高氧的传递，但易产生泡沫。平底摇瓶在对氧的传递方面优于圆底摇瓶。

除了上述影响因素外，摇瓶试验中还有培养温度、摇瓶机停机的时间、接种量大小、摇瓶机的稳定性等因素都会对发酵结果产生影响，其中摇瓶机停止运转的时间影响较为明显。因此在摇瓶试验中，应通过多次试验，来确定最佳条件，并严格控制条件，以保证每次试验结果的可靠性及重现性。

7.2.3 实验室研究和试验设计方法

7.2.3.1 实验室研究内容

微生物发酵的实验室研究有以下内容：选育优良菌株；研究菌株的保藏条件及其稳定性；研究菌株的性能；研究菌株最优培养条件，即考查培养基最适组成、最佳的 pH、温度、培养时间、通气程度等培养条件；考察菌株实验室规模的培养技术。

除了考察上述实验内容外，为了尽可能地提高生产水平，还需进一步详细研究影响代谢产物产量的关键因素，所以实验室摇瓶试验仅能提供生产菌株的基本信息和初步的发酵工艺数据，尚待在实验室及中试试验的较大规模发酵罐中进一步考查。

7.2.3.2 实验室研究常用试验设计方法

在上述的试验中，常需要考查多个因素、多个水平的影响。但按单个因素进行全面试验，如考察 N 个因素、R 个水平，则需要进行 N^R 个试验，需要消耗大量的人力物力和时间，因此，需要对因素进行合理的试验设计，通过尽量少的试验来获得尽量多的、可靠的试验信息。在数理统计中常采用统计学方法来进行最佳化条件的考察试验。目前在生物工程试验设计中常采用的统计学方法有正交设计、均匀设计、响应面分析、遗传算法等。

（1）正交设计　正交设计是研究多因素多水平试验常用的一种设计方法，它是根据正交性从全面试验中挑选出部分有代表性的点进行试验。正交试验设计是一种高效率、快速、经济的试验设计方法。20 世纪 50 年代末，日本著名的统计学家田口玄一将正交试验选择的水平组合列成表格，称为正交表，对多因素多水平的试验方案设计借助正交表来安排，最后通过直观和方差分析，得出哪些因素对试验指标属于显著因素，哪些因素间有交互作用以及交互作用大小。另外，还能分析出试验的误差大小。一般来说，利用正交试验得出的结果比普通比较法所得结果对产量能提高 10%～50%，有时甚至更高。目前正交试验在很多领域的研究中已经得到广泛应用。

（2）均匀设计　均匀设计是基于试验点在整个试验范围内均匀散布，从均匀性角度出发的一种试验设计方法，是数论方法中的"伪蒙特卡罗方法"的一个应用，由我国方开泰和王元两位数学家于 1978 年创立。它在挑选代表点时有两个特点："均匀分散"、"整齐可比"，可使每个试验点具有更好的代表性，试验次数也可以大幅度地减少。试验的设计方案也是借助均匀设计表。均匀设计可作为发酵条件及培养基配方等方面优化试验中的设计方法，对处理多因素多水平的试验，更具优点。它与正交设计法相比具有如下优点：试验次数少，每个因素每个水平只做一次试验，试验次数与水平数相等，而正交设计的试验次数是水平数平方的整倍数；适当调整水平顺序，就可避免高（或低）档次水平相遇，以防试验出现意外现象；利用电子计算机处理试验数据，可迅速求得定量的回归方程式，便于分析各因素对试验结果的影响，定量地预测优化结果。

（3）响应面分析法　上述正交设计及均匀设计等仅能比较各因素及已定水平的优劣，无法提供未考察区域的信息，不能进行预报和控制。近年来兴起的响应面分析法，也称响应曲面法，可克服上述几种方法的不足，是一种将数学和统计学相结合的方法，综合了试验设计和数学建模，它将体系的响应（如发酵产量）作为一个或多个因素（如温度、基质浓度等）的函数，运用图形技术将这种函数关系显示出来，以供人们凭借直觉的观察来选择试验设计中的最优化条件。本方法的特点是试验设计合理，可用最少的试验数和时间经济地对试验进行全面研究，科学地提出局部和整体的关系，对因子和试验结果（响应面）之间、因子之间的相互关系进行优化。

响应面分析法建模最常用和最有效的方法之一就是多元线性回归方法。对于非线性体系可作适当处理化为线性形式。模型中如果只有一个因素（或自变量），响应（曲）面是二维空间中的一条曲线；当有两个因素时，响应面是三维空间中的曲面。应当指出，上述求出的模型只是最小二乘解，不一定与实际体系相符，也即计算值与试验值之间的差异不一定符合要求。因此，求出系数的最小二乘估计后，应进行检验。一个简单实用的方法就是以响应的计算值与试验值之间的相关系数是否接近于 1 或观察其相关图是否所有的点都基本接近直线进行判别。目前，响应面分析法已成为试验设计的热门方法，尤其是对培养基多组分及多种发酵条件水平的实验研究。

　　（4）遗传算法　遗传算法是近年来发展起来的不同于传统算法的、概念全新的优算法，已被用于生物培养条件的优化设计。遗传算法是一类借鉴生物界的进化规律（适者生存，优胜劣汰遗传机制）演化而来的随机化搜索方法。它是由美国的 J. Holland 教授 1975 年首先提出，其主要特点是直接对结构对象进行操作，不存在求导和函数连续性的限定，具有内在的隐并行性和更好的全局寻优能力，采用概率化的寻优方法，能自动获取和指导优化的搜索空间，自适应地调整搜索方向，不需要确定规则，是具有"生存＋检测"的迭代过程的搜索算法。遗传算法以一种群体中的所有个体为对象，并利用随机化技术指导对一个被编码的参数空间进行高效搜索。其中，选择、交叉和变异构成了遗传算法的遗传操作，参数编码、初始群体的设定、适应度函数的设计、遗传操作设计、控制参数设定 5 个要素组成了遗传算法的核心内容。遗传算法的这些性质，已被人们广泛应用于组合优化、机器学习、信号处理、自适应控制和人工生命等领域。它是现代有关智能计算中的关键技术之一。遗传算法对于生物工程的条件寻优，目前已开始在木糖醇发酵培养基优化、培养基流加的优化方面应用，并取得初步成效。

7.3　生物工艺过程放大

　　生物反应过程工艺和设备改进的研究，首先在实验室中进行，然后再逐渐放大到较大的设备中进行。然而在实践中，从小罐中获得的规律和数据，常不能在大罐中再现，这就涉及生物反应过程放大的问题，其本质是试验规模的变化引起差异。引起差异的原因较为复杂，除涉及微生物的生化反应机制和生理特性外，还涉及化学工程放大方面的内容，诸如反应动力学、传递和流体流动的机理等。

7.3.1　实验室摇瓶与发酵罐培养的差异

　　导致实验室摇瓶和发酵罐培养的差异可能有下列 3 个方面的主要原因。

7.3.1.1　溶解氧的差异

　　对于好氧发酵，溶解氧是重要的限制性基质之一，对微生物的生长、代谢具有重要的影响。通常在摇瓶及发酵罐中氧的溶解速率大小是不同的，一般发酵罐因为是强制通气带搅拌，培养液混合较均匀，其溶氧速率明显高于摇瓶，则使溶入培养液中的溶氧浓度形成差异，这对发酵结果有较大的影响，特别是对溶氧要求高且敏感的菌株，在发酵罐中的生产能力与摇瓶相比提高很大。

7.3.1.2　二氧化碳浓度的差异

　　发酵液中的 CO_2 可来源于无菌空气和菌体代谢产生的废气。CO_2 在水中的溶解度随外界压力的增大而增加。发酵罐为了防止染菌，一般控制罐内压力略大于环境压力，处于正压状态，而摇瓶基本上是常压状态，所以罐中培养液的 CO_2 浓度明显高于摇瓶。CO_2 对细胞呼吸和某些微生物代谢产物（如抗生素、氨基酸）的生物合成有较大的影响。所以，在发酵罐及摇瓶中 CO_2 浓度的不同，也会导致发酵结果的差异。

7.3.1.3 菌丝受损的差异

摇瓶试验时，菌体只受到液体的冲击或与瓶壁摩擦的影响，机械损伤很小。而用发酵罐培养时，菌体特别是丝状菌，却受到搅拌叶的剪切力、冲击力等的影响，受到较大的损伤，其程度远远大于摇瓶发酵，与搅拌时间的长短、搅拌器转速大小等成正比例，与发酵液的黏度成反比。并与搅拌器的形状有较大关系，形状不同，搅拌叶叶尖的线速度，即最大剪切速率大小不同，对菌体的剪切力不同，进而对菌体的损伤也不同。所以摇瓶及发酵罐，特别是带搅拌器的发酵罐，对菌体的损伤程度有较大差异，这也导致对菌体生长状况的影响不同。

综上所述，上述 3 个原因就可能造成摇瓶与发酵罐的发酵结果之间存在着差异。如果菌株要求较高的溶解氧，发酵罐所得结果就有可能高于摇瓶，并在一定范围内随溶解氧浓度的提高而上升。如果菌株是对机械损伤比较敏感，细胞易破裂的，则发酵罐所得的发酵结果可能会低于摇瓶，并随搅拌强度的增强而降低。有时菌株对溶解氧和搅拌强度都敏感，发酵结果就随发酵罐的特性而不同。为了消除摇瓶及发酵罐间发酵结果的差异，应尽量模拟发酵罐环境来进行摇瓶试验。可以在摇瓶试验中从上述 3 个方面来模拟发酵罐的发酵条件。如采用转速较高的摇瓶机，在摇瓶中采用合适的装载量，还可以直接向摇瓶中通入无菌空气或氧气等措施来提高摇瓶的溶氧量；并注意摇瓶机中温度、湿度的控制，减少蒸发量带来的影响；还可在摇瓶中加入玻璃珠来模拟发酵罐的机械搅拌对菌体的损伤等。

7.3.2 发酵罐规模改变的影响

发酵罐的规模变化，无论是绝对值或相对值的变化都会引起许多物理和生物参数的改变。对一系列几何相似的发酵罐进行对比试验，得出因发酵罐规模改变而引起的参数变化结果主要有：种子质和量的差异；培养基的灭菌导致成分的变化；发酵罐结构参数不同带来的差异。现分别简述如下。

7.3.2.1 种子质量的差异

发酵罐接种的种子量必须依据发酵罐体积、菌种生长速率快慢来确定。发酵罐体积越大，需要的种子液体积越大，则需涉及种子扩大培养的级数和菌种繁殖的代数就越多。首先，菌种扩培的级数越多，则在每级扩培时培养环境的差异，将会增大种子质量的差异。菌体繁殖代数也会导致菌种质量的差异，根据式(7-1)，发酵结束时达到的菌体浓度所需的繁殖代数与发酵液体积的对数呈直线关系。

$$N_g = 1.44(\ln V + \ln c_x - \ln X_0) \tag{7-1}$$

式中　N_g——菌体繁殖代数；

　　　V——发酵罐体积，m^3；

　　　c_x——菌体浓度，kg/m^3；

　　　X_0——总菌体量，kg。

发酵罐体积越大，需要的种子液体积越多，菌体需要进行的繁殖代数也就越多。在菌体繁殖过程中出现菌体变异的概率也就越大，突变株的比例也就越大，使种子质量有差异，造成菌体生产性能不稳定，这就有可能引起发酵结果的差异。

7.3.2.2 培养基灭菌操作导致成分的差异

通常对培养基进行热灭菌主要有分批灭菌和连续灭菌两种方式。连续灭菌对培养基中营养成分的损坏程度较小，但只对较大体积的培养基才能适用，一般只适合规模生产。摇瓶和发酵罐试验的培养基均采用分批灭菌，其过程分为 3 个阶段：预热期、维持期和冷却期。培养基体积越大，预热期和冷却期也越长，灭菌所消耗的时间也越长，对营养成分的损坏程度也越大。这样即使是采用相同配方的培养基，经灭菌后，对菌体发酵的影响也就不同，使发酵结果产生变化。

7.3.2.3　发酵罐结构参数不同带来的差异

当发酵规模改变后，发酵罐结构参数按几何相似放大，但其单位发酵液体积所消耗的功率、搅拌叶的叶尖线速度和混合时间均不能在放大后仍保持恒定不变，进而对菌体发酵过程产生影响。同时，在发酵过程中，菌体代谢要释放出热能，输入的机械功也要产生热能，所释放出的总热量随着发酵罐线形尺寸的立方倍而增加。罐的面积又随线性尺寸的平方倍而增加。因此发酵罐几何尺寸的放大，也会出现热传递的差异，进而影响菌体的发酵结果。

综上所述，发酵规模的放大，不仅涉及发酵液体积的增大，还使菌种本身的质量和其他发酵工艺条件随之改变，使发酵结果出现差异。因此，无论在进行发酵设备规模的放大，或者在新菌种（或新工艺）的放大转移过程中，都应考虑上述差异，并设法降低其差异，才能获得较一致的发酵结果。

7.3.3　生物工艺过程放大的方法

如上所述，生物工艺过程的放大应建立在对物理学参数放大的基础上，尽量保证生物学基础参数的合理放大，使微生物的生化反应机制及生理特性在放大前后具有良好的相似性。目前反应器的放大方法主要有：经验放大法、量纲分析法、时间常数法和数学模拟法等。

7.3.3.1　经验放大法

经验放大法是依据对已有生物反应器的操作经验所建立起的一些规律进行放大的方法。由于该法对事物的机理缺乏透彻的了解，因而多半是定性，仅有一些简单的、粗糙的定量概念，放大比例一般较小，并且不够精确。但对于生物反应器来说，到目前为止，应用较多的方法也是根据一定的理论、经验结合相似性原则来综合对生物反应器进行放大和设计。下面介绍一下具体的经验放大的相似性原则。

（1）几何相似放大　生物反应器的尺寸放大大多数是利用几何形状完全相似的原则，其放大倍数实际上就是反应器体积的增加倍数。

$$\frac{V_2}{V_1} = \left(\frac{D_2}{D_1}\right)^3 = m \tag{7-2}$$

$$\frac{H_2}{H_1} = \frac{D_2}{D_1} = m^{1/3} \tag{7-3}$$

式中　H_1——模型反应器的高度，m；

　　　H_2——放大的反应器高度，m；

　　　D_1——模型反应器的内径，m；

　　　D_2——放大的反应器的内径，m；

　　　V_1——模型反应器的体积，m^3；

　　　V_2——放大的反应器的体积，m^3。

（2）以单位体积液体中搅拌功率（P/V）相同原则放大　通过搅拌和通气方式供给系统的功率直接影响到系统的流体力学行为和质量传递特征。这是因为 P/V 值决定 Re 值，而 Re 值影响流体的湍动程度，进而影响质量传递系数，特别是气体氧的传递系数；另一方面，线性搅拌速率决定罐中的最大剪切力，除了细胞可能受到损伤外，同时还影响气泡和絮凝颗粒的稳定尺寸。所以，对于一般机械搅拌罐常以单位体积发酵液所分配的搅拌轴功率相同这一原则进行反应器的放大。

这个方法用于许多微生物发酵的放大，都取得了一定的成功。但这个方法并不适用于所有发酵。目前生物工艺过程的放大标准多趋向于采用溶氧系数相等的方法。

（3）以 K_La 值或溶解氧浓度相同原则放大　氧是好氧发酵的限制性基质，所以氧的供给能力往往就成为产物形成的重要因素。以 K_La 值或溶解氧浓度相同的原则进行放大，主要是考虑满足发酵过程中微生物生理活动条件的一致性要求。因此，早在20世纪50年代，就有一些学者提出以K_La或溶解氧浓度为依据进行工艺放大的原则，在实践中取得了较好的结果。如链霉素和维生素B_{12}发酵的放大。反应器的K_La值与操作条件及发酵液的物性有关，在放大时，培养液性质基本相同，所以可只考虑操作条件的影响。根据文献报道K_La与通气量Q_G、液柱高度H_L、发酵液体积V存在如下的比例关系：

$$K_La \propto \left(\frac{Q_G}{V}\right) H_L^{2/3} \tag{7-4}$$

按K_La值相等的原则进行放大，则有：

$$\frac{(K_La)_2}{(K_La)_1} = \frac{\left(\frac{Q_G}{V}\right)_2}{\left(\frac{Q_G}{V}\right)_1} \times \frac{(H_L)_2^{2/3}}{(H_L)_1^{2/3}} = 1 \tag{7-5}$$

$$\frac{\left(\frac{Q_G}{V}\right)_2}{\left(\frac{Q_G}{V}\right)_1} = \frac{(H_L)_2^{2/3}}{(H_L)_1^{2/3}} \tag{7-6}$$

也有采用下面的表达式作为放大基础。

$$K_La = 1.86 \times (2+2.8m)\left(\frac{Q_G}{V}\right)^{0.56} v_G^{0.7} n^{0.7} \propto \left(\frac{Q_G}{V}\right)^{0.56} v_G^{0.7} n^{0.7} \tag{7-7}$$

式中　　m——放大倍数；

　　　　v_G——空气线速度，m/s；

　　　　n——搅拌器转速，r/min。

所以根据式(7-7)，有与K_La值或溶解氧浓度相关的放大原则；还有单位培养液体积的空气流量$\left(\frac{Q_G}{V}\right)$相同的原则，即单位体积的发酵液在单位时间内通入的空气量 [VVM，标准态，$m^3/(m^3 \cdot min)$] 相同；以空气线速度（v_G）相同的原则，但一般工业规模发酵罐的高径比大于实验室规模发酵罐，当气体向上流动时，造成了轴向的氧浓度梯度，同时也增加了罐压，富集了二氧化碳，影响发酵；以搅拌器叶尖速率（r）相同的准则，叶尖速率的放大总是凭经验来确定，实际工业发酵罐中，叶尖速率总在5~6m/s之间。另外，还有混合时间相同的准则，混合时间是指在反应器中加入物料，到它们被混合均匀时所需的时间。在小反应器中，比较容易混合均匀，而对于大反应器，体积越大，所需的混合时间越长。在发酵罐中，当混合时间过大时，形成滞留区，易造成发酵罐内浓度和温度形成梯度，给控制带来严重问题；当混合时间很小时，对搅拌器的转速等因素要求高，细胞易遭受损伤，在这种情况下，混合时间宜保持在一个适当的范围内。

需要指出的是上述以不同放大原则放大的方法各强调一个侧重点，按照不同原则放大，结果是放大后的反应器其他参数发生了悬殊的差别。这说明在放大中选用什么原则是很重要的，这需要根据放大体系的特点及经验而确定。

7.3.3.2　其他放大方法

除了上述介绍的经验放大方法外，在实验中还可采用量纲分析法、时间常数法、数学模拟法等。

量纲分析法也称相似模拟法，它是根据对过程的了解，确定影响过程的因素，用量纲分析方法求得相似准数，根据相似理论的第一定律（各系统相似，则同一相似准数的数值相等的原理），以保持无量纲准数相等的原则进行放大，则有可能保证放大前与放大后的某些特性相同。迄今为止，量纲分析法已成功地应用于各种物理过程，但对生物工艺过程的放大存在一定的困难。这是因为在放大过程中，除了要同时保证放大前后几何相似、流体力学相似、传热相似和反应相似外,还要涉及微生物的生长、传质、传热和剪切等因素,需要维持的相似条件较多,要使其同时满足是不可能的,并且还会得出极不合理的结果。因此用量纲分析法一般难以解决生物反应器的放大问题。为此常需要根据已有的知识和经验进行判断,以优先考虑其中一因素的相似性并同时尽量兼顾其他的因素。

时间常数法是指某一变量与其变化速率之比。常用的时间常数有反应时间、扩散时间、混合时间、停留时间、传质时间、传热时间和溶氧临界时间等。时间常数法可以利用这些时间常数进行比较判断,用于找出过程放大的主要矛盾,并据此来进行反应过程的放大。

数学模拟法是根据有关的原理和必要的实验结果,用数学方程的形式来描述实际反应过程,然后用计算机进行模拟研究、设计和放大的方法。数学模拟放大法是以过程参数间的定量关系为基础的,因而消除了量纲分析中的盲目性和矛盾性,而比较有把握地进行高倍数的放大,并且模型的精度越高,放大率、倍数越大。但模型的精密程度受到基础研究的限制,所以数学模拟实际取得成效的例子不够多,特别是对生物工艺过程的扩大,由于过程的复杂性,这方面的问题还有待解决,但它无疑是一个很有前途的方法。数学模拟放大法的示意图见图 7-4。

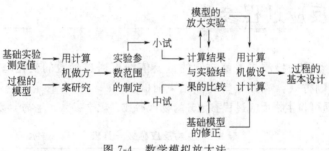

图 7-4　数学模拟放大法

8 生物反应过程参数检测与控制

为了实现发酵菌株生产能力的高效表达，降低能量和物料消耗，生产更多的生物产品，对生物反应过程各参数的检测及控制成为生物反应过程控制的关键，这是涉及生物反应过程工程学方面的问题。近年来，随着生物反应过程参数的检测、计算机建模、自控技术的不断发展，使生物反应过程检测与控制取得一定的成果。但由于生物反应过程的反应异常复杂，描述反应的数学模型尚欠完善，以及目前在线检测过程关键变量传感器的缺乏，使自控技术在发酵工业中的应用仍受到很大的局限，仍需要不断努力及研究。

8.1 生物反应过程参数

生物反应过程参数的检测是发酵控制的重要依据，通过参数的变化趋势，把握发酵变化规律，调整发酵控制方式，判断发酵终点结束时间。

根据参数的性质可将生物反应过程参数分为物理参数、化学参数、生物学参数（详见表 8-1）。

表 8-1 生物反应参数一览表

参数种类	参数名称	参数单位	参数意义及主要作用
物理参数	温度	K，℃	维持菌体正常的生长、生产状态
	压力	Pa	维持发酵罐正压，增加溶氧，防止染菌
	气体流量	m^3/h	反映供氧能力及排气大小
	液体流量	m^3/h	反映前体、碳源、氮源、消沫剂加速率，体现菌体消耗基质、前体、好氧等情况
	搅拌转速	r/min	物料混合，提高传质效率
	黏度	Pa·s	反映菌体生长变化，及对 K_La 的影响情况
	发酵罐装液量	L，m^3	反映发酵液装载量及其体积变化情况
	浊度	(透光率)%	反映菌体的生长情况
	发酵液密度	g/cm^3，kg/m^3	反映发酵液性质
	泡沫液位		反映菌体代谢情况
化学参数	pH		反映菌体的代谢情况，维持菌体正常的生长、生产状态
	溶氧含量	(饱和)%	反映供氧及菌体需氧情况
	溶解 CO_2	(饱和)%	间接反映菌体代谢情况，并可了解 CO_2 对菌体发酵的影响
	尾气 O_2	%	反映供氧及菌体需氧情况
	尾气 CO_2	%	反映生长、菌体代谢情况
	尾气成分	%	反映菌体生长、代谢情况
	氧化还原电位	mV	反映供氧情况
	总糖和还原糖浓度	g/L，%	反映菌体对糖的消耗情况
	前体及中间体浓度	mg/L，%	了解产物合成情况，防止前体对菌体的毒性影响
生物参数	无机盐浓度	mol/L，mg/L，%	了解无机盐离子对发酵的影响
	菌体浓度	g/L	反映菌体生长状况
	菌体中的 DNA、RNA 含量	mg/g	了解菌体生长状况
	菌体中的 ATP、AMP、ADP 含量	mg/g	反映菌体能量代谢状况
	菌体中的 NADP 或 NADP(H)含量	mg/g	了解菌体的合成能力
	菌体中的蛋白质含量	mg/g	了解菌体的生长及产物合成情况
	细胞形态		了解菌体生长状况

(1) 温度　将发酵温度维持在菌体生长、生产的最适温度范围，有利于充分发挥菌体的生产能力。温度的高低与发酵的反应速率、氧在发酵液中的溶解度和传递速率、菌体生长速率和产物合成速率等有密切关系。不同产品，发酵不同阶段所维持的温度亦不同。最适发酵温度的选择往往既要考虑有利于提高生物合成反应的速率，又要顾及生物合成反应的持久性，同时还要兼顾其他环境条件的影响。

(2) 压力　是指发酵过程中发酵罐所维持的压力大小。罐内维持正压可以防止外界环境中的杂菌侵入而避免污染。同时罐压的高低还与氧和二氧化碳在发酵液中的溶解度有关，间接影响菌体代谢。罐内压力一般维持在 $(2\sim5)\times10^4\,Pa$。

(3) 气体流量　在好氧发酵过程中，均要连续（或间歇）往反应器中的液体内通入大量的无菌空气，以达到预期的混合效果和溶氧速率，在固态发酵过程中还要对发酵温度进行一定的控制。但过高的通气量会引起发酵液泡沫过多，造成逃液、固态发酵糟醅水分损失大以及通风能耗高等不良影响。气体流量也可称为通风量，即每分钟内单位发酵液中通入空气的体积，单位用 VVM 表示。一般控制在 $0.5\sim2\,m^3/(m^3\cdot min)$。

(4) 液体流量　对发酵的连续操作或流加操作过程，均需连续或间歇地往反应器中加入新鲜培养基，且要控制加入量和加入速率，以实现优化的连续发酵或流加操作，获得最大的发酵速率和生产效率。另外对于冷却水的流量进行控制，是控制发酵温度的重要手段。

(5) 搅拌转速　机械搅拌式发酵罐中搅拌转速对发酵液的混合状态、溶氧速率、物质传递等有重要影响，同时影响生物细胞的生长、产物的生成、搅拌功率消耗等。对某一确定的生物反应器，当通气量一定时，搅拌转速升高，其溶氧速率增大，消耗的搅拌功率也越大。但同时搅拌转速的升高增大了对菌体的剪切力，某些生物细胞如动植物细胞、丝状菌等，对搅拌剪切敏感，故搅拌转速和搅拌叶尖线速度有其临界上限范围。

(6) 发酵罐装液量　发酵罐装液量大小是发酵罐设计的重要因素，它决定了罐体的装液系数，影响发酵罐的生产效率。对通风液体深层发酵，初装量的多少即发酵罐内液面的高低要考虑最大通气量造成泡沫量增大而导致的液面升高对发酵造成的影响。但在通气发酵过程中，排气会带出一定水分，故发酵罐内培养液会蒸发减少。对于气升内环流式反应器，由于导流筒应比液面低，达到适当高度才能实现最佳的环流混合与气液传质，同理，连续发酵过程中的液位也需维持恒定。因此液面的检测监控更重要，必要时需补加新鲜培养基或无菌水，以维持最佳液位。

(7) 泡沫液位　发酵液面上的泡沫层，如果控制不好，就会大大降低发酵罐的有效反应空间，使装料系数低，甚至导致发酵液随泡沫从排气管溢出，造成"逃液"的现象，增大损耗，并增加感染杂菌的机会。

(8) 黏度（或表观黏度）　发酵液的黏度主要受培养基的成分及浓度、细胞浓度、温度、代谢产物等影响。黏度（或表观黏度）对发酵液的搅拌、混合、溶氧速率、传质、搅拌功率消耗、发酵产物的分离纯化等均有重要影响。

(9) pH　发酵过程的 pH 是最重要的发酵过程参数之一。与发酵温度一样，菌体发酵均有最佳的生长、生产 pH 范围，实现细胞及酶的生物催化反应的 pH 要求。同时在发酵后期，根据产物性质及其提取、纯化的要求，也必须控制适当的 pH。

(10) 溶氧浓度和氧化还原电位　在好氧发酵过程中，发酵液中均需维持一定水平的溶解氧（DO），以满足生物细胞呼吸、生长及代谢需要，较大程度地影响发酵生产水平。不同的发酵生产和不同的发酵时间，均有适宜的溶氧浓度。此外，发酵过程中溶解氧浓度还可以作为判别发酵是否有杂菌或噬菌体污染等发酵异常的间接参数。但对一些兼性好氧的发酵过程，只需维持较低的溶氧浓度，过高或过低的浓度都会影响菌体生长及产物合成。但使用目前的溶氧电极较难测定较低的溶氧浓度，故采用氧化还原电极电位计来测定微小的溶氧值。

(11) 发酵液中的溶解 CO_2 浓度　对部分发酵过程中，发酵液中溶解的 CO_2 浓度对发酵有一定的抑制作用,所以需控制其浓度。对于光照自氧的微藻培养,保证适当 CO_2 浓度则有利于细胞产量的提高。

(12)基质浓度 发酵液中糖、氮、磷等重要营养物质浓度的变化对产物的合成有着重要的影响,也是提高代谢产物产量的重要控制手段。因此,在发酵过程中,必须定时测定糖(还原糖和总糖)、氮(氨基酸或氨氮)、重要的无机盐等基质的浓度。

(13)菌体浓度 生化反应过程都是通过菌体的各种酶类来促使反应进行的,所以通过菌体浓度的测定,可以了解生物的生长状态,从而控制和改变生产工艺,或补料和供氧,保证达到较好的生产水平。当然,对于以酶作催化剂的生化反应,则酶浓度(活度)是必须检测监控的参变量。

(14)菌体形态 在生化反应过程中,菌体形态的变化也是反应其代谢变化的重要特征。菌体的形态不同,可以作为衡量种子质量、区分发酵阶段、控制发酵过程的代谢变化和决定发酵周期的依据之一。

(15)菌体中的脱氧核糖核酸(DNA)或核糖核酸(RNA) DNA、RNA是细胞生长的基本物质,以 DNA 或 RNA 为参数可以判断其生长繁殖的情况,清楚地区分发酵的各个阶段。

8.2 生物反应过程参数检测

生物反应过程参数的检测是为了取得生物反应过程及其菌株的生理生化特征数据,以便对过程进行有效控制。研究微生物生长过程所需的检测参数大多是通过在反应器中配置各种传感器和自动分析仪来实现的,这些装置能把非电量参数转化为电信号,这些信号经适当处理后,可用于监测发酵的状态、直接作发酵闭环控制和计算间接参数。

发酵过程对传感器的要求如下。

① 发酵过程对传感器的常规要求为准确性、精确度、灵敏度、分辨能力要高,响应时间滞后要小,能够长时间稳定工作,可靠性好,具有可维修性。

② 对发酵用传感器的特殊要求是由发酵反应的特点决定的,发酵底物中含有大量的微生物,必须考虑卫生要求,发酵过程中不允许有其他杂菌污染。

③ 传感器与发酵液直接接触,一般要求传感器能与发酵液同时进行高压蒸汽灭菌,不能耐受蒸汽灭菌的传感器可在罐外用其他方法灭菌后无菌装入。

④ 发酵过程中保持无菌,要求传感器与外界大气隔绝,采用的方法有蒸汽汽封、"O"形圈密封、套管隔断等。

⑤ 发酵用传感器容易被培养基和细菌污染,应选用不易污染的材料如不锈钢,同时要注意结构设计,选择无死角的形状和结构,防止微生物附着及干扰,便于清洗,不允许泄漏。

⑥ 传感器只与被测变量有关,具有不受过程中其他变量和周围环境条件变化影响的能力,如抗气泡及泡沫干扰等。

由于上述种种原因,使得许多传感器,尤其是检测化学物质浓度、微量生物质浓度的传感器,很难在工业规模的生化过程中使用。

一般可粗略地把检测仪器分成在线检测和离线检测两大类。前者是仪器的电极等可直接与反应器内的培养基接触或可连续从反应器中取样进行分析测定,如溶氧浓度、pH、罐压等;在线检测的参数中又根据是否能直接反映菌体的生理代谢状态,分为直接状态参数及间接状态参数。而离线测量是指在一定时间内离散取样,在反应器外进行样品处理和分析测量,包括常规的化学分析和自动实验分析。表8-2列出了典型生物状态变量的测量范围和准确度或控制变量的精度。

表 8-2　典型生物状态变量的测量范围和准确度或控制变量的精度

变　量	测量范围	准确度或精度/%	变　量	测量范围	准确度或精度/%
温度	0~150℃	0.01	液位	开/关	
搅拌转速	0~3000r/min	0.2	pH	2~12	0.1
罐压	0~2×10⁵Pa	0.1	p_{O_2}	0~100%(饱和)	1
质量	90~100kg	0.1	p_{CO_2}	0~10000Pa	1
	0~1kg	0.01	尾气	16%~21%	1
液体流量	0~8m³/h	1	尾气	0~5%	1
	0~2kg/h	0.5	荧光	0~5V	
稀释速率	0~1h⁻¹	<0.5	氧化还原电位	0.6~0.3V	0.2
通气量	0~2m³/(m³·min)		RQ	0.5~20(mol/L)/(mol/L)	取决于传递误差
泡沫	开/关				
混合有固体物质的液体(MSL)挥发物			传感器	0~100AU	变化很大
			碳酸盐	0~100g/L	2~5
甲醇,乙醇	0~10g/L	1~5	有机酸	0~1g/L	1~4
丙酮	0~10g/L	1~5	红霉素	0~20g/L	<8
丁酮	0~10g/L	1~5	其他副产物	0~5g/L	2~5
在线流动注射分析技术(FIA)			在线气相色谱(GC)		
葡萄糖	0~100g/L	<2	醋酸	0~5g/L	2~7
NH₄⁺	0~10g/L	1	羟基丙酮	0~10g/L	<2
PO₄³⁻	0~10g/L	1~4	丁二醇	0~5g/L	<8
在线高效液相色谱(HPLC)			乙醇	0~5g/L	2
酚	0~100mg/L	2~5	甘油	0~1g/L	<9
气泡	开/关				

表 8-3　发酵过程中直接状态参数检测

参数名称	测定方法	测定原理	输出信号特征
温度	铂电阻、热敏电阻等温度传感器	电阻随温度的变化而变化	连续,模拟变量
压力	压力表	隔膜直接感受压力的变化	连续,模拟变量
气体流量	热质量流量计 蠕动泵	气流带走的热量与质量流量呈正比 转速与流量成正比	连续,模拟变量 连续或间歇,模拟变量
液体流量	荷重传感器 玻璃量筒	传感器电阻正比于荷重 筒内液面探头与电磁阀组成回路	连续,模拟变量 间歇,开关量
搅拌转速	频率计数器 转速表	光反射计数 感应电流与转速成正比	连续,二进码 连续,模拟变量
黏度	旋转黏度计	剪切力与转速之比随黏度而变化	间歇,二进码
装量	压差传感器 荷重传感器	静压差与液层深度成正比 荷重正比于传感器	连续,模拟变量 连续,模拟变量
浊度	浊度计	入射光因细胞的散射作用而减弱	间歇,二进码
pH	复合玻璃电极	电极对H⁺浓度呈特异反应	连续,模拟变量
泡沫	电导或电容头	探头与液面及电磁阀组成回路	间歇,开关变量
溶氧浓度	覆膜溶氧电极	O₂通过膜扩散入探头,在金属电极上进行电子转移而产生电流	连续,模拟变量
溶解CO₂	CO₂探头	CO₂通过膜扩散入探头引起电解液pH的变化	连续,模拟变量
尾气O₂	顺磁氧分析仪	氧的特异顺磁性影响磁场强度	连续,模拟变量
尾气CO₂	红外分析仪	CO₂吸收红外光	连续,模拟变量
尾气成分	质谱	离子化后依据质荷比分离、检测	连续或间歇,模拟变量
氧化还原电位	氧化还原电极	电极间的氧化还原电位随溶液中氧化物及还原物之比的对数而变化	连续,模拟变量

8.2.1 直接状态参数检测

直接状态参数是指能反映反应过程中微生物的生理代谢状况的参数,如 pH、溶氧浓度、溶解 CO_2、尾气 O_2、尾气 CO_2、黏度、菌体浓度等。发酵过程中直接状态参数检测情况见表 8-3。

8.2.2 间接状态参数检测

前面在线测定的直接状态参数几乎都是环境变量,而一些反映生产菌生理状态的变量却难于在线测量。如氧利用速率(OUR)、二氧化碳释放速率(CER)、比生长速率(μ)、体积氧传质速率(K_La)、呼吸商(RQ)等。这些变量大多可通过直接状态参数计算求得,通常称为间接状态参数。可通过对直接反映菌体生理状态的间接状态参数实施过程控制,比单纯控制环境变量在提高发酵产率方面常能起到更加重要的作用。

(1)与基质消耗有关的参数估计 以分批发酵为例,由基质平衡可得基质消耗速率的计算公式:

$$v_s = \frac{F}{V}(c_{s_r} - c_s) - \frac{dc_s}{dt} \tag{8-1}$$

式中 v_s——基质消耗速率,kg/(m³·h);

F——补料体积流速,m³/h;

V——发酵液体积,m³;

c_{sr}——补料贮罐中的基质浓度,kg/m³;

c_s——发酵液中的基质浓度,kg/m³。

如果发酵过程达到准稳定状态,即 $\dfrac{dc_s}{dt} = 0$,c_s 保持不变,而 c_{s_r} 为常数,那么,通过对 F、V 的在线测定,便可在线估计基质消耗速率 v_s。

基质消耗总量可由基质消耗速率对时间积分进行估计,即:

$$-\Delta m_s = \int_0^t \left\{ \frac{F}{V}(c_{s_r} - c_s) - \frac{dm_s}{dt} \right\} dt \tag{8-2}$$

式中 $-\Delta m_s$——在 t 时间内基质总消耗量,kg。

(2)与呼吸代谢有关的参数估计 微生物的呼吸代谢参数通常有 3 个,即微生物的氧利用速率(OUR)、二氧化碳释放速率(CER)和呼吸商(RQ)。

二氧化碳释放速率(CER)通过发酵尾气中二氧化碳等气体含量的测定,可由式(6-12)计算。同样,氧利用速率(OUR)可由式(6-13)计算。

$$呼吸商(RQ) = \frac{CER}{OUR} \tag{8-3}$$

(3)与传质相关的参数估计

① 溶氧浓度的计算 溶氧传感器测量的是溶氧压,而不是溶氧浓度,它以饱和值(即与气相氧分压平衡的溶氧浓度)的百分数表示。因此,要确知发酵液中的溶氧浓度,必须首先估计饱和溶氧浓度。表 8-4 中列出了标准大气压下氧在纯水和一些溶液中的溶解度,换算成实际操作压力下的溶解度后,可作为估计发酵液中饱和溶氧浓度的参考值。

$$c_{O_2}^* = \frac{p}{101325} c_{O_2,0}^* \tag{8-4}$$

$$c_{O_2,L} = c_{O_2}^* \times DOT \tag{8-5}$$

式中 p——实际操作分压,Pa;

$c_{O_2,0}^*$——在 101325Pa 压力下的饱和溶氧浓度，mol/m^3；

DOT——溶氧传感器测量的溶氧压，%。

表 8-4　标准大气压下氧在纯水和一些溶液中的溶解度

溶　　液	浓度/(mol/m^3)	温度/℃	氧溶解度/(mol/m^3)
H_2O		20	1.36
		25	1.26
		30	1.16
NaCl	500	25	1.07
	1000	25	0.89
	2000	25	0.71
葡萄糖	0.7	20	1.21
	1.5	20	1.14
	3.0	20	1.09
蔗糖	0.4	15	1.33
	0.8	15	1.08
	1.2	15	0.96

② 液相体积氧传递系数　这一参数代表氧由气相溶至液相的难易程度，它与发酵过程控制、放大和反应器设计密切相关。当发酵液中溶氧浓度保持稳定时，即发酵过程中的氧供给量与氧消耗量达到平衡时，液相体积氧传递系数可由式(8-6)确定：

$$OTR = OUR = K_L a(c_{O_2}^* - c_{O_2,L}) \tag{8-6}$$

式中　OTR——氧由气相向液相传递的速率，$mol/(m^3 \cdot h)$；

　　　$K_L a$——液相体积氧传递系数，h^{-1}；

　　　$c_{O_2}^*$——和气相氧分压平衡的溶氧浓度，mol/m^3；

　　　$c_{O_2,L}$——液相溶氧浓度，mol/m^3。

对于混合良好的小型发酵罐，$c_{O_2}^*$ 可取与尾气中氧分压平衡的溶氧浓度。对于大型发酵罐，则溶氧浓度差应取以下对数平均值：

$$(c_{O_2}^* - c_{O_2,L})_{对数平均值} = \frac{(c_{O_2,in}^* - c_{O_2,L})}{\ln \dfrac{c_{O_2,in}^* - c_{O_2,L}}{c_{O_2,out}^* - c_{O_2,L}}} \tag{8-7}$$

$$K_L a = OUR/(c_{O_2}^* - c_{O_2,L})_{对数平均值} \tag{8-8}$$

式中　$c_{O_2,in}^*$，$c_{O_2,out}^*$——分别是与通气、尾气中氧分压平衡的液相溶氧浓度，mol/m^3。

(4) 与细胞生长相关参数的估计

① 生物量　测定生物量的方法虽然很多，但对于培养基中含有固形物及丝状菌的系统来说，都不是十分令人满意。因此，这类发酵过程中的生物量，一般以间接方法进行估计，方法主要有由氧消耗率估计和由 CO_2 释放率估计两种。

$$OUR \times V = m_{O_2} X + \frac{1}{Y_{x/O_2}} \times \frac{dX}{dt} + \frac{1}{Y_{p/O_2}} \times \frac{dP}{dt} \tag{8-9}$$

式中　m_{O_2}——生产菌以氧消耗率表示的维持因数，$mol/(kg \cdot h)$；

　　　Y_{x/O_2}——生产菌生长相对于氧消耗的得率常数，kg/mol；

　　　Y_{p/O_2}——产物合成相对于氧消耗的得率常数，mol/mol；

　　　X——生物量，kg；

　　　P——产物量，mol；

　　　t——发酵时间，h。

将式(8-9)按差分方程展开：

$$OUR_t V_t = m_{O_2} X_t + \frac{X_{(t+1)} - X_t}{Y_{x/O_2}} + \frac{P_{(t+1)} - P_t}{Y_{p/O_2}} \tag{8-10}$$

于是得：

$$X_{(t+1)} = Y_{x/O_2} \left[OUR_t V_t + \left(\frac{1}{Y_{x/O_2}} - m_{O_2} \right) X_t - \frac{P_{(t+1)} - P_t}{Y_{p/O_2}} \right] \tag{8-11}$$

如果 X 在 $t=0$ 的初始值 X_0 已知，则可根据 V_t、P_t 的在线测量和 OUR_t 的在线估计结果，由式(8-11) 递推估计各个时刻的生物量 X_t。

同理，也可得出根据 CO_2 释放率估计生物量的递推式：

$$X_{(t+1)} = Y_{x/O_2} \left[CER_t V_t + \left(\frac{1}{Y_{x/CO_2}} - m_{CO_2} \right) X_t - \frac{P_{(t+1)} - P_t}{Y_{p/CO_2}} \right] \tag{8-12}$$

式中　m_{CO_2}——以 CO_2 释放率表示的维持因数，mol/(kg·h)；

Y_{x/CO_2}——相对于 CO_2 释放的生产菌得率常数，kg/mol；

Y_{p/CO_2}——相对于 CO_2 释放的产物得率常数，mol/mol。

由于 CO_2 的溶解度受 pH 值的影响很大，以致影响 CER 的估计精度，从而使式(8-12) 的应用受到一些限制。

② 菌体比生长速率和产物比产生速率　由以上生物量的估计结果，可分别得出菌体比生长速率和产物比产生速率的估计值。

$$\mu_t \cong \frac{X_{(t+1)} - X_t}{X_t} \tag{8-13}$$

$$q_{p_t} \cong \frac{P_{(t+1)} - X_t}{P_t} \tag{8-14}$$

式中　μ——菌体比生长速率，h^{-1}；

q_p——产物比产生速率，mol/(kg·h)。

8.3　生物反应过程的自动控制

生物反应过程的自动控制是根据对过程变量的有效测量及对过程变化规律的认识，借助于由自动化仪表和电子计算机组成的控制器，操纵其中一些关键变量，使过程向着预定的目标发展。和其他自动控制问题一样，生物反应过程的自动控制包含以下 3 个方面的内容：和过程的未来状态相联系的控制目的或目标，如要求控制的温度、pH、生物量浓度等；一组可供选择的控制动作，如阀门的开、关，泵的开、停等；一种能够预测控制动作对过程状态影响的模型，如用加入基质的浓度和速率控制细胞生长速率时需要能表达它们之间相关关系的数学式。这三者是相互联系、相互制约的，组成具有特定自控功能的自动控制系统。

8.3.1　基本自动控制系统

自动控制系统由控制器和被控对象两个基本要素组成。发酵过程采用的基本自动控制系统主要有前馈控制、反馈控制和自适应控制。

8.3.1.1　前馈控制

如果被控对象动态反应慢，且干扰频繁，则可通过对一种动态反应快的变量（叫做干扰量）的测量来预测被控对象的变化，在被控对象尚未发生变化时提前实施控制，这种控制方法叫做前馈控制。前馈控制的控制精度取决于干扰量的测量精度以及预报干扰量对控制变量影响的数学模型的准确性。

8.3.1.2 反馈控制

反馈控制系统的控制过程如图 8-1 所示。被控对象的输出量 $x(t)$ 被传感器检测，以检测量 $y(t)$ 反馈到控制系统，控制器使之与预定的控制值 $r(t)$ 进行比较，得出偏差 e，然后根据某种控制算法对这一偏差 e 采取控制动作 $u(t)$。

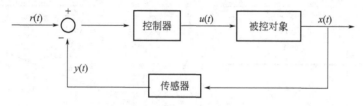

图 8-1 反馈控制系统

依据控制算法的不同，反馈控制可分为以下几种。

(1) 开关控制 是最简单的反馈控制系统，主要针对控制负荷相对稳定的过程，通过测定值与预定值比较所得偏差决定是否开启阀门开关，即控制动作为开关控制。如发酵温度的开关控制系统（见图 8-2）。

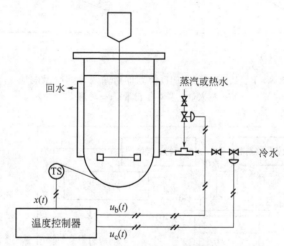

图 8-2 发酵温度的开关控制系统

TS—温度传感器；$x(t)$—检测量；$u_b(t)$—加热控制输出量；$u_c(t)$—冷却控制输出量

(2) PID 控制 当控制负荷不稳定时，可采用比例（P）、积分（I）、微分（D）控制算法输出控制信号，控制信号分别正比于被控过程的输出量与设定点的偏差、偏差相对于时间的积分和偏差变化的速率，此控制方式简称为 PID 控制。这些控制器以及它们的结合（PI 和 PID）对输入量的阶跃响应情况如图 8-3 所示。PI 和 PID 控制器广泛用于发酵过程的控制，但它们只能在接近设定点的情况下才能有效地工作，在远离设定点就开始启用时将产生较大量的摆动。

(3) 串级反馈控制 串级反馈控制是指由两个以上控制器对一种变量实施联合控制的方法。图 8-4 是对发酵罐中溶氧水平的串级反馈控制的例子。通过发酵罐内的传感器检测溶氧浓度，作为一级控制器的溶氧控制器根据检测结果由 PID 算法计算出控制输出 $u_1(t)$，再通过作为二级控制器的搅拌转速、空气流量和压力控制器当作设定点接受，二级控制器再由另一个 PID 算法计算出第二个控制输出，用于实施控制动作，以满足一级控制器设定的溶氧水平。当有多个二级控制器时，可以是同时或顺序控制，如在图 8-4 的情况下，可以先改变搅拌转速，当达到某一预定的最大值后再改变空气流量，最后是调节压力。

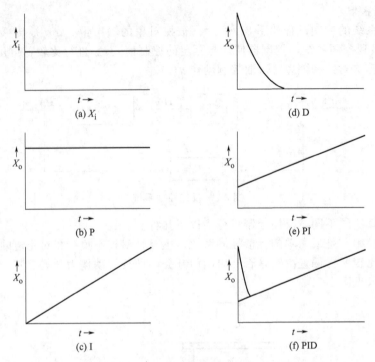

图 8-3　P、I、D、PI、PID 控制器对输入量的阶跃响应

X_i—输入量；X_o—输出量；t—时间

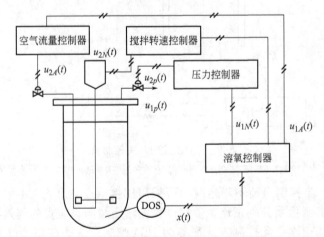

图 8-4　溶氧水平的串级反馈控制

DOS—溶氧传感器；$x(t)$—检测量；$u_1(t)$——级控制输出；$u_2(t)$—二级控制输出；

下标：p—压力，N—搅拌转速，A—空气流量

（4）前馈/反馈控制　前馈/反馈控制所依赖的数学模型大多数是近似的，加上一些干扰量难于测量，从而限制了它单独应用。它的标准用法是与反馈控制相结合，取各自之长，补各自之短。

8.3.1.3　自适应控制

上述各种自控系统一般只适用于过程的数学模型结构和参数都是确定的过程，过程的全部输入信号又均为时间的确定函数，过程的输出响应也是确定的。但是，对于不确定过程，其过程的输入、输出信号存在许多不可测定的因素或不确切知道时，就需要使用适应自适应

控制系统，即是提出有关的输入、输出信息，对模型及其参数不断地进行辨识，使模型逐渐完善，同时自动修改控制器的控制动作，使之适应于实际过程。在线辨识自适应控制系统的控制过程见图 8-5。其中，辨识器根据一定的估计算法在线计算被控对象未知参数 $\theta(t)$，和未知状态 $x(t)$ 的估计值 $\hat{\theta}(t)$ 和 $\hat{x}(t)$，控制器利用这些估计值以及预定的性能指标，综合产生最优控制输入 $u(t)$，这样，经过不断地辨识和控制，被控对象的性能指标将逐渐趋于最优。

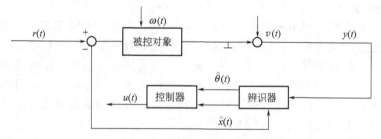

图 8-5 在线辨识自适应控制系统

$r(t)$—参考输入；$\omega(t)$—干扰量；$v(t)$—量测噪声；$y(t)$—量测输出；$\hat{\theta}(t)$—参数估计；

$\hat{x}(t)$—状态估计；$u(t)$—控制输出

虽然研究的发酵过程总的来说是个不确定性过程，但对于一些单个变量的变化，又有一定的可确定性，因此，对这些单个变量的控制不一定都要采用自适应控制算法。表 8-5 中列出了发酵过程中各变量可供选择的自控系统。

表 8-5 发酵过程各变量可供选择的控制系统

变　量	控 制 系 统	变　量	控 制 系 统
气体流量	P、PI、PID	泡沫	开关
搅拌转速	P、PI、PID	补料	P、PI、PID、前馈/反馈、自适应
压力	P、PI、PID	溶氧	串级
温度	P、PI、PID、开关、前馈/反馈	尾气 O_2 和 CO_2	串级
pH	P、PI、PID、开关、自适应	生物量	自适应

8.3.2　发酵自控系统的硬件结构

发酵自控系统由传感器、变送器、执行机构、转换器、过程接口和监控计算机组成。

8.3.2.1　传感器

常见的发酵传感器除按检测方式分为离线检测元件和在线检测元件外，还可按测量原理分为力敏元件（如各种压敏元件、压差元件、速度与加速度元件等）、热敏元件（有测温元件及测热元件）、光敏元件（如光导纤维、光电管等）、磁敏元件、电化学传感器等。另外，目前研究和应用得较好的新型传感器——生物传感器能对发酵过程的一些重要的变量，如生物量、基质、产物浓度等进行检测。生物传感器是指任何将生物学敏感材料固定化的传感装置，并与转换系统相连，将生化信号转化成可定量和可处理的电信号。生物学敏感材料常是由单酶、多酶系统、抗体、细胞器、细菌、哺乳动物或植物的细胞或组织片断等生物学材料通过表面共价结合、物理吸附或包埋而固定化的生物学敏感材料。其材料不同，所实现的传感器功能也不同。

8.3.2.2　变送器

变送器是将传感器获得的信息变成能被控制器所接受的标准输出信号，需要特殊的电路（惠斯通电桥、放大器等）装置。传感器和变送器有时安装在同一装置内。

8.3.2.3　执行机构和转换器

执行机构是指直接实施控制动作的元件，如电磁阀、气动控制阀、电动调节阀、变速电机、步进电机、正位移泵、蠕动泵等，它反应于控制器输出的信号或操作者手动干预而改变的控制变量值。执行机构可以是连续动作（如控制阀的开启位置，马达或泵的转速），也可以是间隙动作（如阀的开、关，泵或马达的开、停等）。与反应器物料直接接触的执行机构要具备无渗漏、无死角、能耐受高温蒸汽灭菌、便于精确计量等要求。

8.3.2.4　监控计算机

在大多数工业发酵过程中所使用的检测和控制中，采用的是条形记录仪及模拟控制器。但它们只能对直接检测变量进行记录及控制，而不能有效地监控一些重要的间接变量，如基质的消耗率、比生长速率等。现采用过程监控计算机可实现对这些间接变量较好的监控。过程监控计算机在发酵自控中起到的作用有：发酵过程中采集和存贮数据；用图形和列表方式显示存贮的数据；对存贮的数据进行各种处理和分析；和检测仪表和其他计算机系统进行通讯；对模型及其参数进行辨识；实施复杂的控制算法。

8.3.3　先进控制理论在发酵过程控制中的应用

发酵过程中控制系统的设计较为复杂，这主要是因为：控制模型具有不确定性；系统存在非线性和时变性，实验重现性差；过程的响应慢，特别是细胞和代谢物浓度等参数；缺乏可靠的检测重要状态变量的在线传感器。这些都促进了很多先进的控制理论在发酵过程控制中的应用。

8.3.3.1　模糊逻辑控制的应用

模糊逻辑控制是以模糊集合论、模糊语言变量和模糊逻辑推理为基础的一种新兴的计算机数字控制技术。其实质上是一种非线性控制，从属于智能控制的范畴。模糊控制的一大特点是既具有系统化的理论，又有着大量实际应用背景。模糊控制的控制规则来源依赖于设计人员的经验，因此设计人员经验的正确与否以及是否最优，直接关系到整个模糊控制器的控制效果。但模糊控制器不具备学习能力，因此不可能根据过程的历史记录来消除人为设计的模糊规则的主观性。

在模糊逻辑控制中，因为发酵过程的参数与微生物代谢和生长有关，但不能用确切的数学关系来描述，所以可根据不同的发酵时期，采用模糊关系表示它们之间的关系，即可用隶属函数来描述。然后，用这些模糊关系的结果来指导发酵过程优化操作与控制。有人针对生物发酵过程的时变性、时滞性和非线性特点，采用模糊 PID 控制器对发酵过程中的温度进行控制，从而构成模糊积分控制方法。在啤酒发酵、ε-聚赖氨酸发酵的实际运行结果表明，该方法不仅优于传统的 PID 控制和常规的模糊控制方法，而且具有灵活性好、控制适应性强、动态性能好、设计过程简单易行等优点。

8.3.3.2　人工神经网络专家系统的应用

人工神经网络专家系统是用大量神经元的互联，以及对各连接权的分布来表示特定的概念或知识，在知识获取的过程中，它只要求专家提出范例及相应的解，就能通过特定的学习算法对样本进行学习。通过网络内部自适应算法不断修改连接权值分布达到要求，并把专家求解实际问题的启发式知识和经验分布到网络连接权值的分布上。在神经网络中，允许输入偏离学习样本，只要输入模式接近于某一学习样本的输入模式，输出也会接近于学习样本的输出模式，使得神经网络专家系统具有联想记忆的能力，在知识表示、知识推理、并行推理、适应性学习、理想推理、容错能力等方面显示了比传统专家系统明显的优越性。

有人在 *Bacillus thuringiensis* 的补料批式发酵过程中选择菌体浓度、孢子浓度、葡萄糖浓度、温度、pH、溶氧、通气速率、培养体积、酸碱流加泵开关状态、总营养物流加浓度、初始流加时间、营养物流加速率等 12 个变量作为输入，菌体浓度、孢子浓度、葡萄糖浓度、溶氧、通气速率、培养体积和营养物流加浓度作为输出，构建了拓扑结构为 12-9-7 的递归可训神经网络模型（RTNN）进行预测和控制。经过每代 162 次循环的 51 代学习，最后一代的学习误差大约是 2％，经实验验证，预测值与实验值的误差约为 1.8％。

目前，虽然较多的先进控制理论在发酵过程中得以较好的应用，但仍存在较多的难点。无论是前馈控制还是反馈控制，都必须建立在在线监测的各种参数上，但适用于生化反应过程的传感器的研究较为落后。各种微生物具有独特的生理特性，生产的各种代谢产物又有各自的代谢途径，因此应用于生化反应过程的控制理论不具有普适性。控制理论自身的局限，至今不能模拟生化反应过程的高度非线性的多容量特性。在构建具体的控制模型时，缺乏以细胞代谢流为核心的过程分析。现采用以动力学为基础的最佳工艺控制点为依据的静态操作方法实质上仅是化学工程动力学概念在生物工程上的延伸。目前发酵动力学模型主要通过经验法、半经验法或简化法得到，一般为非结构动力学模型，如 Monod、Moser、Tessier、Contois 等模型方程。国内外都有学者提出基于参数相关的发酵过程多水平问题的研究。

9 生物产品分离及纯化技术

9.1 概述

物质分离的历史源远流长,作为人类最早发展的生存和生产手段,它随着人类实践的深入而不断丰富。生物产品是通过生物分离技术从微生物发酵的发酵液、动植物细胞培养的培养液、酶反应液及生化产品中提取分离、加工精制而得。随着生物产品酒精、丙酮、丁醇分离纯化等开始引入化学工程中成熟的过滤、蒸馏、精馏等近代分离技术,到大规模深层发酵生产的抗生素、氨基酸、酵母、酶制剂等成为生物技术的主要产品,这期间大部分的化工单元分离技术被引入生物分离技术。近 20 年来随着生物技术产业的发展,以及越来越多的具有活性和热敏性的生物产品需要分离,生物分离技术已显示其重要性,生物技术产业没有生物分离技术的配套,就不可能有工业化的结果,没有分离技术的进步就不能有工业化的经济效益。生物产品分离及纯化技术是生物技术中必不可少的极为重要的过程环节。

9.1.1 生物分离过程的特点

生物分离过程不同于一般化学产品分离过程,而具有其自身的特点。

(1) 生物物质分离技术的手段多种多样 生物技术产品品种多,有菌体代谢产物,菌体产生的酶、蛋白质,也有菌体本身,而这些产品大部分具有生理活性,因此其分离纯化技术手段也十分复杂。

(2) 生物物质分离的技术难度比一般化工产品的大 主要是因为:①被提取物浓度低,往往低于杂质含量,如 L-异亮氨酸为 2.4%,青霉素为 3.6%,每千克核黄素仅含几克、胰岛素仅含几十毫克;②被提取物杂质多,即所需处理的物料是成分复杂的多相体系,有细胞碎片、残存的培养基和代谢产物;③被提取物的稳定性差,即被提取物对热、pH、有机溶剂等敏感;④分离提取的技术复杂,由于被提取物浓度低、杂质多、稳定性差,而对生物制品要求纯度高,一两种方法步骤难以达到目的;⑤费用大,占总成本费用的 1/2~2/3。某些基因工程产品,其提取精制成本甚至占总成本的 70%~90%。

(3) 生物物质分离技术具有一定的弹性 由于发酵或培养过程一般是分批操作,生物变异性大,各批发酵液不尽相同,特别是对染菌的批号,也要能处理。同时发酵液的放罐时间,发酵过程中消泡剂的加入等均对提取有影响,而且发酵液放罐后,由于条件改变,会引起产品感染杂菌与破坏,因此发酵液不宜存放过久,应尽快进行处理。

9.1.2 生物物质分离的一般步骤

生物物质分离过程的一般步骤见图 9-1。在了解生物分离技术的基本步骤以后,设计确定某一具体产品的分离提取工艺时必须注意以下问题:所提取物是胞内产物还是胞外产物;产物和主要杂质的浓度;产物和主要杂质的物理化学特性及差异;产品的用途和质量标准;

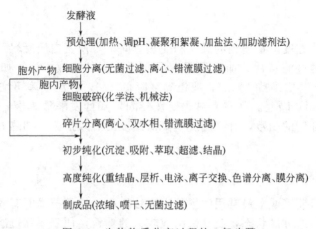

图 9-1　生物物质分离过程的一般步骤

产品的市场价格；废液的处理方法等。

　　生物分离技术由各种化工单元操作组成，加之生物制品的品种繁多，分离过程复杂，用到的单元操作也很多。应根据不同的对象，采用在生物工业中行之有效的化工单元操作技术，或采用工业技术中特有的分离技术。

　　虽然生物制品的品种繁多，分离过程复杂，但也存在一定的相似性。将各类工艺过程的单元操作进行分类，生物分离技术可分为以下步骤。

　　① 预处理和固液分离　过滤和离心操作常用于此过程，同时还可起到一定的产品浓缩的作用。如果产物在细胞内，收集细胞后就还要进行细胞的破碎和细胞碎片的分离。

　　② 杂质粗分（初步分离）　目的是除去与产物性质差异较大的杂质，为后道精制工序创造有利条件，该操作通常用吸附和溶剂萃取等方法。

　　③ 纯化　本过程是除去与产物的物理化学性质接近的杂质，处理技术要求有高度的选择性。通常利用色谱法、膜过滤法等。

　　④ 精制　获得最终产品，通常采用结晶法。大部分产品还必须进行干燥处理。

　　以上 4 个步骤的合理组织需视产品的浓度与纯度在分离过程中的变化而定。产品浓度的增加主要在杂质分离阶段，而纯度的增加则在纯化阶段。

9.2　发酵液的预处理

　　微生物发酵的发酵液中，发酵产物浓度较低，大多为 1‰～10‰，发酵液中大部分是水。发酵液中固体粒子的性质差异很大，且具有一定的可压缩性，悬浮物颗粒小，相对密度与液体相差不大，液相黏度大，大多为非牛顿型流体，发酵液性质不稳定，随时间的变化，易受空气氧化、微生物污染、蛋白酶水解等的影响，使得分离较一般化工产品的分离更加困难。又由于菌体自溶释放出的核酸及其他有机物质的存在会造成液体浑浊，即使采用高速离心机也难以分离。同时发酵液中，高价无机离子（Ca^{2+}、Mg^{2+}、Fe^{2+}）和杂蛋白质较多。在采用离子交换法提纯时，高价无机离子的存在会影响树脂的交换容量。杂蛋白质的存在，在采用大网格树脂吸附法提纯时，会降低其吸附能力；采用萃取法时容易产生乳化，使两相分离不清；采用过滤法时，会使过滤速率下降，过滤膜受污染。发酵液预处理的目的在于改变发酵液中固体粒子的物理特性，除去高价无机离子和杂蛋白质，降低液体黏度和密度，实现有效分离。

9.2.1 加热

加热可降低液体黏度，在适当的温度和受热时间下可使蛋白质凝聚形成较大颗粒的凝聚物，可改善发酵液的过滤特性。加热是蛋白质变性凝固的有效方法，如链霉素发酵液调整pH 至 3.0 后加热到 70℃维持 30min，液相黏度降低 1/6，过滤速率可增加 10～100 倍；柠檬酸发酵液加热至 80℃以上，可使蛋白质变性凝固，降低发酵液黏度，从而大大提高过滤速率。液体黏度是温度的函数，升高温度是降低黏度的有效措施。加热处理只适用于对热较稳定的液体。

9.2.2 凝聚和絮凝

凝聚和絮凝是目前工业上最常用的预处理方法之一，这种技术能有效改变细胞、细胞碎片及溶解大分子物质的分散状态，使其聚结成较大的颗粒，便于提高过滤速率。凝聚是在中性盐作用下，由于双电层排斥电位的降低，而使胶体体系不稳定的过程。添加适量的凝聚剂和絮凝剂。可有效地改变悬浮粒子的分散度，使其聚集成较大的颗粒，便于过滤，常用于细小菌体且黏度较大的发酵液预处理中。

采用凝聚法得到的凝聚体，颗粒常是比较细小的，有时还不能有效地分离。近年来发展了许多种类的有机高分子聚合物絮凝剂，它们具有长链状结构，是一种水溶性聚合物，相对分子质量可高达数万至 1000 万以上，在长链节上含有许多活性功能基团，有带电荷的离子型基团和不带电荷的非离子型基团。它们通过静电引力、分子间力或氢键作用，强烈地吸附在胶粒的表面，一个高分子聚合物的许多链节分别吸附在不同颗粒的表面上，形成架桥连接，生成粗大的絮团。即使胶粒间的排斥电位较高，只要高分子聚合物的链节足够长，跨越的距离超过颗粒间的有效排斥距离，也能把多个胶粒拉在一起，形成架桥絮凝（见图 9-2 所示）。

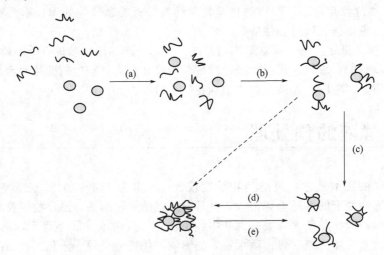

图 9-2　高分子絮凝剂的混合、吸附和絮凝作用示意图

（a）聚合物分子在液相中均匀分布在粒子之间；（b）聚合物分子链在粒子表面吸附；
（c）被吸附链的重排，高分子链包围在胶粒表面，产生保护作用，是架桥作用的平衡构象；
（d）脱稳粒子互相碰撞，形成架桥絮凝作用；（e）絮团的打碎

目前最常用的絮凝剂有聚丙烯酰胺、聚乙烯亚胺、聚胺衍生物、氯化钙、磷酸氢二钠、聚合铝盐、聚合铁盐、多聚糖类、动物胶、海藻酸钠、明胶、壳聚糖等。絮凝剂浓度增加有助于架桥充分，但是过多的加量反而会引起吸附饱和，在每个胶粒上形成覆盖层而使胶粒产

生再次稳定现象。对于带负电性的菌体和蛋白质来说，阳离子型高分子絮凝剂同时具有降低粒子排斥电位和产生吸附架桥的双重机理，所以可单独使用。而对于非离子型和阴离子型高分子絮凝剂，则主要通过分子间引力和氢键作用产生吸附架桥，它们常与无机电解质絮凝剂配合使用。

9.2.3 调节 pH

pH 值直接影响发酵液中某些物质的电离度和电荷性质，适当调节 pH 值便可改变其过滤特性。调节 pH 值是发酵工业中发酵液预处理常用的方法之一。蛋白质通常以亲水性的胶体状态存在于发酵液中。亲水性胶体的稳定性与其所带电荷有关。蛋白质属两性电解质，在酸性溶液中带正电荷，而在碱性溶液中带负电荷。两性电解质在溶液中的 pH 值处于等电点时分子表面净电荷为零，导致赖以稳定的双电层及水化膜的削弱或破坏，分子间引力增加，溶解度最小。因此，调节溶液的 pH，可使两性溶质的蛋白质溶解度下降析出，如味精生产中就是利用等电点（$pI=3.22$）沉淀法提取谷氨酸的。这是除去蛋白质的有效方法。改变 pH，还能使蛋白质变性凝固。对于蛋白质，由于羧基的电离度比氨基大，因而蛋白质的酸性通常强于碱性，其等电点大都在酸性范围内（pH4.0～5.5）。

9.2.4 加入无机盐类

加入某些盐类，可除去高价无机离子。如除去钙离子，可加入草酸钠，生成的草酸钙能促进蛋白质凝固，提高溶液质量。除去镁离子，可加入三聚磷酸钠，它与镁离子形成不溶性配合物。用磷酸盐处理，也能大大降低钙离子和镁离子的浓度。除去铁离子，可加入黄血盐，使其形成普鲁士蓝沉淀。

9.2.5 加入助滤剂

助滤剂是一种具有特殊性能的细粉或纤维，它能疏松滤饼使滤速加快。在含有大量细微胶体粒子的发酵液中加入助滤剂，这些胶体粒子被吸附到助滤剂微粒上，助滤剂就作为胶体粒子的载体，均匀地分布于滤饼层中，从而改变了滤饼结构，降低了滤饼的可压缩性，因此减小了过滤阻力。目前常用的助滤剂有硅藻土、珍珠岩粉、活性炭、石英砂、石棉粉、纤维素、白土等，而硅藻土最为常用。

选择和使用助滤剂应考虑以下要点。

（1）助滤剂的粒度 助滤剂的粒度有多种规格，粒度分布不同，选择粒度时应根据悬浮液中的颗粒和滤液的澄清度通过试验确定。一般情况颗粒大，过滤速率快，但滤液澄清度差，反之，颗粒小，过滤阻力大，澄清度高。

（2）助滤剂的品种 根据过滤介质选择助滤剂品种。采用粗目滤网时，助滤剂易泄漏，可选择石棉粉、纤维素或二者混合、淀粉等助滤剂，可有效地防止泄漏；采用细目滤布时，可选用细硅藻土。如采用粗硅藻土，则悬浮液中的细微颗粒仍将透过预涂层到达滤布表面，从而使过滤阻力增大。

（3）助滤剂用量 间歇操作时，助滤剂预涂层的最小厚度是 2mm。在连续过滤机中要根据过滤速率和产品浊度来确定。使用硅藻土时，通常细土为 $500g/m^3$，粗土为 $700\sim1000g/m^3$；中土为 $700g/m^3$。使用时一般设置搅拌混合槽使硅藻土均匀分散于料液中而不沉淀。

另外，若助滤剂中的某些成分会溶于酸性或碱性液体中，对产品有影响时，使用前对助滤剂应进行酸洗或碱洗。

9.3 生物物质固-液分离技术

在生物物质分离过程中,微生物发酵液、动植物细胞培养液、酶反应液或各种提取液常是由固相与液相组成的。由于种类多,且大多数表现为黏度大和成分复杂的特点,其固-液分离较为困难。

固-液分离的方法很多,其中最常用的主要是过滤和离心分离。过滤是目前工业生产中用于固-液分离的主要方法,其原理是使液体通过固体支撑物或过滤介质,把固体截留,从而达到固-液分离的目的。离心分离是利用惯性离心力和物质的沉降系数或浮力密度的不同而进行的分离、浓缩等操作。离心分离对那些固体颗粒很小且黏度很大、过滤速率很慢甚至难以过滤的悬浮液分离有效,对那些忌用助滤剂的悬浮液的分离,也能得到满意的结果。另外,膜分离技术是目前新兴的固-液分离方法。

9.3.1 发酵液的过滤分离

过滤就是让流体通过分离介质,使其中的固体颗粒从流体中分离出来的过程。所有的发酵液均存在或多或少的悬浮固体,如细胞、固态培养基或代谢产物中的不溶性物质,需要过滤处理。在原料处理过程中也常用过滤操作。在过滤操作中要求对介质选择及操作条件进行优化,才能使滤速快,滤液澄清并且有高的收率。

9.3.1.1 过滤介质选择

过滤介质除过滤作用外,还是滤饼的支撑物。它应具有足够的机械强度和尽可能小的流动阻力。合理选择过滤介质取决于许多因素,其中过滤介质所能截留的固体粒子的大小以及对滤液的透过性是过滤介质最主要的技术特性。

过滤介质所能截留的固体粒子的大小通常以过滤介质的孔径表示。常用的过滤介质中,纤维滤布所能截留的最小粒子约 $10\mu m$,硅藻土为 $1\mu m$,超滤膜可小于 $0.5\mu m$。过滤介质的透过性是指在一定的压力差下,单位时间单位过滤面积上通过滤液的体积量,它取决于过滤介质上毛细孔径的大小及数目。

工业上常用的过滤介质主要有以下几类。

(1)织物介质 又称滤布,包括由棉、毛、丝、麻等织成的天然纤维滤布和合成纤维滤布。这类滤布的应用最广泛,其过滤性能受许多因素的影响,其中最重要的是纤维的特性、编织纹法和线型。生物分离常用的棉纤维、尼龙和涤纶滤布的某些特性及编织纹法、线型对过滤性能的影响分别列于表 9-1 和表 9-2。

表 9-1 几种常用纤维滤布的物理性能

种 类	最高安全温度/℃	密度/(kg/m³)	吸水率/%	耐磨性
棉	92	155	16～22	良
尼龙	105～120	114	6.5～8.3	优
涤纶	145	138	0.04～0.08	优

表 9-2 不同编织纹法滤布对过滤性能的影响

纹法	滤液澄清度	阻力	滤饼中含水	滤饼脱落难易	寿命	堵孔倾向
平纹	依	依	依	依	中	依
斜纹	次	次	次	次	长	次
缎纹	下降	下降	减少	变易	短	变易

（2）粒状介质　有硅藻土、珍珠岩粉、细砂、活性炭、白土和淀粉等。最常用的是硅藻土，它是优良的过滤介质，主要有以下特性：一般不与酸碱反应，化学性能稳定，不会改变液体组成；形状不规则，空隙大且多孔，工业使用的硅藻土粒径一般为 $2\sim100\mu m$，密度 $100\sim250kg/m^3$，比表面积 $10000\sim20000m^2/kg$，具有很大的吸附表面；无毒且不可压缩，形成的过滤层不会因操作压力变化而阻力变化，因此也是一种良好的助滤剂。

硅藻土的粒度分布对过滤速率的影响很大。显然，粒度小，滤液澄清度好，但过滤阻力大；粒子大，则相反。工业生产中，根据不同的悬浮液性质和过滤要求，选择不同规格的硅藻土，通过实验确定适宜的配合比例，可取得较好的效果。

（3）多孔固体介质　如多孔陶瓷、多孔玻璃、多孔塑料等，可加工成板状或管状，孔隙很小且耐腐蚀，常用于过滤含有少量微粒的悬浮液。

9.3.1.2　过滤速率的强化

在过滤操作中要求滤速快，滤液清亮，且有高收率。但是发酵液往往很难过滤，多数属于非牛顿型液体，滤渣又是可压缩性的，其过滤的速率又受到菌种、发酵条件（培养基的组成、未用完的培养基、消泡剂、发酵周期）等的影响。因此必须从以下几方面强化过滤操作提高滤速。

① 降低滤饼比阻力 r_0　如果不计滤布阻力，一切能够显著降低 r_0 的方法都可能成为加快过滤速率的有效措施。如添加电解质、絮凝剂、凝固剂等，还可以添加硅藻土等助滤剂。

② 降低滤液黏度 μ　如果滤液从滤饼的毛细孔道流过，它的黏度愈低，过滤阻力愈小。因此，可以对某些非热敏性液体采用提高温度的方法降低其黏度。

③ 降低悬浮液中悬浮固体的浓度 x_0　如果不计滤布阻力，过滤速率与获得单位体积滤液所形成的滤饼体积成反比。因此，对同一浓度的发酵产物，应尽可能降低培养基配料浓度（如玉米粉、豆饼粉的浓度），但不能采用加水稀释降低悬浮液中悬浮固体的浓度 x_0 的办法。

④ 热处理　热处理能使蛋白质等胶体粒子变性凝固，使过滤速率大为提高。

在不计滤布阻力的条件下，对可压缩性滤饼，$r_0=f(\Delta P)$。因此，过滤速率不仅取决于 ΔP，而且取决于 $r_0=f(\Delta P)$ 的具体关系。发酵液滤饼是高度可压缩性的，在 ΔP 低于某一值时，提高过滤压力差 ΔP，可以提高过滤速率，当 ΔP 超过这一值时，继续增加 ΔP，r_0 几乎同倍数增加，故不会导致过滤速率的增加。所以在过滤发酵液体时，最忌一开始就加大 ΔP，这样就会在滤布表面上形成一层紧密的滤饼层，使过滤速率很快就无可挽回地降低下来。

9.3.2　发酵液的离心分离

在液相非均一体系的分离过程中，利用离心力来达到液-液分离、固-液分离或液-液-固分离的方法统称为离心分离。离心分离可分为 3 种形式——离心沉降、离心过滤和超离心。

离心沉降是利用固液两相的相对密度差，在离心机无孔转鼓或管子中进行悬浮液的分离操作。离心过滤是利用离心力并通过过滤介质，在有孔转鼓离心机中分离悬浮液的操作。超离心是利用不同溶质颗粒在液体中各部分分布的差异，分离不同相对密度液体的操作。

离心分离是常用的分离发酵液的方法，与压滤相比较，它具有分离速率快、效率高、操作时卫生条件好等优点，适合于大规模的分离过程。但是，离心分离的设备投资费用高，能耗较大。

9.3.2.1　离心沉降

离心沉降的基础是固体的沉降。当固体粒子在无限连续流体中沉降时，受到两种力的作用，一种是连续流体对它的浮力，另一种是流体对运动粒子的黏滞力。当这两种力达到平衡时，固体粒子将保持匀速运动。

对直径为 d 的球形粒子（大多数生化分离上处理的对象都可以看成为球形粒子），作用在它上面的浮力 F_g 可以表示为：

$$F_g = (\rho_s - \rho)gV = \left[\frac{\pi d^3}{6}(\rho_s - \rho)\right]g \tag{9-1}$$

式中　d——粒子直径；

　　ρ_s，ρ——粒子、流体密度；

　　g——重力加速度；

　　V——粒子体积。

根据 Stockes 定律，悬浮在介质中的球形粒子所受的黏滞力 F_f 可表示为：

$$F_f = 3\pi d\mu u = \frac{1}{2}C_D A\rho u^2 \tag{9-2}$$

式中　μ——连续流体的黏度；

　　u——粒子的运动速率；

　　C_D——阻滞系数；

　　A——粒子在运动方向上的投影面积。

其中，C_D 不是常数，它取决于雷诺数 Re 的变化，对球形粒子和生化溶质来说，$C_D = \frac{24}{Re}$，所以：

$$F_f = C_D \left(\frac{1}{2}\rho u^2\right)\left(\frac{\pi}{4}d^2\right) = \frac{24}{Re}\left(\frac{1}{2}\rho u^2\right)\left(\frac{\pi}{4}d^2\right) \tag{9-3}$$

当粒子以匀速运动沉降时，$F_g = F_f$

所以最终匀速沉降速率为：

$$u = \frac{d^2}{18\mu}(\rho_s - \rho)g \tag{9-4}$$

从式(9-4)可以看出，最终沉降速率与粒子直径的平方成正比，与粒子和流体的密度差成正比，而与流体黏度成反比。就是说，粒子的沉降速率仅仅是液体性质及粒子本身特性的函数。

如果粒子在离心力场中沉降，则重力加速度 g 应换成 $\omega^2 r$，即：

$$u = \frac{d^2}{18\mu}(\rho_s - \rho)\omega^2 r \tag{9-5}$$

式中　ω——旋转角速度，r/s；

　　r——粒子离转轴中心的距离。

式(9-5)是离心沉降的基本公式。从中可以看出，沉降速率与 ω 的二次方成正比，因此只要根据要求改变或提高 ω，使粒子快速旋转，就可获得比重力沉降或过滤时高得多的分离效果。可用离心分离因数 f 来定量评价。

质量为 M(kg) 的物体旋转时，当其圆周线速度为 u(m/s)、旋转半径为 R(m)，则产生的离心力为：

$$F = \frac{Mu^2}{R} = \frac{M\left(\frac{2\pi Rn}{60}\right)^2}{R} \approx \frac{M\pi^2 Rn^2}{900} \tag{9-6}$$

式中　n——转速，r/min；

　　R——旋转半径，m。

如果以旋转角速度 ω(rad/s) 表示，并取旋转加速度 $\omega^2 R$ 与重力加速度之比称为"离心

分离因数", 以 f 表示。则:

$$f = \frac{\omega^2 R}{g} = \frac{u^2}{gR} \approx \frac{Rn^2}{900} \tag{9-7}$$

离心分离因数是代表离心机特性的重要参数, 它表示离心力场的大小。f 值越大, 离心力越大, 即越有利于分离。增加转鼓的半径及转速均可以增大分离因数 f。但转鼓材料因自重和内含物 (料液) 的离心力而产生的应力也与转鼓直径 D 的平方及 n^2 成正比。

$$\sigma(\text{MPa}) \propto D^2 n^2 \propto Df \tag{9-8}$$

由式(9-8)可知, 增加转鼓直径 D 虽然增大了 f 值, 但其应力则也随着 D 的增加按比例增加。在高速旋转的情况下, 由于受到转鼓材料强度的限制, 不能无限制地增大转鼓直径。同时由式(9-7)也可以看出, 分离因数 f 与 n 的平方和 R 的一次方成正比, 因此要提高分离因数, 增加转鼓转速比增加转鼓直径要有利得多。

根据分离因数的大小, 可将离心机分为如下几种。

① 常速离心机　$f < 3000$ (一般为 $600 \sim 1200$)。

② 中速离心机　$f = 30000 \sim 50000$。

③ 高速离心机　$f \geqslant 50000$。

④ 超速离心机　$f > 2 \times 10^5$。

沉降式离心机包括实验室用的瓶式离心机和工业上用的转鼓离心机, 其中无孔转鼓离心机又有管式、多室式、碟片式和卧螺式等几种类型。

9.3.2.2 离心过滤

离心过滤是将料液送入有孔的转鼓并利用离心力场进行过滤的过程, 以离心力为推动力完成过滤作业, 兼有离心和过滤的双重作用。以间歇式离心过滤为例, 料液首先进入装有过滤介质的转鼓中, 然后被加速到转鼓旋转的速度, 形成附着在转鼓壁上的液环。与沉降式离心机一样, 粒子受到离心力作用而沉降, 过滤介质阻碍粒子通过, 形成滤饼。接着, 悬浮液的固体颗粒被截留而沉积下来, 滤饼表面生成了澄清液, 该滤液透过滤饼层和过滤介质向外排出。

离心过滤一般分成 3 个阶段。

① 滤饼形成　悬浮液进入离心机, 在离心力的作用下滤液通过过滤面排出, 滤渣形成滤饼, 其过滤速率可按加压过滤方程式计算。

② 滤饼压缩　滤饼中的固体物质逐渐排列紧密, 空隙减小, 空隙间的液体逐渐排出, 滤饼体积减小, 这时过滤推动力为滤饼对液体的压力和液体所受到的离心力。

③ 滤饼压干　此时滤饼层的结构已经排列得非常紧密, 其毛细组织中的液体被进一步排出。液体受到离心力和固体颗粒的压力, 由于越靠近转鼓壁处其压力越大, 所以越靠近转鼓壁的滤饼越干。

常用的离心过滤设备有三足式离心机、卧式刮刀卸料离心机和卧式活塞推料离心机, 另外还有连续沉降-过滤式螺旋卸料离心机。

9.3.2.3 超离心法

超离心法是根据物质的沉降系数、质量和形状的不同, 应用强大的离心力, 将混合物中的各组分分离、浓缩和提纯的方法。它在生物化学、分子生物学以及细胞生物学的发展中起了重要作用。利用超离心技术中的差速离心、等密度梯度离心等方法, 已成功分离出各种亚细胞物质, 如线粒体、溶酶体和肿瘤病毒等。超离心法是现代生物技术研究领域中不可缺少的实验室分析和制备手段。超离心技术中, 由于使用的离心机类型也是无孔转鼓, 所以其属于离心沉降的范畴。

9.4 微生物细胞的破碎与分离

微生物代谢产物的有些目标产物如大多数酶蛋白、类脂和部分抗生素等存在于胞内。要分离和提取此类产物，就必须进行细胞破碎，使目标产物释放转入液相，然后进一步分离、纯化。细胞破碎（即破坏细胞壁和细胞膜）使胞内产物获得最大程度的释放。通常细胞壁较坚韧，细胞膜强度较差，易受渗透压冲击而破碎，因此破碎的阻力来自于细胞壁。各种微生物的细胞壁结构和组成不完全相同。另外，不同的生化物质，其稳定性也存在很大差异，在破碎过程中应防止其变性或被细胞内存在的酶水解，因此选择适宜的破碎方法十分重要。

细胞破碎的方法很多，一般按是否使用外加力分为机械法和非机械法两类。非机械法有酶溶法、化学法、物理法和干燥法等（具体情况见表 9-3）。

表 9-3 细胞破碎率与细胞的种类

分　　类		作用机理	适　应　性
机械法	珠磨法	固体剪切作用	可达较高破碎率,可较大规模操作,大分子目的产物易失活,浆液分离困难
	高压匀浆法	液体剪切作用	可达较高破碎率,可较大规模操作,不适合丝状菌和革兰阳性菌
	超声破碎法	液体剪切作用	对酵母菌效果较macious,破碎过程升温剧烈,不适合大规模操作
非机械法	酶溶法	酶分解作用	具有高度专一性,条件温和,浆液易分离,溶酶价格高,通用性差
	化学渗透法	改变细胞膜的渗透性	具有一定选择性,浆液易分离,但释放率较低,通用性差
	渗透压法	渗透压剧烈改变	破碎率较低,常与其他方法结合使用
	冻结融化法	反复冻结融化	破碎率较低,不适合对冷冻敏感的目的产物
	干燥法	改变细胞膜的渗透性	条件变化剧烈,易引起大分子物质失活

9.4.1 机械法

9.4.1.1 珠磨机

实验室最早用的研磨法，是用氧化铝作为助磨剂来制备无细胞制剂，此法简单但效率低、制备量少。目前采用珠磨机，用于大规模细胞破碎，它将细胞悬浮液与颗粒直径为 $0.45 \sim 1 mm$ 的玻璃小珠、石英砂或氧化铝一起快速搅拌或研磨，使达到细胞的某种破碎程度。这类装置的主要缺点是在破碎期间样品温度迅速升高，通过用二氧化碳来冷却容器可得到部分解决。

9.4.1.2 高压匀浆器

采用高压匀浆器是大规模破碎细胞的常用方法，利用高压使细胞悬浮液通过针形阀，由于突然减压和高速冲击、撞击使细胞破裂。它可达较高的破碎率，但不适合丝状菌和革兰阳性菌。

高压匀浆法通常的压力为 $55 \sim 70 MPa$，菌悬液一次通过均质器的细胞破碎率在 $12\% \sim 67\%$，要达到 90% 以上的细胞破碎率起码要均质两次。有报道当操作压力达到 $175 MPa$ 时，细胞破碎率可达 100%，当压力超过 $70 MPa$ 时，细胞破碎率上升缓慢。

9.4.1.3 超声波法

超声波具有频率高、波长短、定向传播等特点，通常在 $15 \sim 25 kHz$ 的频率下操作。超声波振荡器有不同的类型，常用的为电声型，它由发生器和换能器组成，发生器能产生高频电流，换能器的作用是把电磁振荡转换成机械振动。超声波振荡器又分为槽式和探头直接插入介质两种类型，破碎效果后者一般比前者好。

超声波对细胞的破碎作用与液体中空穴的形成有关。当超声波在液体中传播时，液体中的某一小区域交替重复地产生巨大的压力和拉力。由于拉力的作用，使液体拉伸而破裂，从而出现细小的空穴。这种空穴又受到超声波的迅速冲击而迅速闭合，从而产生一个极为强烈的冲击波压力，由它引起的黏滞性旋涡在悬浮细胞上造成了剪切应力，促使细胞内部的液体发生流动，使细胞破碎。

超声波处理细胞悬浮液时，破碎率与超声波的声强、频率、液体的温度、压强和处理时间等有关，此外与介质的离子强度、pH 和菌种的性质等也有很大的关系。不同的菌种，用超声波处理的效果也不同，杆菌比球菌易破碎，革兰阴性菌比革兰阳性菌易破碎，酵母菌效果较差。

9.4.2　非机械法

9.4.2.1　酶溶法

酶溶法是利用酶反应分解破坏细胞壁上特殊的键，从而达到破壁的目的。常用的溶酶有溶菌酶、β-1.3-葡聚糖酶、β-1.6-葡聚糖酶、蛋白酶、甘露糖酶、糖苷酶等。酶的专一性强，发生酶解的条件温和。应用酶溶时需要选择适宜酶和酶系统，并要确定特定的反应条件，还常附加其他的处理，如辅加高浓度盐及 EDTA 或利用生物因素等促使微生物对酶溶作用的敏感，以获得一定的效果。溶菌酶是应用最多的酶，它能专一地分解细胞壁上糖蛋白分子的 α-1,4-糖苷键，使脂多糖解离，经溶菌酶处理后的细胞移至低渗溶液中使细胞破裂，释放出胞内物质。对酵母细胞采用酶溶法破碎时，第一步加入蛋白酶作用蛋白质-甘露聚糖结构，使二者溶解，第二步加入葡聚糖酶作用裸露的葡聚糖层，最后只剩下原生质体，这时若缓冲液的渗透压变化，则细胞膜破裂，胞内物质释出。

酶溶法主要用于实验室规模，此外，酶溶法可用于制备原生质体。

9.4.2.2　自溶法

自溶法是利用微生物本身产生的酶来溶菌，而不需外加其他的酶。在微生物代谢过程中，大多数都能产生一种能水解细胞壁上聚合结构的酶，有时改变其生长的环境，可以诱发产生这种酶或激发产生其他的自溶酶，以达到自溶的目的。影响自溶过程的因素有温度、时间、pH 缓冲液浓度、细胞代谢途径等。

9.4.2.3　渗透压法

渗透压法是将细胞放在高渗透压的介质中，使细胞内外达到平衡后，离心，然后取出，快速将细胞转入两倍体积 4℃ 的水或缓冲液中，由于渗透压的突然变化，水迅速进入细胞内，引起细胞壁的破裂，是较温和的一种破碎方法。渗透压冲击的方法仅对细胞壁较脆弱的菌，或者细胞壁预先用酶处理，或合成受抑制而强度减弱时才是合适的。

此外，还有反复冻结-融化法和化学渗透法等。

9.5　生物物质的分离与提取

9.5.1　沉淀法

沉淀法是经典的分离和纯化生物物质的方法。由于其浓缩作用常大于纯化作用，因而沉淀法通常作为初步分离的一种方法，用于从去除了菌体或细胞碎片的发酵液中沉淀出生物物质，然后再利用色谱分离等方法进一步提高其纯度。沉淀法由于成本低、收率高（不会使蛋白质等大分子失活）、浓缩倍数高和操作简单等优点，是下游加工过程中应用广泛的方法。根据所加入的沉淀剂的不同，沉淀法可以分为：盐析法、等电点沉淀法、有机溶剂沉淀法、非离子型聚合物沉淀法、聚电解质沉淀法、高价金属离子沉淀法等。

9.5.2 吸附法

吸附是利用适当的吸附剂，在一定的操作条件下，使有用目标产物被吸附剂吸附，富集在吸附剂表面，然后再以适当的洗脱剂将吸附的物质从吸附剂上解吸下来，从而达到浓缩和提纯的目的。物质从流体相（气体或液体）浓缩到固体表面从而实现分离的过程称为吸附作用。在表面上能发生吸附作用的固体微粒称为吸附剂，而被吸附的物质称为吸附质。

按吸附剂对吸附质的吸附作用可分为三类，即物理吸附、化学吸附和交换吸附。

吸附剂和吸附质通过分子间范德华力而产生的吸附作用称为物理吸附。物理吸附无选择特异性，但随着物系的不同，吸附量可相差很多。物理吸附不需要较高的活化能，在低温条件下也可进行。物理吸附通常是可逆的，在吸附的同时，被吸附的分子由于热运动离开固体表面而发生解吸。

由于固体表面原子的价键未完全被相邻原子所饱和，还有剩余的成键能力，吸附剂与吸附质之间发生电子转移，发生化学反应而产生吸附作用称为化学吸附。化学吸附的选择性较强，即一种吸附剂只对某种或特定几种物质有吸附作用。化学吸附与物理吸附不同，需要一定的活化能。由于化学吸附生成化学键，因而只能是单分子层吸附。

吸附剂表面如为极性分子或离子所组成，则它会吸引溶液中带相反电荷的离子而形成双电层，同时在吸附剂与溶液间发生离子交换，这种吸附称为交换吸附。交换吸附的能力由离子的电荷决定，离子所带电荷越多，它在吸附剂表面的相反电荷点上的吸附力就越强。

吸附法的优点是可不用或少用有机溶剂；操作简便、安全、设备简单；生产过程中 pH 变化小，适用于稳定性较差的生化物质。其缺点是吸附法选择性差、收率不高；无机吸附剂性能不稳定，不能连续操作，劳动强度大；炭粉等吸附剂影响环境卫生。

9.5.2.1 吸附过程与原理

（1）常用吸附剂　吸附剂是物质吸附分离过程得以实现的基础。目前在吸附分离过程中常用的吸附剂主要有活性炭、硅胶、活性氧化铝、合成沸石（分子筛）和大网格吸附剂等。在生物产品的分离过程中，针对不同的混合物系及不同的净化度要求需采用不同的吸附剂。

① 活性炭　活性炭是目前最普遍使用的吸附剂，它是一种多孔含碳物质的颗粒粉末，常用于生物产品的脱色和除臭等过程。生产活性炭的原料是一些含碳物质如木材、泥炭、煤、石油焦炭、骨、椰子壳、坚果核等，其中无烟煤、烟煤和果壳是主要原料。活性炭具有吸附能力强，分离效果好，来源比较容易，价格比较便宜等优点。但是活性炭很难控制标准，且色黑质轻，容易污染环境，因此应用受到限制。

② 硅胶　硅胶有天然和人工合成之分。天然的硅胶即多孔 SiO_2，也称为硅藻土，人工合成的则称为硅胶。目前作为生物分离所用吸附剂一般都采用人工合成的硅胶，因为其杂质少，品质稳定，耐热耐磨性好，而且可以按需要的形状、粒度和表面结构制取。硅胶在吸附操作特别是吸附色谱中应用广泛。

③ 氧化铝　氧化铝是常用的吸附剂，特别适用于亲脂性成分的分离，广泛应用于醇、酚、生物碱、染料、核苷类、氨基酸、蛋白质以及维生素、抗生素等物质的分离。氧化铝价格便宜、再生容易，活性易控制；但操作不便，手续繁琐，处理量有限，因此限制了其在工业生产中的大规模应用。

④ 大孔网状聚合物吸附剂　大孔网状聚合物吸附剂在合成的过程中没有引入离子交换功能团，只有多孔的骨架，其性质与活性炭、硅胶的性质相似。大孔网状聚合物吸附剂是一种非离子型多聚物，它能够借助范德华力从溶液中吸附各种有机物质。此类吸附剂机械强度

高，使用寿命长，选择性吸附性能好，吸附质容易脱附，并且流体阻力小，常应用于微生物制药行业，如抗生素和维生素等的分离浓缩。

⑤ 沸石　天然沸石是特有的火山矿石，它属于含水铝硅酸盐类，含有氢、氧、铝和硅等元素，这些元素组成了蜂窝状的结构。由于沸石结构中含有许多通道或者小孔，就使得它的表面积非常大。另外，它的结构中含有负电荷，这样就使得它具有非常大的阳离子交换能力。除了用于一般的气体和液体的吸附外，沸石还可用于离子交换。

（2）吸附剂的性能要求　在分离生物产品时，常由于不同的生物产品及不同的纯化要求，而采用不同的吸附剂，但作为吸附剂一般都有如下的主要性能要求。

① 大的比表面积　在分离过程中，应用较多的吸附一般多为物理吸附，吸附通常只发生在固体表面几个分子直径的厚度区域，单位面积固体表面所吸附量非常小，因此作为工业用的吸附剂，必须有足够大的比表面积。

② 颗粒大小均匀　固体吸附剂的外形通常为球形和短柱形，也有其他如无定形颗粒的，工业固定床用吸附剂颗粒一般为直径1～10mm左右；吸附剂颗粒大小均匀，可使流体通过床层时分布均匀，避免产生流体的返混现象，提高分离效果。吸附剂的颗粒大小及形状将影响到固定床的压力降，因此应根据工艺的具体条件适当选择。

③ 具有一定的吸附分离能力　使用吸附剂的目的在于实现工艺上对生物有效成分的分离浓缩，因此，吸附剂应具有在特定条件下对某种产品的分离纯化能力。该能力一般需通过适当试验方法来测定。

④ 具有一定的规模及合理的价格　工业用吸附剂由于使用量较大及连续性操作，因此要求具有一定的规模，同时由于在工业上大量使用，其价格的合理性也是重要参数之一。

（3）吸附平衡　当吸附剂达到平衡时，其吸附量m与溶液浓度c和温度的关系称为吸附平衡关系。当温度一定时，吸附量只是浓度c的函数。m与c的关系曲线称为吸附等温线。由于吸附剂与吸附物之间的作用力不同，吸附剂表面状态不同，因此吸附等温线也会相应的不同（如图9-3所示）。最普遍的是曲线2，呈一条双曲型饱和曲线，这样的图形，一般是单分子层吸附，一旦吸附达到饱和，就不再继续进行；曲线3是一条渐近于纵坐标的渐近曲线，表明是一种多分子层吸附；而曲线4是一种直线型等温线。

朗缪尔（Langmuir）第一个建立了单分子层吸附等温线方程。他在推导吸附等温线方程时提出下列假定：吸附是在活性中心上进行，这些活性中心具有均匀的能量，而且相隔较远，因此吸附质分子间无相互作用力；每一个活性中心只能吸附一

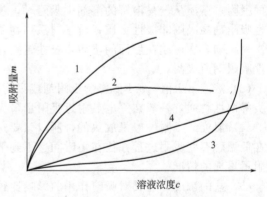

图9-3　常见的吸附等温线类型
1—弗罗因德利希型；2—朗缪尔型；3—凹型；4—直线型

个分子，即形成单分子吸附层。根据气体吸附和溶液中吸附是相似的过程出发，可以认为吸附速率应该和溶液浓度c及吸附剂表面未被占据的活性中心数目成正比；而解吸速率应该和吸附剂表面为该溶质占据的活性中心数目成正比。设m为每克吸附剂所吸附的溶质量，m_∞为每克吸附剂所有活性中心都被分子占据时的吸附量，$(m_\infty-m)$为吸附剂表面未被占据的活性中心数。则有：

吸附速率$=K_1(m_\infty-m)c$

解吸速率$=K_2m$

当达到平衡时：$K_1(m_\infty-m)c=K_2m$

令 $b = \dfrac{K_1}{K_2}$

所以: $$m = \frac{m_\infty bc}{1 + bc} \qquad (9\text{-}9)$$

上式称为 Langmuir 方程式。其图示曲线如图 9-3 所示。

当溶液的浓度 c 很高时，$1 + bc \approx bc$，$m \approx m_\infty$，则处于饱和状态，不可能有更多的分子被吸附；当溶液的浓度很稀时，$1 + bc \approx 1$，$m \approx m_\infty bc$，被吸附的吸附量与溶液的浓度呈线性关系；而当浓度处于中间范围时，可用对 Langmuir 方程式取倒数或者乘以 $1/c$ 的方法使之线性化。

9.5.2.2 吸附操作方式

吸附按操作方式的不同可分为两种。一种是分批式吸附，一般是在带有搅拌的反应罐中，将吸附剂依次加入到含有目标产物的溶液中进行搅拌混合，然后用离心的方法将产物逐个分离；另一种是连续式吸附，使含目标产物的溶液连续通过一根或多根填充有吸附剂的柱，流出液用一个分部收集器收集，或者将一定流量和浓度的料液恒定地连续送入置有纯溶剂和定量的新鲜吸附剂的连续搅拌罐式反应器中，经吸附后，以同样流量排出残液。

9.5.2.3 影响吸附过程的因素

（1）吸附剂的性质 吸附剂的理化性质对吸附的影响很大。吸附剂的性质与其原料、合成方法和再生条件有关。一般要求吸附容量大，吸附速率快和机械强度好。吸附剂的吸附容量除其他外界条件外，主要与比表面积有关。比表面大，空隙度高，吸附容量就越大。吸附速率主要与颗粒度和孔径分布有关，颗粒度越小，吸附速率就越快，但压头损失要增大。孔径适当，有利于吸附物向空隙中扩散。吸附剂的机械强度则影响其使用寿命。

（2）吸附质的性质 吸附质的性质也是影响吸附的因素之一，根据吸附质的性质可预测相对吸附量的大小，有一些规则可用来预测吸附的相对量：能使表面张力降低的物质，易为表面吸附；溶质从较易溶解的溶剂中吸附时，吸附量较少；极性吸附剂易吸附极性物质，非极性吸附剂易吸附非极性物质；对于同系列物质，吸附量的变化是有规则的，如按极性减小的次序排列，次序越在后面的物质，极性越差，因而越易为非极性吸附剂所吸附，并越难为极性吸附剂所吸附。

（3）溶液 pH 值 pH 值影响吸附剂或吸附质解离情况，进而影响吸附量。对蛋白质或酶类等两性物质，一般在等电点附近吸附量最大。

（4）温度 吸附一般是放热的，所以只要达到了吸附平衡，升高温度会使吸附量降低。但在低温时有些吸附过程往往在短时间达不到平衡，而升高温度会使吸附速率加快，并出现吸附量增加的情况。

（5）盐的浓度 盐类对吸附作用的影响比较复杂，有些情况下盐能阻止吸附，在低浓度盐溶液中吸附的蛋白质或酶，常用高浓度盐溶液进行洗脱。但在另一些情况下盐能促进吸附，甚至有的吸附剂一定要在盐的存在下，才能对某种吸附物进行吸附。

（6）吸附质浓度与吸附剂用量 由吸附等温线方程可知，在稀溶液中吸附量与浓度的一次方成正比；而在中等浓度的溶液中吸附量与浓度的 $1/n$ 次方成正比。在吸附达到平衡时，吸附质的浓度称为平衡浓度。一般规律是：吸附质的平衡浓度愈大，吸附量也愈大。从分离提纯的角度考虑，应注意吸附剂的用量。若吸附剂的用量过多，会导致成本增高、吸附选择性差及有效成分的损失等。所以吸附剂的用量应综合各种因素通过试验来确定。

9.5.3 离子交换法

离子交换法是应用合成的离子交换树脂作为吸附剂，将溶液中的物质，依靠库仑力吸附在树脂上，然后用合适的洗脱剂将吸附质从树脂上洗脱下来，达到分离、浓缩、提纯的目的。离子交换作用是指一个溶液中的某一种离子与一个固体中的另一种具有相同电荷的离子互相调换位置，即溶液中的离子跑到固体上去，把固体上的离子替换下来。这里溶液称流动相，而固体称固定相。离子交换技术是分离精制生物产品的主要手段之一，广泛用于抗生素、蛋白质、氨基酸、有机酸等工业。

9.5.3.1　基本原理

离子交换树脂是一种不溶性的高分子化合物，它的分子中含有可解离的基团，这些基团在水溶液中能与溶液中同类型阳离子或阴离子起交换作用。交换反应都是平衡反应，但在层析柱上进行时，由于连续添加新的交换溶液，平衡不断按正方向进行，所以可以把离子交换剂上的离子全部洗脱下来，同时溶液中的离子全部被交换并吸附在树脂上。如果有两种以上的成分被交换吸着在离子交换树脂上，用洗脱液洗脱时，其被洗脱的能力则决定于各自洗脱反应的平衡常数。离子交换过程有两个阶段——吸附和解吸。吸附在离子交换树脂上的物质可以通过改变 pH 使吸附的物质失去电荷而达到解离。但更多的是通过增加离子强度，使加入的离子与被吸附物质竞争离子交换剂上的电荷位置，使被吸附物质从离子交换树脂解离。不同物质与离子交换树脂之间形成电键数目不同，即亲和力大小有差异，因此只要选择适当的洗脱条件便可将混合物中的组分逐个洗脱下来，达到分离纯化的目的。

9.5.3.2　离子交换树脂的分类

离子交换树脂由三部分构成：惰性的不溶性高分子固定骨架，称为载体；与载体以共价键联结的不能移动的活性基团，称为功能基团；与功能基团以离子键联结的可移动的活性离子，称为平衡离子。如苯乙烯磺酸钠树脂，其骨架是聚苯乙烯高分子塑料，活性基团是磺酸基，活性离子是钠离子。离子交换树脂主要有 4 种。

（1）阳离子交换树脂　阳离子交换树脂按其酸性的强弱可分为三类。

① 强酸性阳离子交换树脂　这类树脂的活性基团是强酸性基团，有磺酸基团（—SO_3H）和次甲基磺酸基团（—CH_2SO_3H）等，其电离程度大而不受溶液 pH 变化的影响，当 pH 值在 1～14 之间时都能进行离子交换反应。

② 弱酸性阳离子交换树脂　这类树脂的活性基团是弱酸性基团，有羧酸（—COOH）和酚羟基（—OH）等，其电离程度受溶液 pH 变化的影响很大，在酸性溶液中几乎不发生交换反应，其交换能力随溶液 pH 的下降而降低。

③ 中强酸性阳离子交换树脂　这类树脂的酸性介于强酸性阳离子交换树脂和弱酸性阳离子交换树脂之间，即含磷酸基团（—PO_3H_2）和次磷酸基团［—PHO(OH)］。

（2）阴离子交换树脂　根据功能基团的种类也分为三类。

① 强碱性阴离子交换树脂　这类树脂的活性基团是季胺基团［—$N(CH_3)_2$］，它和强酸离子交换树脂相似，其活性基团电离程度较强，不受溶液 pH 变化的影响，在 pH 值 1～14 之间时都能进行离子交换反应。

② 弱碱性阴离子交换树脂　这类树脂的活性基团是伯胺基团（—NH_2）、仲胺基团（—$NHCH_3$）和叔胺基团［—$N(CH_3)_2$］，其电离程度弱，和弱酸性阳离子树脂一样交换能力受溶液 pH 的变化影响很大，pH 越低，交换能力越高，反之则低。

③ 中强碱性阳离子交换树脂　中强碱性阳离子交换树脂则兼有以上两类活性基团。

（3）其他类型的树脂

① 两性离子交换剂　将两种性质相反的阴离子、阳离子交换官能团连接在同一树脂骨架上，就构成两性树脂。这种树脂骨架上的两种类型官能团彼此接近，在与溶液中的阴阳离子交换以后，只要通过水，稍稍改变体系的酸碱条件即可发生相反的水解反应，恢复树脂原来的形式。

② 选择性离子交换剂 这类树脂又叫螯合性离子交换树脂，它与金属离子形成螯合物的基团，是一种对某些离子有特殊选择性的树脂，其选择性高于一般的强酸性和弱酸性树脂。

③ 吸附树脂 又称为脱色树脂，它有较大的表面积，具有多孔性，吸附能力强，但交换离子的能力很小，甚至不能交换，在发酵工业多用于脱色吸附大分子的产物和除去蛋白质等。

④ 电子交换树脂 电子交换树脂的作用不是进行离子交换而是电子转移，能起氧化还原作用，故也称为氧化还原树脂。

9.5.3.3　离子交换过程

离子交换反应是在动态下进行的，不论溶液的运动情况怎样，在树脂表面上始终存在着一层薄膜，起交换的离子只能借分子扩散而通过这层薄膜。具体包括下面 5 个步骤：交换离子从溶液通过液膜扩散到树脂表面；交换离子穿过树脂表面向树脂孔内部，达到有效交换的位置扩散；交换离子与树脂中的离子进行离子交换；被交换下来的离子，在树脂交联网内向树脂表面扩散；被交换下来的离子穿过树脂表面的液膜进入溶液主体中。

其中第一和第五步骤称为外扩散或膜扩散；第二和第四步骤称为内扩散或粒扩散；第三步骤称为交换反应。一般反应速率很快，扩散速率很慢，因此离子交换反应的速率主要取决于扩散速率。至于究竟是内部扩散还是外部扩散属控制步骤，要随操作条件而变。一般来说，液体流速越快或搅拌越激烈，浓度越低，颗粒越大，吸附越弱，则越是趋向于内部扩散控制；相反，液体流速慢，浓度高，颗粒细，吸附强，则越是趋向于外部扩散控制。一般来说对于吸附有机大分子时，因大分子在树脂内扩散速率慢，所以常为内部扩散控制。

9.5.3.4　影响离子交换速率的因素

（1）树脂颗粒的大小 离子的外扩散速率与树脂颗粒大小成反比，而粒子的内扩散速率与粒径倒数的高次方成正比，因此粒度减小，交换速率加快。

（2）树脂的交联度 交联度低，树脂易膨胀，树脂内扩散较容易，交换速率加快。

（3）溶液中离子浓度 溶液中离子浓度较低对外扩散速率影响较大，对内扩散影响较小，反之亦然。

（4）温度 溶液的温度提高，扩散速率加快。

（5）离子的大小 离子小的交换速率快。

（6）离子的化合价 离子的化合价越高，离子在树脂中存在的库仑引力越大，从而扩散速率就越小。

9.5.3.5　离子交换的操作方式

离子交换操作一般分为静态和动态两种。静态交换又称为间歇操作，是将树脂与交换溶液混合在一定的容器中搅拌，达到平衡后，滤除介质进行洗脱。动态交换又称为柱式操作，是先将树脂装柱，交换溶液以平流方式通过柱床进行交换。

新树脂常有些未参与聚合反应的小分子和高分子成分的分解产物，一些铁、铜、铝等金属物质和灰尘。故新树脂装柱后，先用去离子水浸渍 12h 左右，使树脂充分吸水膨胀，再用 2～3 倍树脂体积的 10% 左右食盐水浸泡 4h 以上。用水洗净残留的氯化钠，最后调 pH 到所需范围。树脂预处理后使树脂洗至中性后借助水的重力使树脂自然沉积，避免夹杂气泡现象。

上柱交换方式可采用原液自上向下流的顺流上柱方式或原液自下向上流的逆流上柱方式。通常是采用顺流上柱。洗脱一般采取分步淋洗或梯度淋洗，其中分步洗脱，是指先采用洗脱能力较弱的溶液，使易洗脱组分流出，然后依次使用洗脱能力更强的溶液，洗脱较难洗脱的组分。

离子交换树脂在工作过程中逐渐吸附被处理液中的杂质，经一段时间后就接近饱和状态，离子交换能力降低，需要进行再生处理。再生过程是离子交换作用的可逆过程，因此用过的离子交换树脂一般先用清水洗涤，然后用适当浓度的无机酸或碱进行洗涤，可恢复到原状态而重复使用，此过程称为再生。阳离子交换树脂可用稀盐酸、稀硫酸等淋洗；阴离子交换树脂可用氢氧化钠等溶液处理而再生。

9.5.3.6 离子交换设备

离子交换设备可分为间歇式、固定床、连续式移动床及连续式流动床离子交换设备。

（1）间歇式离子交换　间歇式离子交换是指把离子交换剂与被处理的溶液混合，加以适当搅拌，使之达到交换平衡，然后滤出溶液使之分离的一种操作方式。通常用于实验室或小型工业生产。最简单的装置就是采用一个具有搅拌器的罐。

（2）固定床离子交换　固定床离子交换包括活塞式固定床（见图9-4所示）、部分流化的活塞式固定床（见图9-5所示）以及柱式固定床（见图9-6所示），是把离子交换剂放在交换柱内处于固定态，被处理的溶液在动态下流过交换柱。固定床的优点是：设备简单，操作方便，适用于各种规模的生产；但离子交换剂的利用率低，再生费用大；滤速增高时，压强降增大也快。

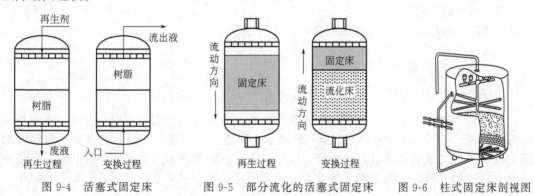

图 9-4　活塞式固定床　　　　图 9-5　部分流化的活塞式固定床　　　图 9-6　柱式固定床剖视图

9.5.4　萃取法

萃取法是用一种溶剂将产物自另一种溶剂（如水）中提取出来，达到浓缩和提纯的目的。若萃取的混合物料是液体，则此过程是液-液萃取；如果被处理的物料是固体，则此过程称为液-固萃取（也称为提取或浸取），即应用溶液将固体原料中的可溶组分提出来的操作。

萃取法比化学沉淀法分离程度高，比离子交换法选择性好，传质快，比蒸馏法能耗低且生产能力大，周期短，便于连续操作，容易实现自动化。近年来溶剂萃取法和其他新型分离技术相结合，产生了一系列新型分离技术如双水相萃取、反相胶束（胶团）萃取、超临界萃取、液膜萃取等。

9.5.4.1 液-液萃取分离过程

液-液萃取法又分为物理萃取和化学萃取。物理萃取的理论基础是分配定律，而化学萃取服从相律及一般化学反应的平衡规律。

（1）物理萃取　在溶剂萃取中，被提取的溶液称为料液，其中欲提取的物质称为溶质，而用以进行萃取的溶剂称为萃取剂。经接触分离后，大部分溶质转移到萃取剂中，得到的溶液称为萃取液，而被萃取后的料液称为萃余液。将萃取剂和料液放在萃取器中，经充分振荡，静置待分层形成两相，即萃余相和萃取相，进行萃取的体系是多相多组分体系。在一个多组分两相体系中，溶质自动地从化学势大的一相转移到化学势小的一相，其过程是自发进行的。

（2）化学萃取　在物理萃取（简单分子萃取）中，分配定律定量描述了某一溶质在两个互不混溶的液相中，其化学状态相同时的平衡分配规律。与物理萃取不同，对于许多液-液萃取体系，在萃取过程中常伴随有化学反应，包括相内反应与相界面上的反应。这类萃取统称为化学萃取（反应萃取）。化学萃取是伴有化学反应的传质过程。根据溶质与萃取剂之间发生的化学反应机理，大致可分为5类，即配合反应、阳离子交换反应、离子缔合反应、加合反应和带同萃取反应等。

9.5.4.2　液-液萃取分类

对于利用混合-分离器的萃取过程，按其操作方式分类，可以分为单级萃取和多级萃取，后者又可以分为错流萃取和逆流萃取，还可以将错流和逆流结合起来操作。

（1）单级萃取　单级萃取只包括一个混合器和一个分离器。料液 F 和溶剂 S 加入混合器中经接触达到平衡后，用分离器分离得到萃取液 L 和萃余液 R。如分配系数为 K，料液的体积为 V_F，溶媒的体积为 V_S，则经过萃取后，溶质在萃取相与萃余相中数量之比值为：

$$E = K \frac{V_S}{V_F} \tag{9-10}$$

式中　E——萃取因素。

由 E 可求得未被萃取的分率和理论收率 $1-\varphi$。

$$\varphi = \frac{1}{E+1}$$

$$1-\varphi = \frac{E}{E+1} \tag{9-11}$$

（2）多级错流萃取　在此法中，料液经萃取后，萃余液再与新鲜萃取剂接触，再进行萃取。图 9-7 表示三级错流萃取过程。第一级的萃余液进入第二级作为料液，并加入新鲜萃取剂进行萃取；第二级的萃余液再作为第三级的料液，也同样用新鲜萃取剂进行萃取。此法特点在于每级中都加溶剂，故溶剂消耗量大，而得到的萃取液平均浓度较低，但萃取较完全。

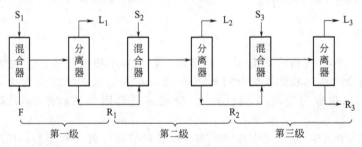

图 9-7　三级错流萃取过程
F—料液；S—溶剂；R—萃余液；L—萃取液；下标 1,2,3—级别

（3）多级逆流萃取　在多级逆流萃取中，在第一级中加入料液，并逐渐向下一级移动，而在最后一级中加入萃取剂，并逐渐向前一级移动。料液移动的方向和萃取剂移动的方向相反，故称为逆流萃取（图 9-8）。在逆流萃取中，只在最后一级中加入萃取剂，故和错流萃取相比，萃取剂的消耗量较少，因而萃取液平均浓度较高。

9.5.4.3　液-液萃取中的乳化问题

液-液萃取中常遇到乳化问题，影响萃取分离操作的进行。一般形成乳状液要有互不相溶的两相溶剂、外力、表面活性物质（植物成分如皂苷、蛋白质、植物胶等都是表面活性物质）等几个条件。形成乳状液液滴界面上由于感受表面活性物质或固体粉粒的存在而形成了两层牢固的带有电荷的膜（固体粉粒膜不带电荷），因而阻碍液滴的聚结分层。乳状液虽有

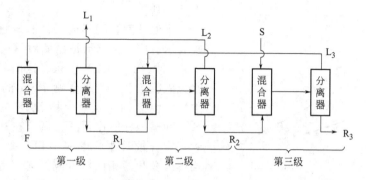

图 9-8 多级逆流萃取
F—料液；S—溶剂；R—萃余液；L—萃取液；下标 1,2,3—级别

一定的稳定性，但乳状液具有高的分散度，表面积大，表面自由能高，是一个热力学不稳定的体系，它有聚结分层、降低体系能量的趋势。

破乳就是利用其不稳定性，削弱破坏其稳定性，使乳状液破坏。破乳的原理主要是破坏它的膜和双电层，按其方法分为如下几类。

① 变型法 针对乳状液类型和表面活性剂的类型，加入相反的表面活性剂，使乳状液转型，在未完全转型的过程中将其破坏。

② 反应法 如已知乳化剂种类，可加入能与之反应的试剂，使之破坏沉淀。如皂类乳化剂加入酸，钠皂加入钙盐等。对离子型乳化剂，因其稳定性主要是其双电层维持，可以加入高价电解质，破坏其双电层和表面电荷，使乳状液破坏。

③ 物理法 加热是常用的方法。

④ 离心法 主要是利用相对密度差异促使分层。离心和抽滤中不可忽视一个个液滴压在一起的重力效应，它足以克服双电层的斥力促进凝聚。

9.5.4.4 双水相萃取

早在 1896 年，科学家发现，当明胶与琼脂或明胶与可溶性淀粉溶液相混时，得到一个浑浊不透明的溶液，随后分成两相，上相富含明胶，下相富含琼脂（或可溶性淀粉），这种现象被称为聚合物的不相溶性，从而产生了双水相体系。双水相体系的形成主要是由于高聚物之间的不相溶性，即高聚物分子的空间阻碍作用，相互无法渗透，不能形成均一相，从而具有分离倾向，在一定条件下即可分为两相。一般认为只要两聚合物水溶液的憎水程度有所差异，混合时就可发生相分离，且憎水程度相差越大，相分离的倾向也就越大。可形成双水相体系的聚合物有很多，典型的双水相体系聚合物有聚乙二醇（PEG）/葡聚糖（DEX）、聚丙二醇（polypropylene glycol）/聚乙二醇（PEG）和甲基纤维素（methylcellulose）/葡聚糖等。另一类双水相体系是由聚合物/盐构成的。此类双水相体系一般采用聚乙二醇（PEG）作为其中一相成相物质，而盐相则多采用硫酸盐或者磷酸盐。

（1）双水相萃取原理 双水相系统形成的两相均是水溶液，它特别适用于生物大分子和细胞粒子。采用双水相技术就可以避免乳化，直接从醪液中提取。细胞、细胞碎片和培养基中的不溶物对分配行为没有显著的影响，所以不同批次的发酵液可以取得几乎相同的结果。而且细胞和产物分离在两相，避免了胞内的降解酶类对产物的破坏作用。

当两种高聚物水溶液相互混合时，它们之间的相互作用可以分为 3 类：①互不相溶，形成两个水相，两种高聚物分别富集于上、下两相；②复合凝聚，也形成两个水相，但两种高聚物都分配于一相，另一相几乎全部为溶剂水；③完全互溶，形成均相的高聚物水溶液。离子型高聚物和非离子型高聚物都能形成双水相系统，同时高聚物与低分子量化合物之间也可以形成双水相系统，如聚乙二醇与硫酸铵或硫酸镁水溶液系统，上相富含聚乙二醇，下相富

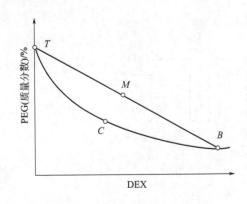

图 9-9　PEG/DEX 体系的相图

含无机盐。

水溶性两相的形成条件和定量关系常用相图来表示。图 9-9 所示是由两种聚合物和水组成的体系（如 PEG/DEX 体系，这两种聚合物都能与水无限混合），以聚合物 PEG 的含量（质量分数）为纵坐标，以聚合物 DEX 的含量（质量分数）为横坐标所作相图。只有在这两种聚合物达到一定含量时才会形成两相。图中曲线 TCB 把均匀区域和两相区域分隔开来，称作双节线。处于双节线下面的区域时是均匀的，当它们的组成位于上面的区域时，体系才会分成两相。例如，点 M 代表整个系统的组成，轻相（或上相）组成用 T 点表示，重相（或下相）组成用 B 点表示。T、M、B 三点在一条直线上，其连接的直线称系线，T 和 B 代表成平衡的两相，具有相同的组分，但体积比不同。若令 V_T、V_B 分别代表上相和下相体积，则有 $V_T/V_B = MT$（M 点与 T 点之间距离）$/BM$（B 点与 M 点之间距离）。即服从于已知的杠杆规则。若总组成点在双节线的下方，体系只能形成均一的一相。在以上的双水相系统中，各种细胞、噬菌体等的分配系数或大于 100，或小于 0.01；蛋白质或酶的分配系数在 0.1～10 之间；无机盐的分配系数一般接近于 1.0。这种不同物质分配系数的差异，构成了双水相萃取分离的基础。

（2）双水相萃取的优点　相分离过程温和，生化分子如酶不易受到破坏；双水相系统之间的传质过程和平衡过程快速，能耗较小，可以实现快速分离；易于进行连续化操作；易于放大；选择性高、收率高；操作条件温和。

（3）双水相萃取的影响因素　生物物质在双水相中的分配系数主要由氢键、电荷力、范德华力、疏水作用和蛋白质的构象效应所决定。因此形成相系统的高聚合物分子量和化学性质、被分配物质的大小和化学性质对双水相萃取都有直接的影响。

① 成相高聚物浓度的影响　当接近临界点时，蛋白质均匀地分配于两相，分配系数接近于 1。如成相聚合物的总浓度或聚合物/盐混合物的总浓度增加时，系统远离临界点，此时两相性质的差别也增大，蛋白质趋向于向一侧分配，即分配系数大于 1，或小于 1。

② 成相高聚物分子量的影响　当聚合物的分子量降低时，蛋白质易分配于富含该聚合物的相。例如，在 PEG-DEX 系统中，PEG 的分子量减小，会使分配系数增大，而葡聚糖的分子量减小，会使分配系数降低。这是一条普遍的规律，不论何种成相聚合物系统都适用。

③ 盐的影响　由于各相应保持电中性，因而在两相间形成电位差，对于带电荷的蛋白质等物质的萃取来说，盐的存在就会使系统的电荷状态改变，从而对分配产生显著影响。例如，加入中性盐可以加大电荷效应，增加分配系数。盐的种类对双水相萃取也有一定的影响，因此变换盐的种类和添加其他种类的盐有助于提高选择性。在不同的双水相体系中盐的作用也不相同。在 PEG/磷酸盐中加入氯化钠可以使万古霉素的分配系数由 4 提高到 120，而在 PEG/DEX 体系中只从 1.55 提高到 5。

④ pH 值的影响　pH 值会影响蛋白质中可以离解基团的离解度，因而改变蛋白质所带电荷和分配系数。pH 值也影响磷酸盐的离解程度，若改变 $H_2PO_4^-$ 和 HPO_4^{2-} 之间的比例，也会使相间电位发生变化而影响分配系数。pH 值的微小变化有时会使蛋白质的分配系数改变 2～3 个数量级。

⑤ 温度的影响　温度影响相图，特别在临界点附近，尤为显著，因而也影响分配系数。

（4）亲和双水相技术　亲和双水相技术是指在成相高聚物上偶联亲和性配基，以提高溶质的分配系数。这种技术已经广泛地运用到蛋白质等生物大分子的分离纯化工艺中。万古霉素可以和二肽 N-乙酰-D-Ala-D-Ala 形成复合物，当二肽作为配基与活性甲氧基聚乙二醇（MPEG）共价结合后，加入到 PEG/DEX 系统中，不仅大大提高了系统的选择性，而且分配系数提高了 7 倍。

（5）双水相萃取技术的应用　双水相萃取技术可用于多种生物物质的分离和纯化（见表9-4），多应用于蛋白质、酶、核酸、人生长激素、干扰素等的分离纯化，它将传统的离心、沉淀等液-固分离转化为液-液分离，工业化的高效液-液分离设备为此奠定了基础。双水相系统平衡时间短，含水量高，界面张力低，为生物活性物质提供了温和的分离环境。双水相萃取操作简便、经济省时、易于放大，如系统可从 10mL 直接放大到 $1m^3$ 规模（10^5 倍），而各种试验参数均可按比例放大，产物收率并不降低，这种易于放大的优点在工程中是罕见的。

表 9-4　双水相萃取技术的应用举例

生物物质种类	典型例子	相　体　系	分配系数	收率/%
酶	过氧化氢酶	PEG/DEX	2.95	81
核酸	有活性的 DNA	PEG/DEX		
生长素	人生长激素	PEG/盐	6.4	60
病毒	脊髓病毒和线病毒	PEG/NaDS（硫酸葡聚糖钠）	90	
干扰素	β-干扰素	PEG-磷酸酯/盐	630	97
细胞组织	含有胆碱受体的细胞	三甲胺-PEG/DEX	3.64	57

9.5.4.5　反胶团萃取

反相胶团是表面活性剂分子溶于非极性溶剂中自发形成的聚集体，通常表面活性剂分子由亲水憎油的极性头和亲油憎水的非极性尾两部分组成，将表面活性剂溶于水中，并使其浓度超过临界微团浓度（critical micelle concentration，CMC）时，表面活性剂就会在水溶液中聚集在一起形成聚集体。通常情况下，这种聚集体是水溶液中的微团，称为正微团。在某些情况下，聚集体也可以为双脂层、脂质体等。在微团中表面活性剂的极性头在外与水接触，非极性尾在内形成一个非极性的核心，它可溶解非极性的物质。若将表面活性剂溶于非极性的有机溶剂中，使其浓度超过临界微团浓度，便会在有机溶剂内形成聚集体，这种聚集体称为反微团（反胶团）。反胶团溶液是宏观上透明均一的热力学稳定体系。在反胶团中，表面活性剂的非极性尾在外与非极性的有机溶剂接触，而极性头则排列在内形成一个极性核。此极性核具有溶解极性物质的能力，极性核溶解了水后，就形成了"微水池"。当含有此种反胶团的有机溶剂与蛋白质的水溶液接触后，蛋白质就会溶于此"微水池"中。由于周围水层和极性头的保护，蛋白质不会与有机溶剂接触，从而不会造成失活。

（1）反胶团的萃取原理　反胶团体系是一个由水、表面活性剂和非极性有机溶剂构成的三元系统，存在有多种共存相，其萃取过程是一个比较复杂的过程。蛋白质进入反胶团溶液是一协同过程。在有机溶剂相和水相两宏观相界面间的表面活性剂层，同邻近的蛋白质分子发生静电吸引而变形，接着两界面形成含有蛋白质的反胶团，然后扩散到有机相中，从而实现了蛋白质的萃取。改变水相条件（如 pH 值、离子种类或离子强度），又可使蛋白质从有机相中返回到水相中，实现反萃取过程。

（2）反胶团萃取的优点　反胶团萃取技术成本低，溶剂可反复使用；有很高的萃取率和反萃取率，并具有高选择性；分离、浓缩可同时进行，过程简单；能解决蛋白质（如胞内酶）在非细胞环境中迅速失活的问题；可直接从完整细胞中提取具有活性的蛋白质和酶；蛋白质不易变形。

（3）影响萃取的因素

① 表面活性剂的类型　阴离子表面活性剂、阳离子表面活性剂和非离子表面活性剂均可用于形成反胶团，表面活性剂类型的选择关键应从反胶团萃取蛋白质的机理出发，选用有利于增强蛋白质表面电荷和反胶团内表面电荷间的静电作用与增加反胶团尺寸的表面活性剂。目前最常用的反胶团或微乳液是琥珀酸二(2-乙基己基) 酯磺酸钠（AOT）/异辛烷体系。一是 AOT 形成的反胶团较大，有利于蛋白质的萃取；二是 AOT 形成反胶团时不需加助表面活性剂。

② 表面活性剂的浓度　增加表面活性剂的浓度，可增加反胶团的数量，从而增大对蛋白质的溶解能力，但表面活性剂的浓度过高有可能在溶液中形成比较复杂的聚集体，同时会增加反萃取过程的难度，因此，应选择蛋白质萃取率最大时的表面活性剂浓度作为最佳浓度，具体通过实验确定。

③ 水相的 pH 值　水相的 pH 值决定了蛋白质表面电荷的状态，从而对萃取过程造成影响。只有当反胶团内表面电荷，也就是表面活性剂极性基团所带电荷与蛋白质表面电荷相反时，两者产生静电引力，蛋白质才有可能进入反胶团。对于阳离子表面活性剂，溶液 pH 大于 pI；阴离子表面活性剂，溶液 pH 小于 pI。

④ 离子强度　离子强度对蛋白质萃取的影响主要体现在 4 个方面：离子强度增大，使反胶团内表面的双电层变薄，减弱了蛋白质与反胶团内表面的静电引力，从而减小了萃取率；反胶团内表面的双电层变薄后减弱了表面活性剂极性头之间的排斥，使反胶团变小，因而蛋白质难以进入其中；离子强度增强时，增大了离子间反胶团内"微水池"的迁移，并取代其中蛋白质的倾向，使蛋白质从反胶团内被盐析出来；盐与蛋白质或表面活性剂的相互作用，可以改变溶解性能，盐的浓度越高其影响就越大。

⑤ 温度　温度是影响蛋白质萃取率的一个重要因素。一般来说，温度的增加将使反胶团的含水量下降，因而不利于蛋白质的萃取。通过提高温度可以实现蛋白质的反萃取。

9.5.4.6　超临界流体萃取

超临界流体萃取是新型的分离提取技术，20 世纪 70 年代投入工业应用，并取得成功。它是利用超临界流体，即其温度和压力略超过或靠近临界温度和临界压力，介于气体和液体之间的流体作为萃取剂，从固体或液体中萃取出某种高沸点或热敏性成分，以达到分离和提纯的目的。此过程同时利用了蒸馏和萃取的现象——蒸气压和相分离均在起作用。超临界条件下的气体通常有二氧化碳（CO_2）、氮气（N_2）、氧化二氮（N_2O）、乙烯（C_2H_4）、三氟甲烷（CHF_3）等。

（1）超临界流体的特性及其萃取原理　所谓超临界流体是指温度和压力均在本身的临界点以上的高密度流体，具有和液体同样的凝聚力、溶解力。然而其扩散系数又接近于气体，是通常液体的近百倍，因此超临界流体萃取具有很高的萃取速率。另外该流体随着温度与压力的连续变化，对物质的萃取具有选择性，且萃取后分离也很容易。表 9-5 列举了气体、超临界流体和液体性质的比较。

表 9-5　气体、超临界流体和液体性质的比较

性　质	相　态		
	气体	超临界流体	液体
密度/(g/cm³)	10^{-3}	0.7	1.0
黏度/mPa·s	$10^{-3} \sim 10^{-2}$	10^{-2}	10^{-1}
扩散系数/(cm²/s)	10^{-1}	10^{-3}	10^{-5}

注：超临界流体是指在 32℃和 13.78MPa 时的二氧化碳。

从表 9-5 中可见，超临界流体的密度和液体相似，黏度和气体相似，扩散系数比液体大 100 倍左右，这些性质决定了超临界流体萃取比常规的液体萃取完成传质，达到平衡要快，分离效果更好。

超临界流体的密度接近于液体，这使它具有与液体溶剂相当的萃取能力；超临界流体的黏度和扩散系数又与气体相近似，而溶剂的低黏度和高扩散系数的性质是有利于传质的。由于超临界流体也能溶解于液相，从而也降低了与之相平衡的液相黏度和表面张力，并且提高了平衡液相的扩散系数。超临界流体的这些性质都是有利于流体萃取，特别是有利于传质的分离过程的。

普遍认为，超临界流体的萃取能力作为一级近似，是与溶剂在临界区的密度有关。超临界萃取的基本想法就是利用超临界流体的特殊性质，使之在高压条件下与待分离的固体或液体混合物相接触，萃取出目的产物，然后通过降压或升温的办法，降低超临界流体的密度，从而使萃取物得到分离。

（2）作为萃取剂的超临界流体必须具备以下条件　萃取剂需具有化学稳定性，对设备没有腐蚀性；临界温度不能太低或太高，最好在室温附近或操作温度附近；操作温度应低于被萃取溶质的分解温度或变质温度；临界压力不能太高，可节约压缩动力费；选择性要好，容易得到高纯度制品；溶解度要高，可以减少溶剂的循环量；萃取剂要容易获取，价格要便宜。

二氧化碳由于具有合适的临界条件，又有对健康无害、不燃烧、不腐蚀、价格便宜和易于处理等优点，是最常用的超临界萃取剂。

（3）超临界流体萃取的典型流程　根据对过程中超临界流体密度调控的方法不同，从热力学和动力学的角度考虑，超临界流体萃取的流程可分为以下 3 种方式（见图 9-10）。

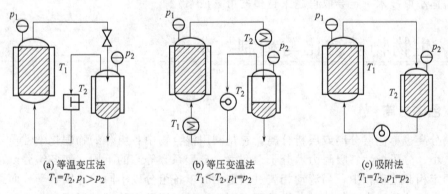

(a) 等温变压法　　　　　　(b) 等压变温法　　　　　　(c) 吸附法
$T_1=T_2, p_1>p_2$　　　　　$T_1<T_2, p_1=p_2$　　　　　$T_1=T_2, p_1=p_2$

图 9-10　超临界流体萃取代表性流程
T—温度；p—压力

① 等温变压法　此种流程通过压力的变化引起超临界流体密度的变化，使得组分从超临界流体中析出分离。萃取剂经压缩达到最大溶解能力的状态点（即超临界状态）后加入到萃取器中与物料接触进行萃取。当萃取了溶质的超临界流体通过膨胀阀进入分离槽后，压力下降，超临界流体的密度也下降，对其中溶质的溶解度跟着下降。溶质于是析出并在槽底部收集取出。

② 等压变温法　等压变温法流程中，超临界流体的压力保持一定，而利用温度的变化，引起超临界流体对溶质溶解度的变化，从而实现溶质与超临界流体分离的过程，降温升压后的萃取剂，处于超临界状态，被送入到萃取槽中与物料接触进行萃取。然后，萃取了溶质的超临界流体经加热器升温后在分离槽析出溶质。作为萃取剂的气体经冷却器等降温升压后送回萃取槽循环使用。

③ 吸附法　此种流程是将萃取了溶质的超临界流体，再通过一种吸附分离器，这种吸附分离器中装有只吸附溶质而不吸附萃取剂的吸附剂，当萃取了溶质的超临界流体通过这种吸附分离器后，溶质便与萃取剂即超临界流体分离，萃取剂经压缩后循环使用。

（4）超临界流体萃取的应用　由于超临界流体萃取和传统的溶剂萃取相比，具有一系列优点（见表9-6），所以它是一项具有特殊优势的分离技术，特别适用于提取或精制热敏性和易氧化的物质。由于所用的萃取剂是气体，容易除去，所得的萃取产品无残留毒性，所以这种分离方法特别适用于医药和食品工业。

表 9-6　超临界流体萃取与液体溶剂萃取比较

超临界流体萃取	液体溶剂萃取
可选择萃取挥发性小的物质，生成超临界相	在要分离的原料中加入溶剂，形成两相
萃取能力由 T、p 控制。夹带剂研究不多	萃取能力由温度及混合溶剂浓度控制，压力无影响
在常温、高压（5～30MPa）下操作，可处理对热不稳定的物质	都在常温、常压下进行
溶质、溶剂易于分离，改变压力温度即可	溶质与溶剂分离常用蒸馏法，存在热稳定性问题
黏度小，扩散系数大，易达到相平衡	扩散系数小，有时黏度相当高
超临界相溶质浓度小	萃取相为液相，溶质浓度一般较高

由于超临界萃取十分适合于生化产品的分离和提取，近年在生化工程上的应用研究愈来愈多，如超临界 CO_2 萃取氨基酸，从单细胞蛋白游离物中提取脂类，从微生物发酵的干物质中萃取 γ-亚麻酸，用超临界 CO_2 萃取发酵法生产的乙醇，各种抗生素的超临界流体干燥，脱除丙酮、甲醇等有机溶剂，避免产品的药效降低和颜色变坏等。可以预料，在不久的将来超临界流体萃取技术一定会取得越来越多的可喜成果。

9.6　生物物质纯化与精制技术

9.6.1　色谱分离

色谱分离也称色层分离或层析分离，它是利用混合物中各组分的物理化学性质（分子的形状和大小、分子极性、吸附力、分子亲和力、分配系数等）的不同，使各组分以不同程度分布在固定相和流动相中，当流动相流过固定相时，各组分以不同的速度移动，而达到分离的目的。色谱分离技术操作简便，样品可多可少，既可用于实验室的研究工作，又可用于工业生产，还可与其他分析仪器配合，组成各种自动分析仪器。

色谱分离技术按不同的方法可分为不同的类型。如按流动相的状态不同可分为液相色谱和气相色谱等；按固定相的使用形式不同可分为柱色谱、纸色谱、薄层色谱等；按分离机制不同可分为吸附色谱、离子交换色谱、分配色谱、疏水作用色谱、凝胶色谱和亲和色谱等。

9.6.1.1　色谱分离的基本特点

色谱分离就其操作方法和条件的多样性来看，能适应于多种物质的提取，它和其他的分离纯化方法相比具有如下基本特点。

① 分离效率高　在色谱分离中，一般用理论塔板数来表示色谱柱的效率，而每个理论塔板的高度相当于固定相两个颗粒间的距离，由于颗粒的直径一般是微米级的，所以色谱柱长可达几千至几十万个塔板数，塔板多，分离效率高。

② 应用范围广　色谱分离的应用范围是其他的分离技术无法相比的，从极性到非极性、

离子型到非离子型、小分子到大分子、热稳定到热不稳定的化合物，以及无机到有机及生物活性物质，均可用色谱分离。

③ 选择性强　色谱分离可变参数之多也是其他分离技术无法相比的，因而具有很强的选择性。在色谱分离中，可通过多种途径选择不同的操作参数，以适应各种不同样品的分离要求。

④ 高灵敏度的在线检测　色谱分离采用不同的高灵敏度的在线检测，以保证在要求的纯度下得到最高的产率。

⑤ 快速分离　高效液相色谱和高效细颗粒层析剂技术的采用，保证了高分离速率。

⑥过程自动化操作　由于色谱技术早就与计算机技术相结合，实现了过程自动化，这样既保证了产品质量，又提高了产率，节省了大量的劳动力，降低了生产成本。

⑦ 不易造成物质变性　色谱分离由于操作简单，易控制，条件温和，使分离物质不易变性。

9.6.1.2　吸附色谱

吸附色谱是利用吸附剂对不同物质的吸附力不同而使混合物中的各组分分离的方法。吸附色谱在各种色谱分离技术中应用最早，由于吸附剂来源丰富，价格低廉，易再生，装置简单，又具有一定的分辨率等优点，故至今仍广泛使用。

在吸附色谱中应用的吸附剂一般为固体。固体内部的分子所受的分子间的作用力是对称的，而固体表面的分子所受的力是不对称的。向内的一面受内部分子的作用力较大，而表面向外的一面所受的作用力较小，因而当气体分子或溶液中溶质分子在运动过程中碰到固体表面时就会被吸引而停留在固体表面上。吸附剂与被吸附物分子之间的相互作用是由可逆的范德华力所引起的，故在一定条件下，被吸附物可以离开吸附剂表面，这称为解吸作用。吸附色谱就是通过连续的吸附和解吸附完成的。

将吸附剂填装在玻璃或不锈钢管中，构成色谱柱，分离时将欲分离的样品自柱顶加入，当样品溶液全部流入吸附色谱柱后，再加入溶剂洗脱，加入的溶剂称为洗脱剂。在洗脱过程中，柱内不断地发生解吸、吸附，再解吸、再吸附的过程。即被吸附的物质被溶剂解吸而随溶剂向下移动，又遇到新的吸附剂颗粒被再吸附，后面流下的溶剂又再解吸而使其下移。经过一段时间以后，该物质会向下移动一定距离。此距离的长短与吸附剂对该物质的吸附力以及溶剂对该物质的解吸（溶解）能力有关。不同的物质由于吸附力和解吸力不同，移动速率也不同。吸附力弱而解吸力强的物质，移动速率就较快。经过适当的时间以后，不同的物质各自形成区带，如果被分离的是有色物质的话，就可以清楚地看到色带（色层）。如果被吸附的物质没有颜色，可用适当的显色剂或紫外光观察定位，也可用溶剂将被吸附物从吸附柱洗脱出来，再用适当的显色剂或紫外光检测，以洗脱液体积对被洗脱物质浓度作图，可得到洗脱曲线。吸附柱色谱成败的关键是选择合适的吸附剂、洗脱剂和操作方式。

常用的吸附剂有硅胶、氧化铝、活性炭、多孔玻璃、羟基磷灰石、琼脂糖、大孔吸附树脂和聚酰胺等。常分为极性和非极性两种。羟基磷灰石、硅胶、氧化铝和人造沸石属前者，活性炭属后者。在实践中不论选择哪种类型的吸附剂，都应具备表面积大、颗粒均匀、吸附选择性好、稳定性强和成本低廉等性能。

在选择具体吸附剂时，主要是根据吸附剂本身和被吸附物质的理化性质进行的。一般来说，极性强的吸附剂易吸附极性强的物质，非极性的吸附剂易吸附非极性的物质。但是为了便于解吸，对于极性大的分离物，应选择极性小的吸附剂，反之亦然。理想的吸附剂必须经过多次试验才能获得。

洗脱剂指的是溶解被吸附样品和平衡固定相的溶剂。合适的洗脱剂应符合下列条件：纯度较高；稳定性好；黏度小；能较完全洗脱所分离的成分；易和所需要的成分分开。

9.6.1.3 分配色谱

分配色谱是利用各组分的分配系数不同而予以分离的方法。在分配色谱中，通常用多孔性固体支持物如滤纸、硅胶等吸着一种溶剂作为固定相，另一种与固定相溶剂互不相溶的溶剂沿固定相流动构成流动相。某溶质在流动相的带动下流经固定相时，会在两相间进行连续的动态分配。当样品中含有多种分配系数各不相同的组分时，分配系数越小的组分，随流动相迁移得越快。两个组分的分配系数差别越大，在两相中分配的次数越多，越容易被彻底分离。

分配系数 (K) 是指一种溶质在两种互不相溶的溶剂中溶解达到平衡时，溶质在两相溶剂中的浓度比值，即固定相中溶质的浓度与流动相中溶质的浓度比值。分配系数与溶剂和溶质的性质有关，同时受温度、压力的影响。所以不同物质的分配系数不同。

纸色谱就是典型的分配色谱，系统简单，使用方便，在生物化学的发展中发挥过极其重要的作用。此外，将硅胶、硅藻土等铺在玻璃或金属板上进行层析可构成薄层分配色谱系统；在硅藻土上吸附或化学键和一定的溶剂装在色谱柱上，以气体为流动相可构成气液分配色谱；在硅胶等固体材料上吸附或化学键和一定的溶剂装到色谱柱中，用一定的洗脱剂洗脱，可构成液液分配色谱，这种系统在高效液相色谱中应用普遍。

9.6.1.4 凝胶色谱

凝胶色谱是以各种凝胶为固定相，利用流动相中所含各物质的分子量不同而达到物质分离的一种色谱技术。具有如下特点：凝胶为不带电荷的惰性物质，不与溶质分子发生任何作用，因此条件温和，蛋白质收率高，重现形好；应用范围广，分离分子量的覆盖面大，可分离相对分子质量从几百到数百万的分子；设备简单，操作方便，不需要再生处理即可反复使用。凝胶色谱已广泛地用于食品、生物技术和医药工业等领域。

凝胶色谱的原理是当含有各种组分的样品流经凝胶色谱柱时，大分子物质由于分子直径大，不易进入凝胶颗粒的微孔，沿凝胶颗粒的间隙以较快的速率流过凝胶柱，而小分子物质能够进入凝胶颗粒的微孔中，向下移动的速率较慢，从而使样品中各组分按分子量从大到小的顺序先后流出色谱柱，而达到分离的目的。

凝胶的种类很多，其共同特点是内部具有微细的多孔网状结构，其孔径的大小与被分离物质的分子量大小有相应的关系。常用的有聚丙烯酰胺凝胶、葡聚糖凝胶、琼脂糖凝胶等。

9.6.1.5 离子交换色谱

离子交换色谱是以离子交换剂为固定相，液体为流动相的系统中进行的。它广泛应用于许多生化物质（如氨基酸、多肽、蛋白质、糖类、核苷和有机酸等）的分析、制备、纯化，以及溶液的中和、脱色等方面。

离子交换剂是由基质、电荷基团（或功能基团）和反离子构成的，基质与电荷基团以共价键连接，电荷基团与反离子以离子键结合。离子交换剂与水溶液中离子或离子化合物的反应主要以离子交换方式进行，离子交换剂对溶液中不同离子具有不同的结合力，这种结合力的大小是由离子交换剂的选择性决定的。强酸性阳离子交换剂对 H^+ 的结合力比对 Na^+ 的小；强碱性阴离子交换剂对 OH^- 的结合力比对 Cl^- 的小得多；弱酸性离子交换剂对 H^+ 的结合力远比对 Na^+ 的大；弱碱性离子交换剂对 OH^- 的结合力比对 Cl^- 的大。因此，在应用离子交换剂时，采用何种反离子进行电荷平衡是决定吸附容量的重要因素之一。离子交换剂与各种水合离子的结合力与离子的电荷量成正比，而与水合离子半径的平方成反比。所以，离子价数越高，结合力越大。在离子间电荷相同时，则离子的原子序数越高，水合离子半径越小，结合力亦越大。

蛋白质、酶类、多肽和核苷酸等两性物质与离子交换剂的结合力，主要取决于它们的物理化学性质和在特定 pH 条件下呈现的离子状态。当 pH 低于等电点时，它们带正电荷，能与阳离子交换剂结合；反之，pH 高于等电点时，它们带负电荷，能与阴离子交换剂结合。pH 与等电点的差值越大，带电量越大，与交换剂的结合力越强。

离子交换色谱能成功地将各种无机离子、有机离子或生物大分子物质进行分离，其主要依据是离子交换剂对各种离子或离子化合物有不同的结合力。

9.6.1.6 亲和色谱

亲和色谱是专门用于纯化生物大分子的色谱分离技术，它是基于固定相的配基与生物分子间的特殊生物亲和能力的不同来进行相互分离的。具有专一而又可逆的亲和力的生物分子是成对互配的。主要有酶和底物、酶与竞争性抑制剂、酶和辅酶、抗原与抗体、DNA 和 RNA、激素和其受体、DNA 与结合蛋白等。

亲和色谱的基本过程是把具有特异亲和力的一对分子的任何一方作为配基，在不伤害其生物功能情况下，与不溶性载体结合使之固定化，装入色谱柱，然后把含有目标物质的混合液作为流动相，在有利于固定相配基和目标物质形成配合物的条件下进入色谱柱。这时，混合液中只有能与配基发生结合反应形成配合物的目标物质被吸附，不能发生结合反应的杂质分子则直接流出。变换通过色谱柱的溶液组成，促使配基与其亲和物解离，即可获得纯化的目标产物。例如，酶与其辅酶是成对互配的，既可把辅酶作为固定相，使样品中的酶分离纯化，也可把酶作为固定相，使样品中的辅酶分离纯化。

在亲和色谱中，作为固定相的一方称为配基。配基必须偶联于不溶性载体上，常用的载体主要有琼脂糖凝胶、葡聚糖凝胶、聚丙烯酰胺凝胶、纤维素等。当用小分子作为配基时，由于空间位阻不易与载体偶联，或不易与配对分子载体结合。为此通常在载体和配基之间接入不同长度的连接臂。偶联时，必须首先使载体活化，即通过某种方法（如溴化氰法、叠氮法等）为载体引入某一活泼的基团。

9.6.2 膜分离技术

膜分离技术是利用膜的选择性，以膜的两侧存在一定量的能量差作为推动力，由于溶液中各组分透过膜的迁移速率不同而实现的分离。其实质是小分子物质透过膜，而大分子物质被截留。膜必须是半透膜。膜分离的推动力可以是多种多样的，一般有浓度差、压力差、电位差等。膜分离技术于 20 世纪 50 年代才逐渐发展成为一门新兴学科，40 多年来得到了迅猛的发展，已广泛应用于食品、化工、发酵、制药、环保等诸多领域。常见的膜分离过程有透析、反渗透、纳滤、超滤、微滤、电渗析、气体透过等。

膜分离技术的优点是：处理效率高，设备易于放大；可在室温或低温下操作，适合于热敏性物质的分离；化学与机械强度最小，减少损失；无相转变，节省能量；选择性好，可在分离、浓缩的同时达到部分纯化目的；选择合适膜与操作参数可得到较高回收率；系统可密闭循环，防止外来污染；不外加化学物，透过液（酸、碱和盐溶液）可循环使用，降低成本并减少对环境的污染。

9.6.2.1 膜的分类

膜的种类和功能繁多。根据膜的材质，从相态上可分为固体膜和液体膜；从材料来源上，可分为天然膜和合成膜，合成膜又分为无机材料膜和有机高分子膜；根据膜的结构，可分为多孔膜和致密膜；按膜断面的物理形态，固体膜又可分为对称膜、不对称膜和复合膜。对称膜又称均质膜；不对称膜具有极薄的表面活性层（或致密层）和其下部的多孔支撑层；复合膜通常是用两种不同的膜材料分别制成表面活性层和多孔支撑层。根据膜的功能，可分为离子交换膜、渗析膜、微孔过滤膜、超过滤膜、反渗透膜、渗透汽化膜和气体渗透膜等。根据固体膜的形状，可分为平板膜、管式膜、中空纤维膜和螺旋卷绕式膜等。

9.6.2.2　反渗透膜分离技术

反渗透是利用反渗透膜选择性地只能透过溶剂（通常是水）的性质，对溶液施加压力，克服溶剂的渗透压，使溶剂通过反渗透膜而把溶质从溶液中分离出来的过程。反渗透膜均用高分子材料制成，已从均质膜发展至非对称复合膜，膜的制备技术相对比较成熟，其应用亦十分广泛。

在相同的外压下，当溶液与纯溶剂为半透膜隔开时，纯溶剂通过半透膜使溶液浓度降低的现象称为渗透。当在单位时间内，溶剂分子进入溶液内的数目要比溶液内的溶剂分子通过半透膜进入纯溶剂内的数目多时，溶剂通过半透膜渗透到溶液中，使得溶液体积增大，浓度变低。当单位时间内溶剂分子从两个相反的方向穿过半透膜的数目彼此相同时，称之为渗透平衡。渗透必须通过一种膜进行，这种膜只能允许溶剂分子通过，而不容许溶质分子通过，因此称为半透膜。

当半透膜隔开溶液与纯溶剂时，加在原溶液上的额外压力使原溶液恰好能阻止纯溶剂进入溶液，此压力称为渗透压。在通常情况下，溶液越浓，溶液的渗透压越大。如果加在溶液上的压力超过了渗透压，则溶液中的溶剂向纯溶剂方向流动，此过程叫做反渗透。在此过程中，溶质也不是百分之百的不通过，也有少量溶质透向纯溶剂。

9.6.2.3　超滤膜分离技术

凡是能截留相对分子质量在 500 以上的高分子的膜分离过程称为超滤。超滤是一种筛分过程。溶液在静压力的作用下，通过超滤膜，在常压和常温下收集透过液，溶液中一个或几个组分在截留中富集，高浓度的溶液留在膜的高压端。超滤膜分离过程是按分离物质的大小来进行的。由于超滤膜的孔径在 $0.001 \sim 0.02 \mu m$ 之间，大于该范围的分子、微粒胶团、细菌等均截留在高压侧，反之，则透过膜存在于渗透液中。

虽然超滤的分离机理被认为是一种筛分分离过程，但是，其膜表面的化学性质也是影响超滤分离的重要因素。超滤过程中溶质的截留主要有以下 3 种：膜表面的机械截留、在膜孔中停留而被除去、在膜表面及膜孔内的吸附。

超滤膜的基本性能主要包括：水通量 $[cm^3/(cm^2 \cdot h)]$，截留率（％），合适的孔径尺寸，孔径的均一性与空隙率及物理化学稳定性。一个合格的超滤膜应该是无缺陷的，严格的孔径尺寸、狭小的孔径分布，以及合适的空隙率。

超滤膜的材料主要有醋酸纤维、聚砜、芳香聚酰胺、聚丙烯、聚乙烯、聚碳酸酯和尼龙等高分子材料。

常用的超滤操作模式有如下几种。

（1）间歇操作　将料液从贮罐连续地泵送到超滤膜装置，通过该装置再回到贮罐及装置进口处，随着溶剂被滤出，贮罐中料液的液面降低，浓度升高。

（2）单级连续操作　单级连续操作是将料液从贮罐泵送到一个大的循环系统管线中，这个大循环系统是一个大泵，使料液在超滤膜系统中进行循环，再从这个循环系统的管线中将浓缩液连续不断地取出，并维持加料与出料的流速相等。

（3）多级连续操作　多级连续操作往往采用两个或两个以上的单级连续操作。每一级在一个固定的浓度下操作，从第一级到最后一级，料液的浓度是逐渐增加的，最后一级就是浓缩产品的浓度。从贮罐进料时需加一水泵，但以后则依靠小的压差从前一级进入下一级。

9.6.2.4　微滤膜分离技术

微滤是以多孔的细小薄膜为过滤介质，压力为推动力，使不溶物浓缩过滤的操作，微滤主要用于分离流体中尺寸为 $0.1 \sim 10 \mu m$ 的微生物和微粒子，以达到净化、分离和浓缩的目的。微滤膜孔径为 $0.025 \sim 4 \mu m$，孔径分布均匀，空隙率高，因此具有过滤速率快、吸附少和无介质脱落等优点。

一般认为微滤的分离机理为筛分机理，其过滤行为与膜的物理结构和过滤对象的物理化学特性有关。微孔滤膜在悬浮液中固-液分离的截流作用有：①过筛截留，指膜具有截留比其孔径大或孔径相当的微粒等杂质的作用；②吸附截留，微滤膜也可以通过物理或化学吸附的方法将尺寸小于孔径的固体微粒截留；③架桥截留，固体颗粒在膜孔入口处起架桥作用而使颗粒截留；④网络截留，指微粒不是留在膜的表面，而是将微粒截留在膜的内部，一般是通过膜孔的曲折而形成的；⑤静电截留，当分离的悬浮液中的颗粒带电时，可以采用荷电相反的微滤膜。这样可以采用孔径比微粒稍大的微滤膜，既可达到分离效果，又可增大通量。

微滤膜材料主要有纤维素酯类、再生纤维、聚酰胺、聚氯乙烯、聚四氟乙烯、聚丙烯、聚碳酸酯等。

微滤膜由于易碎，机械强度差，因而在实际使用时，必须将它衬贴在平滑的多孔支撑体上。

在酿酒工业中，采用聚碳酸酯核孔滤膜来过滤除去啤酒中的酵母和细菌，使处理后的啤酒不需加热就可在常温下长期保存，因而保持了生啤酒的鲜美味道和营养价值，颇受欢迎。

9.6.2.5 纳滤膜分离技术

纳滤是介于反渗透与超滤之间的一种压力驱动型膜分离技术。它能从溶液中分离出相对分子质量为300～10000的物质。纳滤膜在分离应用中表现出两个显著的特性：对水中相对分子质量为数百的有机小分子成分具有分离能力；对无机盐有一定的截留作用。物料的荷电性、离子的价数和浓度对膜的分离效果有很大影响。从结构上来看纳滤膜大多是复合膜，即膜的表面分离层和它的支撑层化学组成不同。根据其第一个特征，推测纳滤膜的表面分离层可能拥有1nm左右的微孔结构，故称为"纳滤"。

纳滤膜与反渗透膜均为无孔膜，通常认为其传递机理为溶解-扩散方式。但纳滤膜大多为荷电膜，其对无机盐的分离行为不仅由化学势梯度控制，同时也受电势梯度的影响，即纳滤膜的行为与其荷电性能，以及溶质荷电状态和相互作用都有关系。

9.6.2.6 膜污染

膜在使用中，尽管操作条件保持不变，但通量仍逐渐降低的现象称为膜污染。一般认为有两种情况，一种是附着层，它由料液（原水）中悬浮物积于膜面，由溶解性有机物浓缩后黏附于表面（凝胶），由溶解性无机物生成的水垢积附于表面（水垢层）以及有胶体物质或微生物等吸附于表面所构成；另一种是堵塞，即由上述料液中溶质等浓缩结晶或沉淀，致使堵塞。

膜污染不仅使膜的渗透用量下降，而且使膜发生劣化，导致膜的使用寿命缩短，所以掌握防止膜污染的对策至关重要。

（1）减轻膜污染的方法

① 料液预处理 将料液经过一预过滤器去除大的粒子，特别是中空纤维和螺旋卷绕式超滤器尤为重要。蛋白质吸附在膜表面上常是形成污染的原因，可调节pH远离等电点。但如吸附是由于静电引力，则应调节至等电点。盐类对污染也有很大影响，pH高容易沉淀，pH低沉淀较少。加入配位剂如EDTA等可防止钙离子等沉淀。

② 改变膜性质 改善膜的表面性质如极性和电荷，以减轻污染。如聚砜膜可用大豆卵磷脂的酒精溶液预处理，醋酸纤维膜用阳离子表面活性剂处理可预防污染。

③ 改变操作条件 适当提高水温（以膜允许的最高温度为限），加速分子扩散，增大滤速；或降低膜两侧的压差或料液浓度。

（2）膜的清洗方法

① 机械方法 加海绵球，增大流速，逆洗（对中空纤维超滤器），脉冲流动，超声波等。

② 化学方法 起溶解作用的物质如酸、碱、酶（蛋白酶）、螯合剂、表面活性剂、分散剂；起切断离子结合作用的方法如改变离子强度、pH、电位；起氧化作用的物质如过氧化氢、次氯酸盐；起渗透作用的物质如磷酸盐、聚磷酸盐。

9.6.3 结晶技术

结晶是指溶质自动从过饱和溶液中析出形成新相的过程。这一过程不仅包括溶质分子凝聚成固体，还包括这些分子有规律地排列在一定晶格中，这种有规律地排列与表面分子化学键的变化有关，因此结晶过程又是一个表面化学反应过程。

结晶是重要的化工单元操作，是工业生产中常用于制备纯物质的精制技术。溶液中的溶质在一定条件下因分子有规律地排列而结合成晶体，晶体的化学成分均一，具有各种对称的晶状，其特征为离子和分子在空间晶格的结点上成有规则的排列。固体有结晶和无定形两种状态。两者的区别就是构成单位（原子、离子或分子）的排列方式不同，前者有规则，后者无规则。在条件变化缓慢时，溶质分子具有足够时间进行排列，有利于结晶形成；相反，当条件变化剧烈，强迫快速析出，溶质分子来不及排列就析出，结果形成无定形沉淀。

通常只有同类分子或离子才能排列成晶体，所以结晶过程有很好的选择性，通过结晶溶液中的大部分杂质会留在母液中，再通过过滤、洗涤等就可得到纯度较高的晶体。许多抗生素、氨基酸、维生素等就是利用多次结晶的方法制取高纯度产品的。但是结晶过程是复杂的，有时会出现晶体大小不一、形状各异甚至形成晶簇等现象，因此附着在晶体表面及空隙中的母液难以完全除去，需要重结晶，否则将直接影响产品质量。

9.6.3.1 结晶原理

结晶过程取决于固体和其溶液之间的平衡关系（详见图9-11所示）。溶液高于平衡浓度以上的状态称为过饱和，溶液的过饱和程度可用过饱和度 S 来表示，即：

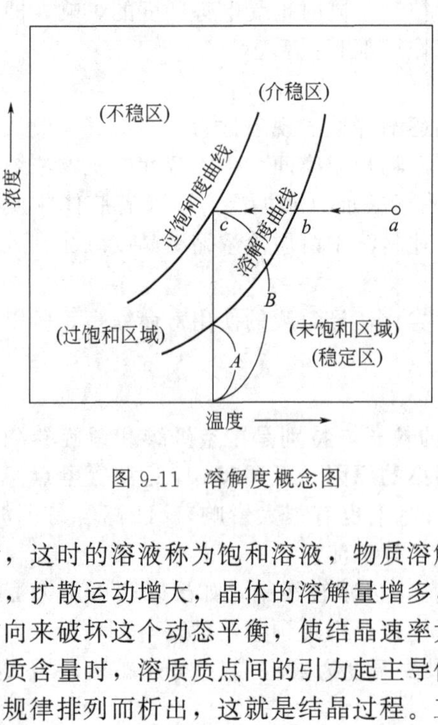

$$S = c/c' \times 100\%$$

式中 c——过饱和溶液浓度；
c'——饱和溶液浓度。

图9-11 溶解度概念图

当结晶置于溶剂（或未饱和的溶液）中时，它的质点受溶液分子的吸引和碰撞，即会吸收能量而均匀地扩散于溶液中（或与溶液形成化合物、水合物），同时已溶解的固体质点也会碰撞到晶体上，放出能量而重新结晶析出。若溶液未饱和，则溶解速率大于结晶速率，就表现为溶解，溶解时所吸收热量称为溶解热。随着溶解量的增加，溶液的浓度不断增大，则溶解速率与结晶速率慢慢趋向相等，溶解与结晶就处于动态平衡，这时的溶液称为饱和溶液，物质溶解的量称为溶解度。但随着温度的升高，质点能量增加，扩散运动增大，晶体的溶解量增多，溶解度升高。相反想使溶质从溶液中析出，则要反方向来破坏这个动态平衡，使结晶速率大于溶解速率。溶液中的溶质含量超过其饱和溶液中溶质含量时，溶质质点间的引力起主导作用，它们彼此靠拢、碰撞、聚集放出能量，并按一定规律排列而析出，这就是结晶过程。工业生产上可采用蒸发浓缩、冷却或其他降低溶解度的方法来破坏溶液的动态平衡使溶质结晶。

9.6.3.2 过饱和溶液的产生方法

结晶的关键是溶液的过饱和度，要获得理想的结晶体，就必须研究过饱和溶液形成的方法。通常工业生产上制备过饱和溶液的方法有如下几种。

(1) 热饱和溶液冷却法 此法适用于溶解度随温度降低而显著减少的场合，由于该法基本不除去溶剂而是使溶液冷却降温，也称为等溶剂结晶。

冷却法可分为自然冷却、间壁冷却和直接接触冷却。自然冷却是使溶液在大气中冷却而结晶，此法冷却缓慢、生产能力低、产品质量难于控制，所以很少采用。间壁冷却是被冷却溶液与冷却剂之间用壁面隔开的冷却方式，此法广泛应用于生产，其缺点是在器壁表面常有晶体析出（称为晶疤或晶垢）。直接接触冷却法包括以空气为冷却剂与溶液直接接触冷却的方法；与溶液不互溶的碳氢化合物为冷却剂，使溶液与之直接接触冷却的方法；采用液态冷却剂与溶液直接接触，靠冷却剂汽化而冷却的方法。

(2) 部分溶剂蒸发法 这是一种等温结晶法，即借蒸发除去部分溶剂的结晶方法，它使溶液在加压、常压或减压下加热蒸发达到过饱和。该法主要适用于溶解度随温度的降低而变化不大的物系或随温度升高溶解度降低的物系。蒸发法结晶消耗热能量大，加热面易结垢。

(3) 真空蒸发冷却法 真空蒸发冷却法是应用较多的一种结晶方法，即使溶剂在真空下迅速蒸发而绝热冷却，实质上是以冷却及除去部分溶剂的两种效应达到过饱和度。此法设备简单，操作稳定，不存在晶垢。

(4) 化学反应结晶法 化学反应结晶法是加入反应剂或调 pH 值使新物质产生的方法，当其浓度超过溶解度时就有结晶析出。

(5) 盐析法 盐析法是向物系中加入某些物质（稀释剂或沉淀剂），从而使溶质在溶剂中的溶解度降低而析出。稀释剂或沉淀剂既可以是固体，也可以是液体或气体，它最大的特点是极易溶解于原溶液的溶剂中。甲醇、乙醇、丙醇等是常用的液体稀释剂。如氨基酸水溶液中加入适量的乙醇后氨基酸析出。一些易溶于有机溶剂的物质，向其溶液中加入适量的水即析出沉淀，所以此法也叫"水析"结晶法。另外还可以将氨气直接通入无机盐水溶液中降低其溶解度使无机盐结晶析出。盐析法是这类方法的统称。盐析法最大的缺点是常需处理母液、分离溶剂和稀释剂等的回收设备。

9.6.3.3 晶核的形成

晶核形成是一个新相产生的复杂过程，受溶质质点（或它们的水合物质点）在溶液中的碰撞、吸引、扩散排列等因素的影响。溶质均匀地分散于溶液中，溶质质点受溶剂质点的吸引在溶液中做不规则的分子运动。当溶液浓度增高，溶质质点密度增大，溶质质点间的吸引力也增大。当达到饱和溶液时，溶质质点间的吸引力与溶剂对溶质的吸引力相等。在过饱和溶液中，溶质质点间的引力大于溶剂对溶质的引力，即有部分溶质质点处于不稳定的高能状态，如果它们相互碰撞，即会放出能量而聚合结晶。但当过饱和度较小时，即这些不稳定的高能质点不多，且是均匀分布于溶液中，它们的聚合受到大量稳定的溶质质点的障碍，障碍的程度因溶液的性质和操作条件不一样。当溶液的过饱和度超出过饱和曲线时，也就是溶液中不稳定的高能质点很多，多到足以不受稳定的低能质点影响，而很快相互碰撞，放出能量，吸引、聚集、排列成结晶，因此不稳定区浓度的溶液能自然起晶。起晶时一般认为由于质点的碰撞，首先有几个质点结合成晶线，再扩大成晶面。最后结合成微小的晶格，称为晶核或晶芽，其他质点连续排列在晶核上使晶核长大成晶体。

9.6.3.4 起晶的方法

工业结晶中有 3 种不同的起晶方法。

(1) 自然起晶法 在一定温度下将溶液用蒸发浓缩的方法排除大量溶剂，使溶液浓度进入过饱和不稳定区，溶液即自然起晶。这是一种老方法，因它要求过饱浓度较高、蒸发时间长，且具有蒸汽消耗多，不易控制，同时还可能造成溶液色泽加深等影响，现已少用。

(2) 刺激起晶法 将溶液用蒸发浓缩的方法排除部分溶剂，使溶液浓度进入过饱和介稳区，然后将溶液放出，使溶液受到突然冷却，进入不稳定区，溶液受到突然改变温度的刺激而自行结晶生成晶核。味精和柠檬酸结晶都可采用先在蒸发器中浓缩至一定浓度后再放入冷却器中搅拌结晶的方法。

（3）晶种起晶法　将溶液浓缩到介稳区的过饱和浓度后，加入一定大小和数量的晶种，同时搅拌溶液使粒子悬浮于溶液中，溶液中的饱和溶质就慢慢扩散到晶种周围，在晶种的各晶面排列，使晶体长大。晶种起晶法是普遍采用的方法，如掌握得当可获得均匀整齐的晶体。

9.6.3.5　结晶设备

结晶设备的类型繁多，有许多型式的结晶器专用于某一种结晶，也有许多重要型式的结晶设备能通用于各种不同的结晶方法。目前常用的结晶设备有立式搅拌结晶罐、等电点结晶罐、卧式结晶箱、真空煮晶锅等。

9.6.4　生物产品的干燥

9.6.4.1　概念

干燥是用热能加热物料，使物料中水分蒸发或者用冷冻法使水分升华而除去的单元操作。干燥操作往往是生物产品分离的最后一步，干燥的目的是除去某些原料、半成品及成品中的水分或溶剂，以便于加工、使用、运输、贮藏等。许多生物产品，如谷氨酸、柠檬酸、苹果酸、酶制剂、单细胞蛋白、抗生素等均为固体产品，因此干燥操作在生物工艺学中显得很重要。

干燥的基本流程是由加热系统、原料供给系统、干燥系统、除尘系统、气流输送系统和控制系统组成。

按照热能供给湿物料的方式不同，干燥可分为以下几种。

（1）导热干燥　热能通过传热壁面以传导的方式传给湿物料，使其中的水分汽化，然后所产生的蒸汽被干燥介质带走的干燥过程。由于该过程中湿物料与加热介质不直接接触，故又称为间接加热干燥，此法热能利用较高，但与传热壁面接触的物料在干燥时易局部过热而变质。

（2）辐射干燥　热能以电磁波的形式由辐射器发射到湿物料表面后，被物料所吸收转化为热能，而将水分加热汽化，达到干燥的目的。辐射热产生有电能辐射器和热能辐射器。红外辐射干燥比热传导干燥和对流干燥的生产强度大几十倍，且设备紧凑，干燥时间短，产品干燥均匀而洁净，但能耗大，适用于干燥面积大而薄的物料。

（3）介电加热干燥　将需要干燥的物料置于高频电场内，利用高频电场的交变作用将湿物料加热汽化水分，干燥物料的过程。电场的频率低于 3000MHz 时，称为高频加热；频率在 3～3900GHz 时称为超高频加热。工业上微波加热的频率为 9GHz、15GHz 和 24.5GHz。微波干燥时，湿物料在高频电场中很快被均匀加热。

由于水分的介电常数比固体物料的介电常数要大得多。当干燥到一定程度，物料内部的水分比表面多时，物料内部所吸收的电能或热能比表面多，致使物料内部的温度高于表面温度，温度梯度与水分扩散的浓度梯度方向一致，即传热和传质的方向一致。传热过程将促进物料内部水分的扩散，使干燥时间大大缩短，得到的干燥产品均匀洁净。而辐射干燥以及下述的对流干燥，热能都是从物料表面传到物料的内部，水分则是由物料的内部扩散到物料的表面，传热和传质方向相反，物料表面温度比内部高，在干燥过程中，物料表面先变成干燥的固体形成绝热层，致使传热以及内部水分的汽化和扩散到表面的阻力增加，干燥时间长。因此对于干燥过程中表面易结壳或皱皮，或内部水分难以去除的物料，采用微波加热干燥效果好。由于干燥时物料内部温度较高，因此一般不适用热敏性物料的干燥。

（4）对流干燥 热能以对流给热的方式由热干燥介质传给湿物料，使物料中的水分汽化，物料内部的水分以气态或液态形式扩散到物料表面，然后汽化的蒸汽从表面扩散至干燥介质主体，再由介质带走的干燥过程。

对流干燥过程中传热和传质同时发生，热能由干燥介质的主体以对流方式传给固体物料的表面，然后再由物料表面传至固体的内部；而水分却由固体内部向固体表面扩散，被汽化后由固体表面扩散到气相介质的主体。传热的推动力是温度差，干燥介质既是热载体也是湿载体，干燥过程对于干燥介质是降温增湿的过程。目前工业上以热空气为干燥介质的对流干燥很普遍。

9.6.4.2 干燥过程分析

（1）干燥曲线 为了分析固体物料的干燥机理，要在一恒定的干燥条件下（保持干燥介质的温度、湿度、流动速度不变，而干燥介质大大过量）进行物料的干燥实验，将所得的数据作图，以干燥时间为横坐标，物料湿含量和物料温度为纵坐标，可得干燥曲线（见图 9-12 所示）。由图 9-12 干燥曲线可见：在 ABC 段，物料中水分含量 X 随时间 t 的增加而下降比较快；AB 段斜率略小，这是被干燥物料处于预热阶段，空气将部分热量用于物料的升温；BC 段斜率较大，此时空气传递给物料的显热基本上等于物料中水分汽化所需的潜热，物料的温度基本上保持不变；干燥的后一段，即 C 点以后，物料湿含量 X 下降变慢，干燥曲线逐渐变平坦。

在具体操作时应当注意，在 HJ 段，由于物料温度升高，易引起酶、蛋白质等热敏性物质的变性，因此应严格控制此段温度。

（2）干燥速率 干燥速率 V 的定义是单位时间、单位干燥面积蒸发的水分质量。根据干燥速率的定义，将图 9-12 中的 X-t 线换算成干燥速率曲线（如图 9-13 所示）。由干燥速率曲线可知，若不考虑开始短时间的预热段 AB，则干燥过程基本上可分为两个阶段：ABC 段，V 为常数，此阶段称为恒速干燥阶段；CD 段，干燥速率下降，称为降速干燥阶段。两个干燥阶段有一个转折点 C，与该点对应的物料湿含量称为临界湿含量，用 X_c 表示。

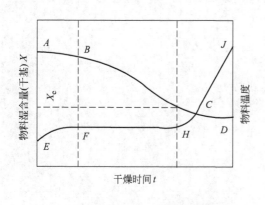

图 9-12 干燥曲线

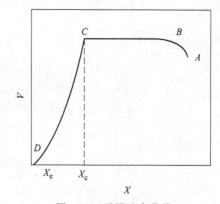

图 9-13 干燥速率曲线

在一般情况下，干燥速率曲线随湿物料与水分的结合方式不同而有差异，但是，干燥速率曲线的基本形状是相似的，这是各种物料干燥过程的共同点。

（3）恒速干燥阶段 湿物料表面为非结合水所湿润，物料表面温度是该空气状态下的湿球温度，此时，传热推动力（温度差）以及传质推动力（饱和蒸汽压差）是一个定值，因此，干燥速率也是一个定值。实际上，该阶段的干燥速率决定于物料表面水分汽化的速率，也决定于水蒸气通过干燥表面扩散到气相主体的速率，因此，又称为表面汽化控制阶段。此时的干燥速率几乎等于纯水的汽化速率，和物料湿含量、物料类别无关，影响因子主要有空气流速、空气湿度、空气温度等外部条件。

（4）降速干燥阶段 物料湿含量降至临界点以后，便进入降速干燥阶段。在降速干燥阶段，非结合水已经被蒸发，继续进行干燥，只能蒸发结合水，结合水的蒸汽压恒低于同温下纯水的饱和蒸汽压，传质、传热推动力逐渐减小，干燥速率随之降低，干燥空气的剩余能量被用于加热物料表面，物料表面温度逐渐升高，局部干燥。在这一阶段，干燥速率取决于水分和蒸汽在物料内部的扩散速率。因此，亦称为内部扩散控制阶段。与外部条件关系不大，主要影响因素为物料结构、形状和大小。

9.6.4.3 干燥设备选择原则

工业上被干燥物料的种类极其繁多，物料特性千差万别，这就相应地决定了干燥设备类型的多样性。由于干燥装置组成单元、供热方法、干燥器内空气与物料的运动状态的差别等决定着干燥设备结构的复杂性，因此，到目前为止，干燥器还没有统一的分类方法。干燥设备的选择是非常困难而复杂的问题，这是因为被干燥物料的特性、供热的方法和物料干燥介质系统的流体动力学等必须全部考虑。由于被干燥物料种类繁多，要求各异，所以只能选用最佳的干燥方法和干燥器型式。在选择干燥器类型时必须遵循以下原则。

① 被干燥物料的性质。湿物料的物理特性、干物料的物理特性、腐蚀性、毒性、可燃性、粒子大小及磨损性。

② 物料的干燥特性。湿分的类型（结合水、非结合水）、初始和最终湿含量、允许的最高干燥温度、产品的色泽、光泽等。

③ 粉尘及溶剂回收。

④ 安装的可行性。

工业上应用的干燥设备很多，特定的原料和产品性质决定了适用的干燥器类型。生物物质干燥的主要特点是热敏性和黏稠性，这对干燥过程及设备具有一定的特殊要求。

10 生物产品工艺学及应用

10.1 白酒生产工艺技术

10.1.1 白酒及其分类

10.1.1.1 白酒

白酒是以含淀粉的物质或糖质为原料,加入曲类、酒母为糖化发酵剂(糖质原料无须用糖化剂),经蒸煮、糖化、发酵、蒸馏、贮存、勾调而成的蒸馏酒。我国的白酒有着 2000 多年的历史,是世界著名的六大蒸馏酒之一。其独特的工艺是我国劳动人民长期生产经验的总结和智慧的结晶。白酒产品中 98% 的成分是乙醇和水,同时还含有 2% 左右的其他微量香味物质,由于这些微量的香味物质在酒中的种类多少和相互比例的不同才使得白酒呈现出不同风格和质量。白酒中的香味物质主要有醇类、酯类、醛类、酮类、芳香族化合物等物质。

目前白酒中的主要国家名酒(以第五次全国评酒会而定)有:茅台酒、董酒、汾酒、泸州老窖、五粮液酒、全兴大曲酒、剑南春酒、郎酒、沱牌曲酒、西凤酒、古井贡酒、洋河大曲、双沟大曲、黄鹤楼酒、武陵酒、宝丰酒、宋河粮液等。

10.1.1.2 白酒的分类

白酒产品由于所采用的制曲和制酒的原料、微生物体系不同,以及各种制曲工艺、制酒工艺、贮藏勾调工艺的复杂性,形成了我国白酒种类繁多、各具地方特色的文化特点,现就常见的分类方法简述如下。

(1) 根据使用的原料不同分类 可分为粮食白酒和代粮白酒。以粮谷原料酿造的白酒包括高粱酒、玉米酒(包谷酒)、大米白酒、青稞酒等;以非粮谷原料或糖质原料酿造的白酒有薯干白酒、椰枣酒、甜菜酒等。

(2) 根据酒度高低分类 可分为高度白酒,酒精度为 50%~65%(体积分数)的白酒;中度白酒,酒精度为 40%~49%(体积分数)的白酒;低度白酒,酒精度为 40% 以下一般不低于 20%(体积分数)的白酒。

(3) 根据使用的酒曲种类不同分类 可分为:大曲白酒,是以大曲为糖化发酵剂生产的白酒;小曲白酒,是以小曲为糖化发酵剂生产的白酒;麸曲白酒,是以麸皮为载体培养的纯种曲霉菌,添加纯种酵母菌酿造的白酒。

(4) 根据生产方式不同分类 可分为固态发酵白酒,是指酿造过程采用固态糖化发酵、固态蒸粮蒸馏的白酒,其中有大曲酒、小曲酒和麸曲酒等;半固态发酵白酒,是指酿造过程采用前期固态培菌糖化、后期液态发酵、液态蒸馏的白酒,其中有米香型白酒、豉香型白酒;液态发酵白酒,是指酿造过程采用液态配料、液态糖化、液态发酵和蒸馏的白酒,其中有豉香玉冰烧酒。

(5) 根据白酒的香型分类 一般分为:五大香型(浓香型、酱香型、清香型、米香型、凤香型)和五小香型(药香型、兼香型、芝麻香、特型、豉香型)。

① 浓香型白酒 以窖香浓郁、绵甜醇厚、香味谐调、尾净爽口为特点。以四川泸州老窖特曲和五粮液为代表。还有江苏洋河大曲、双沟大曲、安徽古井贡酒等。

② 酱香型白酒 以酱香突出、幽雅细腻、后味悠长、空杯留香持久为特点。以贵州茅台酒为代表。还有四川郎酒、湖南武陵酒等。

③ 清香型白酒 以清香纯正、醇甜柔和、自然协调、后味爽净为特点。以山西汾酒为代表。还有北京玉泉春、河南宝丰酒、河北龙潭大曲等。

④ 米香型白酒 以米香纯正、清雅、入口绵甜、落口爽净、回味怡畅为特点。以桂林三花酒为代表。还有广西全州湘山酒、广东长乐烧。

⑤ 凤香型白酒 以醇香秀雅、醇厚甘润、口味谐调、余味悠长为特点。以陕西西凤酒为代表。

⑥ 药香型白酒 以清澈透明、香气典雅、浓郁甘美、略带药香、谐调醇甜爽口、余味悠长为特点。以贵州董酒为代表。

⑦ 兼香型白酒 以酱浓谐调、幽雅舒适、细腻丰满、回味爽净、余味悠长为特点。以白云边酒为代表。

⑧ 芝麻香 清澈透明、酒香幽雅、入口丰满醇厚、纯净回甜、余香悠长为特点。以山东景芝白干酒、江苏梅兰春酒、内蒙古纳尔松酒为代表。

⑨ 特型白酒 以清澈透明、香气幽雅谐调、口味柔绵醇和、余味悠长为特点。以江西漳树四特酒为代表。

⑩ 豉香型 以玉洁冰清、豉香独特、口味醇厚甘润、后味爽净为特点。以广东玉冰烧酒为代表。

10.1.2 白酒生产主要原辅料

10.1.2.1 制曲原料

(1) 大曲原料 根据白酒大曲的作用和制作工艺特点，原料应符合有益菌的生长和繁殖、产酶、酒质好等要求。目前主要是小麦、大麦、豌豆等。在南方主要以小麦为主制作大曲酿造酱香型和浓香型白酒；在北方多数以大麦和豌豆制作大曲酿造清香型白酒。

① 小麦 淀粉含量高，面筋丰富，黏性强，含氨基酸20多种，富含维生素，如维生素 B_1（硫胺素）、维生素 B_6（吡哆醇）、维生素 B_5（尼克酸）等，还有钾、磷、钙、镁、硫等矿物元素，最适合霉菌生长，是产酶的优良天然物料。小麦中的碳水化合物除淀粉外，还含有少量的蔗糖、葡萄糖、果糖等（其含量为2%～4%），以及2%～3%的糊精，小麦蛋白质的组分以麦胶蛋白和麦谷蛋白为主，麦胶蛋白中以氨基酸为多，这些蛋白质可在发酵过程中形成香味物质。小麦粉碎适度，制成的曲胚不易失水和松散，也不至于因黏着力过大而存水过多。

② 大麦 营养丰富，适合多种微生物生长。但其黏结性较差，本身带有较多的皮壳，纤维素含量高，制成的曲坯质地过于疏松，有上火快、退火快的缺点，所以不宜单独使用。与豌豆共用，可使成曲具有良好的曲香味和清香味。

③ 豌豆 淀粉含量较大，黏性大，若单独制曲，升温慢、降温也慢，故一般与大麦按一定的比例混合使用，但豆类脂肪含量较高，用量过多会给白酒带来邪味。

(2) 小曲原料 小曲的主要原料是籼米或米糠以及一些中草药。大米的湖粉层中富含蛋白质和灰分，糠层中的灰分更丰富，有利于酿酒微生物的生长和产酶；中草药富含生长素，可以补充原料中生长素的不足，促进根霉和酵母菌的生长，起疏松和抑制杂菌繁殖的作用。

(3) 麸曲原料 麸皮是制麸曲的主要原料，麸皮具有营养源种类全面、吸水性强、表面积大、疏松度大的优势，具有一定的糖化力，也是各种酶良好的载体，选用好质量的麸皮就能满足曲霉菌等生长繁殖和产酶。

10.1.2.2　制酒原料

优质的白酒原料要求其新鲜，无霉变和杂质，淀粉或糖分含量较高，含蛋白质适量，含脂肪极少，单宁含量适当，并含有多种维生素及无机元素，果胶质含量愈少愈好。一般白酒生产的原料有如下几类。

（1）谷物原料

① 高粱　高粱分为粳型高粱和糯型高粱。粳型高粱含直链淀粉较多，糯型高粱含支链淀粉较多，但糯型高粱比粳型高粱更容易蒸煮糊化，糯型高粱几乎全含支链淀粉，结构疏松，淀粉出酒率较高。粳型高粱含一定量的直链淀粉，结构较紧，蛋白质含量高于糯型高粱。

高粱其截面呈玻璃质地状，皮壳中含少量单宁（2%～2.5%）和色素，单宁经蒸煮发酵，可转变成芳香类物质，如丁香酸、丁香醛等香味物质，它能赋予白酒特殊的风味。若单宁含量过多，则抑制酵母发酵，并在开大汽蒸馏时会被带入酒中，使酒带苦涩味；但在实际生产中，槽醅中含适量的单宁比不含单宁的发酵反而要好些。

② 玉米　玉米是酿造白酒的常用原料，玉米组成中富含植酸，可发酵生成环己六醇和磷酸，磷酸能促进丙三醇（甘油）的生成，由于多元醇具有明显的甜味，因此所酿造的玉米酒较醇甜。玉米的粗淀粉含量与高粱接近，只是出酒率不如高粱。玉米的胚体含油率可达15%～40%，因此，用玉米酿酒时，可先分离出胚体榨油，因为过量的油脂会给白酒带来邪杂味。另外由于玉米的淀粉结构堆积紧密，质地坚硬，较难蒸煮糊化，所以在酿酒时，要特别注意保证蒸煮时间。

③ 大米　我国南方酿造的小曲酒，多以大米为原料。大米质地纯净，其淀粉含量高达70%以上，蛋白质和脂肪含量较少，容易蒸煮糊化。大米适合根霉生长，有利于低温缓慢发酵，因此所酿造的成品酒有较纯净的特点。

（2）辅料　在制酒过程中辅料又叫填充料，主要起疏松作用，同时有调整酒醅的淀粉浓度、冲淡酸度、吸收酒精、保持浆水的作用；使酒醅有一定的疏松度和含氧量，利于酒醅的升温，并增加界面作用；使蒸煮、糖化发酵和蒸馏能顺利进行。

生产中要求辅料杂质较少，新鲜，无霉变，并具有一定的疏松度及吸水能力，少含果胶、多缩戊糖等成分。目前常用的辅料主要有稻壳、谷糠、高粱壳、玉米芯等。

（3）酿造用水　酿造用水包括酿造润粮、冷却、降度、包装洗涤用水等，水质要求达到国家规定的饮用水标准 GB 5749—1985《生活饮用水卫生标准》。

10.1.3　白酒生产中主要微生物

10.1.3.1　霉菌

（1）根霉　它的适应性强、繁殖速率快，能产生较强的糖化力和发酵力。另外可以生成乳酸、延胡索酸、琥珀酸等多种有机酸，对白酒风味有重要的作用。在制曲过程中，曲块表面用肉眼可观察到为白色的根霉菌丝的形状，随着发酵温度的不断上升和水分的挥发而变为灰褐色或黑褐色。

（2）曲霉　白酒酿造中常用的曲霉菌有红曲霉、宇佐美曲霉、黄曲霉、黑曲霉、米曲霉、甘薯曲霉、沪轻研Ⅱ号、白曲、河内白曲等。曲霉在曲坯上生长时常呈现黑、黄、白、绿、褐等几种颜色，它能产生糖化酶、液化酶等多种酶系和多种有机酸，并产生少量酒精。红曲霉菌菌落初期为白色，老熟后则变为浅粉色、紫红色或黑色等。红曲霉具有一定的糖化力，多数红曲霉还具有微弱的酒精发酵力。红曲霉耐酸、耐酒精，能赋予白酒独特的风味。红曲霉在高温高湿通气良好的环境中生长繁殖。从许多名优白酒的大曲和酒醅中，几乎都能分离得到红曲霉。茅台酒大曲中有红曲霉，汾酒大曲中也有红曲霉，特别是汾酒的大茬、二茬酒醅，发酵后期的主要微生物是红曲霉。

（3）拟内孢霉　拟内孢霉是曲块上霉的主要微生物，耐高温，无产酒能力，它是一个优良的糖化菌，适应性强，繁殖速率快。生长初期微香。

（4）犁头霉　是一类分布最广、数量最多的微生物，任何一种大曲都含它。它是耐高温的霉菌，其糖化力、液化力和蛋白质分解力均不高，约为米曲霉群的 1/4～1/3。

（5）毛霉　毛霉是制腐乳等食品中的重要菌种，对制曲而言它是有害菌，要注意管理。它的适应性强，在高湿高温的情况下生长迅速，尤其是两曲相靠时更易生长。

（6）青霉：是白酒生产有害菌。青霉性喜低温潮湿环境，对制曲的污染多在雨季，注意防潮。一旦该菌污染大曲或麸曲后，可使白酒具有霉苦味。

10.1.3.2　酵母菌

（1）酒精酵母　是酿酒工业中不可缺少的菌种，产酒能力强，对产品质量起着决定性的作用。从曲坯入房到干火前期（曲坯入房48h）酵母大量繁殖，其后随着曲坯温度的上升而死亡或休眠。

（2）汉逊酵母　产酒能力较强，仅次于酒精酵母，同时产生香味，生长环境同酒精酵母。

（3）假丝酵母　有一定的产酒精能力，是大曲中数量最多的酵母，主要生长在于曲皮的表面，呈黄色的小斑点。在低温培菌期存活繁殖，进入高温转化时，假丝酵母明显减少，随其他酵母转入死亡和休眠。

10.1.3.3　细菌

（1）乳酸菌　乳酸菌在大曲中产生的乳酸可与乙醇酯化生成香味成分乳酸乙酯，它是大曲酒酿造呈香的前体物质。因此，乳酸菌是白酒酿造必不可缺少的微生物。但乳酸菌的量不可过多，过量的乳酸菌会引起酸败，乳酸菌除产生乳酸外，还产生苹果酸、二乙酰等副产物，对白酒风格和酒的后熟有一定的影响。

（2）醋酸菌　醋酸菌的种类较多，形态各异，有的呈杆状，有的呈椭圆和球形等，能利用葡萄糖生成醋酸，还可氧化葡萄糖生成葡萄糖酸。在低酸度下醋酸菌可直接氧化酒醅中的乙醇生成醋酸。在白酒中醋酸菌的生酸能力很强，因此大曲中存在少量醋酸菌，对改进白酒风味形成酒质清香，有着重要的作用。但是，过量的醋酸菌则是有害的，能使酒醅迅速变酸，损耗酒精，降低出酒率，影响白酒的正常风味。所以在制曲时要求新曲贮存3个月或者半年以上，形成陈曲，让醋酸菌死亡，降低酒醅的酸度。

（3）枯草芽孢杆菌　具有分解蛋白质和水解淀粉的能力，是大曲细菌中数量最多的一种。有厌氧和好氧两种类型，最适生长温度为37℃，适应于微酸且湿度大的环境。

（4）丁酸菌　丁酸菌为梭状芽孢杆菌属。它能将葡萄糖、蔗糖、淀粉分解生成丁酸、乙醇、异丙醇、丙酮、丁酸等，在30～37℃的温度中生长良好，厌氧菌。其产物丁酸是大曲酒中丁酸乙酯的前驱物质，丁酸乙酯具有菠萝香气，是白酒中的重要香气成分之一。但丁酸不能太多，有恶臭味，所以要严格控制。清香型白酒不希望过多的丁酸菌存在。

（5）己酸菌　在大曲中普遍存在，以曲块中部为最多，适应生长温度为32～34℃，属于兼性厌氧菌，其产物己酸与乙醇酯化反应生成己酸乙酯。浓香型白酒发酵中存在较多。

10.1.4　白酒生产工艺

10.1.4.1　大曲酒

大曲酒是我国最早发展起来的一种蒸馏酒，是以小麦、大麦、豌豆等为制曲原料，生料发酵，富集自然界的有益微生物，制成白酒酿造的大曲（即糖化发酵剂），再用高粱或其含淀粉较高的谷物为原料，经粉碎、蒸煮、固态发酵、蒸馏酿造的白酒。大曲酒的各酿造企业都有自己的特点，因此所酿造的酒风格各异。我国大部分的国家名优质酒都是大曲酒。

大曲白酒的生产方法可分为续渣法和清蒸法，在续渣法中又分为混烧法和清蒸混入法两种。这些工艺方法的选用，则要根据自己所生产产品的香型和风格来决定。浓香型酒（泸香型酒）和酱香型酒（茅香型酒）采用续渣法生产，而清香型酒（汾香型酒）大多采用清渣法生产。

（1）浓香型大曲酒　浓香型大曲酒的生产以泸州老窖特曲、五粮液为典型代表。其生产的基本特点是：以高粱或多种谷物为原料，优质小麦或大麦、豌豆混合配料，培养制作中温曲或高温曲，泥窖固态发酵，续渣配料，混蒸混烧，量质摘酒，原酒度贮存，精心勾兑。在生产操作中十分重视匀（在操作上拌和配糟，物料上甑，打量水，摊晾下曲，入窖温度等要均匀一致）、透（指在润粮中原料要蒸煮糊化熟透）、适（指糠壳用量、水分、酸度、淀粉浓度大曲加量等要适宜于与酿酒有关的微生物的正常生长）、稳（指入窖、转排配料要稳当）、准（指挖糟、配料、打量水、看温度、加大曲等计量准确）、细（操作要细致不要粗心）、净（指生产场地、各种用工器具、设备及原辅料要清洁干净）、低（指填充的辅料、量水尽量走低限；入窖糟醅尽量低温入窖）等八个字。现介绍如下。

① 浓香型大曲生产工艺

a. 工艺流程见图 10-1。

小麦拌和润料 ⟶ 磨碎 ⟶ 加水加曲拌料 ⟶ 装箱 ⟶ 踩曲成型 ⟶ 晾干

入库贮存 ⟵ 出曲 ⟵ 打拢 ⟵ 保温培养 ⟵ 入室安曲

图 10-1　浓香型大曲生产工艺

b. 生产方法如下。

小麦磨碎：采用纯小麦制曲，要求麦粒颗粒整齐，无霉变，无异常气味和农药污染，并保持干燥状态。在粉碎前加入 3%～8% 水拌匀，润料 2～4h 后，再用钢磨粉碎。小麦粉碎后的感官指标是"烂心不烂皮"的梅花瓣。

拌曲料：将粗麦粉运送到压曲房（踩曲室），通过定量供粉器和定量供水器，按一定比例的曲料（及曲母）和水连续进入搅拌机，搅匀后送入压曲设备进行成型。

踩曲：用踩曲机（压曲机）压成砖状形。踩曲时以能形成松而不散的曲坯为最好，这样黄色曲块多，曲香浓郁。

入室安曲：安曲之前，打扫干净曲室，并在地板上撒新鲜稻壳一层，厚薄以不出现地面为宜。入室曲坯的水分为 35%～37%。安置的方法是将曲坯楞起，每 4 块为一码，按横竖垂直方向排列，曲间相距约为 3～4cm，每平方米约安曲 26 块。从里到外，纵横相间，挨次排列。安满后，在曲与四壁的空隙处塞以稻草，在曲坯上面加盖蒲草席，再在席上盖以 15～30cm 厚的稻草保温，并用竹竿轻轻拍平拍紧，最后按每百块曲坯洒水约 7kg，并洒温水于稻草上面以保温保湿，注意洒水不宜过多，防止水淋到曲坯上，只需将草洒湿即可。

培养：曲坯入房室温约 25～30℃，约 48h 后品温上升到 40℃左右。曲坯表面已布满白斑及菌丝时即翻第一次曲。翻曲方法是底翻面，周围的翻中间，中间的翻到周围。硬度大的翻在下层，曲间距离保持 2～3cm。全部并列楞置，叠砌 2～3 层。上层的曲坯对准下层两块曲坯间的缝隙，每排曲层之间，用曲竿或隔蓖两块垫起，以使上下层之间有一定的间隔并稳固曲堆。堆完后仍照前法加盖稻草和蒲席，并关闭门窗保温。但要求品温不超过 55～60℃，随时用减薄蒲草和开启门窗等方法调节温度。以后每隔 1～2 天翻一次，翻法如前，并可视曲坯的变硬程度逐渐叠高。如发现曲心水分已大部蒸发，因而品温逐渐下降时，可进行最后一次翻曲，即所谓打拢（收堆，堆积）。翻法如前，只是将曲坯靠拢，不留间隔，并可叠至

6～7 层。打拢后的品温是逐渐下降的，要特别注意保温，避免下降过快，致后火太小，产生红心、生心或窝水等弊害。堆曲时间约需 7 天，严格按"前缓、中挺、后缓落"的工艺管理原则执行。

成品曲：曲坯从入室到成熟（干透）约需 30 天，成熟后即可出曲，贮于干燥通风的曲房。新曲经 3 个月以上的贮存可投入生产。由于陈曲的香味和干度都优于新曲，所以必须经过一定的贮存。

② 浓香型大曲酒生产工艺

a. 工艺流程见图 10-2。

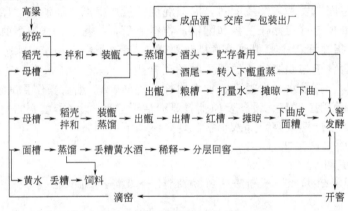

图 10-2　浓香型大曲酒生产工艺

b. 生产方法如下。

原辅料处理：将高粱进行粉碎，一般要求是过 20 目筛的量占 85％左右，大曲粉的要求是过 20 目筛的量占 70％，余下的 30％过 0.5cm 的筛。谷壳需清蒸 20～30min 去除生谷异味，出甑晾干使用。

开窖：第一步取窖皮泥。先揭掉盖窖上的塑料薄膜，用刀具一块块取下窖皮泥，清除附在上面的糟，将窖皮泥迅速倒入泥窖，待下次封窖时再用。

第二步起面糟（或丢糟）。将面糟取出放在晾堂上，堆成圆锥拍紧，用塑料薄膜盖好以免酒精挥发。

第三步起上层母糟。根据窖红糟甑口量，将窖帽母糟起至堆糟坝一角，踩紧拍光，撒上谷壳（此糟蒸酒后只加曲不加新料入窖发酵即得新的回糟，蒸酒时称为蒸红糟），并做好记号以便分辨，接着起窖内母糟进行分层堆放，待出现黄水时停止起糟。

第四步打黄水坑滴窖。当起糟至有黄水时，停止起糟，并打黄水坑（黄水坑视窖大小而异）进行滴窖。滴窖时做到滴窖勤舀，其时间不少于 10h，使母糟的含水量保持在 60％左右。黄水可入锅底串蒸。

第五步起下层母糟。滴窖完毕后，继续起下层母糟，起糟时注意不要触伤窖池，不使窖壁、窖底的老窖泥脱落。

配料、拌和：浓香型大曲酒的配料采用的是续糟配料法，在蒸酒蒸粮之前，按一定的比例将糟醅、高粱粉、谷壳进行充分拌和，每甑投原料的多少是根据甑桶的容积大小，按一定的粮醅比例配料，粮醅比例一般控制在 1∶（4～5），另加谷壳 25％左右。必须根据母糟、黄水鉴定情况准确配料。续糟配料的作用，一是调节入窖粮醅糟的酸度，控制在发酵所需的酸度（一般在 1.5～2 之间），抑制杂菌的繁殖；二是调节入窖粮醅糟中的淀粉含量，从而调节温度，使酵母在一定限度的酒精浓度下和适宜的温度下生长；三是在一定的酸度范围内有利于淀粉的糊化和糖化，提高淀粉的利用率。在上甑前 50～60min，用耙梳将母糟从上至下均匀地挖出一甑，刮平倒入高粱粉，拌和两次，倒上一甑所需要的谷壳将糟醅盖好进行润粮，促使高粱粉从母糟中吸收水分和酸度，有利于蒸煮糊化；上甑前 10～15min，再次拌和，拌匀后堆好堆圆，准备上甑用。拌和操作时，配粮、配糟、配谷壳要准确，拌粮时要矮铲低翻，拌和分布均匀，不起疙瘩，操作迅速，尽量减少酒精挥发；拌和红糟即下排的丢糟时，不加高粱粉只在上甑前 10min 加热谷壳充分拌匀，其谷壳加量视其红糟水分大小而定。

蒸粮、摘酒：在续渣发酵法酿造工艺中蒸粮、摘酒工艺次序一般是先蒸面糟、后蒸粮糟、再蒸红糟。上甑前先检查底锅水是否加至标准，水是否清洁；检查活动甑是否安稳安平。若需要回蒸黄水、酒尾，则先将黄水、酒尾倒入锅底中，随即撒薄薄一层谷壳于甑底，再上 3～5cm 厚的糟醅，才开启加热蒸汽，压力为 0.03～0.05MPa。继续探汽上甑，上甑要轻撒匀铺，先外边后里边，穿汽均匀，探汽上甑，不跑汽，甑内穿汽一致，即将满甑时关小汽阀，满甑后使甑内糟醅形成外高内低的锅底形，上甑至穿汽盖盘时间控制为 35～40min，接上过汽弯管，注满甑沿和弯管两接头处管口的密封水，盖盘后 5min 内必须蒸馏酒。蒸馏时要掌握缓火（汽）蒸馏酒、大火（汽）蒸粮的原则。蒸馏酒时，入甑的蒸汽压力小于或等于 0.03MPa。蒸粮时，入甑蒸汽压力控制在 0.03～0.05MPa。盖盘至出甑时间要求大于或等于 45min（一般 60min 为宜）。蒸馏结束后加大火进行蒸粮，以达到淀粉糊化和降低酸度，最后使粮粉达到内无生心、熟而不粘的标准。

摘酒时，先去酒头 500g 左右，调整火力做到缓火蒸馏酒，蒸馏酒速度以 3～4kg/min 为宜，蒸馏酒温度控制在 30℃ 左右；摘至够入库标准为止，余下摘酒尾。酒头酒尾回窖或者下甑重蒸，酒头可作调香酒。

出甑：蒸粮时间一到立即出甑，出甑前先关汽阀，取下弯管，揭开甑盖，将糟醅运至晾糟堂。出甑后及时掺够底锅水，将甑桶内和上甑场清理干净。

打量水：粮糟出甑后立即刮平，打入水温在 80℃ 以上的量水；量水用量是按原料量的 80%～100% 打入（冬季为 90%～95%），控制入窖粮糟的含水量在 55% 左右为宜；量水必须泼洒均匀，不能冲在一处，泼洒到应打量水数的 60%～70% 时，用把梳挖翻一次再泼洒剩余部分。打量水完毕后用铁锨均匀翻松粮糟，让其在晾堂上冷却。

摊晾加曲：将出甑后加过打量水的粮糟均匀地摊平在凉糟机上，用鼓风机通风降温至下曲的温度。当达到下曲温度时即可加入大曲粉，大曲粉用量（曲粮比）控制在 20%。撒曲时要做到低撒匀铺，减少飞扬的损失，将大曲粉均匀翻划入糟醅中。

入窖发酵：糟醅入窖前先将窖池清扫干净，撒上 1～1.5kg 的大曲粉。糟醅入窖后要踩窖，然后找不同部位 5 个测温点（四角和中间），插上温度计（在下一甑摊晾前取出），准确检查第一甑温度并做好记录。入窖温度标准以地温在 20℃ 以下时，为 16～20℃；地温为 20℃ 以上时，与地温持平。窖池装满粮糟后必须踩紧拍光，放上竹篾，再做一甑红糟覆盖在粮糟上并踩紧拍光。

糟醅装好后盖上篾席将和熟的窖泥扶在窖顶面糟上面，再用泥掌刮平、扶光滑。随后每隔 24h 检查一次，发现裂缝及时扶平，直至定型不裂为止，然后再盖上塑料布，使其糟醅进入厌氧的酒精发酵。封窖后 15 天左右必须每天清窖，15 天后 1～2 天清窖一次，保持窖帽表面清洁，无杂物，避免裂口。窖帽上出现裂口必须及时清理，避免透气、跑香、烂糟。

（2）酱香型大曲酒　酱香型白酒的生产以茅台酒为典型代表。其生产特点是：采用间歇式、开放式生产，并用多菌种混合发酵，高温制曲。酱香型白酒的生产称粉碎后的高粱为沙，即为下沙、糙沙，其粉碎度分别为下沙 2/8，糙沙 3/7。生产周期为一年，高温堆积发酵，高温蒸馏酒，采用条石筑窖，两次投料，各投总粮量的 50%。整个生产周期共有 9 次蒸煮，8 次发酵，7 次取酒，下糙沙后只加曲不加粮制酒。所得酒再按酱香、醇甜和窖底香 3 种典型体与不同轮次酒分别长期贮存，勾兑贮存成产品。现介绍如下。

① 酱香型大曲生产工艺

a. 工艺流程见图 10-3。

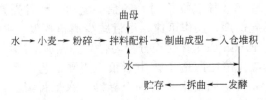

图 10-3 酱香型大曲生产工艺

b. 生产方法如下。

润麦：小麦除杂后加水润麦。润麦需掌握润麦的水量、水温和时间 3 项条件，一般应遵守"水少温高时间短，水大温低时间长"的原则，用水量视其所采用的原料而定，一般都按粮水比 100：（3～8）计，时间以不超过 12h 为好。如果考虑原料的吸水性，则润粮的时间应当缩短，并应减少水量，提高水温，一般遇此情况，时间控制在 4h 内即可。润麦的水温夏天保持在 40℃左右，冬天以 80℃左右为宜。润麦时在操作上要注意翻造堆积，翻造旨在使每粒麦子都均匀地吸收水分，要求是"水洒均，翻造匀"。润麦后的标准是表皮收汗，内心带硬，口咬不粘牙，尚有干脆响声。

粉碎：采用对辊式粉碎机，将小麦粉碎成"心碎皮不碎"的梅花瓣。

拌曲配料：将粗麦粉通过定量供粉器和定量供水器，加一定比例的曲母连续进入搅拌机，搅匀后送入压曲设备进行成型。搅拌后水、曲、粉三者混合均匀，目测无疙瘩、无干粉，检验用手捏成团，丢下即散为准。拌曲配料的目的就是使曲粉吸水均匀，接种微生物，选育有益菌种培养生长，最后在曲内积蓄酶及发酵前体物质，并为发酵提供营养物质。

酱香型大曲的制作是在拌曲时接入一定量的母曲（起接种作用）。母曲使用量随踩曲季节而异，夏季用量为麦粉的 4%～5%；冬季用量为 5%～8%（因此，总的曲母计算用量将按 6% 的量来计入）。但是如母曲使用过多，则曲坯升温过猛，曲块变色发黑；或者使用过少，升温缓慢，影响大曲的培养及糖化发酵。所以，应随着季节性添加母曲，量应有所变动。还有母曲应选用前一年生产的优质曲。

加水量与曲坯的关系。水分过大，压块时，曲胚易被压得太实，入房培养过程中，发酵后易黏结，不易成型。曲胚表皮易繁衍微生物，挂衣快而厚，毛霉生长旺盛，升温快而猛，温度不易散失，水分不易挥发，不利于微生物向曲心部位繁殖，曲子成熟慢，难于操作。如果室温、潮气放调不好，或遇阴雨天，极易造成曲胚的营养酸败。房内温度过高，也影响微生物的繁殖，影响大曲质量。水分过小，曲料吸水慢，曲胚易散，不挺身。由于不能提供微生物生长繁殖所必需的水分，影响霉菌、酵母菌及细菌的生长和繁殖，使曲胚发酵不透，曲质不好，另外，曲胚稍干，边角料在翻曲和运输时，极易损失，造成浪费。

制曲成型：目前制曲有机械制曲和人工踩曲，成型曲坯要求表面光滑、不掉边缺角、四周紧中心稍松，以能形成松而不散的曲坯为最好，这样黄色曲块多，曲香浓郁。

仓内发酵：将压制好的曲坯放置 2～3h，待表面略干变硬后，移入曲室培养。堆曲方法是先在靠墙的地面上铺一层稻草，厚约 15cm，起保温作用。然后，将曲块横三块、竖三块，相间排列，曲块间的距离根据不同季节的要求不同，一般冬季为 1.5～2cm，夏季为 2～3cm，用草隔开，行间及相邻曲块互相靠紧，以免曲块变形，影响翻曲操作。排满下层曲坯后，在曲块上再铺一层稻草，厚约 7cm，上面再排曲块。但曲块的横竖排列应与下层错开，以便流通空气。一直排到 4～5 层，再排第 2 行，直至堆放到曲室只留 1～2 行曲坯的空位。留下空位，便于下次翻曲。

盖草洒水：曲块堆好后，用稻草覆盖曲坯上面及四周，进行保温保湿。要常在曲堆上面的稻草层上洒水，洒水量夏季比冬季要多，以水不流入曲堆为准。

翻曲：曲堆盖草及洒水后，立即紧闭曲室门窗，微生物逐渐在曲表繁殖，曲堆品温逐渐上升。夏季气温较高，只需经 5～6 天；而冬季气温较低，需用 7～9 天。曲坯温度达到最高点应为 65℃ 左右。此时，曲坯表面的霉衣已经长成，即可进行第一次翻曲。再过一周左右，翻第二次。翻曲要上下、内外层对调，将内部湿草换出，垫以干草，曲块间仍夹以干草，将湿草留作堆旁盖草；曲块要竖直堆积，不可倾斜。温度每升高到 60～65℃ 即翻曲，直至曲坯成熟。每次翻曲后，曲间行距可逐渐放宽，这样做的目的就在于避免曲块之间相互粘连，以便于曲块通气、散热和制曲后期的干燥。

拆曲：每次翻曲后，一般品温会下降 7～12℃。大约在翻曲后 7 天左右，温度又会渐渐回升到最高点，以后又逐渐降低，同时曲块逐渐干燥，在翻曲后 15 天左右，可略微开门窗，进行换气，到 40 天以后（冬季要 50 天），曲温降到接近室温时，曲块大部分已经干燥，即可拆曲出房。出房时，如发现下层有含水量高而过重的曲块（水分超过 15%），应另行放置于通风良好的地方或曲仓，以促使干燥。

成品曲的贮存：制成的高温曲，分黄、白、黑 3 种颜色。以金黄色，具有菊花心、红心的金黄色为最好，这种曲酱香气味好。白曲的糖化力强，但根据生产需要，仍要求以金黄色曲多为好（要求 80% 以上）。在曲块折出仓后，应贮存 6 个月（称为陈曲，各种酶活力趋于稳定），再用磨曲机粉碎，便可投入酿酒生产。

② 酱香型大曲酒酿造工艺

a. 工艺流程见图 10-4。

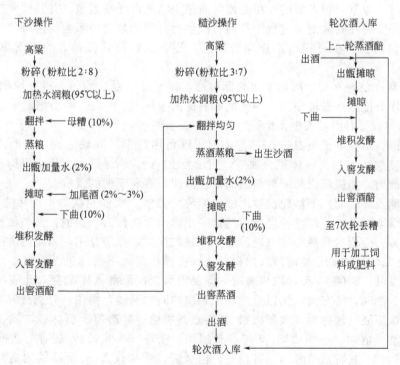

图 10-4 酱香型大曲酒酿造工艺

b. 生产方法如下。

原料处理：酱香型白酒生产工艺比较独特，原料高粱称为"沙"，下沙和糙沙的投料量各占 50%。用曲量大，而且要经过反复发酵蒸煮。因此原料粉碎是相当关键的，粉碎要求整粒与碎粒之比下沙为 8 : 2，糙沙为 7 : 3。粉碎的目的就在于使原料更有效地吸水膨胀，同时有利于糊化及糖化发酵作用，利于后期轮次中的发酵和蒸馏，还有利于排出原料带来的杂味，并利于原料的灭菌作用。

高粱粉碎后，先用 95℃ 以上热水进行第一次润粮，润粮添加完毕立即进行翻拌，要求做到翻拌完毕粮堆不跑水，不冒水，润粮到位，无干粒；间隔 4~5h 后，进行第二次润粮操作，每日润粮后的粮堆需堆积 16h 以上，到第二日进行蒸煮。润粮后粮堆要求无流水现象，粮堆呈圆锥，粮堆温度不低于 42℃。

蒸粮：润粮 16h 后，粮堆温度升至 48℃ 左右，此时可进行蒸粮。步骤之一是先添加占原料量 7% 的母糟（糙沙轮次则加入高粱相同量的熟沙），随后在甑篦上撒上一层稻壳，上甑按"见汽压醅"和"轻、松、薄、准、匀、平"进行操作。上甑汽压不大于 0.12MPa，一般上甑时间为 40min。粮醅上满后（与甑口平），将甑盖盖好，安装好过汽管，在甑盖与过汽管、过汽管与冷却器之间的连接部位加上一定量的水密封，检查汽压显示值符合蒸馏要求，蒸粮汽压为 0.08~0.15MPa。蒸馏过程中要控制好蒸粮汽压，上完甑圆汽后蒸料 90~110min，约 70% 左右的原料蒸熟，即可出甑，出甑后再泼上原料量 4% 的 85℃ 以上的量水，使熟沙保持一定的水分，促进粮醅的糖化发酵。出甑的生沙水分约为 44%~45%，淀粉含量为 38%~43%。

摊凉及拌曲：出甑后，把粮醅摊凉到凉堂上，自然冷却，当粮醅降温至品温为 24~30℃ 时，将粮醅收成条埂，均匀洒上 2% 左右的尾酒翻拌均匀，再撒曲粉进行翻拌，加曲粉量控制在原料量的 10% 左右。撒曲时应尽量降低撒曲高度，以免曲粉飞扬。拌曲要求均匀，无大团。随后立即收堆，堆积于凉堂上。堆积方式为圆锥形状，高度约为 1.5m。

堆积发酵：凉堂堆积发酵的作用是使大曲微生物进行呼吸繁殖，并且网罗空气中的酿酒微生物，弥补大曲在高温制曲过程中高温对微生物种类和数量的影响，进行"二次制曲"发酵过程，使它们在堆积过程中迅速生长繁殖，逐步进行糖化发酵，为下窖继续发酵做好准备。

堆积品温为 28~30℃，收堆要求为圆锥形，而且每甑要求均匀上堆。堆积时间为 4~5天。具体是用温度计测量堆顶面、中侧面和底侧面表层下 3~8cm 的粮醅温度，当温度达到堆子顶温 50~52℃ 时即可入窖发酵。

入窖发酵：检查堆子顶温达 52℃ 左右时，即可用行车抓取糟醅投入窖池内。边投边撒尾酒［酒精度数约为 17%（体积分数）］，用量为 120kg。洒尾酒的作用是可抑制部分有害微生物的繁殖能力，能使酒化酶、淀粉酶的活性激化，有利于糖的发酵。

开窖取醅及蒸馏酒：下沙轮次取出的粮醅称为熟沙。糙沙轮次取出的粮醅则称为酒醅，即可进行蒸馏取酒了。一般糙沙完成后的第一个馏酒轮次称为一次酒，又叫糙沙酒，此酒甜味好，但味冲，生涩味和酸味重（糙沙酒要单独贮存，以作勾兑用，酒尾则泼回粮醅，叫作"回沙"）。然后经过摊晾、加尾酒和曲粉（从这次操作起就不再加进新原料了），拌匀堆积，又放入窖里发酵，时间 30 天，取出蒸馏，即制得第二次原酒入库贮存，此酒叫"回沙酒"，比糙沙酒香、醇和，略有涩味。以后的几个轮次均同"回沙"操作，分别接取三次原酒、四次原酒、五次原酒（统称为"大回酒"，其特点是香浓、味醇厚、酒体较丰满、邪杂味少），以及六次原酒（也叫"小回酒"，其特点是醇和、糊香好、味长），还有七次原酒入库贮存（称为"追糟酒"，其特点是醇和、有糊香，但微苦、糟味较大）。所不同的是凉堂加曲量逐步减少，馏取酒精浓度也逐步降低［由一次酒的 57.5%（体积分数）降低到七次酒的 53.5%（体积分数）］。经 8 轮次发酵，7 次摘酒后，其酒糟即可甩掉作饲料，或再综合利用。

（3）清香型大曲酒　清香型大曲酒以汾酒为典型代表。其生产工艺特点是"清蒸清茬、地缸发酵、清蒸两次清"，所谓清蒸清茬是指经清理除杂后的原料高粱，粉碎后一次性投料，单独进行蒸煮。然后再埋于地陶缸中发酵，缸口与地面相齐，用石板作缸盖密封，发酵成熟酒醅蒸酒后的醅再次加曲发酵、蒸馏，最后成扔糟。现介绍如下。

① 清香型大曲生产工艺

a. 工艺流程见图 10-5。

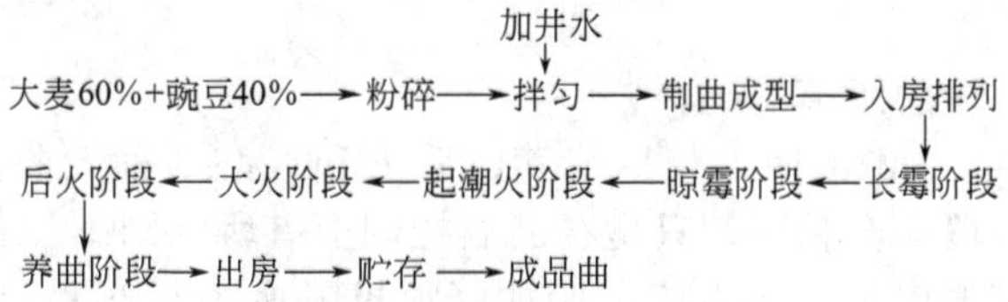

图 10-5　清香型大曲生产工艺

b. 生产方法如下。

原料粉碎：将大麦 60％ 与豌豆 40％ 按质量比配好后，混合，粉碎。控制通过 20 目筛的细粉在冬季占 20％，夏季占 30％。

制曲：加井水与料粉拌和均匀，装入大曲压曲机的曲模压制成曲坯。要求制好的曲坯外形平整，四角饱满无缺，厚薄一致。

曲的培养以清渣（茬）曲为例，介绍工艺操作如下。

入房排列：曲坯入房前应调节曲室温度在 15～20℃，夏季越低越好。曲房地面铺上稻皮，将曲坯搬置其上，排列成行（侧放），曲坯间隔 2～3cm，冬近夏远，行距为 3～4cm。每层曲上放置苇秆或竹竿，上面再放一层曲坯，共放三层，使成"品"字形。

长霉（上霉）：入室的曲坯稍风干后，立即在曲胚上面及四周盖席子或麻袋保温，夏季蒸发快，可在上面洒些凉水，然后将曲室门窗封闭，使温度逐渐上升。一般经一天左右，曲坯表面开始有白色霉菌菌丝斑点出现（称为"生衣"）。夏季约经 36h，冬季约 72h，温度可升至 38～39℃。在操作上应控制品温缓升，使上霉良好，此时曲坯表面出现根霉菌丝和拟内孢霉的粉状霉点，还有比针头稍大一点的乳白色或乳黄色的酵母菌落。如品温上升至指定温度，而曲坯表面长霉尚未良好，则可缓缓揭开部分席片，进行缓慢散热，但应注意保潮，适当延长数小时，使长霉良好。

晾霉：当曲坯品温升至 38～39℃ 时，必须打开曲室的门窗，以排除潮气和降低室温。并把曲坯上层覆盖的保温材料揭去，将上下层曲坯翻倒一次，拉开曲坯间排列的间距，以降低曲坯的水分和温度，达到控制曲坯表面微生物生长的目的，勿使菌丛过厚，令其表面干燥，使曲块固定成形，在制曲操作上称之为晾霉。晾霉应及时，如果晾霉太迟，菌丛长得太厚，曲皮起绉，会使曲坯内部水分不易挥发；如过早，苗丛长得少，会影响曲坯中微生物进一步繁殖。

晾霉开始温度 28～32℃，不允许有较大的对流风，防止曲皮干裂。晾霉期为 2～3 天，每天翻曲一次。第一次翻曲，由 3 层增到 4 层，第二次增至 5 层曲块。

起潮火：在晾霉 2～3 天后，曲坯表面不粘手时，即封闭门窗而进入潮火阶段。入房后第 5～6 天起曲坯开始升温，品温上升到 36～38℃ 后，进行翻曲，抽去苇秆，曲坯由 5 层增到 6 层，曲坯排列成"人"字形。每 1～2 天翻曲一次，此时每日放潮两次，昼夜窗户两封两启，品温两起两落，曲坯品温由 38℃ 逐渐升至 45～46℃，这大约需要 4～5 天，此后即进入大火阶段，这时曲坯已增高至 7 层。

大火（高温）阶段：这阶段微生物的生长仍然旺盛，菌丝由曲坯表面向里生长，水分及热量由里向外散发，通过开闭门窗来调节曲坯品温，使保持在 44～46℃ 高温（大火）条件下 7～8 天，不许超过 48℃，不能低于 28～30℃。在大火阶段每天翻曲一次，大火阶段结束时，基本上有 50%～70% 曲块已成熟。

后火阶段：这阶段曲坯逐渐干燥，品温逐渐下降，由 44～46℃ 逐渐下降到 32～33℃，直至曲块不热为止，进入后火阶段。后火期 3～5 天，曲心水分会继续蒸发干燥。

养曲阶段：后火期后，还有 10%～20% 曲坯的曲心部位尚有余水，宜用微温来蒸发，这时曲坯本身已不能发热，采用室温保持 32℃，品温 28～30℃，把曲心仅有的残余水分蒸发干净。

出房，叠放成堆，曲间距离 1cm。

3 种中温曲制曲特点：酿酒时，使用清茬、后火和红心 3 种大曲，并按比例混合使用。这 3 种大曲制曲工艺阶段完全相同，只是在品温控制上有所区别。

清茬曲，曲的最高温度为 44～46℃，晾曲降温极限为 28～30℃，属于小热大晾。

后火曲，由起潮火到大火阶段，最高曲温达 47～48℃，在高温阶段维持 5～7 天，晾曲降温极限为 30～32℃，属于大热中晾。

红心曲，在曲的培养上，采用边晾霉边关窗起潮火，无明显的晾霉阶段，升温较快，很快升到 38℃，无昼夜升温两起两落，无昼夜窗户两启两封，依靠平时调节窗户通气大小来控制曲胚品温。由起潮火到大火阶段，最高曲温为 45～47℃，晾曲降温极限为 34～38℃，属于中热小晾。

② 清香型大曲酒生产工艺

a. 工艺流程见图 10-6。

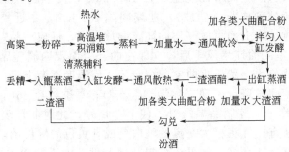

图 10-6　清香型大曲酒生产工艺

b. 生产方法如下。

原料及其粉碎：原料高粱要求籽粒饱满、皮薄、壳少的"一把抓"高粱。高粱经过清选进入辊式粉碎机，粉碎后的高粱应呈 4、6、8 瓣，其中能通过 1.2mm 筛孔的细粉占 25%～35%，整粒高粱不得超过 0.3%，冬季稍细、夏季稍粗。

原料大曲有清茬、红心和后火 3 种中温大曲，按比例混合使用。一般为清茬：红心：后火＝30%：30%：40%。酿造中要求清茬曲断面茬口为青白色成灰黄色，气味清香，后火曲断面呈灰黄色，具有曲香或炒豌豆香，红心曲断面中间呈一道红典型的高粱糁红色，具有曲香味。根据酿酒发酵的要求，大曲粉碎度较粗，大渣发酵用曲的粉碎度大者如豌豆，小者如绿豆，能通过 1.2mm 筛孔的细粉不超过 55%；二渣发酵用曲的粉碎度大者如绿豆，小者如小米，能通过 1.2mm 筛孔的细粉占 70%～75%。

润粮（糁）：粉碎后的高粱称为红糁，在蒸煮前要进行高温润糁，翻拌均匀促使高粱吸收一定量的水分以利于糊化。用水温度冬季为 80～90℃，夏季为 75～80℃，加水量为原料的 60% 左右。拌匀后堆积润糁 18～20h，冬季堆积品温能升至 42～45℃，夏季升至 47～52℃，高温润糁一定要严格工艺操作，预防糁堆酸败变馊。

蒸粮（糁）：红糁的蒸粮糊化是采用活甑桶清蒸，可使酒味更加纯正清香。蒸粮前先将底锅水煮沸，再在甑箅上撒一层稻壳或谷壳，装一层糁，打开蒸汽阀门，待蒸汽逸出糁面时，用簸箕将糁均匀撒入甑内，待蒸汽上匀糁面后，将 1.5%（粮水比）左右的水泼在糁层表面（称为加闷斗量），再在上面覆盖辅料一起清蒸。蒸粮时间从装完甑蒸 80min 即可达到"熟而不黏，内无生心，无杂异味"的标准。清蒸的辅料用于当天蒸馏。

加水、扬晾（晾渣）、加曲：糊化后的红糁出甑后，即泼入为原料量 30%～40% 的加量水，立即翻拌使高粱充分吸水，即可进行通风晾渣。冬季要求降温至 20～30℃，夏秋季气温较高，则要求品温降至室温。

红糁扬晾后就可加入磨粉后的大曲粉，加曲量为投料高粱的 9%～11%（质量比）。加曲的温度主要取决于入缸温度，春季 20～22℃，夏季 20～25℃，秋季 23～25℃，冬季 25～30℃。

大渣（头渣）入缸发酵：发酵设备采用陶缸，埋入地下，缸口与地面平齐，缸间距为10～24cm。大茬入缸最适温度根据季节不同而异，9～10 月份以 11～14℃ 为宜，11 月份以9～12℃ 为宜，寒冬季节以 13～15℃ 为宜，3～4 月份以 8～12℃ 为宜，5～6 月份后进入夏季以 9～12℃ 为宜。入缸水分控制在 52%～53%。水分和温度是控制微生物生命活动的最重要因素，是保证正常发酵的核心，故入缸温度和水分应准确。

入缸后封缸用清蒸谷壳沿缸边撒匀，加上塑料薄膜，再盖上石板或水泥板。发酵要做到"前期缓升、中温挺发酵、后期缓落"的发酵规律，确保形成清香型酒所具有的独特风格。一般发酵时间为 28 天。

出缸、蒸馏：把发酵 28 天的成熟酒醅从缸中挖出，加入原料量 22%～25% 的辅料，翻拌均匀装甑蒸馏。截头去尾得大渣酒。

二渣发酵及蒸馏：为了充分利用原料中的淀粉，提高淀粉利用率，大渣酒醅蒸完酒后的醅子，还需继续发酵利用一次，这称为二渣。二渣的整个操作大体上和大渣相似，发酵也相同。将蒸完酒的大渣酒醅趁热加入投料量 2%～4% 的水，出甑散冷降温，再加入投料量10% 的大曲粉拌匀，即可入缸封盖发酵。

发酵成熟的二渣酒醅加入少许谷壳拌匀后即可装甑蒸馏，截头去尾得二渣酒。蒸完酒的酒糟作为饲料或加入辅曲和酒母再发酵、蒸馏得普通酒。

贮存勾兑：大渣酒和二渣酒，经质量检验部门逐组品尝、化验，按照大渣酒、二渣酒、合格酒和优质酒分级入库，分别存放在陶瓷缸中密封贮存一年以上，按不同品种勾兑为成品酒出厂。

10.1.4.2 小曲白酒

（1）小曲生产工艺　小曲品种较多，按添加中草药与否分为药小曲和无药小曲；按制曲原料又分为粮曲和糠曲；按形状分为酒曲丸、酒曲饼和散曲；按用途分为甜酒曲和白酒曲。本节就药小曲制作中的单一药小曲进行介绍（其他工艺类同不做介绍）。

单一药小曲是用生米粉，只添加一种香药草粉，接种曲母培养而成。

a. 工艺流程见图 10-7。

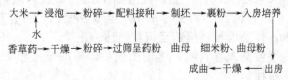

图 10-7　小曲生产工艺

b. 生产方法如下。

配料：大米粉总用量 20kg，其中 15kg 用于制坯，5kg 细米粉用于裹粉；香草药粉用量为坯粉的 13%，并干燥后磨粉；曲母为上次制药小曲时保留下来的优良制药小曲，用量为米粉量的 2%，为裹粉的 4%（以米粉的质量计）；加水量为坯粉量的 60% 左右。

浸米：大米加水浸泡，夏天为 2～3h，冬天为 6h 左右，浸后滤干备用。

粉碎：浸米滤干后粉碎成米粉，用 180 目细筛筛出约 5kg 细米粉做裹粉用。

制坯：用米粉 15kg，添加 13％的香草药粉，2％的曲母，60％左右的水，混合均匀，制成饼团，然后在制饼架上压平，用刀切成约 2cm 大小的小块，在竹筛上筛圆即成酒药坯。

裹粉：将 5kg 细米粉与 0.2kg 曲母粉混合均匀，然后先撒小部分于簸箕中，同时洒少量水于酒药坯，使坯外表湿润，倒入簸箕中，用振动筛筛圆成型后再裹扮一层。再洒水，再裹粉，直到酒药坯被裹完为止。洒水量共约 0.5kg。裹粉完毕即为圆型的酒药坯。将其分装于小竹筛内摊平，即可入房培养。

培养管理：根据小曲中微生物的生长规律，可分 3 个阶段进行管理。

前期，酒药坯入曲房后，室温宜保持 28～31℃。培养 20h 后，霉菌繁殖旺盛，观察到霉菌丝体倒下，表面出现白泡时，可将盖在药小曲上面的空簸箕掀开。这时的品温一般为 33～34℃，最高不得超过 37℃。

中期，培养 24h 后，酵母开始大量繁殖，室温应控制在 28～30℃，品温不得超过 35℃，培养 24h。

后期，品温逐步下降，培养 48h 后曲子成熟，即可出曲。

出曲贮存：曲子出房后，并于烘房烘干或晒干，贮藏备用。药小曲由入房培养至成品烘干共需 5 天。

目前采用纯种根霉和酵母菌制成的纯种无药小曲，或以麸皮为原料制成的散曲均有良好的效果，是小曲生产上的重大进步。采用深层通风发酵生产的浓缩甜酒曲比老法酒药功效大幅度提高，节约大批的粮食原料，为小曲的液态生产走出了新路。

(2) 小曲白酒生产工艺　小曲白酒的生产主要采用半固态发酵工艺和固态发酵工艺，本节主要介绍小曲白酒半固态发酵工艺。半固态发酵又分为先培菌糖化后发酵工艺和边糖化边发酵工艺。

① 先培菌糖化后发酵工艺　此种工艺的典型代表为广西桂林三花酒。其工艺特点是采用药小曲作为糖化发酵剂，前期固态培菌糖化 20～24h，后期液态蒸馏。贮存勾兑成产品。

a. 工艺流程见图 10-8。

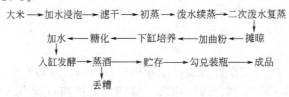

图 10-8　小曲白酒生产工艺之一

b. 生产方法如下。

浸泡、蒸饭：原料大米用 50～60℃温水浸泡 1h，滤干后倒入甑内加盖蒸饭，园汽后蒸 20min，将饭粒拌松扒平，待园汽后再蒸 20min，至饭粒变色，再拌松饭粒并泼水后续蒸，待饭粒熟后泼第二次水，拌松饭粒继续蒸至饭粒熟透为止。

拌料加曲：蒸熟的饭粒倒入拌料机，将饭团搅散，摊冷至品温 36～37℃，加入原料量 0.8％～1.0％的药小曲粉拌匀。

下缸发酵：经摊冷加曲后的饭醅即可入缸培菌糖化，下缸后在饭的中心挖一空洞。待品温下降至 30～32℃时，将缸口盖紧，培菌糖化约 20～22h，品温达到 37～39℃为宜，品温最高不得超过 42℃，糖化总时间控制在 20～24h 左右。糖化 24h 后，加水拌匀，转入醅缸，注意发酵温度的调节发酵时间 6～7 天。成熟酒醅的残糖分接近于零，酒精含量为 11％～12％（体积分数），总酸小于 1.5g/L 为正常。

蒸馏：采用蒸馏釜进行间隙蒸馏，掐头去尾进行生产。

贮存勾兑：存放 1 年以上经检查化验勾兑后装瓶即为成品酒。

② 边糖化边发酵工艺　此种工艺的典型代表为广东的玻味玉冰烧酒，其工艺特点是没有先期的小曲培菌糖化工序，因此用曲量大，是传统的液态发酵。

a. 工艺流程见图 10-9。

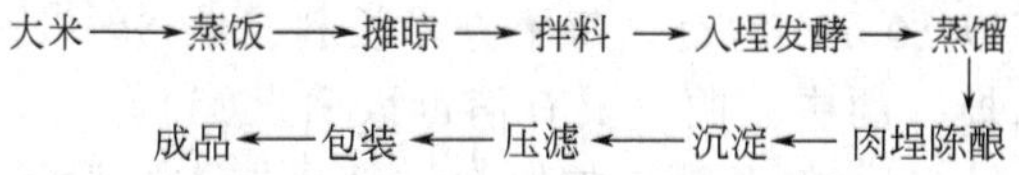

大米 —→ 蒸饭 —→ 摊晾 —→ 拌料 —→ 入埕发酵 —→ 蒸馏
成品 ←— 包装 ←— 压滤 ←— 沉淀 ←— 肉埕陈酿

图 10-9　小曲白酒生产工艺之二

b. 生产方法如下。

蒸饭：在锅内加清水 110～115kg，装大米 100kg，加盖煮沸并搅拌，关汽使米饭吸水饱满，再开小量蒸汽焖 20min，这时饭粒熟透疏松，无白心便可出锅。

摊凉拌料：蒸熟的饭马上进入松饭机打松，然后摊在饭床上或用传送带鼓风冷却降温至35℃左右，冬季在 40℃左右。之后加入以原料量 18%～22%的酒曲饼粉，并拌匀后入埕发酵。

入埕发酵：装埕时每埕先装清水，然后将饭分装入埕，装埕后封闭埕口，入发酵房进行发酵。发酵期间要控制发酵房温度在 26～30℃，前 3 天控制发酵品温在 30℃以下，不得超过 40℃，夏季发酵 15 天，冬季发酵 20 天。

蒸馏：发酵结束后将酒醅转入改良式的蒸馏甑中蒸馏，掐头去尾得成品酒。

肉埕陈酿：将初馏酒装埕，每埕放酒 20kg，经酒浸洗过的肥猪肉 2kg，浸泡陈酿 3 个月，使脂肪缓慢溶解，吸附杂质，并起酯化作用，提高老熟度，使酒味香醇可口，同时具有独特的玻味。

压滤包装：陈酿后的酒倒入大池或大缸中，肥猪肉仍留于埕中，再次浸泡新酒。让其自然沉淀 20 天以上，澄清后，除去缸面油质及缸底沉淀物，用泵将澄清的酒液送入压滤机压滤，取出酒样鉴定合格后勾兑，装瓶即为成品。

10.1.4.3　麸曲白酒

麸曲白酒是以高粱、玉米、薯干等含淀粉较高的物质为原料，采用纯种麸曲酒母代替大曲作糖化发酵剂所酿造的蒸馏酒。目前，这类白酒正在向液态法生产的方向发展，随着液态法白酒质量的不断提高，液态发酵法将可能成为这类白酒的主要酿造方法。

(1) 麸曲生产工艺

① 工艺流程见图 10-10。

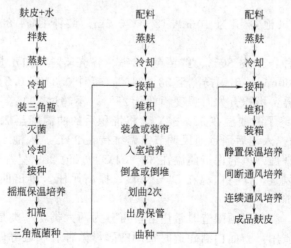

图 10-10　麸曲生产工艺

② 麸曲的几种制作方法如下。

a. 曲盘法（盒子法）制曲。

曲盘制作：曲盘一般采用 0.5cm 厚的椴木板制作，规格 45cm×25cm×6cm，每个曲盘能生产成品曲 0.8kg 左右。

曲室要求：曲室面积以 100m² 为宜，每平方米投料量为 6～8kg。曲室的墙面要求平滑，顶面呈拱形，以免凝结水掉入曲中。曲室要有消毒灭菌设施。

配料：麸皮 100kg，配 15kg 鲜酒糟，如原料过细，加入适量谷糠（一般控制 5% 左右）。每 100kg 原料如水 89～90kg，加水用喷壶边加边搅拌。

蒸料、散冷接种：配料均匀后堆积润料 1h，放入曲料蒸锅中蒸 50～60min。然后放在恒温室内灭过菌的木箱（槽）中，翻拌散冷到 38℃ 左右接种，接种量约 0.25%～0.4%，拌匀降温至 32～34℃ 时入室堆积。

堆积装盒：在 32～34℃ 堆积保温 6～8h。装盒前将曲料翻拌 1～2 次，待均匀后轻松均匀装盒，装料厚度为 2cm，装完后用手摊平，使盒的中心稍薄，四周略厚些。然后将其放在木架上摆成柱形培养，每笼不超过 10 个曲盒为宜，最上层的曲盒应盖上草帘或空曲盒。

倒盒、拉盒、划盒：装盒后曲温为 30～31℃，室温控制在 29℃ 左右，干湿球差 1～1.5℃，装盒后 4h 左右倒盒 1 次，柱形排列不变，只是上下调换曲盒位置，达到温度均一。再经 3h 左右，品温上升到 37℃ 时，进行拉盒，摆成"品"字形，控制品温 36℃ 左右。拉盒后曲温升得较快，过 3～4h 后，再倒盒一次。再过 3～4h 待曲料连成片时进行一次划曲，划曲后曲温猛升，控制曲温不超过 39℃，以后每隔 3～4h 倒盒一次，使曲温保持在 39～40℃，直至从堆积算起 30～34h 曲的糖化力最高时，即可干燥出曲。

b. 帘子法制曲。帘子种曲是麸曲扩大培养的中间环节，供生产麸曲糖化酶做种子用。

帘子制作：一般做钢筋支架，上铺塑料布，罩上塑料布。支架高 1m，宽 0.5m，高 1.2m，罩底的空间高为 0.5m。

配料、蒸煮、接种：配料和曲盘法基本相同，常压煮 60min，然后散冷至 32℃，接种 0.3%～0.5%。

堆积、装帘、培养：接种后的曲料保持在不超过 34℃ 的温度下堆积 8h，中间倒堆一次。堆积结束后把曲温调至 30℃ 左右装帘，帘内曲料厚度为 2～3cm，装帘后控制曲温在 34～35℃ 之间，达到 20h 左右菌丝长成时可划帘。调节室温排潮揭罩。从堆积算起培养 36h 左右即可出房。

c. 通风法制曲。

通风池制作：通风池容积为 10m×12m×0.5m，装干曲料 800kg，曲层厚度不超过 30cm。

配料、蒸煮、接种：麸皮 80%、鲜酒糟 15%、谷壳 5%，加水量为麸皮量的 70%～80%，拌匀后常压蒸 60min，出锅扬冷至 33～34℃，接种 0.3%～0.5%，然后入房堆积。

堆积、装池、培养：堆积开始时温度不低于 28℃，不超过 30℃，每隔 4h 倒堆一次，总堆积时间为 8～12h。终了时曲温在 32～33℃。将堆积后的曲温降至 29℃ 左右开始入池，曲料的厚度为 25～30cm。入池后通过通风调节室温维持在 32℃。入池 10～17h 进入麸曲培养中期，此时增强通风掌握好风温保持曲温在 33～34℃，入池 20h 左右进入麸曲培养的后期，此时应提高风温和进风量，保持曲温在 34～35℃，提高风压，排出曲料中的水分。总计培养约 34h 左右即可出曲。

（2）酒母的制备　麸曲白酒酿造时常用酵母可分为两大类，一类是酒精发酵用，另一类是供发酵生成香味物质用。麸曲白酒酿造时常用的酵母菌种有汉逊酵母、毕赤酵母、圆酵母（又称球拟酵母）、假丝酵母、酒香酵母。

我国白酒厂所用酒母有两种培养方法，一种是和酒精生产中的制备工艺相同，白酒厂称之为机制酒母；另一种是在大缸内加曲后即添加酵母的非连续培养方法，叫做大缸酒母。一些小酒厂普遍采用这种方法来制备酒母。

大缸酒母制造工艺的主要特点是：制酒母醪的原料，经润水后在固态下进行糊化，糊化后不制成糖化醪，而将原料、曲子、水直接混合成悬浮液，并加入适量的浓硫酸调整其pH，接入卡氏罐酒母种。

大缸酒母的培养方法如下。

原料的选择和处理：制备酒母醪的原料以玉米为好。酒母用粮占投料量的 4%～5%，在配料时可添加原料量 10%的鲜酒糟和 5%的谷壳，将原料混合均匀，堆积润料 1h，然后常压蒸煮 50min，蒸后的原料当班用完，不要存放。

接种培养：蒸熟的料分装入缸，每千克料加 3～4kg 酿造用水，再加 1%的硫酸调整酸度为 0.3 左右。先用其中 2/3 的水和粉碎的曲投入缸里，后将熟料加入，拌匀，再用剩余的水调节品温，一般夏季控制在 25～26℃，冬季在 26～27℃。将卡氏罐酒母液接入缸中，接种量为 1/12，拌匀后加盖保温培养，室温控制在 25～26℃。培养期间可搅拌 2 次，便于酵母菌生长良好。品温不得高于 30℃，自接种开始，培养 8～10h 即成熟，可供使用。

(3) 麸曲白酒的生产工艺　当前麸曲白酒的生产，主要采用清蒸法和混烧法两种生产方法。其中混烧法工艺流程见图 10-11。

图 10-11　麸曲白酒生产的混烧法工艺流程

原料的粉碎：粉碎的目的是使淀粉均匀吸水，增加原料颗粒的表面积，有利于糖化和发酵，提高原料的利用率。同时在热的作用下，可以除去原辅料中的邪杂味。粉碎设备随原料而定，地瓜干原料多采用锤式粉碎机，高粱和玉米采用辊式粉碎机。

合理配料：配料的目的是调节醪适宜的入窖淀粉浓度、酸度和水分，以创造适宜于微生物的产酒产香环境，以有利于发酵。因此合理配料对麸曲白酒酿造有很强的指导作用。具体包括 4 项主要内容：粮醅比合理，回醅发酵是中国白酒的显著特色，回醅多少直接关系到酒的产量和质量。一般普通酒工艺的粮醅比要求在 1:4 以上；粮糠比合理，粮糠比随麸曲酿酒工艺方法、原料、原料的粉碎度不同而不同，一般普通酒的粮糠比在 20%以上，优质酒在 20%以下；粮曲比合理，麸曲白酒酿酒要求用曲的多少应依据曲的糖化力和投料量进行科学计算来定，否则将严重影响酒的质量；加水量合理，加水量的合理与否是酿造成功的关键之一，在酿造过程中水是微生物生长不可缺少的物质成分，起调节淀粉浓度、调节酸度、调节发酵温度、参与营养物质的输送、产物的代谢及运送的作用，因此在酿造中无论是润粮、蒸粮还是加量水，均应严格按工艺操作，一般每甑间水分相差控制在 1%左右。

低温入窖：根据微生物的生长以及酶系的反应情况，低温入窖有以下好处：入窖温度低起到扶正限杂的作用，即一方面酵母繁殖不会受到大的影响，另一方面杂菌繁殖受到抑制，使窖内发酵正常；低温入窖发酵缓慢，易生成多元醇类物质，增加酒的甜味；低温入窖使其各种酶的钝化速率减慢，增加了作用底物的时间；低温入窖相对降低了发酵的顶温，避免了产邪杂味的原料和辅料的分解，提高了酒的口味纯净。

酿造操作上重视 4 个字"稳、准、细、净"，即工艺操作相对稳定、执行工艺操作规程要准确、操作要细心、工艺过程要卫生洁净。

10. 1. 4. 4　液态生产白酒

液态生产白酒是白酒生产发展的方向。采用液态法工艺酿造白酒，具有出酒率高，劳动强度低，劳动生产率高，对原料适应性强，除制曲外不用辅料，机械化程度高，便于实现连续化生产等优点。目前液态法白酒生产已遍及全国各地，其产量逐年增加。但是液态法白酒与固态法白酒的风味差距较大，这就妨碍了液态法白酒进一步发展，必须进一步深入研究，逐步提高液态法白酒的质量。

我国液态法白酒的酿造类型多种多样，设备也各不相同，但主体部分酒基的生产采用传统的酒精生产的方法。这样得到的酒基只是半成品，为了获得成品酒，还需将酒基进一步加工，以增加酒的香味成分，提高产品的风味。其方法较多，大致可分为以下几种类型。

固液结合法：用液态法生产酒基，用固态法的酒糟、酒尾或成品酒来提高质量。

串香法：串香法是全国各地广泛用来提高液态法白酒质量的方法之一。它是将酒基装入甑桶底锅，甑桶内装入固态法发酵的香醅，通入蒸汽，使酒基汽化通过香醅，香味物质随酒精蒸气进入冷凝器，增加了酒基的香味成分。目前常用的酒基：香醅比例为 1：(0.5～1)。

香醅的制法又有多种多样，有的就是普通酒醅（发酵时间 3～5 天），有的用延长发酵时间的酒醅（20～30 天），有的用回窖发酵的大曲酒糟或直接利用扔糟串蒸。

浸蒸法：浸蒸法是把香醅浸于酒基混合，加热复蒸取酒。这种工艺香醅用量少，一般为基酒的 10%～15%。浸渍时间一般为 4h 以上。也有的采用将香醅加到发酵醪中共同发酵 3 天再蒸的方法，用香醅来增加醪的组分。

固液勾兑法：用液态法生产的酒基，兑入 5% 优质酒或 10% 较好的固态法白酒，以弥补液态法白酒的不足，使产品具有固态法白酒的风味，方法简便。

调香法：调香法是根据液态法白酒香味成分的差异，结合酒基的具体情况，在酒中调加天然香料或有机酸类、酯类和醇类等试剂，改善液态法白酒风味，使口味协调的方法。

液态法：一般称为一步法，即酒基的生产和改善风味的措施都用液态发酵法，完全摆脱固态法生产，便于生产过程全部机械化。这种方法大致有 4 种型式：直接向酒精发酵醪中投入产香微生物，如大曲、产酯酵母、复合菌类等，发酵成熟后蒸馏；在酒精发酵初期加入己酸菌发酵液，再经 2～3 天共同发酵后蒸馏；将己酸菌发酵液经化学或生物学法酯化后，再加酒精发酵醪蒸馏；酒精醪液与香味醪液分别发酵，然后按比例混合蒸馏成酒。

上述几种方法各有优缺点。串香法与浸蒸法，产品虽有明显的固态法白酒风味，也适于一般酒厂生产条件，但此法仍不能摆脱繁重劳动，且串蒸时酒精损耗较大。固液勾兑法，生产较简单，损耗也少，但风味不及串香法或浸蒸法，也还需保留固态法生产。调香法生产更简单，但产品风味较差，还需要继续解剖固态法白酒的香味成分，提高香料纯度，香料要无毒，尽可能采用发酵制品。液态法可完全摆脱固态法生产的限制，是较好的方法，但是质量还不完善，在增香与蒸馏等方面还需进一步研究。

10. 1. 5　白酒生产中的新技术

10. 1. 5. 1　强化种曲制作

从酿造过程中选育出优良霉菌、细菌、酵母菌分别进行培养。霉菌和酵母均采用固体培养基，细菌采用液体培养基，由试管斜面培养扩大到三角瓶培养，再扩大到曲盘培养，再按一定比例混合（一般是霉菌：酵母菌：细菌＝1：1：0.2），按传统的大曲制作法外加一定量的种曲作种源进行大曲制作。这样所制的强化曲曲香味比普通大曲的浓，断面颜色好、皮薄，菌丝多，并有黄、红斑点，外观表面呈乳黄或白色，曲衣明显。

10. 1. 5. 2　架式方法生产大曲

架式曲培养工艺采用了现代化技术，利用微机按不同培养期进行温度、湿度、通风与排风自动控制，按常规培养方法培养 30 天即可。大大降低了劳动强度，改善了劳动环境，提高了单位面积产量，有效地避免了季节工人熟练程度的影响。

10.1.5.3　小曲制作新工艺

在制备小曲生产上，采用纯种根霉和酵母菌制成的纯种无药小曲，或以麸皮为原料制成的散曲均有良好的效果，少用中草药也能制得质量好的小曲。采用深层通风发酵生产的浓缩甜酒曲比老法酒药功效大幅度提高，节约了大批的粮食原料，为小曲的液态生产走出了新路。

10.1.5.4　酶催化工程的引进

酶是一种生物催化剂，是生物细胞合成的具有高度催化活性物质的特殊蛋白质。酿酒工业中广泛应用的酶，主要是糖化酶、液化酶、纤维素酶、蛋白酶、脂肪酶、酯化酶等，具有酶活力强、用量少、使用方便等优点。原料中脂肪类物质在原料蒸煮过程中，即使在 140～160℃高温下也难以分解，通过脂肪酶等复合酶的处理后，脂肪、蛋白质的分解析出，原料会变得酥软，蒸煮糊化过程中，可缩短蒸煮时间，在发酵前期加速糖化发酵，后期促进酯化合成。但是，纯种微生物合成酶的催化单一性，也给传统白酒发酵带来了一定问题，如浓香型的续糟发酵。酱香型的二次投料，全年蒸酒，如果用高转化率的糖化酶和活性干酵母就会一次耗尽淀粉，影响工艺，影响白酒发酵的周期性，因此，复合酶发酵技术成为白酒发酵的一个新的课题。

10.1.5.5　双轮底糟发酵技术

双轮底糟发酵是指在开窖时，将大部分糟醅取出，只在窖池底部留少部分糟醅进行再次发酵的一种方法。在浓香型大曲酒生产中使用已取得明显效果，所产出的酒均可作为调味酒使用。目前常用的方法主要有两种：一种是连续双轮底，一种是隔排双轮底。

连续双轮底于第一次起窖时窖池底部留 1.5 甑左右的糟醅，并投入一定量的曲粉及次酒进行再次发酵。在留下的底糟上面放置两块竹篾做记号加以区别，然后再在底糟上面逐甑放上经摊晾加曲后的粮糟。待发酵期到时即开窖取糟，当取到接近双轮底上面约一甑半量的糟醅时，将其扒放堆置窖池边，等双轮底起完后，再把窖池边的约一甑半量的糟醅作底糟扒平，作为下排的双轮底糟，放上两块竹篾做记号，再逐甑放上经摊晾加曲后的粮糟，以后以此循环进行轮次操作。

隔排双轮底是在第一排放入粮糟时，入完第一甑后，立即将入窖粮糟扒平放上两块竹篾做记号，然后再逐甑装入粮糟。待第二排起窖时，起到有记号处停止起窖，将竹篾下的糟醅留下再次发酵一次，在它的上面再装上粮糟。在第三排起窖时，当起到竹篾处时，停止起窖，并打黄水坑舀黄水，或起到专门堆放双轮底糟的地方，滴出黄水。在准备蒸本窖第一甑糟醅时，再将底糟取出。以后每排均按此循环进行。每隔排出一次底糟酒。

10.1.5.6　低度白酒技术创新

有效解决低度酒的稳定性问题，需从以下几方面入手：低度酒水解机理的研究；提高基础酒质量、调味酒质量及勾兑用水质量；勾兑技术研究；低度白酒处理技术研究。有了好的水处理设备，超滤设备，抑制酯可逆水解反应的方案，低度白酒的质量问题就可以很好地解决。从现状分析，最有效的低度白酒生产技术的突破，主要还在于新工艺白酒的技术突破。

10.1.5.7　白酒生产机械化

传统工艺白酒的作坊式操作严重制约着生产的规模化程度，米香型、豉香型在工艺的发展中，建立起了一套固、液发酵相结合的糖化、发酵、蒸馏机械化操作系统，大大节省了人力资源，而且这些香型的白酒更容易被东南亚及国际市场所接受。

10.1.5.8　生产过程数字化控制与管理

从温（入窖温度）、粮（入窖淀粉浓度）、水（入窖水分）、曲（大曲用量）、酸（入窖酸度)、糠(谷壳用量)、糟(粮糟比)等七大因子的监控着手,找出不同季节、不同条件下最佳参数组合,确立产量与质量的平衡点,形成标准化、数字化的生产模式。

从每个窖池投入原辅料的台账录入着手,建立窖池数字化档案,利用电磁阀、可控硅继电器、计量泵、流程控制系统,建立微机终端系统,确立生产过程的真实数据,给物料配置建立准确的管理,为白酒创建科学的管理措施。

从原酒、基础酒、调味酒、成品酒等的理化、色谱成分统计录入处理等角度着手,建立酒体指纹图谱、专家鉴评等系统,大幅度减轻手工数据查询的劳动量,控制勾调成本,稳定产品品质,为勾调人才培养从经验型向数字型转变提供科学依据,建立白酒勾调的科学理论体系。

10.2 啤酒生产工艺技术

10.2.1 概述

啤酒是以发芽的大麦和水为主要原料,以大米或其他谷物、极少量的酒花为辅助原料,经糖化制备麦芽汁、加酒花煮沸、冷却和加酵母发酵酿制而成的一种含多种营养成分、二氧化碳和低酒精度的饮料。

啤酒根据所用酵母的种类分为上面发酵啤酒和下面发酵啤酒;根据啤酒色泽分为淡色啤酒、浓色啤酒、黑啤酒和白啤酒;根据成品啤酒是否巴氏杀菌分为鲜啤酒、熟啤酒和纯生啤酒。

世界著名啤酒有如下几种。

(1)比尔森啤酒(Pilsener beer) 是世界最负盛名的下面发酵淡色啤酒,因生产于捷克波希米亚的比尔森啤酒厂而得名,有时也简称比尔斯(Pils)。该啤酒色泽较浅,泡沫好,酒花香味浓馥突出,苦味重而不长,口味醇爽。

(2)爱尔啤酒(Brown Ale) 爱尔啤酒是一种上面发酵的棕色啤酒,是英国销路最广的瓶装啤酒。比较著名的是纽卡索棕色爱尔啤酒(Newcastle Brown Ale)和巴顿爱尔啤酒(Burton Ale)。

(3)司陶特黑啤酒(Stout black) 司陶特黑啤酒是爱尔兰生产的著名上面发酵黑啤酒。都柏林 Guinness 公司生产的司陶特是世界上最受欢迎的品牌之一,该啤酒色泽深褐,酒花苦味重,有明显的焦香麦芽味,口感偏干而醇,泡沫好。高档司陶特的酒精含量高。

(4)慕尼黑(Munich)浓色啤酒 慕尼黑浓色啤酒是德国慕尼黑地区生产的国际公认的下面发酵啤酒,该啤酒色度深,具有浓郁的焦香麦芽味,口味浓郁而不甜,苦味轻。

(5)青岛啤酒 青岛啤酒是国内著名的比尔森型啤酒,具有百年的生产历史。该啤酒色泽浅黄,具有清新的酒花香味,苦味适中,口味醇和,清爽适口,独具风格,为国内外所推崇。

10.2.2 啤酒生产原辅料

啤酒的基本原料为大麦、酿造用水、酒花、酵母以及淀粉质辅助原料(玉米、大米、大麦、小麦等)和糖类辅助原料等。

10.2.2.1 大麦

大麦是制造麦芽的主要原料,而麦芽又是酿造啤酒的重要原料,所以啤酒的质量与大麦品质有直接关系。大麦适于酿造啤酒的原因在于易发芽产生大量的水解酶类。大麦种植遍及世界各地。大麦按籽粒在麦穗上断面分配形式可分为六棱大麦、二棱大麦、四棱大麦。大麦粒主要由胚、胚乳及谷皮三部分组成。不同的大麦品种，适于酿制不同类型的啤酒，如蛋白质含量高的品种酿制出的啤酒口味重，颜色深，适于酿制浓色啤酒；蛋白质含量低的品种适于酿制淡色啤酒。优良酿造大麦品质的特点是：粒大饱满、皮薄、体形短整齐、成熟期早、休眠期短、浸出率高、千粒重高、粉状粒高、吸水力强、蛋白质含量适中、大麦和制成麦芽的酶活性高、发芽率不低于 95%、溶解良好、制麦收得率高。

啤酒酿造的原料除大麦麦芽外，还包括特种麦芽、小麦麦芽及辅助原料（大米、玉米、未发芽的大麦和小麦、淀粉、蔗糖和淀粉糖浆）。其目的是：代替部分大麦麦芽降低生产成本、提高发酵醪糖浓度而不带入含氮组分，降低麦汁总氮，使蛋白质和多酚类化合物在麦芽汁中的浓度相对减少，提高啤酒稳定性、提高出酒率。

10.2.2.2 啤酒花和酒花制品

酒花的学名是蛇麻，又名忽布，是荨麻科律草属蔓性宿根多年生草本植物。自古以来，在欧洲作为防腐剂、芳香剂，公元 9 世纪开始应用于酿造啤酒。啤酒酿造中用的是成熟的雌花，它在啤酒酿造中最主要的成分是酒花树脂、酒花油和 α-酸，它们能赋予啤酒爽口的苦味和愉快的香味，酒花树脂能增加麦汁和啤酒的防腐能力，多酚物质中的单宁能与高分子蛋白质絮凝澄清麦汁和有利于啤酒的非生物稳定性，能增加啤酒的泡持性和起醇厚酒体的作用。

酒花按特性可以分为如下四类。

A 类：优质香型酒花，有捷克的 Saaz，德国的 Tettnanger、Spalter，英国的 Golding 等。

B 类：香型酒花，有德国的 Hallertauer、Hersbrucker，美国的 Columbia、Willamete 等。

C 类：没有明显特征的酒花，美国的 Galena。

D 类：苦型酒花，德国的 Northern Brewer、Brewers Gold 和中国新疆的青岛酒花。

酒花质量应符合 QB/T 3770.1—1999（压缩啤酒花及颗粒啤酒花）的标准。

传统方法使用整花，有效成分的利用率仅 30% 左右，且贮存体积大，要求低温贮藏。为了提高酒花的利用率和节约生产成本，方便运输和贮存，人们研制出许多酒花制品。目前常用的酒花制品有颗粒酒花、酒花浸膏、酒花油等 3 种酒花制品。

10.2.2.3 酿造用水

水是酿造啤酒的基本原料，在生产中主要以糖化生产用水要求最高，这部分水直接参与了工艺反应，因此决定着麦汁和啤酒的质量。其他不同用途的水，有相应的质量要求。

酿造用水除必须符合国家饮用水标准外，还应满足啤酒酿造的特殊要求。

色与透明度：无色，无臭，透明，无悬浮物和沉淀物；味：无异味、无异臭；总硬度：浅色啤酒要求不超过 2.85mmol/L（8°d），深色啤酒要求不超过 4.28mmol/L（12°d）；水的卫生指标：在 37℃培养 24h，细菌总数不得超过 100cfu/ml、不得有大肠杆菌和八叠球菌存在；水的理化指标：pH 呈中性至微酸性（pH6.8～7.2）、钠离子≤75mg/L、铁离子＜0.05mg/L、锰离子＜0.03mg/L、氨根离子＜0.05mg/L、氯离子＜40～200mg/L、硅酸盐＜30mg/L、硫酸根离子＜300mg/L、硝酸盐＜5mg/L、亚硝酸盐＜0.05mg/L。

不同硬度的水适于酿造不同类型的啤酒。通常，酿造淡色啤酒适于软水，口味淡爽、色浅；浓色啤酒对水的硬度要求不那么严格，一般采用中等硬度的水酿造浓色啤酒和黑色啤酒，其特点是口味醇厚，泡沫好。另外针对性地考虑各地区水质与适应啤酒酿造的差异情况，必须对酿造用水改良处理以满足啤酒酿造要求。

10.2.2.4 酵母

酵母是用以进行啤酒发酵的微生物。啤酒酵母又分上面发酵酵母和下面发酵酵母。啤酒工厂为了确保酵母的纯度，进行以单细胞培养法为起点的纯粹培养。为了避免野生酵母和细菌的污染，必须严格啤酒工厂的清洗灭菌工作。

10.2.2.5 淀粉质辅助原料和糖类辅助原料

玉米淀粉的性质与大麦淀粉大致相同。但玉米胚芽含油质较多，影响啤酒的泡持性和风味。以玉米为辅助原料酿造的啤酒，口味醇厚。玉米为国际上用量最多的啤酒酿造辅助原料。

大米淀粉含量高，浸出率也高，含油质较少，但大米淀粉的糊化温度比玉米高。以大米为辅助原料酿造的啤酒色泽浅，口味清爽。大米是中国用量最多的啤酒酿造辅助原料。

小麦，德国的白啤酒以小麦芽为主原料，比利时的兰比克啤酒是用大麦芽配以小麦为辅料酿造具有地方特色的上面发酵啤酒。国内如今由于主原料成本高，也有啤酒厂采用40%～50%的小麦利用酶法糖化法生产啤酒，降低生产成本。

糖类大都在产糖地区应用，一般使用量为原料的10%～20%。添加的种类主要有蔗糖、葡萄糖、转化糖、糖浆等。

10.2.3 啤酒生产工艺

传统的啤酒酿造工艺流程可分为制麦、糖化、发酵、包装等四道工序。现代化的啤酒厂分为糖化、发酵、包装等三道工序。制麦工序单独成立制麦厂。现代化啤酒生产工艺流程如图 10-12 所示。

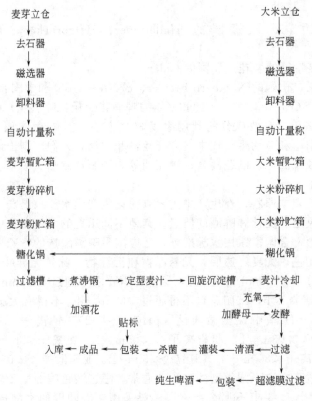

图 10-12　现代化啤酒生产工艺流程

10.2.3.1 麦芽制造

（1）大麦的清选和分级　原大麦一般夹杂有影响制麦工艺的泥土、沙石、铁屑、秸秆、麻袋片绳、杂粮、麦芒、伤粒和半粒大麦等，所以在投产前必须对原大麦进行清理除杂。经过除杂后的大麦还需按麦粒腹径的大小进行分级,这样同等级的大麦投入生产可使大麦浸渍均匀,发芽整齐,制得的麦芽质量好、稳定,经过粉碎后能获得粗细均匀的麦芽粉。大麦的分级有平板分级筛(大规模生产用)和圆筒分级筛(中小型工厂用),分级筛通常与精选机结合在一起。大麦精选分级设备是麦芽车间负荷较大的设备,必须细心维护,认真检修,才能使大麦通过严格分级,为发芽创造有利条件。

(2) 大麦的浸渍 经贮藏后干燥大麦的含水量一般在12%左右,因此必须在大麦发芽时通过浸渍补充适量的水分(称为"生长水")。

大麦浸渍的目的:提高大麦麦粒的含水量到25%以上,达到发芽要求;通风洗涤可除去灰尘,使秕麦和麦芒等漂浮于水面除去;在浸渍水中加入石灰乳、氢氧化钠或碳酸钠等,溶解谷物中的谷皮酸和酚类物质等有害物质,同时可以阻碍微生物生长。

浸麦方法包括如下几种。①湿浸法。操作简单易控制,将大麦单纯的用水浸泡,不通风供氧,定时换水。此法吸水慢,浸麦时间长,浸麦度低,发芽率不高,胚乳溶解一般,不适合用于水敏性大麦。②间歇浸麦法。用浸水断水交替法,进行空气休止,通风排CO_2,能促进水敏感性大麦的发芽速率,发芽均匀有力,缩短发芽时间,发芽率提高,胚乳溶解良好。③喷淋浸麦法。结合间歇浸麦法特点的一种方法,其麦粒接触空气较充分,通风条件要求高,耗水量少,发芽速率快,发芽率和制成率高,胚乳溶解良好。

浸麦的设备一般有传统的圆形锥底浸麦槽和自动化平底浸麦槽等两种。

(3) 大麦的发芽 大麦浸渍后,当浸麦度达到43%~48%(浅色麦芽43%~46%、深色麦芽46%~48%)时,即可进入发芽工序,在发芽过程中,使麦粒最大限度地适当地形成α-淀粉酶、β-淀粉酶、支链淀粉酶、蛋白分解酶、半纤维素酶等酶类,并使麦粒的部分淀粉、蛋白质和半纤维素等高分子物质得到部分溶解,在麦汁制造时提供一定数量的浸出物,以满足糖化时的需要。

目前常用的发芽方法是萨拉丁发芽箱和劳斯曼转移箱式制麦体系,在麦粒发芽过程中必须控制好发芽水分、发芽温度、发芽室的湿度和通风供氧。当发芽至7~9天发芽率达90%以上(至少85%),浅色麦芽的叶芽伸长度为麦粒长度的2/3~3/4者占麦芽总数70%以上(浓色麦芽的叶芽伸长度为麦粒长度的3/4~1者占麦芽总数75%以上),麦粒握在手中应有弹性、松软、有新鲜味,这时停止通风和搅拌,使麦芽的根芽进行凋萎。

(4) 麦芽干燥 干燥是麦芽制造中的一个重要环节,绿麦芽通过干燥最终确定麦芽的品质,不同的麦芽可以酿造出不同质量的啤酒。

干燥目的:除去多余的水分,使麦芽水分降低到3.5%~5%,终止绿麦芽的生长和酶的分解作用,使之干而脆,便于长久贮藏;便于去除麦根,防止麦根在贮藏时吸湿而影响麦芽的保存期,同时不良的苦涩味和麦根中的成分带入啤酒中,影响啤酒的口感;去除绿麦芽的生腥味,赋予啤酒干麦芽所特有的色香味;抑制根芽继续生长。

绿麦芽的干燥过程分为凋萎阶段(自然干燥)、干燥脱水阶段和焙焦阶段。绿麦芽干燥时麦层厚度一般为30~50cm,打开空气和加热风门,控制温度在35℃以下进行强烈通风,迅速排除水分,干燥至麦芽含水量为25%~30%,缓慢升温至55℃左右进行脱水,使麦芽含水量控制在8%~12%,然后再升温至80~85℃,关闭热风进行内循环焙焦,使麦芽含水量降至3.5%~5%。干燥好的麦芽必须在8h内除根完毕,以防吸潮。

10.2.3.2 麦汁制备

麦汁的制备过程称为糖化,就是将粉碎麦芽及辅料中的淀粉、蛋白质等大分子物质在酶的作用下分解成可溶性小分子糊精、低聚糖、麦芽糖和胨、肽、氨基酸等的过程。麦汁的制备是啤酒酿造过程中最重要的环节,也是发酵的重要前提和基础。在麦汁制备中未分离麦糟的混合液称为"糖化醪",从麦芽和辅料中溶解出来的物质称为浸出物。一般麦芽浸出率为

80％，其中有 60％是在糖化过程中经酶解作用后溶出的。

麦汁制备过程包括原辅料粉碎、糊化、糖化、麦汁过滤、麦汁加酒花煮沸、麦汁澄清、麦汁冷却充氧等过程。

（1）原辅料粉碎　粉碎是糖化的预处理，原辅料粉碎后，增加了淀粉与酶和水的接触面，加速酶促反应速率，使麦芽可溶性物质容易浸出，促进难容性的物质溶解。粉碎度一般要求麦芽"心碎皮不碎"胚乳尽可能细，辅料如大米要求粉碎后的细粉过 40 目筛大于70％。目前部分厂家采用辅料玉米淀粉直接酿造啤酒，减少了粉碎步骤。粉碎方法分为干法粉碎、湿法粉碎、回潮增湿粉碎和浸渍增湿粉碎等 4 种方法。

① 干法粉碎　是传统的粉碎方法，要求麦芽水分在 6％～8％。其缺点是粉尘较大，麦皮易碎。

② 湿法粉碎　是将麦芽在 50℃左右温水浸泡 15～20min，使麦芽含水量达 25％～30％以上，再用对辊湿式粉碎机粉碎，并立即加入 30～40℃水调浆，泵入糖化锅。优点是麦皮较完整，对溶解不良的麦芽，可提高浸出率 1％～2％；缺点是动力消耗大。

③ 回潮增湿粉碎　一般用五、六辊粉碎机。麦芽粉碎前用（0.05～0.1MPa）蒸汽或者30℃水雾在增湿螺旋输送器内向麦芽喷雾增湿，处理 30～40s，麦芽增湿 0.7％～1％左右。也可用水雾在增湿装置中向麦芽喷雾 90～120s，麦芽增湿 1％～2％。蒸气增湿时，应控制麦芽品温在 50℃以下，以免引起酶的失活。

④ 浸渍增湿粉碎　一般用直通式浸渍增湿粉碎机。麦芽进入增湿筒，增湿筒进口处装有水增湿器，温水浸渍 60s，使麦皮吸水达 20％左右，然后进入对辊粉碎机粉碎。粉碎后的麦芽粉用温水喷雾调浆达到糖化醪要求的料水比，再用醪液泵将调好的麦浆泵入糖化锅。其缺点是生产能力要求较大，负荷集中在 30～40s 内完毕，电力供应必须充足，清洗需彻底，否则易污染。

（2）糖化　糖化是指利用麦芽本身所含有的各种水解酶（或外加酶制剂），在适宜的条件（温度、pH 值、时间等）下，将麦芽和辅助原料中的不溶性高分子物质（淀粉、蛋白质、半纤维素等）逐步分解成可溶性的低分子物质的过程。由此制得的溶液就是麦汁。糖化的目的就是创造有利于各种酶作用的条件，使原料和辅助原料中高分子的不溶性物质在酶的作用下尽可能多地分解为低分子的可溶性物质，制成符合生产要求的麦汁。

糖化方法：啤酒酿造所采用的糖化方法较多，可根据啤酒的品种、糖化设备、原料质量等来决定糖化温度和时间的组合，选择合适的糖化方法。无论采用什么方法，都不外乎在糖化过程中把麦芽及辅助原料和水的混合液，直接或间接加热到 76～78℃，在升温的过程中酶发挥作用，促使原辅料溶解。目前糖化方法可分为浸出糖化法和煮出糖化法。

① 浸出糖化工艺　浸出糖化法是纯粹依靠酶的作用浸出各种物质而进行糖化的方法，其特点是将糖化醪液从一定的温度开始，缓慢分阶段升温到糖化终了温度，自始至终不经煮沸，麦汁在煮沸前仍保留一定的酶活力。

根据糖化过程是否添加辅料分为单醪浸出糖化法和双醪浸出糖化法，其中单醪浸出糖化法又分为恒温浸出糖化法和升温浸出糖化法两种。

a. 单醪恒温浸出糖化法　只适用于蛋白质分解较完全的麦芽糖化工艺，在糖化锅中投入麦芽粉直接于糖化温度 65℃保温 1.5～2.0h，糖化完全（遇碘液不呈蓝色反应）后加热或醪液中兑入 95℃热水，升温至 78℃终止糖化，随即泵入过滤槽静止 15～20min 进行过滤。

b. 单醪升温浸出糖化法　此法使用溶解良好的麦芽，适合于生产全麦芽啤酒和上面发酵啤酒。先用低温水 35～37℃浸渍麦芽，促进麦芽软化和酶的活化，然后升温至 50℃左右进行蛋白质分解，再缓慢升至 62～65℃和 66～73℃进行分段糖化，直到糖化完全后升温至78℃，终止糖化。泵入过滤槽进行过滤。

c. 双醪浸出糖化法　此法适合生产淡色爽型啤酒和干啤酒。糖化醪与糊化醪并醪后全部醪液不再煮沸，而是直接在糖化锅内升温达到糖化各阶段所要求的温度，糖化完全后升温至 78℃，终止糖化。泵入过滤槽进行过滤。

② 煮出糖化工艺　煮出糖化法是指将糖化醪的一部分，分批地加热到煮沸，然后与其余未煮沸的糖化醪混合，使全部糖化醪温度分阶段地升高到不同工艺所需要的温度，最后达到糖化温度终了的方法。根据分醪煮沸的次数，又可将单醪（全麦芽）煮出法和双醪煮出法分为三次煮出法、二次煮出法和一次煮出法。

a. 单醪三次煮出糖化法　是传统的煮出糖化法，其特点是在整个糖化过程中，将部分糖化醪经过三次分醪煮沸，并醪升温来实现工艺目的，以利于发挥各种酶的作用及物质的溶解。此法一般采用 35～37℃低温投料浸渍，经过三次分醪煮沸使糖化醪温度分别达到 45～55℃（进行蛋白质分解）、62～73℃（形成可发酵性糖）、78℃（终止糖化）。此法一般需要 4～6h。

b. 单醪二次煮出糖化法　二次煮出糖化法对原料的适应性比较强，灵活性比较大，适用于处理各种性质的麦芽和制造各种类型的啤酒。根据麦芽溶解情况可在 35～37℃低温投料浸渍，也可直接在 45～55℃蛋白质分解区投料，将三次煮出法中的第一次煮沸去掉，此法低温投料对蛋白质和 β-葡聚糖有利，对溶解性差的麦芽十分有利，一般此法需要 3～4h。

c. 单醪一次煮出糖化法　此法将单醪三次煮出糖化法中的第一次和第二次煮沸去掉，直接在 35～37℃低温投料浸渍，然后缓慢升温至 45～55℃（也可在此温度投料）进行蛋白质分解，再升温至 62～73℃形成可发酵性糖，然后再分醪煮沸，并醪升温至 78℃终止糖化。整个糖化时间约 2.5～3.5h。

d. 单醪快速煮出糖化法　此法是二次煮出糖化法的演变方法，适合于蛋白质分解良好和糖化力高的麦芽。其生产过程对麦芽粉碎度要求严格，具体操作无低温浸渍和蛋白质分解阶段，直接在糖化温度区投料，分醪煮沸并醪分解形成可发酵性糖，最后达到 78℃泵入过滤槽过滤。总体糖化时间可在 2h 内完成。

e. 双醪煮出糖化法　双醪煮出糖化法又叫复式糖化法。是指使用大米或玉米等辅料而出现糖化锅和糊化锅同时投料的一种煮出糖化法。根据煮沸并醪的次数分为双醪二次、双醪一次煮出糖化法。

f. 双醪二次煮出糖化法　辅料的糊化、液化和麦芽的糖化分别在糊化锅和糖化锅中进行，然后将液化好的糊化醪与低温（35～37℃）酸休止后的麦芽醪并醪至蛋白质分解的最适温度 45～55℃，分解结束后取部分糖化醪进行煮沸，之后泵回糖化锅并醪至糖化最适温度，在糖化完全后再取部分糖化醪进行煮沸，最后并醪至 78℃终止糖化。

g. 双醪一次煮出糖化法　根据麦芽溶解情况可在 35～37℃低温投料浸渍，也可直接在 45～55℃蛋白质分解区投料。辅料的糊化、液化和麦芽的糖化分别在糊化锅和糖化锅中进行，然后将液化好的糊化醪与蛋白质分解结束后的麦芽醪并醪至糖化最适温度，在糖化完全后再取部分糖化醪进行煮沸，最后并醪至 78℃终止糖化。

③ 特殊糖化工艺

a. 跳跃式糖化法（高温糖化法）　此种方法主要用于酿造最终发酵度较低的啤酒如低醇或无醇啤酒。具体操作是采用溶解良好的麦芽，在 35～37℃低温浓醪浸渍后，加入 100℃的热水，使糖化醪直接在 70～75℃的温度下进行糖化。

b. 追加热水升温糖化法　此种方法可以节约能源，直接利用一段冷却回收多余的热水，其热水温度可达 80～85℃。具体操作是控制料水比为 1:2.5，在 60～63℃投料维持 10min 左右，然后加入 80～85℃热水使糖化醪温升至 70～75℃糖化，糖化完全后升温至 78℃，此时加热水使之达到料水比 1:(4～5) 泵入过滤槽。

c. 预糖化法　此法主要是在不使用酶的情况下分解麦胶物质的一种方法。具体操作是采用大麦作辅料，在35~37℃低温下投料后将部分糖化醪升温至65℃，使β-葡聚糖的胶质游离出来，部分糖化保持在较低的温度，保护β-葡聚糖酶的活性，并醪后在50℃下将麦胶物质分解。

d. 外加酶糖化法　又叫酶法糖化法，是减少麦芽用量，增加辅料，添加酶制剂制备廉价麦汁时所采用的方法。此方法可大幅度降低原料成本，原料用量可达70%以上。一般常用的酶制剂有耐高温α-淀粉酶、β-葡聚糖酶、中性蛋白酶、糖化酶、普鲁兰酶等。

（3）麦汁过滤　糖化工序结束后，应在最短时间内，将糖化醪中溶出的物质与不溶性麦糟分开，以得到澄清麦汁。以麦糟为滤层，利用过滤槽进行间歇操作方法提取麦芽汁，再利用热水洗出过滤头号麦芽汁后残留于麦糟中的麦芽汁。

目前常用的过滤槽的槽身内安装有过滤筛板、耕刀等，槽身与若干管道、阀门以及泵组成可循环的过滤系统，利用液柱静压为动力进行过滤。一般要求洗槽水温为78~80℃，洗糟残糖控制在0.5~1.5°Bx。

（4）麦汁煮沸与添加酒花

① 麦汁煮沸的目的和作用是　蒸发多余水分，使麦汁浓缩到规定的浓度；破坏全部酶的活性，以稳定可发酵性糖和糊精的比例，同时达到无菌的目的；浸出酒花中的有效成分，赋予麦汁独特的苦味和香味，提高麦汁的生物和非生物稳定性；析出某些受热变性以及与多酚物质结合而絮状沉淀的蛋白质，提高啤酒的非生物稳定性；煮沸时，水中钙离子和麦芽中的磷酸盐起反应，使麦芽汁的pH降低，有利于β-球蛋白的析出和成品啤酒pH值的降低，有利于啤酒的生物和非生物稳定性的提高；让具有不良气味的碳氢化合物，如香叶烯等随水蒸气的挥发而逸出，提高麦汁质量。

② 麦汁煮沸工艺要求　常压煮沸其时间为70~90min，煮沸强度8%~12%；内加压煮沸其温度为102~106℃，煮沸时间为60~70min，煮沸强度约为4%~6%；外加热煮沸其温度为102~110℃，煮沸时间可缩短20%~30%，煮沸强度和煮沸温度可以方便地进行调节。

煮沸强度是麦汁在煮沸时，每小时蒸发水分的百分率。

$$煮沸强度 = \frac{混合麦汁量(L) - 最终麦汁量(L)}{混合麦汁量(L) \times 煮沸时间(h)} \times 100\%$$

③ 酒花的添加　酒花在麦汁煮沸时添加并同麦汁一起煮沸，使α-酸异构为异α-酸，并赋予啤酒纯正的苦味。酒花添加多根据酒花的香味采用二次、三次、四次添加法。香型、苦型酒花并用时，应先加苦型酒花，以得到较高的酒花利用率，后加香型酒花，以提高酒花香味。在使用酒花时应先加陈酒花，后加新酒花。在煮沸前5~10min添加最后一批香型酒花或质量较好的酒花，然后除去酒花。

（5）麦汁后处理　麦汁煮沸定型后应尽快析出和分离麦汁中的热凝固物、冷凝固物，急速降温至工艺要求的发酵温度。同时对麦汁进行充氧以促进酵母繁殖。

a. 热凝固物分离　热凝固物是麦汁煮沸过程中蛋白质变性和凝聚，以及和多酚物质不断氧化配位而成的聚合物，又称煮沸凝固物或粗凝固物。热凝固物对啤酒酿造无任何价值，应将热凝固物从麦汁中彻底分离除去，否则在发酵中一旦被酵母细胞吸附，会影响酵母细胞的正常发酵与沉降，也会引起啤酒色度增高、口味粗糙、后苦味较长、泡沫和口味稳定性变差。

麦汁中热凝固物可采用回旋沉淀槽法、离心分离法或过滤器等进行分离。目前大多使用回旋沉淀槽法，选用麦汁液位高度与槽的直径之比（高径比）1:3的现代化回旋沉淀槽。

b. 冷凝固物分离　冷凝固物指在麦汁冷却过程中所凝聚析出的浑浊物质，又称冷浑浊物或细凝固物。冷凝固物颗粒直径较小，一般为0.5~1.0μm，沉降十分困难，极易附着在酵母细胞表面，会影响酵母与麦汁的充分接触，导致发酵速率减慢，因此应尽可能地将冷凝固物从麦汁中分离除去。冷凝固物分离方法目前有自然沉降法、浮选法。

c. 麦汁冷却与充氧　啤酒厂最常用的麦汁冷却器是板式换热器，它的换热效率很高，现普遍在使用。冷却方式有一段冷却法和两段法冷却法，目前我国啤酒行业多采用一段冷却法。即先将酿造水冷至 $1\sim2℃$ 作为冷媒，与热麦汁在板式换热器中进行热交换，结果使 $95\sim98℃$ 麦汁冷却至 $6\sim8℃$ 去发酵，而 $1\sim2℃$ 酿造水升温至 $80\sim85℃$，进入热水箱，作糖化用水。其优点是较两段法冷却可节电 $30\%\sim40\%$，冷却水可回收使用。

d. 麦汁的充氧　在啤酒发酵过程中，前期是有氧呼吸，主要是酵母细胞的增殖，后期则是厌氧的酒精发酵，故麦汁中适度的溶解氧有利于酵母的生长和繁殖。在实际生产中，麦汁的通风充氧是唯一一次给酵母提供氧气的机会。酵母可在几小时内消耗掉提供的氧气，对麦汁质量无损害。麦汁充氧通常选用文丘里管。麦汁流动中，一小段麦汁管道变窄小而使麦汁流速提高，空气通过喷嘴喷入，在管径增宽段形成涡流，使麦汁与分散、细小的空气充分混合均匀。一般以使麦汁含氧达到 $8\sim9mg/L$ 即可。

10.2.3.3　发酵生产工艺

啤酒发酵根据所用酵母不同可分为上面发酵和下面发酵两种类型。两者所采用的发酵工艺流程和设备都一样，不同之处是前者采用上面发酵酵母以及较高的发酵温度，后者采用下面发酵酵母以及较低的发酵温度。

啤酒发酵过程分前发酵（即主发酵）和后发酵两个阶段。酵母繁殖和大部分可发酵性糖类的分解以及酵母代谢产物的形成，均在前发酵阶段完成，后发酵是前发酵的延续，必须在密闭的发酵容器中进行，使残糖进一步分解，形成二氧化碳充分溶于酒中达到饱和，使啤酒在低温下陈贮，促进啤酒成熟和澄清。现如今国内啤酒发酵基本上采用室外大型发酵罐的现代啤酒发酵技术。现代啤酒发酵工艺是指在保证啤酒质量的前提下利用现代化手段从原料质量、酵母菌种选择、卫生条件、工艺技术和设备水平方面入手，采取缩短发酵时间、降低生产成本、提高劳动效率、节能降耗等各种措施。

（1）酵母菌种的选择　发酵是啤酒酿造中极其重要的工艺过程，酵母在此过程中参与了复杂的生化反应。酵母性能的好坏直接影响发酵的顺利进行，因此在酵母菌种的选择时一般应考虑酵母具有高发酵速率、凝聚力强、高发酵度，并且可有效地除去双乙酰、产生啤酒好的口味和香味。

（2）接种量　酵母接种量一般为 $0.6\%\sim1.0\%$，实际用量应根据酵母的新鲜度、稀释度、酵母使用代数、发酵温度、麦汁浓度以及添加方法等做适当调整。目前生产中酵母使用代数控制在5代以内。

（3）发酵工艺　啤酒发酵是麦芽汁经过冷却后，加入酵母菌，输送到发酵罐中，开始发酵。传统工艺分为前发酵和后发酵，分别在不同的发酵罐中进行。现在流行的做法是在一个罐内进行前发酵和后发酵。前发酵主要是利用酵母菌将麦芽汁中的麦芽糖转变成酒精，后发酵主要是产生一些风味物质，排除掉啤酒中的异味，并促进啤酒的陈熟，这一期间应控制一定的罐内压力，使后酵时产生的二氧化碳保留在啤酒中。近年来我国多数啤酒厂的发酵工艺可分为一罐法、两罐法。

① 一罐法　一罐法就是整个发酵过程都在一个发酵罐中进行。一罐法操作可以简化工艺、降低啤酒损失率、缩短发酵时间。目前主要采用低温发酵和高温发酵两种工艺。

低温发酵工艺是麦汁接种温度为 $6\sim8℃$，主发酵温度控制为 $10℃$，当外观浓度降至 $5.5°Bx$ 时封罐升压至 $0.08\sim0.1MPa$，加速双乙酰还原。当双乙酰的含量降至 $0.08mg/L$ 以下时，调节降温系统以 $0.3℃/h$ 的速率降至 $5℃$（或不停留继续降温到 $0\sim1℃$），保持 $24h$ 回收酵母，再以 $0.1℃/h$ 的速率降至 $0\sim1℃$，然后在此温度下后贮 $10\sim15$ 天，可滤酒。整个总发酵时间为 25 天左右。

高温发酵工艺是麦汁接种温度为 9.5～10℃，控制满罐温度在 10～11℃下进行酵母增殖，增殖 36h 后升温至 12℃进入主发酵，当外观浓度降至 5.5～6.0°Bx 时，封罐使罐压升至 0.08～0.1MPa，发酵液自然升温至 16℃左右，进行双乙酰还原，当双乙酰的含量达到 0.08mg/L 以下，即可缓慢降温至 0℃，第二天排放酵母并回收。经过 0℃陈贮 4～5 天即可滤酒。总发酵时间为 12～15 天。

② 两罐法　两罐法是指主发酵和后发酵分别在主酵罐和后贮罐中进行。主发酵工艺基本与一罐法相同，麦汁接种温度为 6～8℃，控制满罐温度为 9～9.5℃，外观浓度达到 5.0～5.5°Bx 时封罐升压至 0.08～0.1MPa，当外观浓度再次降至 3.8～4.2°Bx 时，发酵液自然升温至 12℃进行双乙酰还原，当双乙酰的含量达到 0.08mg/L 以下，调节降温系统以 0.3℃/h 的速率降至 5℃，保持 24h 回收酵母。然后将发酵液倒入压力为 0.05～0.06MPa 的后贮罐中。倒灌后的发酵液以 0.1℃/h 的降温速率降至 0～1℃，然后陈贮 7 天后即可滤酒。总发酵时间为 20～23 天．

10.2.3.4　啤酒过滤和啤酒包装

啤酒过滤是啤酒酿造中最后一道很重要的修饰工序。经发酵成熟的啤酒，还有少量悬浮残余的酵母和蛋白质凝聚物等杂质存在于酒液中，需要采取一定的方法将它们除去，以保证啤酒在保质期内不出现外观的变化，从而保证啤酒外观质量的完美。目前国内常用的过滤方法有纸板精滤机、硅藻土过滤机和超滤等，超滤主要用于生产纯生啤酒。

啤酒包装对啤酒质量和外观有直接影响，根据消费者的不同需要，大体上可分为瓶装、易拉罐或桶装熟啤酒，瓶装、易拉罐纯生啤酒，桶装鲜啤酒等。啤酒包装要注意：严格做到无菌操作，在包装过程中尽量避免啤酒与空气接触，防止啤酒因氧化造成的啤酒老化味和氧化浑浊，在包装过程中必须防止二氧化碳的逃逸，尽可能减少二氧化碳的损失，以保证啤酒的杀口力和泡沫性能。

10.2.4　啤酒生产中的新技术

10.2.4.1　糖化过程控氧技术

糖化过程是啤酒生产的重要过程，此过程若糖化醪溶氧，易造成麦汁和啤酒色泽加深、口味粗糙、风味稳定性变差。因此必须采取有效的控氧技术减少或防止醪液吸氧，提高啤酒的外观质量和口味稳定性。目前所用技术有：安装麦水混合器；采用底部送醪的无氧糖化设施；使用变频搅拌装置，根据糖化锅、糊化锅的容积通过变频电动机调节搅拌器的转速来进行搅拌；麦汁集中经平衡罐或集中槽进入煮沸锅；采用氮气等惰性气体避氧糖化。

10.2.4.2　麦汁一段冷却节能技术

在糖化麦汁的冷却过程中全部采用以水为冷却介质，通过氨蒸发器瞬时将水冷却至 3～4℃，然后以此冰水冷却麦汁，一次将 96～98℃的热麦汁冷却到发酵温度 7～8℃，而冷水本身温度升至 78～80℃，可直接供糖化过滤洗麦糟使用。

采用一段冷却的优势如下。

① 降低能耗　传统的麦汁两段冷却，冷冻机要负担将麦汁从 35～40℃冷却到 7～8℃的能量；采用一段冷却冷冻机仅负担将自来水从 20℃冷却至 3～4℃的能量。两者相比，后者冷冻机能耗显著降低，一般一段冷却较两段冷却可节电 30%～40%。

② 降低煤耗　传统的两段冷却需将 50～60℃的冷却水加热到 78～80℃才能供洗麦糟使用。而一段冷却技术，冷却水可达到 78～80℃不需加热，据测标年产 5 万吨的啤酒厂仅此项可节约煤 300t 左右。

③ 降低水耗　传统的两段冷却需麦汁 2 倍的冷却水进行冷却，采用一段冷却工艺，冷

却水耗量为麦计量的 1.2 倍，麦汁冷却水可节约 40%。

④ 节省酒精　传统的两段冷却采用的载冷剂是 20%～25%（质量分数）浓度的酒精水溶液，有挥发、滴漏损失且不安全。而一段冷却则以水作载冷剂，不需酒精。

⑤ 操作稳定　传统的两段冷却操作时，要同时使用水和载冷剂，冷却过程中温度变化大，不易稳定；而一段冷却在冷却过程中只使用冰水作为载冷剂，冷、热介质的参数不变，操作稳定易于控制。

10.2.4.3　浓醪发酵稀释技术

发酵采用原麦汁浓度为 16°Bx 左右的高浓度麦汁进行发酵，然后再利用高浓稀释设备稀释成规定浓度成品啤酒的方法。它可在不增加或少增加生产设备的条件下提高产量。在高浓稀释时稀释用水的质量要求是：必须达到无菌；含氧量须低于 0.1mg/L；水的碱度低；与待稀释啤酒的温度一致；必须与啤酒含有同样的 CO_2；接近于啤酒的 pH 值；水中其他微量成分符合饮用水要求。

10.2.4.4　利用膜过滤和无菌包装技术生产纯生啤酒

其原理是利用高分子膜中的大量微孔结构，在两侧压力差的作用下，将细菌、尘埃、大分子物质等截留，从而使啤酒澄清、除菌，代替了传统的硅藻土、板框压滤和消毒，生产出"纯生啤酒"。目前有的国家纯生啤酒已占整个啤酒产量的 50%。

另外，国外啤酒工业工艺技术不断更新，新技术和新材料也不断应用。采用基因工程将 α-淀粉酶基因克隆至啤酒酵母中，可减少淀粉液化工序，直接糖化发酵；采用固定化啤酒酵母连续生产啤酒也在批量试产之中；啤酒生产的"清洁生产"（即在生产过程中注意回收利用、节能，以降低排放的总负荷）也是啤酒工业重要的发展趋势。

10.3　有机酸生产工艺技术

10.3.1　柠檬酸生产工艺

10.3.1.1　柠檬酸简介

柠檬酸又名枸橼酸，学名 2-羟基丙烷-1,2,3-三羧酸。柠檬酸是无色透明或半透明晶体，或粒状、微粒状粉末，无臭，虽有强烈酸味，但令人愉快，稍有后涩味。柠檬酸是生物体主要代谢产物之一，它在植物体内常与苹果酸、草酸、酒石酸等有机酸共存，在动物组织中柠檬酸以游离状态或以金属盐的形式存在。商品柠檬酸主要有一水化合物和无水物。

柠檬酸用途极其广泛，在食品工业广泛用作酸味剂、增溶剂、缓冲剂、抗氧化剂、除腥脱臭剂、金属螯合剂等。在其他工业中，可作金属净化剂、去垢剂、分散剂、电镀缓冲剂和配位剂、胶黏剂，并可用于治理工业废气、废水、回收金属等。在药物中可产生泡腾，使药物中活性配料迅速溶解并增强味觉能力。

目前，全球柠檬酸的年需求量约为 130 万吨左右，且每年以 5%～7% 的速度在递增。2007 年我国柠檬酸总产量达 76 万吨，其中出口 70.83 万吨，超过总产量的 90%，2008 年的柠檬酸及柠檬酸盐出口平均单价 744 美元/t，同比增长 5.3%。但因与美国本土柠檬酸产品价格差距缩小，使得中国柠檬酸的竞争力有所下降，估计中国柠檬酸在美市场份额增幅将有所下降。

10.3.1.2　柠檬酸发酵机理及发酵方法

凡能通过微生物代谢而产生柠檬酸的物质，都可作柠檬酸的发酵原料。微生物利用不同原料产生柠檬酸的代谢途径见图 10-13。

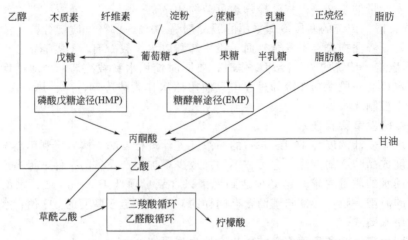

图 10-13　微生物利用不同原料产生柠檬酸的代谢途径

依原料不同，则采取不同的柠檬酸发酵方法（见表 10-1）。

表 10-1　柠檬酸发酵方法及其适用的原料

发酵方法	适用的原料
深层法	淀粉及淀粉质水解液、葡萄糖及其母液、砂糖、糖蜜、正烷烃
表面法	同深层法，但需去渣
固体法	薯类淀粉渣、含淀粉的粗原料、粮食加工下脚料
半固体法	果实加工残渣、残汁、下脚料
生化反应器	葡萄糖溶液

　　微生物发酵生产柠檬酸是典型的好氧过程。目前，在工业化规模的发酵方式中，最有优势的是深层液态发酵法，其次是表面发酵法和固态发酵法，其他发酵工艺仍处于研究阶段。

10.3.1.3　柠檬酸深层液态发酵工艺

（1）柠檬酸深层液态发酵工艺流程见图 10-14。

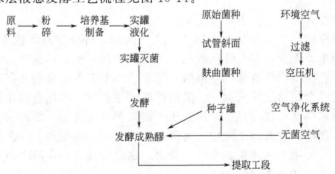

图 10-14　柠檬酸深层液态发酵工艺流程

　　（2）柠檬酸深层液态发酵工艺要点

　　① 发酵菌种　具有工业生产价值的微生物有黑曲霉、棒曲霉、文氏曲霉、泡盛曲霉、芬曲霉、丁烯二酸曲霉、橘青霉、解脂假丝酵母、季也蒙毕赤酵母等，其中黑曲霉和文氏曲霉在深层液态发酵生产柠檬酸最具有商品竞争优势。黑曲霉生产菌可在薯干粉、玉米粉、可溶性淀粉、糖蜜、葡萄糖、麦芽糖、糊精、乳糖等多种培养基上生长、产酸，而且产量在微生物中最高。黑曲霉具有多种活力较强的酶系，能利用淀粉质物质，并且对蛋白质、单宁、纤维素、果胶等具有一定的分解能力。所以，黑曲霉可以边生长、边糖化、边发酵产酸的方

式生产柠檬酸。

② 种子制备　黑曲霉的最适生长 pH 值为 3～7，最适生长温度为 33～37℃，最适产酸 pH 为 1.8～2.5，最适产酸温度为 28～37℃，温度过高易形成杂酸。黑曲霉种子的制备过程一般要经过三级扩大培养。扩大培养的工艺流程和各级的培养方法因厂家不同而有所差异，按照最终成品的形式可以分为麸曲生产和孢子生产，前者是用固体醅培养，类似于我国白酒生产中的制曲，后者是液体表面培养或固体表面培养来得到黑曲霉孢子。

③ 发酵培养基的制备　黑曲霉虽有一定的糖化能力，但柠檬酸发酵菌种的糖化能力或液化能力不强。为了达到缩短发酵时间的目的，淀粉原料一般要经过糖化或液化处理，来加速菌种的生产速率。其方法的选择也与原料种类有关。玉米（淀）粉适宜用糖化法，而薯类（淀）粉适宜用液化法。国外淀粉原料处理多用糖化法，而我国主要采用液化法。

④ 发酵　培养温度在 35℃左右时接种，通风搅拌培养 4 天，当酸度不再上升（起始酸度自然为 5.5 左右，发酵过程中逐步降低，直至 pH 为 2 以下），残糖降到 2g/L 以下时，立即泵送到贮罐中，及时进行提取。

（3）柠檬酸提取工艺流程见图 10-15。

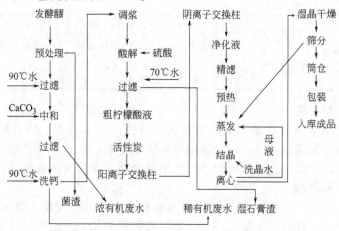

图 10-15　柠檬酸提取工艺流程

（4）柠檬酸提取工艺要点　柠檬酸成熟发酵液中除含 80～140g/L 的柠檬酸外还含有草酸、葡萄糖酸等其他杂酸、蛋白质、残糖、菌体纤维等杂质。柠檬酸常用的提取工艺有钙盐法、萃取法、离子变换法和电渗析法等，其中钙盐法在我国使用较普遍。发酵液经过加热（75～90℃）处理后，滤去菌体等残渣，在中和桶中加入 $CaCO_3$ 或石灰乳，使柠檬酸以钙盐形式沉淀下来，残糖水、杂酸等可溶性杂质可通过过滤除去。柠檬酸钙在酸解槽中加入硫酸酸解，使柠檬酸游离出来，同时形成的硫酸钙（石膏渣）被滤除，并成为副产品。这时得到的粗柠檬酸溶液通过吸附脱色和离子交换树脂净化，除去色素和胶体杂质，以及无机杂质离子。净化后的柠檬酸溶液通过真空浓缩后结晶、离心分离得到晶体，母液则重新净化后再浓缩、结晶。最后柠檬酸晶体经干燥（无水柠檬酸干燥温度应控制在 40～80℃的范围内）和检验后包装出厂。

10.3.2　其他有机酸生产工艺

除柠檬酸外，乳酸、衣康酸、苹果酸、醋酸、葡萄糖酸、酒石酸等有机酸都是重要的工业原料，在食品工业、化学工业、医药工业中发挥着重要的作用。现代有机酸生产大多是发酵法。表 10-2 是部分发酵法生产的常用有机酸的生产概况。

表 10-2　部分发酵法生产的常用有机酸的生产概况

名称	工业发酵生产菌	用　途	市　场　概　况
乳酸	德氏乳杆菌、米根霉等	医药、食品、饮料、日用化工、石油化工、皮革、卷烟工业等的重要原料。可用来生产 L-聚乳酸作可降解塑料的原料	世界市场总需求量约为 70 万吨,但生产量只有 30 万吨,处于供不应求的状态,是迅速发展 L-乳酸生产的最佳时期。我国的乳酸及其衍生物的年产量在 2 万吨左右,其中总量的 90% 是 DL-乳酸及其衍生物。而 L-乳酸年需求量在 5 万吨左右,目前国内产量少,基本上靠进口
苹果酸	黄色短杆菌、黄曲霉等	食品酸味剂、添加剂;药物、精细化工、化学工业的辅助剂等	世界苹果酸总产量每年约为 10 万吨,其中 L-苹果酸产量每年约为 4 万吨,而世界市场潜在需求量达到每年 6 万吨,可见市场发展空间之大。日本是世界主要的 L-苹果酸生产国与出口国
醋酸	醋酸杆菌、弱氧化醋杆菌、过氧化醋杆菌、恶臭醋杆菌、热醋酸梭菌等	食品酸味剂,用作农药、医药和染料等工业溶剂的重要原料	世界醋酸产量约为 1000 多万吨,我国醋酸的总生产能力约为 240 万吨,我国醋酸的总消费量约为 210 万吨,但生产中大部分依靠化学合成法生产
衣康酸	土曲霉、衣康酸曲霉等	合成树脂、合成纤维、表面活性剂、高分子螯合剂、除臭剂、塑料、橡胶等的添加剂或单体原料	全球年总生产能力为 10 万吨左右,主要集中在美国、日本、中国、俄罗斯 4 国。目前我国的总产量已达(1.5～2)万吨。主要厂家有:山东中舜生物化工公司(4000t/年)、浙江国光生化股份有限公司(4000t/年)、成都拉克生物工程实业有限公司(1500t/年)、云南燃料二厂(2000t/年)等
葡萄糖酸	产黄青霉、黑曲霉、葡萄糖酸杆菌等	食品工业中的调味剂、豆腐凝固剂、pH 调节剂及膨松剂、除垢剂、药用人体营养强化剂及补充剂	葡萄糖酸及其盐在国外的主要生产厂家有法国的罗盖特和日本的扶桑化学(2001 年收购美国 PMP 公司),两公司产量均为 10 万吨/年。国内总产量约为 20 万吨,生产厂家主要有浙江商河(年产 3 万吨)、河南焦作兴发(年产 3 万吨)、河南新乡华幸(年产 1 万吨)、青岛科海生物有限公司(年产 3 万吨)、山东凯翔生物化工有限公司(年产 2 万吨)、济南华明生化有限公司(年产 2 万吨)等

10. 3. 2. 1　乳酸生产工艺

乳酸分子中有一个不对称碳原子,具有旋光活性,有 L-乳酸、D-乳酸及 DL-乳酸的消旋体。乳酸分子内有羟基和羧基,能自动酯化。乳酸越浓,这种趋势就越强。一般浓乳酸中 20% 或更多的乳酸自动酯化生成直链形式的乳酸聚合体,又称为聚乳酸。若加热脱水,可形成树枝状的高分子聚乳酸。

乳酸发酵的工业生产菌株主要有细菌和米根霉。细菌乳酸发酵不能直接利用淀粉质原料,需将淀粉液化、糖化成可发酵性糖,才能被乳酸菌利用,通过同型或异型乳酸发酵、双歧发酵途径发酵产生乳酸。米根霉具有较为丰富的淀粉酶、糖化酶系,能直接利用淀粉质或糖质原料发酵生成 L-乳酸。图 10-16 是以薯干粉为原料并行发酵生产乳酸的工艺流程。

10. 3. 2. 2　苹果酸生产工艺

苹果酸,又名羟基丁二酸,是一种白色或荧白色粒状、粉状或结晶状固体。结构中含有一个不对称碳原子,具有旋光活性。但其旋光性具有稀释效应,34% 的苹果酸溶液在 20℃ 时无旋光性,溶液稀释则左旋光度增加,溶液浓度变大则右旋光度增加。

目前,苹果酸的生产方法有植物直接提取法、化学合成法、一步发酵法、二步发酵法、固定化细胞法等。其中植物直接提取法生产成本较高,工业应用价值较低。化学合成法投资大,只能合成 DL-苹果酸。一步发酵法是指用糖质和营养盐的混合培养基接种菌种后,在适当的发酵条件下产生 L-苹果酸的方法。在此方法中的重要工艺是在发酵过程中添加 $CaCO_3$,不仅可调节发酵过程中的 pH,而且外源的 CO_2 是形成苹果酸中羧基碳源不可缺少的物质基础。但目前国内菌种的发酵水平较低,发酵周期也较长,只有将产酸提高到 10～12mg/L,发酵周期缩短到 50～60 天,才具有工业化生产的意义。二步发酵法或称转化发酵法是指先用一种菌种利用糖质原料发酵产生富马酸(延胡索酸),然后用另一种菌株继续发酵,将富马酸转化为苹果酸的发酵方法。此法的发酵周期也较长,而且需要两种菌种分步发酵,局限性较大,和一步发酵法相比更难实现工业化生产。固定化细胞生产法是目前生产 L-苹果酸的主要方法,将化工产品富马酸转化为苹果酸,但国产富马酸质量不稳定,固定化细胞的活

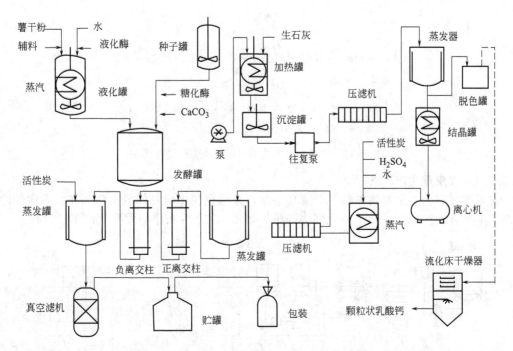

图 10-16 薯干粉为原料并行发酵生产乳酸的工艺流程

力较低，提取工艺也欠成熟，所以此方法也有待加强。

10.3.2.3 醋酸生产工艺

目前纯醋酸因化学合成法生产成本较低，而被广泛使用。醋酸发酵一直在工业上用于生产食醋。食醋的生产是利用谷物、薯类、果蔬、糖蜜、酒精、酒糟等为主要原料，即含有淀粉、糖、酒精三类物质的原料，经微生物制曲、糖化、酒精发酵、醋酸发酵等阶段酿制而成。主要成分除醋酸外，还含有各种氨基酸、有机酸、糖类、维生素、醇和酯等营养成分及风味成分，具有独特的色、香、味、体，是对健康有益的调味佳品。

发酵法生产食醋的工艺主要有固态发酵法、深层液体发酵法、酶法液化通风回流法等，其具体的工艺流程见图 10-17、图 10-18、图 10-19。

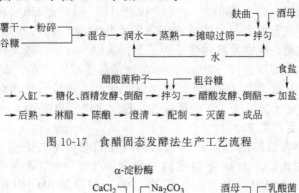

图 10-17 食醋固态发酵法生产工艺流程

大米 → 浸泡 → 磨浆 → 调浆 → 液化 → 糖化 → 酒精发酵
调浆处添加：$CaCl_2$、α-淀粉酶、Na_2CO_3；酒精发酵处添加：酒母、乳酸菌

醋酸菌种子
→ 液体深层醋酸发酵 → 压滤 → 灭菌 → 配制 → 成品

图 10-18 食醋深层液体发酵生产工艺流程

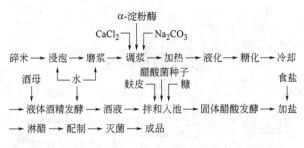

图 10-19　食醋酶法液化通风回流法生产工艺流程

10.3.2.4　衣康酸生产工艺

衣康酸又称为亚甲基琥珀酸、分解乌头酸，是白色粉末状晶体或无色晶体。衣康酸的发酵方法主要有表面发酵法和深层发酵法两种。如图 10-20 为衣康酸发酵生产工艺流程。

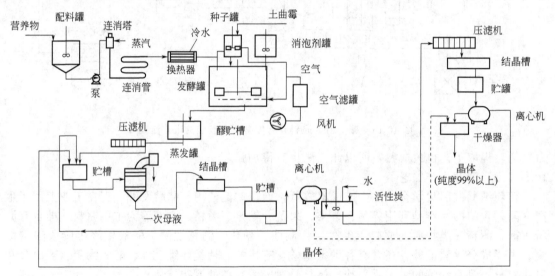

图 10-20　衣康酸发酵生产工艺流程

发酵培养基制备好后，加入 8％～10％的土曲霉菌丝悬浮液，维持温度 35℃，通气量 0.13～0.25VVM，罐压 80～100kPa，搅拌转速 110～125r/min（或搅拌轴功率 100～200W/m³）的条件下进行发酵。发酵过程中可用十八醇的 0.75％乙醇溶液来消泡，并每隔 2h 测定一次 pH 和残糖，观察发酵过程是否正常。发酵 60h 后，当残糖降至 1g/L 时，结束发酵。一般整个发酵时间需要 60～70h。采用浓缩结晶法对发酵液中衣康酸进行提取，该法具有设备简单、操作方便、提取成本低、收率好等优点，是目前我国企业主要的提取方法。除此提取方法外还有离子交换法、溶剂萃取法、连续色谱分离法等。

10.3.2.5　葡萄糖酸生产工艺

葡萄糖酸是一种有机弱酸，商品级的结晶纯葡萄糖酸常带一分子结晶水，外观为无色片状晶体或白色粉末。工业级葡萄糖酸一般制成 50％浓缩液直接出售。葡萄糖酸可通过微生物氧化葡萄糖而得。其发酵工艺有多种，根据所用的中和剂 NaOH 或 CaCO₃ 的不同，分为钠盐发酵和钙盐发酵法；根据菌种不同，可分为有真菌发酵和细菌发酵法，另外还有固定化细胞发酵法等。下面主要介绍黑曲霉深层液体发酵法生产葡萄糖酸钠的工艺流程（见图 10-21）。

用黑曲霉生产葡萄糖酸的发酵过程中，发酵条件控制为：接种量为 10％，维持温度 32～34℃，罐压 200kPa，通气量为 1～1.5VVM，搅拌转速在 200r/min 左右。流加 50％的

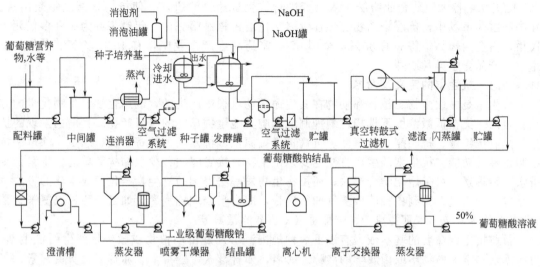

图 10-21 黑曲霉深层液态发酵法生产葡萄糖酸钠的工艺流程

NaOH 溶液使 pH 维持在 6.0～6.5 范围内，将 D-葡萄糖酸转化为 D-葡萄糖酸钠。NaOH 的流加工艺方便、准确、可自动化，且葡萄糖酸钠的溶解度较大，30℃ 时溶解度接近 40%，所以葡萄糖酸钠的发酵可采用高浓葡萄糖发酵。在发酵过程中用十八醇的 1% 乙醇溶液来消泡。当残糖降至 1g/L 时，可结束发酵。整个发酵过程约需 20h。发酸液除去菌体后经脱色，NaOH 中和到 pH 7.5，再浓缩、结晶、干燥后得到成品，对于不同的葡萄糖酸产品，其具体的提取工艺将有所不同。

10.4 抗生素生产工艺技术

10.4.1 概述

从 1928 年英国学者 Fleming 发现青霉素到 1941 年在美国开发成功，标志着抗生素时代的开创。Waksman 在 1944 年发现了来源于放线菌的第一个用于临床的抗生素——链霉素，并根据自己的研究工作，提出一整套较为系统的从微生物中筛选抗生素的方法，为抗生素的发现、研究奠定了坚实的基础。在 1947 年找到首批广谱抗生素——氯霉素、多黏菌素。随后人们不断发现了许多有价值的抗生素，如金霉素、新霉素、制霉菌素、土霉素、鱼素、红霉素、四环素、卡那霉素、庆大霉素等，进入了抗生素发现的黄金时代。但随着抗生素临床的不断使用，抗生素的毒副作用、耐药性、不能口服等缺点日渐明显，随后进入了对已有的抗生素结构进行改造来获得疗效更高、毒副作用更小的半合成类抗生素发展的时代。随着抗生素研究的飞跃发展，到目前为止从自然界发现和分离了近 5000 多种抗生素，并通过化学结构的改造共制备了 3 万多种半合成抗生素。目前，世界各国实际生产和应用的抗生素有 100 多种，连同各种半合成抗生素衍生物及其盐类约 400 多种，其中最常用的抗生素主要为 β-内酰胺类、四环类、氨基糖苷类及大环内酯类。

1949 年前，中国没有抗生素工业，于 1953 年建立了第一个生产青霉素的抗生素工厂，由此中国抗生素工业拉开了迅速发展的序幕。目前，中国生产的抗生素共有 60 多种，品种齐全，不仅能生产临床上应用的主要抗生素，还研制出国外没有的抗生素，如创新霉素等。近年来，世界抗生素市场的平均年增长率为 8% 左右，全球抗生素的市场份额约为 250 亿～

260亿美元,各大制药企业纷纷投入巨资进行抗生素药物的研发,使抗生素新品不断出现。在中国医药市场中,抗感染药物已经连续多年位居销售额第一位,年销售额为200多亿元人民币,占全国药品销售额的30%,全国6700家药品生产企业中,有1000多家生产各类抗生素,产品竞争异常激烈。

10.4.1.1 抗生素的定义及命名

抗生素是由微生物、植物和动物在其生命活动过程中产生的,或用化学、生物化学的方法获得的一类在低微浓度下选择性地抑制或影响其他生物功能的有机产物。目前已发现的抗生素具有抗细菌、抗肿瘤、抗真菌、抗病毒、抗原虫、抗藻类、抗寄生虫、杀虫、除草和抗细胞毒性等功能。抗生素的生产方法主要是微生物直接发酵法;少数结构简单的抗生素如氯霉素、磷霉素等可采用化学合成法;还可将生物发酵法得到的抗生素经化学或生化的方法对其结构进行改造,得到各种药效更好的衍生物,即为半合成抗生素,如氨苄西林(氨苄青霉素)、卡那霉素 A、卡那霉素 B、卡那霉素 C、紫苏霉素等。

目前抗生素命名的基本依据有以下3种规则:①凡是由动植物或微生物产生的抗生素,可根据动物学、植物学或菌属学的名称来命名,如青霉素、链霉素、赤霉素、灰黄霉素、蒜素、黄连素、鱼素等;②根据抗生素的化学结构或性质来对其命名,如四环素、氯四环素、氯霉素、环丝氨酸、重氮丝氨酸等;③继续采用一些有纪念意义或按抗生素生产菌的出土地方命名及习惯的俗名,如创新霉素、正定霉素、庐山霉素、平阳霉素、井冈霉素、金霉素、土霉素等。

10.4.1.2 抗生素剂量表示法

抗生素是一种生理活性物质,但商品中有效成分不可能达到百分之百。如硫酸链霉素盐,除有效成分外,还有无效的硫酸分子及其他杂质,加之在加工贮藏过程中又有被破坏的可能。因此,抗生素的活性常用效价单位表示。效价单位是指每 1mL 或 1mg 产品中所含抗生素的有效成分的多少,它是衡量抗生素有效成分的尺度和衡量抗生素性能的标志。其表示方法一般可分两类。

① 稀释单位　将抗生素配成溶液,逐步进行稀释,以抑制某一标准菌株生长发育的最高稀释度(即最小剂量)作为效价单位。如青霉素的效价单位是以在 50mL 肉汤培养液中完全抑制金黄色葡萄球菌标准菌株发育所需的最小剂量作为青霉素效价的一个单位;制霉菌素的效价单位是以在 1mL 肉汤培养液中完全抑制某种酵母菌发育所需要的最小剂量作为制霉菌素效价的一个效价单位;链霉素的效价单位是以在 1mL 肉汤培养液中完全抑制大肠杆菌标准菌株发育所需要的最小剂量作为一个链霉素的效价单位。稀释单位表示的效价单位常用 U/mg 或 U/mL 来表示。

② 质量单位　以抗生素有效成分的质量作为抗生素效价的质量单位。抗生素的理论效价是指抗生素纯品的质量与效价单位的折算比例。一些合成、半合成的抗生素多以其有效部分的一定质量(多为 1μg)作为一个单位。少数抗生素则以其某一特定的盐的 1μg 或一定质量作为一个单位。常见抗生素的理论效价见表 10-3。一种抗生素只有一个理论效价基准,对于同一抗生素的各种盐类的效价可根据其分子量与标准盐类分子量间的关系进行换算而得。

10.4.1.3 抗生素的分类及抗菌谱

(1)抗生素的分类　抗生素的种类繁多,性质复杂,因此对其进行系统、全面的分类有一定的困难,现存的分类方法较多,常见的分类依据有生物来源、作用对象、作用机制、生物合成途径、化学结构等。各种分类方法各有优缺点和适用范围,由于抗生素的化学结构决定其理化性质、作用机制及疗效,则化学分类法应用较为普遍。下面重点介绍按化学结构为依据的分类情况。

表 10-3　常见抗生素的理论效价

抗　生　素	理论效价
链霉素、土霉素、红霉素、新霉素、卡那霉素、多黏菌素 B、庆大霉素、巴龙霉素、万古霉素、紫霉素等的游离碱	1000U/mg
金霉素、土霉素、四环素、氯霉素等的盐酸盐	1000U/mg
新生霉素、利福霉素 SV 等	1000U/mg
链霉素硫酸盐	798U/mg
土霉素盐酸盐	927U/mg
红霉素碱(含 2 分子结晶水)	953U/mg
红霉素乳糖酸盐	672U/mg
青霉素 G 钠盐	1667U/mg
青霉素 G 钾盐	1593U/mg
普鲁卡因青霉素	1009U/mg
苄星青霉素(长效西林)	1211U/mg
杆菌肽	55U/mg

①　β-内酰胺类抗生素　这类抗生素的化学结构中都包含一个四元的内酰胺环。如青霉素、头孢菌素和一些新发现的抗生素如头孢哌酮、头孢匹罗、亚胺培南、米罗培南等，此类抗生素是目前最受重视的一类抗生素。

②　氨基糖苷类抗生素　这类抗生素的化学结构中含有一个环己醇配基，以糖苷键与氨基糖连接。如链霉素、双氢链霉素、新霉素、卡那霉素、庆大霉素、小诺霉素、春日霉素和有效霉素等。

③　大环内酯类抗生素　这类抗生素的化学结构中都含有一个大环内酯作配糖体，以苷键和 1～3 个分子的糖相连。如红霉素、麦迪加霉素、柱晶白霉素等。

④　四环类抗生素　这类抗生素具有四并苯的母核，由于含有 4 个稠合的环也称为稠环类抗生素。如四环素、土霉素、金霉素等。

⑤　多肽类抗生素　这类抗生素是由氨基酸经肽键缩合而成的线状、环状或带侧链的环状多肽类化合物。它们多由细菌，特别是产生孢子的杆菌产生。如多黏菌素、杆菌肽、放线菌素等。

⑥　多烯类抗生素　这类抗生素的化学结构特征是不仅有大环内酯，而且内酯中有共轭双键。如制霉菌素、曲古霉素、两性霉素 B、球红霉素等。

⑦　环桥类抗生素　它们结构中含有一个脂肪链桥，经酰胺键与平面的芳香基团的两个不相邻位置相联结的环桥式化合物。如利福霉素、利福平等。

⑧　蒽环类抗生素　属于这类抗生素的有柔红霉素、阿霉素、正定霉素等。

⑨　苯烃基胺类抗生素　属于这类抗生素的有氯霉素、甲砜氯霉素等。

⑩　其他抗生素　凡不属于上述九类者均归为其他类抗生素，如磷霉素、创新毒素等。

（2）抗生素的抗菌谱　抗生素的抗菌谱是泛指一种或一类抗生素（或抗菌药物）所能抑制（或杀灭）微生物的类、属、种范围。抗菌谱反映了自然状态下微生物对药物的敏感性，不存在耐药性的干扰。同类或作用相似的药物常具有相同或近似的抗菌谱。有些抗生素的抗菌范围较窄，如青霉素只对革兰阳性细菌有较强的杀灭作用，而对革兰阴性菌则效果较差或根本无效；链霉素的抗菌谱主要是部分革兰阴性杆菌。这两种抗生素的抗菌谱覆盖面较窄，均属于窄谱抗生素。而四环素类的抗菌谱覆盖面较广，包括一些革兰阳性和革兰阴性细菌，以及立克次体、支原体、衣原体等，属于广谱抗生素。每种抗生素都有自己特定的抗菌谱，了解每种抗生素的抗菌谱对于临床选择抗生素，合理使用及提高疗效都具有很重要的意义。但应用时还必须考虑微生物耐药性发展的实际情况，两者不可偏废。

10.4.1.4　抗生素的应用

抗生素自从发现之后，在医疗领域上得以广泛的应用，是人类战胜疾病的有利武器，为保障人类健康做了不小的贡献，同时在国民经济的许多领域中都有重要用途，并随着微生物药物科学的不断发展将发挥更重要的作用。

（1）抗生素在医疗方面的应用　抗生素在医疗临床上的应用已有50多年的历史，抗生素在医疗药物方面的应用是21世纪医药上最巨大的成就。

① 控制细菌、真菌感染性疾病。如用青霉素控制肺炎、流行性脑膜炎、细菌性心内膜炎等；用链霉素控制鼠疫、结核病等；氯霉素治疗细菌性痢疾等收到突出的疗效；灰黄霉素对治疗浅部真菌病如头癣、手足癣等具有较强的作用；两性霉素B、制霉菌素等对治疗深部真菌病也有一定疗效。

② 抑制肿瘤生长。目前临床上应用的抗肿瘤抗生素有丝裂霉素、放线菌素、平阳霉素、光辉霉素、正定霉素、阿霉素等，分别对肺癌、胃癌、恶性葡萄胎、鳞状上皮细胞癌、睾丸胚胎癌及各种类型的急性白血病等有一定疗效。或与其他药物联合使用，可对肿瘤起缓解作用，但其中大多数的毒副反应较大。

③ 调节人体生理功能。

④ 器官移植免疫抑制。环孢菌素可降低异体器官移植的免疫抑制。

⑤ 控制病毒性感染。

（2）农业上的应用

① 用于植物保护，防止果蔬的病虫害。按作用可分为抗真菌、抗细菌、杀虫除草等抗生素。我国生产常使用的品种有春雷霉素、内疗素、多抗霉素、井冈霉素、放线酮等。

② 促进或抑制植物生长。如除草剂及某些植物生长激素。

（3）在畜牧业上的应用

① 用于禽畜感染性疾病的控制。已有十多种抗生素用于兽医临床，如青霉素、氯霉素、金霉素、土霉素、四环素、新霉素、红霉素、多黏菌素及杆菌肽等。

② 用作饲料添加剂，刺激禽畜的生长。理想的抗生素类饲料添加剂要求牲畜体内不吸收，而且在肉、蛋、乳中没有积蓄残存。为此在国外专门供兽用或作饲料添加剂的抗生素有越霉素、马碳霉素、潮霉素、氨基杀菌素和硫链丝菌素等。

（4）食品保藏中的应用　用于鱼、肉、蔬菜、水果等食品的保鲜或用作罐装食品的防腐剂。如用10％的金霉素溶液保藏鲜鱼，可延长保藏期1倍以上；保藏肉类用金霉素、土霉素最为有效；在鲜乳中添加四环素也可延长不酸败的时间。此类抗生素要求为非医用抗生素、易溶于水、对人体无毒、不损害食品外观与质量。

（5）在工业上的应用

① 用于工业制品的防腐剂，防止纺织品、塑料、精密仪器、化妆品、图书、艺术品等的发霉变质。用制霉菌素、放线菌酮溶液喷洒后，可防止这些工业制品发霉，国外用含放线菌酮的涂料抹木箱、纸箱可防止老鼠啃咬等。

② 提高特定发酵产品的产量。用于发酵过程中抑制杂菌的生长，可保证生产菌的正常发酵，提高产量；或作为某些生产菌的特殊生产促进剂提高其产量。

（6）在科学研究中的应用

① 用于生物化学与分子生物学研究的重要工具。

② 用于建立药物筛选与评价模型。

10.4.2　抗生素生产工艺过程

10.4.2.1　抗生素的生产工艺概况

抗生素主要生产方法为微生物直接发酵法，是利用抗生素生产菌在一定的培养基、pH、温度、通气搅拌条件下生长繁殖，并在代谢过程中产生次级代谢物抗生素，然后从成熟发酵液中将抗生素分离、提取、精制，最后获得抗生素成品的过程。具有成本较低、生产周期较长、产品质量波动性较大等特点。现代抗生素生产工艺过程大体相同（见图10-22）。

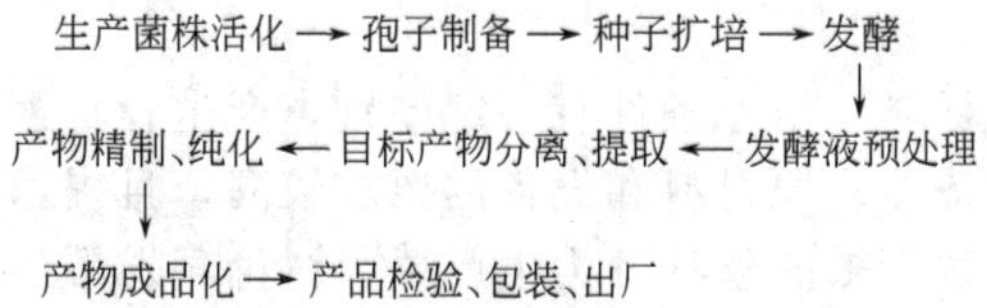

生产菌株活化 → 孢子制备 → 种子扩培 → 发酵
　　　　　　　　　　　　　　　　　　　↓
产物精制、纯化 ← 目标产物分离、提取 ← 发酵液预处理
↓
产物成品化 ← 产品检验、包装、出厂

图 10-22　抗生素生产工艺过程

　　生产不同种类的抗生素所采用的生产菌是不同的，生产菌必须具备产量高、性能稳定和容易培养等特点。生产菌通常采用砂土管或冷冻干燥保藏方法保藏，并在保藏、生产过程中不断对菌株进行复壮、选育，以稳定发酵水平。生产时，将保藏的休眠状态的孢子接到经过灭菌的固体培养基上（小米或大米斜面）进行活化、发芽。为了获得发酵所需的足够数量的菌丝，种子需进行实验室阶段和生产车间阶段的扩大培养，即从摇瓶到小罐，小罐经 2～3 次扩培后接入大发酵罐，通常按 10%～30% 的接种量接入。在整个发酵过程中要不断通气 [0.3～2m³/(m³·min)]，维持一定的罐温（26～37℃）、搅拌转速、罐压（20～50kPa），并对发酵过程进行在线和定时的离线取样检测和无菌试验，监测代谢变化情况。在发酵过程中，还需补充碳源、氮源和前体、消泡剂或加酸、碱控制代谢，保证产量。大多数产品的发酵周期为 4～8 天。

　　在发酵结束后，应根据抗生素产品的物理、化学或生物学性质设计合理的分离提取工艺。首先，成熟发酵液经预处理将其中的蛋白质和某些杂质沉淀、过滤后得到澄清发酵滤液。对于目标产物在菌体内的情况，如制霉菌素、灰黄霉素、曲古霉素、球红霉素等的生产，需先将菌体破壁，释放胞内的目标产物后再过滤。然后，将发酵滤液中的产物经分离、提取得粗制品。抗生素分离提取的常用方法有吸附法、沉淀法、溶剂萃取法、离子交换法等。抗生素的精制、成品化可采用复盐沉淀法、交换树脂脱色、活性炭脱色、结晶、重结晶、晶体洗涤、蒸发浓缩、层析凝胶分离、无菌过滤、干燥等方法，将分离提取得到的浓缩液或粗制品进一步提纯、精制并制成产品。最后，为了保证药物的质量和用药的安全，对抗生素各种成品进行鉴别试验、安全试验、降压试验、热原试验、无菌试验、酸碱度测定、效价测定、水分测定、浑浊度测定、色泽颗粒细度测定等检验，合格后包装出厂。

10.4.2.2　青霉素 G 钾盐的生产工艺

　　对于不同的抗生素生产，其具体的发酵生产工艺及参数控制因生产菌株的不同而不同，提取精制工艺因产物特性的不同而不同。现以青霉素 G 钾盐的生产工艺为例，对抗生素工艺进行介绍。

　　(1) 青霉素 G 的发酵生产工艺　青霉素 G 的发酵生产工艺流程见图 10-23。

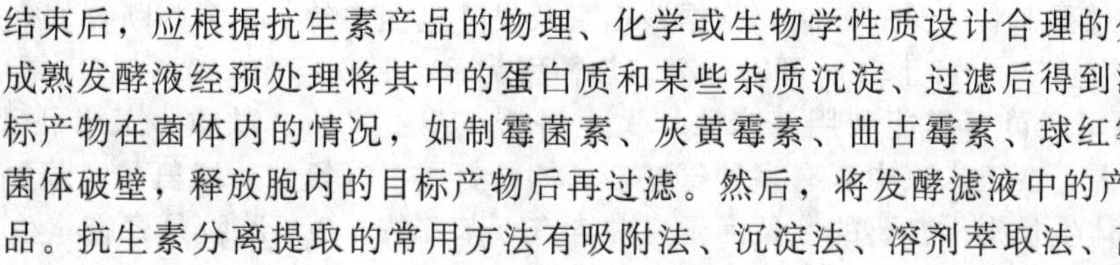

沙土管 → 斜面母瓶 —[孢子培养] 25℃,6～7天→ 大米孢子 —[孢子培养] 25℃,6～7天→ 种子罐 —[孢子培养] 25℃,40～45h, 1:2.0[V/(V·min)]→ 繁殖罐

—[种子培养] 25℃,13～15h, 1:1.5[V/(V·min)]→ 发酵罐 —[发酵] 26℃,5～7天, 1:1.0[V/(V·min)]→ 放罐 —[冷至15℃]→ 至提炼

图 10-23　青霉素 G 的发酵生产工艺流程

　　① 菌种　目前，国内青霉素的生产菌产黄青霉按菌丝的形态可分为丝状菌和球状菌两

种。球状菌根据孢子颜色分为绿孢子球状菌和白孢子球状菌，生产上多用白孢子球状菌；丝状菌根据孢子颜色又分为黄孢子丝状菌及绿孢子丝状菌，生产上多采用产黄青霉的绿色丝状菌作为原种进行诱变、杂交、选育，筛选出高产菌株。目前产黄青霉变种的发酵单位最高达到 60000～80000U/mL。

丝状菌和球状菌对原材料、培养条件有一定差别，产生青霉素的能力也有差别。球状菌生产能力虽高，但对发酵条件、原材料和设备的要求较高，且提取收率略低于丝状菌，有待继续对比考察。下面以产黄青霉的丝状菌为生产菌，讨论其发酵生产工艺。

② 种子培养 绿色丝状菌的生产菌种常用沙土管保藏。将孢子接入母瓶斜面上，经 25℃活化培养后，制成孢子悬液，再接入大米茄子瓶内，在 25℃、相对湿度 50% 的条件下培养 6～7 天，制成大米孢子，真空干燥保存备用。

生产时按 10%～15% 接种量接入种子罐，25℃培养 40～45h，菌丝浓度达 40% 以上，菌丝形态正常，移入繁殖罐内，经 25℃培养 13～15h，菌丝浓度达 40% 以上，残糖在 1.0% 左右，效价单位达到 700U/mL 左右，无菌检查合格可作种子，按 30% 的接种量移入发酵罐中。

③ 培养基及其控制要求

a. 碳源 产黄青霉能利用多种碳源如乳糖、蔗糖、葡萄糖、淀粉、天然油脂等。乳糖能被生产菌缓慢利用而延长青霉素 G 的分泌期，故为最佳碳源，但因货源少、价格高，大量使用有困难。天然油脂如玉米油、豆油也能被缓慢利用作为有效的碳源，但也不可能大规模使用。从经济合理的角度，目前生产上采用连续流加或定时滴加葡萄糖母液或工业级葡萄糖液的方式来保证发酵产量。

在发酵过程中对碳源的控制，依据残糖量及发酵过程中的 pH 来判断补加需求，一般残糖降至 0.6% 左右、pH 上升后可以补糖。加糖率为每小时 0.07%～0.15%，每小时加 1 次。

b. 氮源 产黄青霉能利用玉米浆、黄豆饼粉、花生饼粉、麸质、玉米胚芽粉及尿素、硫酸铵等氮源，在玉米浆中含有多种氨基酸，如精氨酸、谷氨酸、组氨酸、苯丙氨酸、丙氨酸等，为菌体生长提供必要的生长因子，并含有 β-苯乙胺。β-苯乙胺是青霉素生物合成侧链的前体，所以使用玉米浆的发酵效果最好。但国内常将玉米浆、花生饼粉等搭配使用，以减轻玉米浆需求的不足。在发酵过程中可补加尿素或硫酸铵，不仅可补充氮源，还可在一定范围内调整发酵 pH。如 pH＞6.5 时，可流加硫酸铵使 pH 维持在 6.2～6.4。在发酵时，氨氮的控制在 0.01%～0.05% 范围内。

c. 前体 青霉素 G 生物合成的前体有苯乙胺、苯乙酸、苯乙酰胺等。它们一部分直接结合到青霉素分子中，另一部分作为养料和能源被利用，氧化为二氧化碳和水。这些前体对产黄青霉有一定的毒性，加入量不能大于 0.1%，要求接种后 8～12h，发酵液中残余苯乙酰胺浓度为 0.05%～0.08%。加入硫代硫酸钠能减少它们的毒性。

d. 无机元素 硫和磷：青霉素的生物合成对硫、磷含量有一定的要求，国外报道，当硫浓度降低时青霉素产量减少至 1/3，磷浓度降低时青霉素产量减少一半。钙、镁和钾：青霉素的生物合成中，以钾 30%、钙 20%、镁 41% 的阳离子比例为宜。若镁离子少，钾离子多时，菌丝细胞将培养基中氮源降解成氨基酸的能力增强。钙离子对细胞的生长和培养基的 pH 有一定影响。铁离子：铁易渗入菌丝内，对青霉素发酵有一定的毒害作用。当发酵液中铁含量为 $6\mu g/mL$ 以下时对发酵无影响；$60\mu g/mL$ 时产量降低 30%，$300\mu g/mL$ 时产量降低 90%。

④ 培养条件控制 产黄青霉菌有 3 个不同的代谢时期。菌丝生长繁殖期：培养基中糖及含氮物质被迅速利用，孢子发芽长出菌丝，分枝旺盛，菌丝浓度增加很快，此时青霉素分泌量很少；青霉素分泌期：菌丝生长趋势减弱，间隙添加葡萄糖作碳源和间隙加入花生饼

粉、尿素作氮源，并间隙加入前体，此期间丝状菌 pH 要求 6.2～6.4，青霉素分泌旺盛；菌丝自溶期：丝状菌中大型空泡增加并逐渐扩大使菌体自溶。在青霉素 G 的发酵过程中，需对温度、pH、通气搅拌、消泡剂的添加等条件进行控制，以满足生产菌各阶段的需求，延长产物分泌期，提高产量。

温度控制：青霉菌生长最适温度高于青霉素分泌的最适温度。丝状菌在种子罐中的培养温度为 25℃，发酵罐的温度要求分期变温培养 26℃→24℃→23℃→22℃，前期温度高于后期。

pH 值控制：在发酵过程中，除添加酸碱外，补加碳源及天然油脂对 pH 也有影响，在产物分泌期要求 pH 维持在 6.2～6.4 范围内。

通气和搅拌：产黄青霉发酵产青霉素 G 是耗氧过程，所以在深层培养过程中需通入一定量的空气，并不停地搅拌以保证溶氧浓度。产物分泌期的通气量要求为 1∶(0.8～1)m³/(m³·min)。对于丝状菌的生产，为防止菌丝受损，发酵罐内搅拌速率应慢于种子罐的搅拌速率。

消泡剂的添加：发酵过程中不断产生泡沫，为了降低泡沫的影响，需添加消泡剂。通常将天然消泡剂如豆油等与化学消泡剂如"泡敌"搭配使用，但在菌丝生长繁殖期不宜多用，在发酵过程的中、后期可将"泡敌"加水稀释后与豆油交替加入。

⑤ 染菌及异常情况处理　若发酵前期染菌或种子带菌，可采用重新消毒并补入适量的糖、氮成分重新接种发酵；若遇菌丝生长不良，发酵异常时可采取倒出部分发酵液，补入部分新鲜培养液和良好的种子，重新发酵。发酵中、后期若染产气细菌则应及时放罐提取，若遇发酵单位停滞不长时可酌情提前放罐，事后对设备及生产环境进行彻底的消毒处理。

(2) 青霉素 G 钾盐的提取生产工艺及过程　早期曾用活性炭吸附法从发酵液中分离、提取青霉素 G，目前多采用溶剂萃取法，此外也试验过沉淀法或离子交换法，但后两种方法都未用于生产。现只讨论生产上应用得较为成熟的溶剂萃取法提取青霉素 G 钾盐成品的一般生产工艺及其过程。

青霉素 G 钾盐的提取工艺流程见图 10-24。

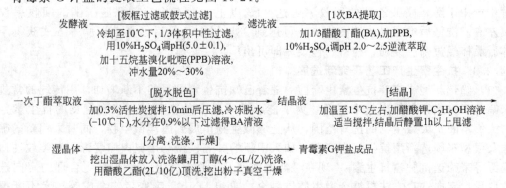

图 10-24　青霉素 G 钾盐的提取工艺流程

提取工艺要点如下。

根据青霉素 G 不稳定的性质，整个提取过程应在低温、快速、严格控制 pH 的条件下进行，以尽量避免或减少青霉素 G 效价的破坏损失。

① 发酵液预处理　发酵液放罐后，首先要冷却到 10℃ 以下，可提高青霉素 G 的稳定性，以防止细菌快速繁殖，分泌较多的青霉素酶使青霉素迅速破坏。发酵液除冷外还需预处理。青霉素菌丝较粗，一般过滤较容易。目前采用鼓式过滤或板框过滤。为了加快滤速，缩短工时，可将一部分发酵液（一般为总发酵液体积的 1/3 左右）先通过过滤机，过滤的菌

体形成预滤层助滤。并在过滤之前，加入 10% 的硫酸酸化，pH 调整为 5.0 ± 0.1，再加入 0.05% 的絮凝剂十五烷基溴化吡啶（PPB）使蛋白质能与之形成沉淀后，进行二次过滤，可得到澄清的滤液。由于发酵液中含有过剩的碳酸钙，在酸化时会有部分溶解，使钙离子呈游离状态。加入草酸可除去 Ca^{2+}，当使用量大时还可采用草酸钠、草酸镁等草酸盐。但用草酸镁需要加入聚磷酸钠（$Na_3P_3O_{10}$）或其他的磷酸盐，以除去多余的 Mg^{2+}，加入黄血盐可除去多余的 Fe^{3+}。

② 分离、提取 过滤后得到滤液中含有不到 4% 的青霉素及一些亲水性杂质，需分离、提取目标产物。生产上常用的提取方法有吸附法、溶剂萃取法、离子交换法和沉淀法等。利用青霉素游离酸易溶于有机溶剂、青霉素盐易溶于水的这一特性，选择有机溶剂萃取法，即是将 pH 调整为 $1.8\sim2.2$，在此 pH 范围内青霉素 G 破坏最低，在酸性条件下青霉素 G 生成游离酸，从水相转入有机溶剂相——醋酸丁酯（BA）中，分离有机相，在其中加入乙醇-醋酸钾与青霉素酸生成青霉素 G 钾盐，再调节 pH 到 $6.8\sim7.2$。在此中性环境中，青霉素 G 钾盐易溶于水，能较完全地转移到水相。在整个萃取过程中，需用冷盐水对萃取设备进行冷却，而且要求设备良好、操作方便，保证整个萃取过程能维持在低温（$0\sim15℃$）、快速的状态下，降低青霉素的效价损失。

根据萃取方式及理论收得率的计算得知，多级逆流萃取较为理想。目前生产上常用二级逆流萃取方式。据报道，丁酯用量为滤液体积的 25%～30% 时，色素相对含量低，浓缩比为 $1:(1.5\sim2.5)$。从丁酯反萃取到水相时，因分配系数较大，故浓缩倍数可高些（3～5 倍）。经过 2 次反复萃取后能浓缩 10 倍左右，使产物浓度符合结晶要求。

③ 精制 青霉素 G 钾盐的精制过程包括脱色、脱水、结晶、分离及洗涤等过程。在醋酸丁酯萃取过程中添加活性炭对丁酯有机相进行脱色，然后在 $-10℃$ 条件下冷冻浓缩脱水得到水分低于 0.9% 的醋酸丁酯澄清液。这样可保证在结晶时，降低色素及水分对晶体质量及收率的影响。结晶时温度控制在 $15℃$ 左右，加入乙醇-醋酸钾溶液后，适当搅拌，静置 1h 以上后就析出晶体。用碟片式离心机分离后，得到的青霉素 G 钾盐湿晶体，对其表面残留的醋酸丁酯，用丁醇和醋酸乙酯各洗涤两次，离心分离以提高产品的纯度，并回收洗涤液。通常生产中丁醇、醋酸乙酯的回收率可达 99% 以上，而有机溶剂醋酸丁酯的回收率仅为 65% 左右。洗涤后的湿晶体纯度更高，可达到 98% 以上，最后经真空干燥等方式获得干燥晶体。晶体经过筛、混粉、检验、包装后即可出厂。

10.4.2.3 抗生素生产工艺研究新进展

（1）筛选新型或高产抗生素生产菌 随着已知抗生素数量的不断增加，用传统的常规方法来筛选新抗生素的概率越来越低。为了能够获得更多的新型抗生素和优良的抗生素生产菌，人们不断扩大微生物的选育范围，从土壤微生物扩展到海洋微生物，同时采用新的筛选方法及模型来筛选新型抗生素生产菌（如采用新的肿瘤模型，用鼠肉瘤病毒、鸟类粒性白血病病毒等来筛选抗肿瘤抗生素）。现在经典的诱变及筛选技术正逐渐地被更合理的定向选育方法取代，定向选育方法再结合原生质体融合、重组 DNA、突变生物合成等技术不断提高产生菌的生产能力。例如，据报道在种内进行原生质体融合可有效地提高头孢菌素、甲砜霉素、西索米星、土霉素等的发酵单位。种间的融合也有报告，将柔红霉素与四环素的生产菌进行原生质体融合，使柔红霉素产量能提高 87%；将巴龙霉素与新霉素的生产菌进行原生质体融合，使巴龙霉素产量提高 5～6 倍；将阿司米星生产菌进行原生质体灭活后再生，可提高生产能力近 4 倍。近年来，随着对一些抗生素的生物合成基因和抗性基因的结构、功能、表达和调控等较深入的了解，利用重组 DNA 技术来提高次级代谢物的产量和发现新产物的研究和应用受到了更多的重视。如上海药物研究所研制成功的具有高活性青霉素酰化酶基因的"工程菌"；中国医学科学院医药生物技术研究所研制成功的丙酰螺旋霉素的"工程菌"；在国外已报道了通过 DNA 重组技术使链霉素、卡那霉素、新霉素等氨基糖苷类抗生素的产量得到了不同程度的提高。突变生物合成的方法是近几年研究中逐渐兴起的一种有效提高抗生素产量的方法。突变生物合成法是先用诱变技术处理菌种，获得负突变株，或称不产抗生素的突变株，在此突变株发酵过程中加入某一中间代谢物作为前体而产生抗生素的方法。如 Kitamura 等用亚硝基胍（NTG）处理小诺米星（相模霉素）产生菌得到一株 2-脱氧链霉胺特异养型突变株 KY-11505，在其发酵过程中添加链霉胺，则得到新抗生素 2-羟相模霉素。

（2）发酵工艺及设备的研究进展　在发酵过程中不断地寻找抗生素生产菌的最适培养基组成和条件，以充分发挥生产菌的潜力，提高和稳定发酵水平。对发酵过程中的控制参数，随着自控技术与发酵工程的日渐紧密结合及生物传感器的研究和应用，逐步实现对各重要参数的在线自动测定、自动记录及自动控制，实时地反映发酵情况，逐步实现发酵最优化控制。

对发酵罐结构及其比拟放大的研究，有效地推进了发酵液中气-液-固三相系统中传质效果，使生产菌的遗传特性得以充分表达，不断地提高发酵产率。同时对新型消泡剂和新型空气过滤介质的研究和应用，也提高了发酵效率，降低了染菌率和生产成本。

（3）提取工艺及设备的研究进展　在预处理过程中，高分子絮凝剂的开发和应用，对改善过滤操作，获得澄清的滤液已产生明显的效果。细胞破壁技术的研究，也对降低效价损耗，提高产率做出了一定的成效。

在原有的提取、精制工艺中，不断引入新的工艺技术，如双水相萃取技术、各种膜分离技术、大孔网状吸附树脂吸附或色谱技术（离子交换色谱、亲和色谱、疏水色谱、金属螯合色谱、凝胶色谱）等。这些新技术使原有传统工艺过程得以简化，使抗生素产品的质量在纯度、效价、毒性等方面都有很大提高。

在提取工艺中，随着设备的不断改进，如自动出渣离心机、带冲积层的鼓式真空过滤机、逆向交流萃取机、离心薄膜蒸发器和新型干燥器等现代化设备在生产上的应用，节省了提取过程的生产时间，降低了抗生素效价的损耗，提高了产量和质量。

（4）综合利用　对利用菌丝废渣和废液综合利用途径的研究，除普通处理途径如将菌丝干燥脱毒后作饲料、废液进行生化处理外，还积极探索更有价值的综合利用途径，如从链霉素和庆大霉素的发酵液中提取维生素 B_{12}，从青霉素菌丝体中提取核苷酸等。

10.5　生物质能源利用

10.5.1　概述

能源短缺和环境污染是当今人类社会面临的巨大挑战。由于石油、煤炭等化石能源的不可再生，为了维持各国经济的可持续发展，许多国家正大力发展能源的可替代产品，生物质能源的应用和推广正是现阶段解决能源替代问题的最佳手段。生物质能源作为一类可再生能源，可转化成常规的固态、液态和气态燃料，是解决未来能源危机最有潜力的途径之一。

生物质能源是以生物质为载体的能量，即把太阳能以化学能形式固定在生物质中的一种能量形式。生物质能源包括燃料乙醇、生物柴油、生物质发电以及沼气等。生物质能源是人类最早利用的能源之一，其特点是可再生、分布广、成本低。生物质能源在我国能源结构中占有相当重要的地位，随着科学技术的发展和进步，生物质能源可以通过各种技术转化并加以高效利用，同时由于常规能源如石油、煤、天然气的紧缺，生物质能源的利用受到人们的广泛关注和重视。

10.5.1.1　生物质能源的分类及能源地位

虽然人类利用生物质能源已经很久了，但是在此讨论的是在新时期如何利用新技术来应用生物质能源，因此在能源分类中将生物质能源与太阳能、风能、潮汐能等一样划分为新能源。生物质能源的利用在全球能源消费中仍然占有相当的份额，约为 15%，仅次于煤炭、石油和天然气，占世界能源消费总量的第四位。在发展中国家，生物质能源的消费量约占 40% 左右，在少数发展中国家，生物质能源利用甚至达到其能源消费的 80% 以上。在发达国家，生物质能源也具有举足轻重的地位，例如，美国生物质能源占其能源消费总量的 4%，澳大利亚生物质能源占其能源消费总量的 10%，发达国家平均生物质能源消费量达到能源消费总量的 3% 左右。

我国是一个经济迅速发展的国家，21 世纪将面临经济增长和环境保护的双重压力，改变能源生产和消费方式，开发生物质能源等可再生的清洁能源，对建立可持续的能源系统，促进国民经济发展和环境保护具有重要意义。生物质能源的利用对我国社会主义新农村建设更具有特殊意义。中国农村生活人口占全国人口的 80%，秸秆和薪柴等生物质能源是农村主要的生活燃料。1998 年，我国农村能源消费总量为 6.3 亿吨标准煤，其中煤炭占 32.0%，水电 8.0%，油品占 2.0%，而秸秆和薪柴分别占 35.0% 和 23.0%。可见农村生活用能源仍然以生物质能源为主，且在相当长的一段时间内不会改变。并且农村生物质能源利用大部分还是采用直接燃烧的方式，造成能源的浪费和对环境的污染。发展生物质能源利用新技术，不仅可以提供新的能源，改善生态环境，而且也是农民脱贫致富奔小康，建设社会主义新农村的一项重要任务。

10.5.1.2　生物质能源的利用技术

生物质能源的利用技术包括直接燃烧技术、生物质气化技术、生物转化技术以及生物柴油生产技术。直接燃烧是生物质燃料如秸秆和薪柴等直接进行燃烧，也可以是这些材料经压缩成型、炭化后进行直接燃烧。秸秆和薪柴等由于含碳量少、密度小、含氢、氧量多，因此热值低，不耐烧，易于燃烧和燃烬，经压缩成型和炭化工艺加工成燃料，能提高容重和热值，改善燃烧性能，成为商品能源。生物质气化是生物质热化学转化的一种技术，是在不完全燃烧的条件下，将生物质原料加热，使较高分子量的有机碳氢化合物链裂解，形成小分子的 CO、H_2、CH_4 等可燃性气体。生物质气化技术近年来在国内被外广泛应用。生物转化技术是利用微生物和藻类将生活废弃物、淀粉原料、含碳水化合物的工农业产品废弃物等转化成甲烷（沼气）、燃料乙醇、氢气等燃料气体。生物转化技术是目前生物质能源应用较为广泛的技术。生物柴油是以油菜和大豆等油料作物、油棕和黄连木等油料林木、产油脂微生物、工程微藻，以及动物油脂、废餐饮油等为原料制成的液体燃料，是优质的石化柴油替代品。生物柴油产业在国内外发展迅速，生物柴油正得到广泛应用，对我国农业结构调整、能源安全和生态环境综合治理有十分重大的战略意义。

10.5.1.3　国内外生物质能源的开发利用现状

20 世纪 70 年代石油危机以来，一些国家开始尝试利用生物资源生产生物质能源，以减少对石油进口的依赖。随着全球环境问题的日益突出和石油价格的持续上涨，生物质能源得到了进一步的重视，发展生物质能源已成为发达国家提高能源安全、减排温室气体、应对气候变化的重要措施。许多国家都制定了相应的开发研究计划，如日本的阳光计划、印度的绿色能源工程、巴西的酒精能源计划等。目前，生物质能源在较多领域已实现规模化生产和应用。2005 年，全世界生物燃料乙醇的总产量约为 3000 万吨，其中巴西和美国的产量均约为 1200 万吨；生物柴油总产量约 220 万吨，其中德国约为 150 万吨。

巴西于 1975 年率先推行"国家乙醇计划"，致力于以甘蔗为原料生产乙醇。在巴西，生物质能源利用量约占总能源的 25% 左右。巴西是乙醇燃料开发利用最有特色的国家，实施了世界上规模最大的乙醇开发计划，全国所有的汽油销售都必须包含至少 25% 的无水乙醇，乙醇占据约 40% 巴西交通运输燃料，温室气体排放减少了 20%。美国于 1978 年制定了能源税收法（ETA），正式将汽油醇（gasohol）定义为乙醇中至少混合 10%（体积分数）的乙醇，ETA 免征汽油税；全美利用生物质原料发电量已超过 10000MW；垃圾湿法处理技术发展成熟，集能源和环保于一体，处理垃圾、回收沼气、生产肥料及发电一体化经营；利用纤维素废料生产酒精技术，建立大型稻壳发电示范工程；研制出了沼气与生物质气化技术相结合的新兴发动机，构成 50kW 左右的村级生物质能发电系统。欧盟中，芬兰使用上流式汽化炉生产生物质燃气，用于居民区加热能源，已达到产业化水平；欧盟的目标是，到 2010 年，生物燃料占交通燃料的份额达到 6%；

我国有成熟的酒精生产技术和大规模的酒精生产能力，具备发展生物燃料乙醇的技术基础。近年来，国家出于对能源安全、环境压力和"三农问题"的需要，在"十五"期间也启动并鼓励用陈化粮生产燃料乙醇，国家先后出台了一系列法规和优惠政策来支持燃料乙醇工业的发展，期间乙醇工业稳步发展，产量逐年增加。2005 年，4 个生物燃料乙醇生产试点项目已建成投产，包括经国务院批准的吉林燃料乙醇有限责任公司（30 万吨/年，一期）、河南天冠集团（30 万吨/年）、安徽丰原生物化学股份有限公司（32 万吨/年）和黑龙江华润酒精有限公司（已投产的 10 万吨/年变性燃料乙醇，形成每年 102 万吨的生产能力，实际生产82 万吨）。

受粮食产量制约，我国近期不再扩大以粮食为原料的燃料乙醇生产。今后我国发展燃料乙醇的重点应放在粮食之外的各种经济作物为原料上，还可以结合副产品提取和综合利用深加工等发展燃料乙醇工业。专家估算，我国的甜高粱、木薯、甘蔗等可满足年产 3000 万吨生物燃料乙醇的原料需要。为了扩大生物燃料来源，我国已自主开发了以甜高粱茎秆为原料生产燃料乙醇的技术，并已在黑龙江、内蒙古、山东、新疆和天津等地开展了甜高粱的种植及燃料乙醇生产试点，黑龙江省试验项目已达到年产乙醇 5000t。另外，我国也在开展纤维素制取燃料乙醇的技术研究开发，现已在安徽丰原等企业形成年产 600t 的试验生产能力。虽然我国已实现以粮食为原料的燃料乙醇产业化生产，但以甜高粱为原料生产燃料乙醇尚处于技术试验阶段。而受原料来源、生产技术和产业组织等多方面因素的影响，我国燃料乙醇生产成本比较高，目前以陈化粮为原料生产的燃料乙醇成本约为每吨 4500 元左右，国家实行财政定额补贴。

生物柴油的原料来源既可以是各种废弃或回收的动植物油，也可以是含油量高的油料植物，如油菜、麻风树、黄连木等。油菜作为优势能源作物具有种植范围广、其油脂与柴油分子相近等较多优点，用于发展生物柴油大有潜力。麻风树是最佳木本生物柴油提取原料，有较高的综合利用价值。目前，国内已有一些公司收集餐饮业废油加工生产生物柴油，海南正和生物能源公司、四川古杉油脂化工公司和福建卓越新能源发展公司都已开发出拥有自主知识产权的技术，相继建成了规模超过万吨的生产厂，总年产量约 5 万吨。这些生物柴油直接供应给运输企业或作为工厂和施工机械的动力燃料。我国生物柴油的发展还处于试验研究阶段，一些科研部门已在研究能源植物优育技术、生物柴油技术和生物制品加工技术，并开展了小型工业性试验，初步具备了推广应用的技术基础。但是，与国外相比，我国在发展生物柴油方面还有相当大的差距，长期徘徊在初级研究阶段，未能形成生物柴油的产业化，政府尚未针对生物柴油提出一套扶植、优惠和鼓励的政策办法，更没有制定生物柴油统一的标准和实施产业化发展战略。

以非粮食作物为原料的燃料乙醇和生物柴油生产技术才刚刚开始工业化试点，产业化程度还很低，近期在成本方面的竞争力还比较弱。因此，生物质能源成本和石油价格将是制约生物质能源发展的重要因素。据专家估算，我国的甜高粱、木薯、甘蔗等可满足年产3000万吨生物燃料乙醇的原料需要，麻风树、黄连木等油料植物可满足年产上千万吨生物柴油的原料需要，废弃动植物油回收可年产约500万吨生物柴油。如果农林废弃物纤维素制取燃料乙醇或合成柴油的技术实现突破，生物燃料年产量可达到上亿吨。因此，从理论上讲，我国生物质能源的发展潜力是很大的。但由于我国生物质能源发展还处于起步阶段，面临许多困难和问题。由于可再生能源的特殊性，可再生能源在产业化初期都离不开政府政策的大力扶持。国家"十一五"规划纲要也明确提出，要大力发展燃料乙醇等生物质能源产业。

10.5.2 燃料乙醇

燃料乙醇是主要的生物质能源之一，是清洁汽油的主要替代物。

乙醇掺入汽油起两个主要作用：一是乙醇辛烷值高达120，可以取代污染物四乙基铅来防止汽车发生爆震；二是乙醇含氧量高，可促进燃料充分燃烧，显著减少严重危害人体健康的一氧化碳、引发光雾生成的挥发性有机化合物及多种毒物的排放，还能够减少造成酸雨的二氧化硫的排放。它和电喷、三元净化器等技术一起，使汽车污染排放降低，有利于减少二氧化碳的排放。

在汽油中掺入10%燃料乙醇的乙醇混合油，由于乙醇掺入比例小，热值减少不大，不需要改造汽车发动机。目前，世界市场上，巴西使用的是24%的乙醇混合油，美国、加拿大、瑞典、中国等多数国家使用的是10%乙醇混合油。

燃料乙醇的主要原料是含糖量高的农作物，如甘蔗、玉米、甜菜、甘薯等。通过发酵等加工过程转化糖类生产乙醇，其可直接用于石油的添加剂或与汽油混用。根据原料不同，燃料乙醇生产工艺可分为糖类原料生产乙醇工艺、谷物淀粉类原料生产乙醇工艺和纤维素类原料生产乙醇工艺。

用糖类如糖蜜作为原料生产乙醇工艺是最简单、成本最低的生产工艺，目前在南美巴西、阿根廷等国广泛使用。

用谷物淀粉类如玉米、甘薯、小麦等为原料生产乙醇工艺是目前世界上大多数国家如美国、中国等广泛采用的方法。目前用淀粉类原料生产乙醇的使用成本高于汽油，但其生产工艺技术是成熟的。由于受粮食安全的影响，在我国不鼓励用谷物淀粉类原料生产燃料乙醇。

用纤维素类如木材、草、玉米芯、秸秆、果渣等作为原料生产乙醇工艺是目前各国重点研发的工艺技术。用纤维素制造乙醇的关键技术是原料纤维素的预处理和高效的发酵工艺。

纤维素原料预处理目前主要有化学法和酶法。化学法一般是用酸水解纤维素生成糖类，如 Goldstein 应用两种抗酸膜（20% HCl，60% H_2SO_4）将纤维素物质酸解物中的糖和酸分离，一方面获得发酵所需的糖，另一方面又回收了盐酸和硫酸。利用这一技术，从木材酸解生产葡萄糖的费用与淀粉水解生产葡萄糖的费用大体相当。酶法水解的关键是纤维素酶，纤维素酶类的水解效率和酶成本是酶法水解纤维素的主要难题。美国 Iogen 公司在纤维素酶开发上有较大突破，已经建立了世界上最大的纤维素处理装置，该装置年处理量为 $1.2\sim1.5$ 万吨纤维素，燃料乙醇产量达 $(200\sim400)\times10^4$ L/年。我国山东大学和中科院微生物所等对纤维素酶等的研究也取得一定成果。

10.5.3 生物柴油

生物柴油是清洁的可再生能源，它是以油菜和大豆等油料作物、麻风树和黄连木等油料林木、工程微藻等油料水生植物以及动物油脂、废餐饮油等为原料制成的液体燃料，是优质的石化柴油替代品。生物柴油与传统石油柴油相比，具有以下优点。

① 环境友好　与普通柴油相比，生物柴油燃烧尾气中有毒有机物排放量仅为 1/10，颗

粒物为 20％，二氧化碳和一氧化碳排放量仅为 10％，无二氧化硫、铅和有毒物如苯的排放；混合生物柴油可将排放物中硫浓度从 $500\mu g/g$ 降到 $5\mu g/g$。

② 可再生性　生物柴油由可再生的动物及植物脂肪酸酯为原料，可减少对石油的依赖。

③ 不需改动发动机　生物柴油可直接添加使用，不需要改动发动机，且具有较好的低温发动机启动性能和较好的润滑性能，对发动机有保护作用。

④ 较好的安全性能　由于闪点高，生物柴油不属于危险品，在运输、贮存、使用等方面的安全性是显而易见的。

⑤ 良好的燃烧性能　十六烷值高，使其燃烧性能好于石化柴油。

目前生物柴油主要是用化学法生产，即用动植物油脂和甲醇或乙醇等低碳醇经碱性催化剂或酸性催化剂催化转酯化生成脂肪酸甲酯或乙酯。

但化学法生产生物柴油有以下缺点：工艺复杂；醇必须过量，而其后的醇回收装置能耗高；产品色泽深；脂肪中不饱和脂肪酸在高温下容易变质；酯化产物难于回收；成本高；生产过程有废酸碱液排放等。

酶作为一种生物催化剂，具有高的催化效率和经济性，脂肪酶是一种很好的催化醇与脂肪酸的酯交换反应的催化剂，目前用化学法生产生物柴油使用的催化剂存在难于分离及所需能量太大等问题，人们开始研究用生物酶法生产生物柴油，即动植物油脂和甲醇或乙醇等低碳醇经脂肪酶进行转酯化反应，制备相应的脂肪酸甲酯或乙酯。酶法合成生物柴油具有条件温和、醇用量少、无污染物排放等优点。但目前酶法转化生物柴油主要问题是：对甲醇或乙醇的转化率低，一般仅为 40％～60％，而且甲醇或乙醇等短链醇对酶有一定毒性，酶使用寿命短；副产物甘油难于回收，不但形成产物抑制，而且甘油对脂肪酶有毒性，使酶使用寿命短。

生物质能源是将可再生的生物质转化为燃料能源，不但可以弥补石油化石燃料的不足，而且有助于达到保护生态环境的目的，实现资源、环境、能源一体化的社会可持续发展。

燃料乙醇目前有较好的基础，但仍存在成本高的问题，较经济的方法是采用纤维素为原料发酵生产乙醇。随着基因工程的发展，纤维素原料发酵生产乙醇的关键酶如纤维素酶等的突破，利用纤维素发酵生产乙醇已为时不远了。

中国有丰富的动植物油脂资源，一些科研部门已在研究能源植物优育技术、生物柴油生产技术，并开展了小型工业性试验，初步具备了推广应用的技术基础。但是，与国外相比，我国在发展生物柴油方面还有相当大的差距，长期徘徊在初级研究阶段，未能形成生物柴油的产业化，政府尚未针对生物柴油提出一套扶植、优惠和鼓励的政策办法，更没有制定生物柴油统一的标准和实施产业化发展战略，很有必要开展相应的工作，以促进生物柴油的发展。

10.6　废水处理

10.6.1　概述

废水处理的任务是采用各种技术措施将废水中所含有的各种形态的污染物分离出来或将其分解、转化为无害和稳定的物质，使废水得到净化。

现代废水处理技术按其作用原理和去除对象可分为物理法、化学法和生物法。

物理法就是利用物理作用，分离废水中呈悬浮状态的污染物质，在处理过程中不改变水的化学性质，如重力分离、气浮、反渗透、离心分离、蒸发等。

化学法是利用化学反应作用来分离、转化、破坏或回收废水中的污染物，并使其转化为无害物质，如混凝、中和、氧化还原、吸附、电渗析、汽提、萃取等处理工艺。

生物法是利用水中微生物的新陈代谢功能，使废水中呈溶解和胶状的有机物被降解，并转化成为无害的物质，废水得以净化。属于生物法处理工艺的有活性污泥法、生物膜法、自然生物处理法和厌氧生物处理法等。

10.6.2 活性污泥法

10.6.2.1 好氧活性污泥中的微生物群落

（1）好氧活性污泥的组成和性质　好氧活性污泥是由多种多样的好氧微生物和兼性厌氧微生物（兼有少量的厌氧微生物）与污（废）水中有机固体物和无机固体物混凝交织在一起，形成的絮状体或称绒粒。

好氧活性污泥有各自的颜色，含水率在 99% 左右，密度为 1.002～1.006，混合液和回流污泥略有差异，具有沉降性能。它具有生物活性，有吸附、氧化有机物的能力，其胞外酶在水溶液中将废水中的大分子物质水解为小分子，进而吸收到体内而被氧化分解。有自我繁殖的能力。绒粒大小为 0.02～0.2mm，比表面积为 20～100cm^2/mL 之间。呈弱酸性（pH约为 6.7），当进水改变时，对进水 pH 的变化有一定的承受能力。

好氧活性污泥在完全混合式的曝气池内，因曝气搅动始终与污（废）水完全混合，总以悬浮状态存在，均匀分布在曝气池内并处于激烈运动之中。从曝气池的任何一点取出的活性污泥，其微生物群落基本相同。在推流式的曝气池内各区段之间的微生物种群和数量有差异，随推流方向微生物种类依次增多。而在每一区段中的任何一点，其活性污泥微生物群落基本相同。

好氧活性污泥法的处理工艺很多，常见的有推流式活性污泥法、完全混合式活性污泥法、接触氧化稳定法、分段布水推流式活性污泥法、氧化沟式活性污泥法。

（2）好氧活性污泥中的微生物群落　好氧活性污泥（绒粒）结构和功能的中心是能起絮凝作用的细菌形成的细菌团块，称菌胶团。在菌胶团上生长着其他微生物，如酵母菌、霉菌、放线菌、藻类、原生动物和某些微型后生动物（轮虫及线虫等）。因此，曝气池内的活性污泥在不同的营养、供氧、温度及 pH 等条件下，形成由最适宜增殖的絮凝细菌为中心，与多种多样的其他微生物集居所组成的一个生态系。

活性污泥（绒粒）的主体细菌（优势菌）来源于土壤、水和空气。它们多数是革兰阴性菌，如动胶菌属和丛毛单胞菌属，它们可占 70%，还有其他的革兰阴性菌和革兰阳性菌。好氧活性污泥的细菌能迅速稳定废水中的有机污染物，有良好的自我凝聚力和沉降性能。科学家从活性污泥中分离形成绒粒的动胶菌属的细菌，还分离到大肠杆菌和假单胞菌属等数种能形成绒粒的细菌，并发现许多细菌都具有凝聚、绒粒化的性能。构成正常活性污泥的主要微生物种群如表 10-4 所示。

表 10-4　构成正常活性污泥的主要微生物种群

微生物	微生物	微生物
动胶团属（*Zoogloea*）（优势菌）	芽孢杆菌属（*Bcillus*）	大肠埃希菌（*Escherichiacoli*）
丛毛单胞菌属（*Comamonas*）（优势菌）	假单胞菌属（*Pseudomonas*）（较多）	产气杆菌属（*Aerobacter*）
产碱杆菌属（*Alcaligenes*）（较多）	亚硝化单胞菌属（*Nitrosomonas*）	诺卡菌属（*Nocardia*）
微球菌属（*Micrococcus*）（较多）	短杆菌属（*Brevibacterium*）	节杆菌属（*Arthrobacter*）
棒状杆菌属（*Corynebacterium*）	固氮菌属（*Azotobacter*）	螺菌属（*Spirillum*）
黄杆菌属（*Flavobacterium*）	浮游球衣属（*Sphaerotilus natans*）（少量）	酵母菌（*Yeast*）
无色杆菌属（*Achromobacter*）	微丝菌属（*Mixrothrix*）（少量）	

　　构成活性污泥的微生物种群相对稳定，但当营养条件（废水种类、化学组成、浓度）、温度、供氧、pH等环境条件改变，会导致主要细菌种群（优势菌）改变。处理生活污水和医院污水的活性污泥中还会有致病细菌、致病真菌、病毒、立克次体、支原体、衣原体、螺旋体等病原微生物。

　　好氧活性污泥中微生物的浓度常用1L活性污泥混合液中含有多少毫克恒重的干固体即MLSS（混合液悬浮固体）表示。在一般的城市污水处理中，MLSS保持在2000～3000mg/L；工业废水生物处理中，MLSS保持在3000mg/L左右；高浓度的工业废水生物处理的MLSS保持在3000～5000mg/L。1mL好氧活性污泥中的细菌有10^7～10^8个。

10.6.2.2　好氧活性污泥净化废水的作用机理

　　好氧活性污泥的净化作用类似于水处理工程中混凝剂的作用，同时又能吸收和分解水中溶解性污染物。因为它是由有生命的微生物组成，能自我繁殖，有生物"活性"，可以连续反复使用，而化学混凝剂只能一次使用，故活性污泥比化学混凝剂优越。

　　好氧活性污泥的净化作用机理示意图见图10-25。

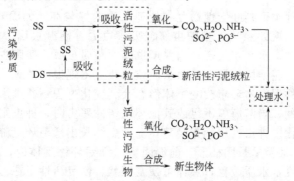

图10-25　好氧活性污泥的净化作用机理示意图

　　活性污泥绒粒中微生物之间是食物链的关系。好氧活性污泥绒粒吸附和生物降解有机物的过程像接力赛，其过程分为三步：第1步是在有氧的条件下，活性污泥绒粒中的絮凝性微生物吸附废水中的有机物；第2步是活性污泥绒粒中的水解性细菌水解大分子有机物为小分子有机物，同时，微生物合成自身细胞，废水中的溶解性有机物直接被细菌吸收，在细菌体内氧化分解，其中间代谢产物被另一群细菌吸收，进而无机化；第3步是其他微生物吸收或吞食未分解彻底的有机物。

　　菌胶团的作用：在微生物学领域里，习惯将动胶菌属形成的细菌团块称为菌胶团。在水处理工程领域内，则将所有具有荚膜或黏液或明胶质的絮凝性细菌互相絮凝聚集成的菌胶团也称为菌胶团，这是广义的菌胶团。如上所述，菌胶团是活性污泥（绒粒）的结构和功能的主体，表现在数量上占绝对优势（丝状膨胀的活性污泥除处），是活性污泥的基本组分。它的作用表现在：有很强的生物吸附能力和氧化分解有机物的能力，一旦菌胶团受到各种因素的影响和破坏，则对有机物去除率明显下降，甚至无去除能力；菌胶团对有机物的吸附和分解，为原生动物和微型后生动物提供了良好的生存环境，如去除毒物、提供食料、溶解氧升高；为原生动物、微型后生动物提供附着场所；具有指示作用。通过菌胶团的颜色、透明度、数量、颗粒大小及结构的松紧程度可衡量好氧活性污泥的性能。例如，新生菌胶团颜色浅、无色透明、结构紧密，则说明菌胶团生命力旺盛，吸附和氧化能力强，即再生能力强；老化的菌胶团，颜色深，结构松散，活性不强，吸附和氧化能力差。

　　原生动物及微型后生动物的作用：原生动物和微型后生动物在污（废）水生物处理和水体污染及自净中起到3个方面的作用。

① 指示作用　生物是由低等向高等演化的，低等生物对环境适应性强，对环境因素的改变不甚敏感。较高等生物则相反，如钟虫和轮虫对溶解氧和毒物特别敏感。所以，水体中的排污口、废水生物处理的初期或推流系统的进水处，生长大量的细菌，其他微生物很少出现或不出现。随着污（废）水净化和水体自净程度的增高，相应出现了许多较高级的微生物。原生动物及微型后生动物出现的先后次序是：细菌→植物性鞭毛虫→肉足虫（变形虫）→动物性鞭毛虫→游泳型纤毛虫、吸管虫→固着型纤毛虫→轮虫。

可根据上述原生动物和微型后生动物的演替，根据它们的活动规律来判断水质和污（废）水处理程度。还可判断活性污泥培养成熟程度。原生动物和微型后生动物在活性污泥培养中的指示作用见表 10-5。

表 10-5　原生动物和微型后生动物在活性污泥培养过程中的指示作用

活性污泥培养初期	活性污泥培养中期	活性污泥培养成熟期
鞭毛虫、变形虫	游泳型纤毛虫、鞭毛虫	钟虫等固着型纤毛虫、轮虫

根据原生动物的种类可判断活性污泥和处理水质的好与坏。如固着型纤毛虫的钟虫属、累枝虫属、盖纤虫属、聚缩虫属、独缩虫属、吸管虫属、漫游虫属、内管虫属、轮虫等出现，说明活性污泥正常，出水水质好；当豆形虫属、草履虫属、四膜虫属、屋滴虫属、眼虫属等出现，说明活性污泥结构松散，出水水质差；线虫出现说明缺氧。

还可根据原生动物遇恶劣环境改变个体形态及其变化过程判断进水水质变化和运行中出现的问题。以钟虫为例，当溶解氧不足或其他环境条件恶劣时，钟虫则由正常虫体向胞囊演变以及一系列变态变化。钟虫的尾柄先脱落，随后虫体长出纤毛环呈游泳状态（通常叫游泳钟虫），或虫体变形，甚至呈长圆柱形，前端闭锁，纤毛环缩到体内，依靠次生纤毛胞囊生活，甚至死亡。如果废水水质改善，虫体可恢复原状，恢复活性。在污（废）水生物处理正常运行时，常由于进水流量、有机物、溶解氧、温度、pH、毒物等的突然变化影响了正常的处理效果，使出水水质达不到排放标准。通过水质测定可以知道水质的变化，但有机物浓度和有毒物质等的测定时间较长，故经常测定不易做到。而微生物镜检则很简便且随时可了解到原生动物种类变化和相对数量消长情况。根据原生动物消长的规律性初步判断污（废）水净化程度，或根据原生动物的个体形态、生长状况的变化预报进水水质和运行条件正常与否。一旦发现原生动物形态、生长状况异常，就可及时分析是哪方面的问题，及时予以解决。

② 净化作用　1mL 正常好氧活性污泥的混合液中有 5000～20000 个原生动物，70%～80%是纤毛虫，尤其是小口钟虫、沟钟虫、漫游虫出现的频率高，起重要作用，轮虫则有 100～200 个。有的废水中轮虫优势生长繁殖，1mL 混合液中达到 500～1000 个。轮虫有旋轮虫属、轮虫属、椎轮虫属等。原生动物的营养类型多样，腐生性营养的鞭毛虫通过渗透作用吸收污（废）水中溶解性有机物。大多数原生动物是动物性营养，它们吞食有机颗粒和游离细菌及其他微小的生物，对净化水质起积极作用。由于原生动物的数量和代谢途径次于菌胶团，净化作用不及菌胶团大。然而，原生动物和微型后生动物吞食食物是无选择的，它们除吞食有机颗粒外，也吞食菌胶团，由于它们的吞食量不影响整体的净化效果，所以，它们不会危及净化作用。相反，由于原生动物的存在，尤其是纤毛虫对出水水质有明显改善（见表 10-6）。

③ 促进絮凝和沉淀作用　污、废水生物处理中主要靠细菌起净化作用和絮凝作用。然而有的细菌需要一定浓度的原生动物存在，由原生动物分泌一定的黏液协同和促使细菌发生絮凝作用。如在弯豆形虫浓度低时，细菌不起絮凝作用，当弯豆形虫浓度增加到 $2.5×10^3$ 个/mL 时，细菌产生絮凝作用，弯豆形虫浓度增加到 $6×10^3$ 个/mL 时，就形成很大的细菌絮体（500μm 左右）。另外，钟虫等固着型原生动物的尾柄周围也分泌有黏性物质，许多尾

表 10-6 纤毛虫在废水生物处理中的净化作用

项　　目	未加纤毛虫	加入纤毛虫
出水平均 BOD_5/(mg/L)	54~70	7~24
过滤后 BOD_5/(mg/L)	30~35	3~9
平均有机氮/(mg/L)	31~50	14~25
悬浮物/(mg/L)	50~73	17~58
沉降 30min 后的悬浮物/(mg/L)	37~56	10~36
100μm 时的光密度	0.340~0.517	0.051~0.219
活细菌数/(×10⁶ 个/L)	292~422	91~121

柄交织粘集在一起和细菌凝聚成大的絮体。固着型纤毛虫本身有沉降性能，加上和细菌形成絮体，更完善了二沉池的泥水分离作用。

10.6.3　好氧生物膜法

好氧生物膜法构筑物有普通滤池、高负荷生物滤池、塔式生物滤池，还有生物转盘、接触氧化法（即浸没滤池法）等。

10.6.3.1　好氧生物膜中的微生物群落

（1）好氧生物膜　好氧生物膜是由多种多样的好氧微生物和兼性厌氧微生物黏附在生物滤池滤料上或黏附在生物转盘盘片上的一层黏性、薄膜状的微生物混合群体，是生物膜法净化污（废）水的工作主体。普通滤池的生物膜厚度约为 2~3mm，在 BOD 负荷大，水力负荷小时生物膜增厚，此时，生物膜的里层供氧不足，呈厌氧状态。当进水流速增大时，一部分脱落，在春、秋两季发生生物相的变化。微生物量通常以每平方米滤料上干燥生物膜的质量表示，或每立方米滤料上的生物膜污泥质量表示。

好氧生物膜在滤池内的分布不同于活性污泥，生物膜附着在滤料上不动，废水自上而下淋洒在生物膜上。以一滴水为例，水滴从上到下与生物膜接触，几分钟内废水中的有机杂质和无机杂质逐级被生物膜吸附。滤池内不同高度不同层次的生物膜所得到的营养（有机物的组分和浓度）不同，致使不同高度的微生物种群和数量不同。微生物相是分层的。若把生物滤池分上、中、下三层，则上层营养物浓度高，生长的全是细菌，有少数鞭毛虫；中层微生物得到的除废水中营养物外，还有上层微生物的代谢产物，微生物的种类比上层稍多，有菌胶团、浮游球衣菌、鞭毛虫、变形虫、豆形虫、肾形虫等；下层有机物浓度低，低分子有机物较多，微生物种类更多，除有菌胶团、浮游球衣菌外，有以钟虫为主的固着型纤毛虫和少数游泳型纤毛虫，如漫游虫、轮虫等。若处理含低浓度有机物、高 NH_3 的微污染源水时，生物膜薄，上层除长菌胶团外，还长较多的藻类（因上层阳光充足），有较多的钟虫、盖纤虫、独缩虫和聚缩虫等；中、下层菌胶团长势逐级下降。

（2）好氧生物膜中的微生物群落及其功能　普通滤池内生物膜的微生物群落有：生物膜生物、生物膜面生物及滤池扫除生物。生物膜生物是以菌胶团为主要组分，辅以浮游球衣菌、藻类等，它们起净化和稳定污水、废水水质的功能。生物膜面生物是固着型纤毛虫〔如钟虫、累（等）枝虫、独缩虫等〕及游泳型纤毛虫（如斜管虫、尖毛虫、豆形虫等），它们起促进滤池净化速率、提高滤池整体的处理效率的功能。滤池扫除生物有轮虫、线虫、寡毛类的沙蚕等，它们起去除滤池内的污泥、防止污泥积聚和堵塞的功能。

10.6.3.2　好氧生物膜的净化作用机理

生物滤池净化作用模式图见图 10-26。生物膜在滤池中是分层的，上层生物膜中的生物膜生物（絮凝性细菌及其他微生物）和生物膜面生物（固着型纤毛虫、游动型纤毛虫及微型后生动物）吸附废水中的高分子有机物，将其水解为小分子有机物。同时吸收溶解性有机物和经水解的小分子有机物进入体内，并氧化分解之，微生物利用吸收的营养构建自身细胞。上一层生物膜的代谢产物流向下层，被下一层生物膜生物吸收，进一步被氧化分解为 CO_2 和 H_2O。老化的生物膜和游离细菌被滤池扫除生物（轮虫、线虫等）吞食，通过以上微生物化学和吞食作用，废水得到净化。

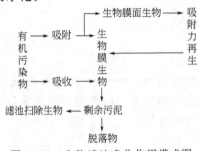

图 10-26   生物滤池净化作用模式图

生物转盘的生物膜与生物滤池的基本相同，废水从始端流向末端，生物膜随盘片转动，盘片上的生物膜有 40%～50% 浸没在废水中，其余部分与空气接触而获得氧，盘片上的生物膜与废水、空气交替接触。微生物的分布从始端向末端依次分级，微生物种类随废水流向逐级增多。

10.6.3.3   好氧生物膜的培养

好氧生物膜的培养有自然挂膜法、活性污泥挂膜法和优势菌挂膜法。

（1）自然挂膜法   用泵慢流速将带有自然菌种的工业废水通往空的塔式生物滤池（或其他生物滤池）内，不断循环 3～7 天，之后改为慢速连续进水。这一过程中废水中的自然菌种和空气微生物附着在滤料上，以废水中的有机物为营养，生长繁殖。滤料上的微生物量由少变多，逐渐形成一层带黏性的微生物薄膜，即生物膜。当进水流量或水力表面负荷达到设计值时，滤池自上而下形成正常的分层微生物相。滤池出水的生化指标接近排放标准，则完成生物膜的培养工作，进入正式运行。

（2）活性污泥挂膜法   取处理生活污水或处理工业废水的活性污泥作菌种。将污（废）水和活性污泥混合，用泵慢速将混合液打入滤池内，循环 3～7 天，之后改为慢速连续培养，生长繁殖。滤料上的微生物量由少变多，逐渐形成一层带黏性的微生物薄膜，即生物膜。当进水流量或水力表面负荷达到设计值［标准为 $1～4m^3/(m^2 \cdot d)$，高负荷生物滤池的表面负荷为 $20m^3/(m^2 \cdot d)$］，BOD_5 负荷 $0.1～0.4kg/(m^3 \cdot d)$，高负荷生物滤池的 BOD_5 负荷 $0.5～2.5kg/(m^3 \cdot d)$ 时，滤池自上而下形成正常的分层微生物相。滤池出水的生化指标接近排放标准，即完成生物膜的培养工作，进入正式运行阶段。

（3）优势菌种挂膜法   优势菌种是从自然环境或废水处理中筛选、分离获得的，对某种工业废水有强降解能力的菌株。也可通过遗传育种获得优良菌种，甚至通过基因工程构建超级菌作菌种。

因优势菌对所要处理的废水有强的降解能力，所以，将废水和优势菌充分混合，用泵慢流速将菌液打入生物滤池内，循环运行 3～7 天，使优势菌黏附于滤料上，然后以慢流速连续进水，促使滤池内自上而下形成正常的分层微生物相。运行指标和运行方法如活性污泥挂膜法，使进水流量达到设计值，滤池出水的生化指标接近排放标准时，即完成生物膜的培养工作，进入正式运行阶段。

10.6.4   厌氧消化——甲烷发酵

粪便污水用厌氧消化法处理，既净化污水，又能取得能源，还能杀死致病菌和致病虫卵。蛔虫在 12℃ 消化池内停留 3 个月死亡。产甲烷菌有很强的抗菌作用，能使痢疾杆菌、伤寒杆菌、霍乱弧菌等致病菌无法生存。消化期间几乎所有病原菌和蛔虫卵被杀死。因此，经消化的污泥是符合卫生标准的。

胶体物质、碎纸、破布等被分解，所以，消化污泥是很好的肥料，它不会引起土壤板结，也不会散发臭气。

人工沼气发酵研究已有 100 多年的历史，人们将城市的垃圾、粪便、污水、工业废水及生物处理的剩余污泥等，放在发酵罐（消化池）内进行厌氧发酵，从中取得可燃性气体甲烷，应用于发电或直接用于居民生活，既清洁了城市，又可获得能源。

高浓度有机废水厌氧发酵的消化池有多种，有单级低效消化池、单级高效消化池、两级（相）消化池。按反应器的工艺分又有上流式厌氧污泥床（UASB）、上流式污泥床滤池（UBF）和厌氧折流板反应器（ABR）等。

厌氧消化法有活性污泥法和生物膜法。但微生物群落与有氧环境中的不同，它们是由分解蛋白质、脂肪、淀粉、纤维素等的专性厌氧菌和兼性厌氧菌及专性厌氧的产甲烷菌等组成，在出流处附近，有少数厌氧或兼性厌氧的游泳型纤毛虫，如扭头虫、草履虫等。

一般厌氧的活性污泥不处在激烈运动中，所以，它的微生物群落分布与生物膜相似，有分层现象，但不及好氧生物膜明显。

10.6.4.1　甲烷发酵理论与机制

甲烷发酵理论先后提出了二阶段发酵、三阶段发酵和四阶段发酵理论，这 3 个理论一个比一个完善。目前应用较多的仍是布赖恩特于 1979 年提出的四阶段发酵理论。

第一阶段：是水解和发酵性细菌群将复杂有机物如纤维素、淀粉等水解为单糖后，再酵解为丙酮酸；将蛋白质水解为氨基酸，脱氨基成有机酸和氨；脂类水解为各种低级脂肪酸和醇，如乙酸、丙酸、丁酸、长链脂肪酸、乙醇、二氧化碳、氢、氨和硫化氢等。

第一阶段的微生物群落是水解、发酵性细菌群，有专性厌氧的梭菌属、拟杆菌属、丁酸弧菌属、真细菌、双歧杆菌属、革兰阴性杆菌，兼性厌氧的有链球菌和肠道菌。据研究，每 1mL 下水污泥中含有水解、发酵性细菌 $10^8 \sim 10^9$ 个，每 1g 挥发性固体含 $10^{10} \sim 10^{11}$ 个，其中蛋白质水解菌有 10^7 个，纤维素水解菌有 10^5 个。

第二阶段：产氢和产醋酸细菌群把第一阶段的产物进一步分解为醋酸和氢气。

第二阶段的微生物群落为产氢、产醋酸细菌，这群细菌只有少数被分离出来，1967 年布赖恩特从奥氏甲烷杆菌分离出 S 菌株和 M.O.H。S 菌株是厌氧的革氏阴性杆菌，它发酵乙醇产生醋酸和氢，为产甲烷的布氏甲烷杆菌提供醋酸和氢气，促进产甲烷菌生长。布氏甲烷杆菌将醋酸裂解为甲烷和二氧化碳；将氢和二氧化碳合成为甲烷。可见，奥氏甲烷杆菌实际是 S 菌株和布氏甲烷杆菌的共生体。

此外，还有将第一阶段发酵的三碳以上的有机酸、长链脂肪酸、芳香族酸及醇等分解为醋酸和氢气的细菌和硫酸还原菌。

硫酸还原菌如脱硫脱硫弧菌在缺乏硫酸盐，有产甲烷菌存在时，能将乙醇和乳酸转化为醋酸、氢气和二氧化碳，脱硫脱硫弧菌与产甲烷菌之间存在协同联合作用。

第三阶段：第三阶段的微生物是两组生理不同的专性厌氧的产甲烷菌群。一组是将氢气和二氧化碳合成甲烷，或将一氧化碳和氢气合成甲烷；另一组是将醋酸脱羧生成甲烷和二氧化碳，或利用甲酸、甲醇及甲基胺裂解为甲烷。有 28% 的甲烷来自氢的氧化和二氧化碳的还原，72% 的甲烷来自醋酸盐的裂解。由于大部分甲烷和二氧化碳逸出，氨以亚硝酸铵、碳酸氢铵形式留在污泥中，它们可中和第一阶段产生的酸，为产甲烷菌创造了生存所需的弱碱性环境。氨可被产甲烷菌用作氮源。

第四阶段：为同型产醋酸阶段，是同型产醋酸细菌将氢气和二氧化碳转化为醋酸的过程。第四阶段在厌氧消化中的作用目前仍在研究中。

产甲烷菌的分类系统有几个，1979年贝尔奇提出新的分类系统，将产甲烷菌分为3目、4科、7属、13种。代表菌有布氏甲烷杆菌、嗜树木甲烷短杆菌、活氏甲烷球菌、运动甲烷微菌、亨氏甲烷螺菌、卡列阿科产甲烷菌（为海洋菌）、巴氏甲烷八叠球菌、索氏甲烷杆菌及嗜热自养甲烷杆菌。其中亨氏甲烷螺菌、索氏甲烷杆菌及嗜热自养甲烷杆菌通常长成很长的丝状体，它们在甲烷发酵中形成团粒化颗粒污泥的优势菌。

产甲烷菌只能利用氢气、二氧化碳、一氧化碳、甲酸、醋酸、甲醇及甲基胺等简单物质产生甲烷和组成自身细胞物质。

产甲烷菌产甲烷的机制如下。

① 由酸和醇的甲基形成甲烷。

$$^{14}CH_3COOH \longrightarrow {}^{14}CH_4 + CO_2$$
$$4^{14}CH_3OH \longrightarrow 3^{14}CH_4 + CO_2 + 2H_2O$$

这一反应过程由科学家用 ^{14}C 示踪原子标记醋酸的甲基碳原子，结果甲烷的碳原子都标上了同位素 ^{14}C，二氧化碳则没有标上，证明甲烷是由甲基直接形成的。

② 由醇的氧化使二氧化碳还原形成甲烷及有机酸。

$$2CH_3CH_2OH + {}^{14}CO_2 \longrightarrow {}^{14}CH_4 + 2^{14}CH_3COOH$$
$$2C_3H_7CH_2OH + {}^{14}CO_2 \longrightarrow {}^{14}CH_4 + 2C_3H_7COOH$$

这是用同位素 $^{14}CO_2$ 使乙醇和丁醇氧化产生带同位素 $^{14}CO_2$ 的甲烷，证明甲烷可由 CO_2 还原形成。

③ 脂肪酸有时用水作还原剂或供氢体产生甲烷。

$$2C_3H_7COOH + CO_2 + 2H_2O \longrightarrow CH_4 + 4CH_3COOH$$

④ 利用氢使二氧化碳还原形成甲烷。

$$4H_2 + CO_2 \longrightarrow CH_4 + 2H_2O$$

⑤ 在氢和水存在时，巴氏甲烷八叠球菌与甲酸甲烷杆菌能将一氧化碳还原形成甲烷。

$$3H_2 + CO \longrightarrow CH_4 + H_2O$$
$$2H_2O + 4CO \longrightarrow CH_4 + 3CO_2$$

几种物质沼气发酵的产气量归纳如表10-7。

表10-7 几种物质沼气发酵的产气量

物质	乙醇	纤维素	脂肪	蛋白质
沼气/mL	974	830	1250	704
$CH_4/\%$	75	50	68	71
$CO_2/\%$	25	50	32	29

从碳水化合物、脂肪、蛋白质的产沼气量及气体中甲烷的含量看，脂肪的产沼气量最大，甲烷含量也较高。蛋白质的产沼气量低于碳水化合物，但甲烷含量最高。碳水化合物的产沼气量虽居于第二位，但甲烷含量最低。从分解率和分解速率看，碳水化合物的分解率和分解速率最高，脂肪次之，蛋白质最低。

以上的产气量为理论值，由于产甲烷菌需用少量的有机物合成细胞物质，所以，实际测定的数值要比理论值低。

10.6.4.2 厌氧活性污泥的培养

因专性厌氧的产甲烷菌生长速率慢，世代时间长，所以，厌氧活性污泥的驯化、培养时间较长。

(1) 厌氧活性污泥的菌种来源　牛、羊、猪、鸡等禽畜粪便含有丰富的水解性细菌和产甲烷菌；城市生活污水处理厂的浓缩污泥；同类水质处理厂的厌氧活性污泥。

（2）厌氧活性污泥的驯化与培养 来自不同水质的厌氧活性污泥要先经驯化后培养，尤其是处理工业废水更是如此。进水量由小到大，每提高一个浓度梯度，要稳定一段时间后才换下一个浓度。当处理效果接近期望效果，并形成颗粒化的活性污泥时即为成熟厌氧活性污泥。此时可按设计流量进水，进入正式运行阶段。来自同类废水的厌氧活性污泥要复壮和培养。培养的方法和顺序同上，只是除去驯化阶段。

（3）厌氧活性污泥的组成和性质 厌氧活性污泥是由兼性厌氧菌、专性厌氧菌与废水中的有机杂质交织在一起形成的颗粒污泥。厌氧活性污泥呈灰色至黑色，有生物吸附作用、生物降解作用和絮凝作用，有一定的沉降性能。颗粒厌氧活性污泥的直径在 0.5mm 以上，良好的颗粒厌氧活性污泥是以丝状厌氧菌为骨架和具有絮凝能力的厌氧菌团粒化形成圆形或椭圆形的颗粒污泥，直径有 2～4mm，大小一致、均匀，结构松紧适度。颗粒表面灰黑色，其内部深黑色。

厌氧活性污泥中的微生物组成有 5 种：将大分子水解为小分子的水解细菌；将小分子的单糖、氨基酸等发酵为氢和醋酸的发酵细菌；氢营养型和醋酸营养型的古菌；利用 H_2 和 CO_2 合成 CH_4 的古菌；厌氧的原生动物。

废水厌氧消化处理的效果好与环，取决于厌氧活性污泥中微生物的种类、组成、结构及污泥的颗粒大小，还要有能保证微生物生长条件的、结构好的厌氧消化池。但最根本、最重要的是微生物的种类、组成。

10.6.5 光合细菌处理高浓度有机废水

BOD_5 在 10000mg/L 以上的高浓有机废水（浓粪便水、豆制品废水、食品加工废水、屠宰废水等）可用有机光合细菌处理。因有机光合细菌只能利用脂肪酸等低分子化合物，所以，在有机光合细菌处理废水之前，要用水解性细菌将碳水化合物、脂肪和蛋白质水解为脂肪酸、氨基酸、氨等物质。这样可得到较好的处理效果，BOD_5 去除率可达 95%，甚至达98%。PSB 处理浓废水的一般流程见图 10-27。

图 10-27 PSB 处理浓废水的一般流程

视出水水质决定是直接排放还是加后续处理工艺进一步处理。

营光能异养的光合细菌有红螺菌科中的红螺菌属、红假单胞菌属和红微菌属。它们含有菌叶绿素 a 或叶绿素 b 和类胡萝卜素而呈红色，在无氧条件下利用简单有机物进行光合作用；在黑暗中微量好氧和好氧的条件下进行氧化代谢。可利用 H_2 作为电子供体。可利用的有机物有醋酸盐、丙酸盐、丁酸盐、丙酮酸及三羧酸循环中的中间代谢产物、乙醇等。它们呈橙棕到棕红或淡红到紫红色。有的菌在厌氧条件下呈现暗黄绿色，在好氧时呈现棕红到紫红色。体内的贮藏物质有多糖类、聚 β-羟基丁酸盐和异染粒（多聚磷酸盐）。生长温度 25～30℃，pH 在 7 左右（嗜酸红假单胞核辐射例外，最适 pH 5.8）。纯化的光合细菌菌体可加工制成保健品及制成禽、畜饲料添加剂。

参 考 文 献

[1] 岑沛霖，蔡谨. 工业微生物学. 北京：化学工业出版社，2001.
[2] 周德庆. 微生物学教程. 第 2 版. 北京：高等教育出版社，2002.
[3] 沈萍. 微生物学. 北京：高等教育出版社，2000.
[4] 余龙江. 发酵工程原理与技术应用. 北京：化学工业出版社，2006.
[5] 贺小贤. 生物工艺原理. 北京：化学工业出版社，2003.
[6] 李艳. 发酵工业概论. 北京：中国轻工业出版社，1999.
[7] 余俊棠，唐孝宣. 生物工艺学（上、下册）. 上海：华东理工大学出版社，1997.
[8] 施巧琴，吴松刚. 工业微生物育种学. 第 2 版. 北京：科学出版社，2003.
[9] 焦瑞身. 微生物工程. 北京：化学工业出版社，2003.
[10] 史密斯 J E. 生物技术概论. 郑平等译. 北京：科学出版社，2006.
[11] 贾士儒. 生物反应工程原理. 北京：科技出版社，2003.
[12] 熊宗贵. 发酵工艺原理. 北京：中国医药科学技术出版社，2004.
[13] 史仲平，潘丰. 发酵过程解析、控制与检测技术. 北京：化学工业出版社，2005.
[14] 曲音波. 微生物技术开发原理. 北京：化学工业出版社，2005.
[15] 陈坚，堵国成，李寅等. 发酵工程试验技术. 北京：化学工业出版社，2003.
[16] 刘振宇. 发酵工程技术与实践. 上海：华东理工大学出版社，2007.
[17] 欧阳平凯，曹竹安，马宏建等. 发酵工程关键技术及其应用. 北京：化学工业出版社，2005.
[18] 陈坚，李寅. 发酵工程优化原理与实践. 北京：化学工业出版社，2002.
[19] 梁世中. 生物工程设备. 北京：中国轻工业出版社，2006.
[20] 戚以政，汪叔雄. 生物反应动力学与反应器. 北京：化学工业出版社，1999.
[21] 王福源. 现代食品发酵技术. 北京：中国轻工业出版社，2000.
[22] 梅乐和. 生化生产工艺学. 北京：科学出版社，2001.
[23] 顾觉奋. 微生物药品研发动态——新技术、新产品及市场信息. 北京：化学工业出版社，2005.
[24] 顾觉奋. 抗生素. 上海：上海科学技术出版社，2001.
[25] 梁世中. 生物制药理论与实践. 北京：化学工业出版社，2005.
[26] 胡洪波，彭华松，张雪洪. 生物工程产品工艺学. 北京：高等教育出版社，2006.
[27] 王博彦，金其荣. 发酵有机酸生产与应用手册. 北京：中国轻工业出版社，2000.
[28] 毛忠贵. 生物工业下游技术. 北京：中国轻工业出版社，1999.
[29] 严希康. 生化分离技术. 上海：华东理工大学出版社，1996.
[30] 管敦仪. 啤酒工业手册. 修订版. 北京：中国轻工业出版社，1998.
[31] 顾国贤. 酿造酒工艺学. 北京：中国轻工业出版社，1996.
[32] 钱松，薛惠茹. 白酒风味化学. 北京：中国轻工业出版社，1997.
[33] 康明官，唐是雯. 啤酒酿造. 北京：中国轻工业出版社，1993.
[34] 康明官. 特种啤酒酿造技术. 北京：中国轻工业出版社，1999.
[35] 张志强. 啤酒酿造技术概要. 北京：中国轻工业出版社，1995.
[36] 张学群，张柏青. 啤酒工艺控制指标及检测手册. 北京：中国轻工业出版社，1993.
[37] 吴建平. 小曲白酒酿造法. 北京：中国轻工业出版社，1995.
[38] 康明官. 白酒工业新技术. 北京：中国轻工业出版社，1995.
[39] 周恒刚，徐占成. 白酒品评与勾兑. 北京：中国轻工业出版社，2004.
[40] 王福荣. 酿酒分析与检测. 北京：化学工业出版社，2005.
[41] 陈功. 固态法白酒生产技术. 北京：中国轻工业出版社，2004.
[42] 梁雅轩，廖鸿生. 白酒的勾兑与调味. 北京：中国轻工业出版社，1989.
[43] 姚汝华. 酒精发酵工艺学. 广州：华南理工大学出版社，1999.
[44] 马荣山，张广新. 白酒酿造及新型白酒工艺学. 沈阳：沈阳出版社，2005.
[45] 华南工学院，无锡轻工业学院. 酒精与白酒工艺学. 北京：中国轻工业出版社，1989.
[46] 沈怡方，李大和. 低度白酒生产技术. 北京：中国轻工业出版社，2008.
[47] 杜绿君. 啤酒科技，1996-2007.
[48] 焦长根. 中国啤酒专刊，1996-2002.
[49] 姚振威. 啤酒工业快报：内部期刊，1996-2002.
[50] 黄平. 酿酒科技，1996-2007.